U0336663

“十二五”国家重点图书
出版规划项目

# 电力系统在线动态安全监测与预警技术

严剑峰　周孝信　史东宇　于之虹　陈　勇　丁　平　鲁广明　吕　颖　邱　健　江兴凌　编著

中国电力出版社
CHINA ELECTRIC POWER PRESS

## 内 容 提 要

本书从系统框架、关键技术、实用化等多个角度对电力系统在线动态安全监测与预警技术进行论述，详细讲解了数据接入与监测、计算在线化、辅助分析等关键技术问题以及在线数据整合、大规模并行计算、可视化、稳定算法在线化、输电断面传输裕度评估和调度运行辅助决策等工程应用问题。该书凝聚了电力系统在线动态安全监测与预警技术团队多年的成果，既有理论算法，更侧重最新的工程应用，是国内外第一本理论联系实际的在线动态安全监测与预警技术的著作，体现了国内外该领域的最新研究成果。

本书可供电力系统调度运行人员、电力系统及其自动化专业的研究人员以及电力系统相关专业人员学习参考。

**图书在版编目（CIP）数据**

电力系统在线动态安全监测与预警技术/严剑峰，周孝信主编. —北京：中国电力出版社，2015.8

ISBN 978-7-5123-6333-5

Ⅰ.①电… Ⅱ.①严…②周… Ⅲ.①电力系统—动态监测—安全监测 Ⅳ.①TM769

中国版本图书馆 CIP 数据核字（2014）第 189396 号

中国电力出版社出版、发行

（北京市东城区北京站西街 19 号 100005 http：//www.cepp.sgcc.com.cn）

北京盛通印刷股份有限公司印刷

各地新华书店经售

*

2015 年 8 月第一版 2015 年 8 月北京第一次印刷

787 毫米×1092 毫米 16 开本 17.25 印张 421 千字

印数 0001—2000 册 定价 **86.00** 元

# 致 谢

电力系统在线动态安全监测与预警技术基于多种已有技术发展而来，其成果是“站在巨人的肩膀上”获得的。在此感谢辛耀中、陶洪铸、田芳、李亚楼、才洪全、温伯坚、边二曼、余志文等人在总体结构、关键技术和软件研发等方面的指导和帮助。

在线动态安全监测与预警的实现不是依靠个人力量能够解决的，本书内容是团队智慧的体现。在此感谢电力系统在线动态安全监测与预警团队的每一位成员多年的共同奋斗。

# 序



电力系统是关系国家能源安全和国民经济命脉的重要支柱。伴随着中国超大型交直流混合互联电网的出现，电网运行越来越复杂，其安全稳定运行问题日趋突出，电力调度控制难度增加。传统依靠年度离线计算指导电网运行的方法已不足以应对新形势下电网安全经济运行面临的挑战。

《电力系统在线动态安全监测与预警技术》是一部系统论述电网在线安全分析技术的专著，书中所述新一代的电力系统在线动态安全监测与预警技术是基于电网在线运行数据，按照确定时段（如每 15min 为周期）对电力系统进行数字仿真计算，做电网安全评估，给出预警信息、辅助决策和裕度评估结果。该技术实现了万节点级电网的在线安全预警，推动了电网安全计算从传统离线方式向在线方式的进步，为大电网在线安全诊断和智能化调度提供了有效技术手段。

本书全面系统地介绍了电力系统在线动态安全监测与预警技术的相关理论与方法，叙述了工程实践经验，并就该技术的现状与前景进行了分析和预测。

本书是作者团队 10 余年在电力系统分析领域的自主创新成果，体现了在线动态安全监测与预警技术的最新进步。其中“电力系统在线动态安全评估和预警系统”曾获国家能源科学技术进步一等奖和国家电网公司科学技术进步一等奖，并在省级以上调度运行中心得到广泛应用，成为现代电网安全稳定运行控制的重要组成部分。

本书是国内外第一本理论联系实际的在线动态安全监测与预警技术的著作，本书的出版能够给从事电力系统分析、调度自动化和在线分析技术的研究和运行人员提供有益的参考，帮助他们全面了解电力系统在线动态安全监测与预警技术，促进电网分析控制技术的更新换代，提升电网安全经济运行水平。

周孝信

# 前言



2003年8月14日，美国和加拿大发生大范围停电事故，造成5回345kV线路在2h内相继故障跳闸，导致北美电力系统崩溃。这次大停电事故促进了国际上电网在线动态安全监测与预警技术的研究。目前国内外在电力系统在线动态安全监测与预警技术方面已取得大量研究成果，但是还缺乏一本真正意义上的专门著作。

在线动态安全监测与预警技术基于电力系统在线实时数据和动态信息，通过多种电力系统分析计算，在15min间隔内，对电力系统在线运行方式的稳态、动态和暂态特性进行自动分析和计算，给出稳定极限和调度策略，以保障电力的安全稳定运行。该技术用于分析大型电力系统各种在线运行方式下对扰动的承受能力，计算其潜在危险性，提供潜在危险的预防控制措施和稳定运行边界，使电网运行状态处于安全区域内，实现了电网由传统的离线方式计算向在线稳定分析的技术进步，为大电网在线安全诊断和智能化调度提供了有效的技术手段。

电力系统在线动态安全监测与预警技术是一项长期复杂的系统工程，技术本身涉及面广，涵盖了多学科、多专业领域的理论技术，包括电网运行控制、电力系统稳定分析、广域相量测量及并行计算等领域的新技术。中国电力科学研究院于2004年依托国家973项目“大型互联电网在线运行可靠性评估、预警和决策支持系统”开展了电力系统在线动态安全监测与预警技术研究，此后，结合多项863计划和国家电网公司科技专项，经过10多年的深入研究和探索，已取得了一系列研究成果。电力系统在线动态安全监测与预警技术已经被纳入国家电网调度运行的核心业务，成为电网运行的必备环节，在电网运行的日常运行监视、重大操作安全校核、严重事故分析等方面发挥了大量的实际作用，成为电网安全运行的重要技术保障。

《电力系统在线动态安全监测与预警技术》由中国电力科学研究院从2008年开始，历时6年编纂完成的。全书共11章，第一章介绍了技术总体情况，第二～六章阐述了在线数据整合、并行计算、在线稳定分析、在线可用传输容量计算以及调度辅助决策等关键技术，第七～十章介绍了系统运行模式、人机交互、工程实施方法和典型案例等实践经验，第十一章阐述了未来发展方向。

本书由严剑峰和周孝信担任主编，由严剑峰和鲁广明完成统稿，周孝信完成框架编写和定稿。第一章由严剑峰编写，第二章由邱健和江兴凌编写，第三章由陈勇编写，第四章由严剑峰、丁平、于之虹、吕颖、鲁广明编写，第五章由丁平和吕颖编写，第六章由严剑峰、于之虹、丁平、吕颖和鲁广明编写，第七章由史东宇编写，第八章由严剑峰编写，第九章由史东宇编写，第十章由严剑峰和史东宇编写，第十一章由于之虹、吕颖、严剑峰和鲁广明编写。

本书凝聚了团队多年的成果，不仅有理论算法，而且更侧重最新的工程应用。本书不仅可以做电力工程技术人员、电力科学研究人员、电力系统专业院校的参考书，而且对电力系统分析、调度自动化、在线分析技术等相关专业人员具有一定指导作用。限于编者水平，书中内容难免有不妥之处，恳请同仁批评指正，提出宝贵意见。

**编者**

2015.6

# 目录

# 1 概　　述

## 1.1 在线动态安全监测与预警系统简介与背景技术

### 1.1.1 系统简介

随着国民经济和电力工业的发展，电网作为关系国家能源安全和国民经济命脉的重要支柱，肩负着十分重要的经济责任、政治责任和社会责任。伴随我国超大型互联电网的出现，以及可持续发展的未来能源体系的建设[1]，电网的动态运行越来越复杂，电网运行裕度减小，电力调度的控制难度增加，电网的动态安全问题日趋突出。为此，为了保证电网的安全稳定与经济运行，需要不断跟踪国内外新技术的发展，将最新的电力系统安全分析和仿真技术应用于电网调度运行管理，这对于加强电网的分析能力，全面提高人员素质、科研手段和调度水平具有重要意义。

2003 年 8 月 14 日，美国和加拿大发生的停电事故，促进了国际上电网在线动态安全监测与预警系统（Dynamic Security Assessment，DSA）的研究[2]。在那次事故中，5 回 345kV 线路在 2h 内相继故障跳闸，导致北美电力系统崩溃。自此，如何在线跟踪处理多重相继故障成为各国电网研究的热点。近 10 年来，我国电力工业迅猛发展，到 2014 年底，全国装机总容量达 13.6 亿 kW，电网规模已成为全球第一。与快速发展的电源建设相比，我国电网结构相对薄弱，动态稳定、暂态稳定、热稳定问题并存，特别是大量间歇性风电等可再生能源电源接入电网，给电网安全运行带来巨大挑战，原有的调度自动化系统只进行在线静态分析，电网稳定分析只有离线方式，难以适应大电网运行需求。

在线动态安全监测与预警系统基于电力系统在线实时数据和动态信息，通过多种电力系统分析的计算手段，在给定的时间间隔（一般为 15min）内，对电力系统在线运行方式的稳态、动态和暂态特性进行自动分析和计算，给出稳定极限和调度策略，以保障电网的安全稳定运行，亦称在线动态安全评估。

电力系统在线动态安全监测与预警实现了对当前运行状态的快速安全评估，主要在电力系统安全监视、调度操作影响预估和事故分析三个方面发挥作用，并为未来电网在线分析控制提供技术基础。

（1）电力系统安全监视。传统电压、电流、功角和功率等运行量的监测可以判断当前运行点是否正常，在线动态安全监测与预警可以进一步判断当前运行点的潜在危险性、抗干扰能力以及与安全稳定边界的距离。

（2）调度操作影响预估。对调度即将进行的操作进行安全稳定性校验，评估操作后的电力系统安全稳定性的变化情况，提前预知操作产生的安全影响。

（3）事故分析。提供电力系统稳定分析用的事故前后数据，为事故分析提供快速真实的基础数据。

（4）提供在线分析控制基础。实现电网运行控制约束的在线分析计算，为未来电网实现在线监视—分析—控制提供基础。

电力系统在线动态安全监测与预警实现了电网传统的离线方式计算向在线稳定分析的技术飞跃，为大电网在线安全评估和智能化调度提供了有效的技术手段。其中，在线稳定分析评估与预警功能根据电力系统在线潮流和稳/动态模型计算信息，实现大规模电网在线安全评估、预警和调度辅助决策；离线研究功能采用并行计算方式，极大提高了运行分析人员进行系统方式计算的速度。

在线动态安全监测与预警系统的开发建设是一项长期复杂的系统工程，系统本身涉及面广，涵盖多学科、多专业领域的理论技术，涉及电网运行控制、电力系统稳定分析、广域相量测量及并行计算等领域的新技术。同时，在实际开发建设中还要综合考虑对现有资源的充分利用和有机集成，包括目前的已有能量管理系统（Energy Management System，EMS）、广域测量系统（Wide Area Measurement System，WAMS）、继电保护及故障信息管理系统、安全自动控制系统、离线安全分析计算软件及并行计算平台等。系统建成后将通过在线稳定分析及预警、调度辅助决策和计划校核，实现在线监测电网运行的安全隐患，评估电网的稳定程度，提高各级电网运行决策的科学性和预见性，从而进一步挖掘电网输送潜力，更加合理地安排和优化电网运行方式，提高电网的安全稳定水平以及电力市场环境下的调度能力，并为未来实现闭环稳定控制奠定基础。

### 1.1.2 国外背景技术

2005年2月，美国电力系统工程研究中心（PSERC）发布的一项关于在线暂态稳定评估的技术报告 *On Line Transient Stability Assessment Scoping Study* 表明，当时国际上已有6个电力系统在线软件生产厂家❶可以提供不同程度的在线暂态稳定评估软件。这些软件的主要功能是在EMS高级应用的基础上，实现采用实时数据的时域仿真，并配合扩展等面积法或暂态能量函数法的暂态稳定评估。同时进行的使用调研表明，电网运行部门强烈希望这些软件能早日达到实用要求，但当时只有2家公司的软件在试用和调试，并未达到大规模实际应用的程度。

#### 1.1.2.1 美国EPRI的DSA系统[3]

美国EPRI（Electric Power Research Institute）联合西门子公司将较为实用化的DSA系统嵌入了美国北方州电力公司的EMS，并对DSA系统实现不间断的安全评估。

DSA系统可以定时每隔几分钟从EMS在线系统获取实时数据，判断DSA系统当前的稳定状态，决定当前DSA系统在各种扰动条件下的运行极限，同时判断出让DSA系统失稳的故障，给出稳定裕度或者不稳定的程度。

DSA系统分为三层，主要包括：

（1）实时数据采集层。从EMS中获得电网当前状态，包括网络拓扑结构和发电负荷数据，通过变化监测器（Change Monitor）动态更新DSA的基础数据。变化监测器主要是监视系统的变化，决定在何种条件下需要驱动DSA模块的运行，排除不需要做稳定分析的情

---

❶ 这些厂家是 Areva T&D Corporation、Bigwood Systems、Powertech Labs Inc.、Siemens EMTS、University of Liege 和 V&R Energy System Research Inc.。

况，这样可以提高整个系统的运行效率。

（2）DSA层。包括事故扰动排序、动态仿真和安全监测。如果系统安全，则继续下一个循环的分析；如果系统存在安全性缺陷，则发出警告并进行控制措施的选择。DSA层的主要功能是：将各种高效的动态安全分析算法模块化，根据系统的实际情况或调度员的意向选择适当的分析模块，对当前电网进行计算。

（3）控制层。包括校正控制和预防控制。该模块是DSA结果对电网控制作用的体现。DSA计算系统稳定裕度和运行极限，给出稳定控制措施并施效于原电网，使系统可以运行在安全区域。

EPRI在美国北方州的DSA系统采用能量函数方法进行动态安全分析以达到快速分析的目的。为了利用多机并行处理的优点，使用客户服务器模式实现了DSA，将此称之为机群（Cluster）结构。其目的是通过在多个工作站上并行处理大量的事件，以用来快速评估系统的稳定状况。DSA的功能块分为输入、进程管理、事件筛选、模拟和安全监视五个子系统。DSA要求输入下述模型：网络模型、设备静态模型、设备/系统动态模型、负荷模型和故障/控制模型。该系统可以在10min之内做约30个5～10s的实时仿真，系统规模为2000个节点，250台发电机，使用一个CPU进行计算。

#### 1.1.2.2 北美WSCC的广域测量系统

1989年，美国能源部联合邦纳维尔电力局（BPA）和美国西部电力局（WAPA），为美国西部电网系统开发了广域测量系统（Wide Area Measurement System，WAMS）。WAMS的开发项目和美国西部动态信息网络（West System Dynamic Information Network，WesDINet）项目共同构成电力系统动态信息的框架结构。研究内容包括三个阶段：

（1）广域测量系统的实施；

（2）开发在线电压安全评估和动态安全评估软件包；

（3）利用柔性交流输电系统（FACTS）的元件来控制电网运行。

该项目的可能应用领域包括：

（1）实时确定输电容量；

（2）预测电力系统的潜在问题；

（3）优化规划、运行、控制过程；

（4）检验电力系统动态行为和控制装置性能；

（5）解决电力系统规划、分析、设计的困难问题；

（6）检验电网动态模型。

自从1992年美国西部电力联盟（WSCC）安装并运行世界上第一台商品化的相量测量装置以来，电力系统实时动态监测技术已经被证实是维护电力基础设施可靠与安全运行的重要工具。

#### 1.1.2.3 加拿大Hydro-Quebec的稳定控制系统

Hydro-Quebec电网的特点是长距离输送，输送距离可达1000km。在2000年底投运动态稳定控制系统，该系统有严重扰动检测子系统、远程系统减负荷子系统、发电机切除子系统和可编程减负荷子系统4个子系统。涉及的稳定问题包括电压崩溃和暂态稳定等，系统的反应时间约为200ms。

Hydro-Quebec利用相角测量作为发电机的电力系统稳定器（Power Systern Stabilization，PSS）控制输入，以改善区域电网的振荡衰减性能。相角采集系统由一个数据集中器和9个远程电网的相量测量设备组成。数据集中器则为各发电机的PSS提供所需信息。结果证明，PSS反馈信号加入远程联动频率测量后，可改善电网的振荡衰减速度；当系统发生不稳定时，电压支持也得到改善。这种控制方式可以抑制一系列以前分析的不稳定事件，并且还可以改善不稳定事件的母线电压。如果PSS进一步使用远方的测量频率，电网对远方母线的支持能力可得到明显的改善。

#### 1.1.2.4 韩国的暂态稳定控制

韩国在2002年9月投运了暂态稳定控制系统，该系统是由8台同步相量测量装置（Phasor Measurement Unit，PMU）组成集中式系统，数据更新速率为10Hz，每15min完成一次预想事故的稳定计算，稳定计算算法为单机等值法（Single Machine Equivalent Method，SMIE）。

#### 1.1.2.5 美国的PJM（Pennsylvania-New Jersey-Maryland）系统

美国PJM系统是基于大电网在线数据的安全稳定分析系统。其具有成熟的计算系统支持，基于Powertech计算软件构建。为了有效的利用机群系统的计算能力，还具有海量故障筛选的能力，采用了基于稳定域边界的主导不稳定平衡点算法（Boundary of Stability Region Based Controlling Unstable Equilibrium Point method，BCU）筛选计算方案。为了处理不同情况下的应用需求，PJM还具有在线运行方式和研究方式两种模式。总体来说，PJM更加关注系统的暂态稳定性，具有很高的效率表现。

#### 1.1.2.6 日本的TEPCO-BCU系统[4]

TEPCO-BCU在线动态安全监测与预警系统由日本东京电力公司和美国Bigwood公司联合开发研制。该系统采用了BCU法和详细的时域仿真法相结合的方法，具体通过BCU分类器实现。TEPCO-BCU系统能够进行动态安全评价、能量裕度的计算和控制。对分类器确定的不稳定事故和难以确定的事故通过BCU辅助的时域仿真法（BCU-guided TDS method）来进行完全的稳定性分析；对分类器确认稳定的事故，则不需要进行进一步的分析。该系统能够捕获所有不稳定事故，能尽量排除不影响系统稳定的事故，在线计算能够适应运行工况的不断变化，鲁棒性好，筛选速度快。

### 1.1.3 国内背景技术

#### 1.1.3.1 动态安全评估、预警和决策系统[5]

中国电力科学研究院自主研发的动态安全评估、预警和决策系统是跨区电网动态稳定监测预警系统的重要组成部分，于2007年11月和12月通过原国家电力调度通信中心第一、二阶段功能现场验收。

该系统开发的并行计算平台针对电力系统计算特点，利用先进的大规模机群服务技术，在离线并行计算平台技术的基础上，发挥任务并行的优势，实现电网当前运行工况下安全问题的在线分析。

该系统开发的动态数据平台综合使用国调中心EMS的330kV/500kV电网实时数据和分散在区域电网调控中心EMS的220kV数据，实施基于330kV/500kV主网数据约束的整合潮流计算，整合后数据和电网运行数据吻合，形成准确合理的电网实时运行工况，为后续的电网在线安全分析提供统一的数据来源。

按计算功能阶段该系统可划分为预警计算阶段和辅助决策计算阶段，集成了多类稳定分析计算功能，能够实现暂态稳定计算、小干扰稳定、电压稳定、调度辅助决策计算及输电断面传输裕度评估计算等多种稳定分析和决策功能。

2007 年底，该系统对国家电网公司 10000 节点系统扫描故障总数约 400 个，分析评估及辅助决策周期（每周期包含 4 个厂家合计 4 轮次计算）在 900s 以内。

#### 1.1.3.2 暂态安全定量分析离线/在线软件[6]

暂态安全定量分析离线/在线软件（Fast Analysis of Stablility Using the Extended Equal Area Criterion and Simulation Technologies，FASTEST）是原国网南京自动化研究院在扩展等面积准则（Extended Equal Area Criterion，EEAC）研究基础上设计开发的。FASTEST 能够系统全面地快速定量评估电网的暂态功角、电压和频率安全性，满足在线动态安全分析的要求。该软件的潮流计算和暂态稳定计算能够处理复杂模型，提前终止积分计算；一次仿真计算能够同时给出暂态功角稳定裕度、暂态电压稳定裕度和暂态电压/频率偏移可接受裕度；具有全网故障表或特定故障扫描、算例严重程度的排队功能，满足不同需求的扫描筛选准则，可靠地捕捉严重的故障；能够进行各种极限计算。

此外，清华大学开发了电网控制中心安全预警和决策支持系统。该系统能够在线运行，自动跟踪系统运行状态的变化，随时根据当时电网的状况给出电网存在的潜在问题，同时给出预防控制的对策，供决策人员参考。

#### 1.1.3.3 实时动态监测系统

同步相量测量装置（Phase Measurement Unit，PMU）的研究在我国起步于 1995 年，中国电力科学研究院、清华大学、华北电力大学、山东工业大学、西安交通大学和华中理工大学等单位都开展了相关研究，其中清华大学得到了国家自然科学基金的支持。

1996 年以后，我国陆续在南方、西北、华东、四川等区域电网建立了实时动态监测系统。这些系统都由 PMU、调制解调器、中央监控站、网络服务器及资料分析站等组成。其中，PMU 的采集时钟同步误差不超过 1μs，相角测量精度 0.1°，通信速度 20～50 次/s，通信延迟 10～30ms；上送数据包括电压及电流相量、线路机组功率、发电机内电动势、频率、频率变化率和重要开关信号等。PMU 子站和中央主站均具备长期连续记录动态数据的能力。主站已经实现了实时频率特征分析、扰动识别、全网录波触发、仿真曲线对比等应用功能。这些系统应用于电力系统后，一是可以使运行管理人员直观地了解到电力系统的稳态运行情况和动态过程，为调度人员的运行决策提供帮助，并积累观测电力系统动态过程的运行经验；二是可以同步记录电力系统的动态扰动过程。

截至 2005 年，我国 PMU 和实时动态测量系统的主要生产厂家及其产品有：中国电力科学研究院生产的 PAC-2000 电力系统同步相量测量装置（东北、华东），四方继保自动化股份有限公司生产的 CSS-200 系统（国调、华北、东北、江苏），上海南瑞电气有限公司生产的 SMU 同步相量测量装置（江苏、华东）。

#### 1.1.3.4 安全稳定控制系统

在我国，安全稳定控制系统应依据 DL 755—2001《电力系统安全稳定导则》的规定进行配置。按满足电力系统同步运行稳定性分级标准的要求，设置不同功能的安全稳定控制系统，建立起保持电力系统安全稳定运行的三道防线，使电力系统在某一特定严重程度的扰动下，保持在某一规定的安全水平（状态），并保证电力系统满足安全稳定的可靠性要求。

目前，国内外稳定控制系统（国外称 Special Protection Schems）使用的决策方式有三类：离线决策、在线准实时决策和在线实时决策[7]。其中，离线决策是国内应用较早和较普遍的方式，也有比较成熟的运行经验；在线准实时决策在国外某些电力系统已有使用，我国在这方面虽有类似的研究和开发，但投入商业运行的不多；由于对计算模型、计算手段、通道等的制约条件较多，在线实时决策系统尚无实际应用。

现有区域安全稳定控制系统控制策略是针对局部电网的暂态稳定而设置的。对交流同步联网系统在联网初期多采用点对点的交流弱联系，大故障扰动下功率振荡特征更为复杂，系统可能分成两个或以上的同调机群，使得系统电压、电流等电气量大幅度周期性波动，并在薄弱环节形成振荡中心，即长过程的动态稳定。系统的网架结构、运行方式及故障扰动形式等对振荡中心的形成和发展会进一步产生影响。原有的区域安全稳定控制装置大多基于“离线计算、在线匹配”的方式，由于联网后方式变化更为复杂，局部区域的网络结构变化对相邻联网系统的稳定水平影响较大，而且由于功率振荡的不确定性因素较多，给控制策略表的整定增加了困难。

由于跨区电网规模庞大，运行方式千变万化，离线制定策略表不仅非常困难，而且很难与实际工况相符合。在线预决策系统根据电力系统当前的运行工况，搜索最优的稳控策略，定期刷新策略表。因此，可以及时把握任何特殊运行方式下的系统安全，这对避免全国跨区电网这样的大电网发生大面积停电事故非常重要。2003 年，美加电网发生“8·14”大停电事故，由于在事故缓慢恶化阶段电网缺乏在线分析软件，在快速恶化阶段缺乏自适应的紧急控制装置，在临界振荡阶段缺乏自适应的解列装置，使系统错失了恢复稳定的多个时机。如果实现了快速的定量分析，就能有效支持控制策略，避免发生连锁反应事故。

国内电力系统安全稳定控制所采用的方式主要分为就地控制型和集中控制型两类。就地控制型一般用于小范围控制，各控制装置相互独立，互不联系，控制策略简单；集中控制型则相反，各控制装置之间联系较紧密，中央控制站收集各点的数据，然后进行统一的运算，得出控制量后再向各控制子站发出控制命令，由控制子站执行控制命令。就地控制型安全稳定控制装置由于发展较早，国内已成功投入运行的安全稳定控制装置绝大多数为此类；而集中控制型安全稳定控制装置由于技术复杂，发展较晚，因而投入运行的很少。

除上述两类安全稳定控制装置外，现还有一类介于就地控制型和集中控制型之间的区域控制型安全稳定控制装置。此类安全稳定控制装置没有中央控制站，各安全稳定控制装置安装点以就地判断控制为主，适当采集周边站点的运行信息和工况，当经过计算后发现仅在本站采取控制措施不足以保证系统稳定时，可向周边站点发出控制命令；当安全稳定控制装置接收到周边站点发来的控制命令时，加上本站的一些就地判断条件，即可发出控制命令。区域控制型安全稳定控制装置集中了就地控制型和集中控制型安全稳定装置的优点，既可以对较大范围的电力系统进行安全稳定控制，又保持了各控制站安全稳定控制装置之间的相对独立性，使每一个控制站的运算工作量大为减少。截至 2001 年，发达国家电力系统中的安全稳定控制装置多采用此类。国内天广交直流输电系统安全稳定控制装置 EMWK2000 以及广西电网在线稳定分析和预防控制系统即为此类。

（1）天广交直流输电系统安全稳定控制装置 EMWK2000。

EMWK2000 由 4 个控制站组成，即马窝换流站、天生桥二级电站、平果变电站和来宾变电站。4 个站的安全稳定控制装置分别独立地对本站的运行状态进行监视，同时，马窝换

流站也接收天生桥二级电站的部分数据（通过光纤数字通道），天生桥二级电站接收马窝换流站和平果变电站的部分数据（通过光纤数字通道），平果变电站接收来宾变电站的部分数据（通过微波或载波通道）。4个站的安全稳定控制装置分别有自己的控制策略，在对所得到的数据进行计算后发出控制命令（包括解列线路、切机等），若本站的控制措施达不到保持稳定的要求时，则向其他站发出控制请求。安全稳定控制装置在接收到其他站发来的控制请求后需与本站计算结果相结合，得出本站的控制命令并出口执行。EMWK2000投入运行后连续正确动作，保证了向广东大负荷送电时系统的稳定，使南方电网向广东送电的稳定极限提高到了一个新的水平。

此套安全稳定控制装置采用开放式结构，当系统结构发生变化时，只需对相关站点安全稳定控制装置的控制策略稍做修改或增加部分硬件即可实现，当天广三回线建成后，利用现有的安全稳定控制装置进行扩展也很方便，在天广三回线上必要的地点增加新的安全稳定控制装置，同时对现有的安全稳定控制装置进行简单的改造即可构成天广三回线的安全稳定控制装置。

（2）广西电网在线稳定分析和预防控制系统（OAP）。

OAP根据广西电网EMS定时刷新的状态估计后的在线数据，连续地动态分析广西电网离线制定的预想故障集和在线制定的附加故障集下的暂态功角稳定性、暂态电压和频率偏移可接受性和静态电压安全性，同时评估离线制定的各种预想控制措施的有效性。OAP侧重于系统全局安全域的求取和离线制定的控制预案的评估，不涉及在线控制策略的优化搜索和在线闭环控制的实施。选用保留外部系统完整数据的在线潮流匹配的计算方案，即：系统根据事先定义的时段规则，选取南方电网的典型方式，根据各个区域之间的交换功率，调整外网典型方式数据，最后将广西网EMS数据与外网调整后的典型方式数据合并，形成反映运行工况的潮流数据。以南方电网的详细模型进行在线稳定分析和预想控制策略评估，系统设置预想故障和在线附加故障总数约为85个，分析评估周期小于5min。

#### 1.1.3.5 保护及故障信息管理系统

我国自2000年起，陆续在全国各区域电网构筑了保护及故障信息管理系统。系统的主要功能是采集继电保护、录波器、安全自动装置等智能装置的实时/非实时运行、配置和故障信息，对这些装置进行运行状态监视、配置信息管理和动作行为分析。在电网故障时快速进行故障分析，为运行人员提供处理提示，使调度人员可以迅速准确地掌握电网故障情况以及继电保护装置的动作行为、故障地点、故障相别等第一手资料，及时处理电网故障，加快对事故及继电保护异常的处理，提高电网事故分析的技术水平以及继电保护系统管理和故障信息处理的自动化水平。

## 1.2 在线动态安全监测与预警系统结构

### 1.2.1 基本思路

在线动态安全监测与预警系统的基本思路如图1-1所示。该系统通过电力系统状态评估获取在线运行方式，与电网的设备模型参数进行在线数据整合，形成完整的计算分析数据，并结合预想扰动和运行限额信息，调用在线安全稳定分析、调度辅助决策和输电断面传输裕度评估模块完成在线计算，实现在线数据整合、在线安全稳定分析、调度辅助决策和输电断面传输裕度评估等功能。

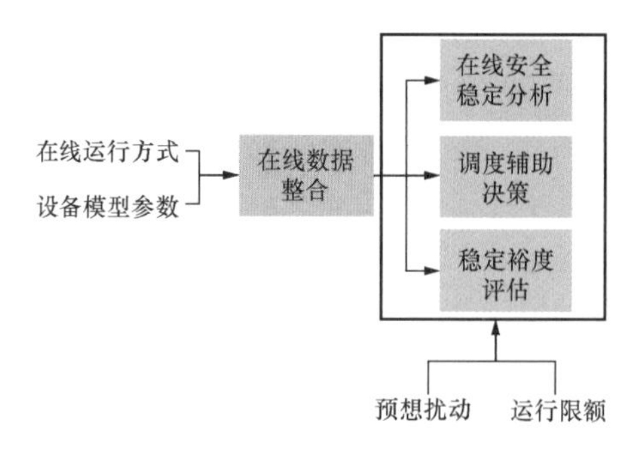


图1-1 电力系统在线动态安全监测与预警系统基本思路框图

#### 1.2.1.1 在线稳定分析模块

在线稳定分析模块主要分析电力系统在线运行的潜在危险性，通过对电力系统在线特定运行方式下安全稳定性的计算，分析其保持或恢复稳定运行的能力。在线稳定分析中，同时进行暂态稳定评估、静态电压稳定评估、小干扰稳定评估、短路电流计算和静态安全分析计算。发现电力系统稳定水平不足时，针对不同的稳定问题，即时启动相应的调度辅助决策支持计算，为调度运行人员提供运行方式调整的可行方案，以保证电力系统的稳定运行。如果电力系统能稳定运行，则启动输电断面传输裕度评估。

#### 1.2.1.2 调度辅助决策模块

调度辅助决策模块根据在线稳定评估和预警软件的计算结论，针对危害电力系统稳定的失稳隐患，通过分析计算选择调节对象，采用并行算法实现调节量的计算，给出消除电力系统在线运行潜在危险的控制措施，供调度运行人员使用。对于预想扰动后无法满足安全稳定运行要求的在线运行方式，计算调整措施，校核调整后的电力系统安全稳定性，使电力系统运行在安全区域之内。调整措施包括改变发电机输出功率、调节变压器分接头、合上或断开母联断路器、投运或者切除线路、调节无功补偿设备以及切除负荷等。调度辅助决策可分为在线稳态辅助决策、在线暂态辅助决策、在线动态辅助决策和综合辅助决策。综合辅助决策是指多个辅助决策调整措施的综合分析验证方法，用以形成满足各类安全稳定性的调整措施，最终形成消除失稳隐患的调度辅助策略。

#### 1.2.1.3 输电断面传输裕度评估模块

输电断面传输裕度评估模块主要分析电力系统稳定运行边界的状态，按照指定或者自动的潮流调整方案调节输电断面输送功率，求取满足稳定运行要求的可用传输容量大小，亦称在线可用传输容量计算。一般，输电断面传输裕度评估包括潮流调整和稳定校核两个计算步骤：①潮流调整。通过发电机输出功率调节、电容器电抗器投切、变压器抽头位置调节和负荷调节等手段，在满足潮流计算约束的条件下改变指定输电断面的功率，得到新的电力系统运行方式。②稳定校核。对潮流调整中得到的电力系统运行方式进行稳定分析计算，选取满足稳定要求的输电断面最大传输功率，计算在线可用传输容量。

### 1.2.2 软件结构

在线动态安全监测与预警系统软件结构如图1-2所示。在线动态安全监测与预警系统主要有2种平台功能、3类计算功能及2种支持功能，其中：2种平台功能包括在线数据整合和并行计算平台功能，3类计算功能包括稳定分析及预警（含新能源预警）、调度辅助决策和输电断面传输裕度评估功能，2种支持功能包括历史数据存储及应用和人机界面。下面分别介绍这几种功能。

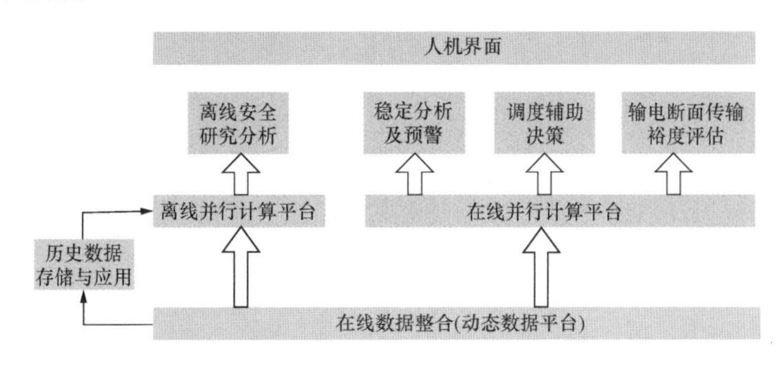


图1-2 在线动态安全监测与预警系统软件结构

1.2.2.1 在线数据整合

在线数据整合通过获取电力系统在线运行方式，形成完整的分析计算数据，为后续的电力系统分析提供基础数据。提供的数据主要包括在线运行方式（含在线拓扑结构、在线潮流结果）和设备模型参数。在线运行方式随电力系统实时运行状态的变化而变化，设备参数随电力系统建设过程发生变化。早期的电力系统在线动态安全监测与预警软件获取的在线运行方式仅涵盖单个调度管辖范围，由于暂态稳定等分析手段需交流同步电力系统的全网数据，出现了采用多个调度在线数据拼接为全网在线运行方式的整合技术。随着电力系统状态估计技术的成熟，可从状态估计直接获取全网数据。

在线数据整合平台实现了电网稳定计算的数据整合、数据交换共享。其中，数据整合是指综合使用互联电网的1000kV/500kV电网实时数据和分散在区域电网调控中心EMS的220kV数据，实施基于1000kV/500kV主网数据约束的整合潮流计算，形成准确合理的电网实时运行工况。数据交换共享一方面是指为各个系统应用提供一个开放式的在线数据源，为各个电网的安全分析系统提供统一的数据来源，使国（分）调、省调、地（县）调三级电网调度系统通过调度数据网络实现基础信息与计算成果的共享，协同工作，共同为电网的安全稳定经济运行提供决策支持；另一方面还包括计算结果的交换与共享，通过数据整合平台将在线稳定分析、调度辅助决策、裕度评估校核计算结果送给相关外部系统。

1.2.2.2 并行计算平台

并行计算平台是利用基于机群的并行计算技术，发挥任务并行优势，采用计算任务预分配和任务并行的计算技术，通过UDP组播实现计算任务的调度和计算结果的回收，快速完成稳定预警、调度辅助决策等功能所需的庞大计算，在线分析电网当前运行工况下的安全问题。根据服务的计算对象不同，并行计算平台可分为在线并行计算平台和离线并行计算平台。其中离线并行计算平台可直接用于离线安全研究分析，提升计算效率。并行计算平台实现相关数据的处理、计算任务的调度和执行以及计算结果的反馈，是实现在线动态安全监测与预警系统功能的核心技术之一。

1.2.2.3 稳定分析及预警（含新能源预警）

稳定分析及预警基于电力系统在线实时数据和动态信息，在给定的时间间隔内，对电力系统各方面安全性作出动态安全评估，其中也包括对新能源系统稳定性的评估。在线稳定预警系统最重要的功能是实现全面的安全稳定分析预警与评估，其采用多种评估方法，集成电力系统已有的离线稳定分析工具，实现在线稳定的全面分析。

稳定分析及预警还包含小干扰分析与 WAMS 检测结合的低频振荡综合预警，综合基于模型的小干扰稳定分析结果与基于响应实测的 WAMS 振荡统计结果，向调度员展示系统内经常发生的小幅度低频振荡线路和相关度高的机组。调度员可以及时发现电网振荡的薄弱环节，提前采取控制措施，避免小幅度低频振荡发展为大规模电网振荡事故。

#### 1.2.2.4 调度辅助决策

调度辅助决策基于灵敏度计算，首先根据在线稳定分析的计算结论，从中挑选出危害系统安全的失稳隐患；然后，通过采用系统线性化等手段，计算系统的可调量与系统危险量的相关系数；最后，通过对相关系数的排序与计算得到调整系统的元件及其调整幅度。此外，调度辅助决策还能基于调度人员的调度经验，自动选取代价最小的方案，消除失稳隐患。

#### 1.2.2.5 输电断面传输裕度评估

输电断面传输裕度评估是利用系统强大的计算和数据资源，根据稳定计算结果，在保证全系统发电—负荷整体平衡的前提下，通过改变发电分布，调节断面潮流。调节方法是基于同步控制法的在线裕度评估算法：同步控制一个或多个断面的断面功率不断增长、被研究断面相邻的断面功率控制在初始值或给定值位置，用多台平衡机承担系统的不平衡功率；在满足暂态稳定、电压稳定和 $N-1$ 热稳定的断面极限的条件下，通过在线稳定裕度搜索程序并采用并行算法计算，汇总计算结果；通过分析找出断面输送功率的极限，求出断面输电裕度。输电裕度是系统输电能力的直接反映，针对实际的网络系统，自动计算重要输电断面的稳定裕度，评估断面对因电网故障或非计划停运造成供电缺额地区的电力支援能力，对实际系统的运行具有重要的指导作用。

#### 1.2.2.6 人机界面

人机界面利用可视化技术，通过严重故障信息显示和小干扰分析等图示化输出、用户指定信息查询以及动态安全域可视化等手段，利用三维或平面可视化技术，对预警信息、调度辅助决策信息、在线输电断面传输裕度评估信息、关键断面极限功率以及电网的潮流、电压进行形象化表示，直观明了地表示系统安全分析的计算结果，并支持多用户网络浏览与自动刷新，完成分析计算结果和在线数据的可视化输出，提供简洁明确的在线稳定预警、调度辅助决策和裕度评估校核结论。同时，人机界面也包括为系统运行和维护而使用的配置、监视和分析界面软件。

#### 1.2.2.7 历史数据存储与应用

历史数据存储与应用主要完成电网运行数据（含电网模型参数）和部分结果数据的存储和数据的再利用（如离线分析、结果展示等），包括数据库存储、数据文件存储、数据提取、数据查询界面与维护人机界面等。

除以上功能外，在线动态安全监测与预警系统一般还具备维护与管理功能，主要完成系统维护、管理以及软件数据更新维护。

在系统运行时，数据整合平台获取多个或单个互联电网状态估计数据，并负责接收和处理各类电网信息，形成准确合理的电网实时运行工况和其他各类运行信息，基于开放式的数据源，把在线整合数据提供给并行计算平台。

并行计算平台利用数据整合平台提供的在线运行工况和其他运行信息，通过广播的方式把数据分发到各个计算应用中，应用并行计算技术和各类稳定分析技术手段，进一步实现在线稳定预警和调度辅助决策功能。

历史存储与应用存储各个时间断面的系统运行数据与分析结论，建立索引关系，将相应的存储数据提供给其他离线并行计算平台或离线分析计算等子系统，便于做进一步研究。

人机界面把并行计算平台所得到的分析结论通过图示和列表方式显示给用户。

### 1.2.3 硬件结构

在线动态安全监测与预警系统的硬件示意图如图 1-3 所示。

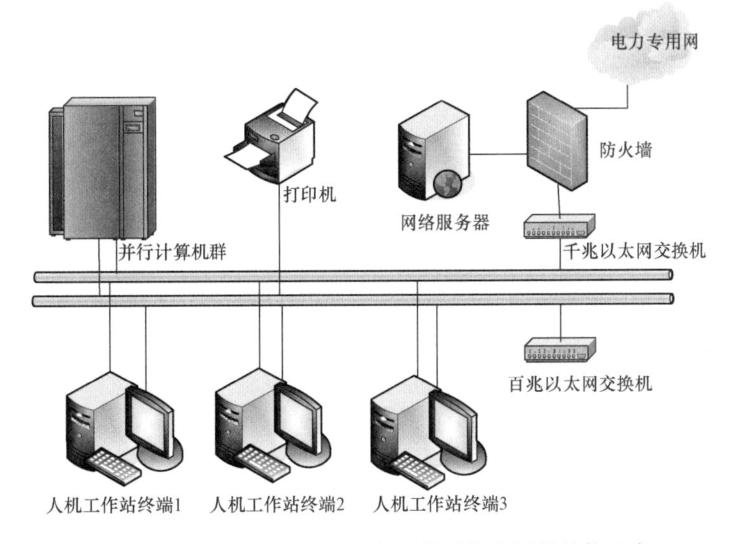


图 1-3 在线动态安全监测与预警系统的硬件结构示意

在线动态安全监测与预警系统硬件结构的设计难点主要集中在服务器的选型和网络类型的确定上。首先，服务器要满足电力系统仿真对硬件计算能力的要求，应拥有足够多的 CPU 或计算核心；其次，电力系统的并行计算需要依靠网络传递数据和计算结果，对网络的性能要求需要评估；另外，还应统筹考虑系统计算能力的扩展和造价问题。根据并行计算策略的研究成果，电力系统的并行计算在服务器间使用任务并行比较合适，计算期间对网络带宽的需求并不苛刻，通用的千兆网可以满足要求。基于以上考虑，使用基于千兆网互联的多核服务器构成的机群系统是系统主体硬件的合理选择。

为了兼顾系统运行、维护和使用的要求，在线动态安全监测与预警系统的硬件结构是由规模适宜的并行计算机群、若干人机工作站和外网连接设备组成，可提供强大的计算能力和高速的数据传输通道。

#### 1.2.3.1 并行计算机群

并行计算机群由若干数量的应用服务器、计算节点机和计算网络设备组成。

应用服务器分为调度服务器、数据网关服务器和数据服务器三类，其中：计算管理服务器用于管理并行计算机群，数据整合服务器用于在线数据的交换整合，应用服务器用于数据存储管理。为防止单一失效，应用服务器一般都配备备机。

计算节点机具有一定规模的计算核心，形成强大计算能力，用于各种在线分析计算，其节点机数量的下限应满足 15min 在线计算周期的要求。

高速计算网由数量合适的千兆交换机堆叠连接形成，为防止单一失效，一般需要构建2个千兆网段。机群同时配备集中监控和KVM设备，为硬件设备的监控、操作提供方便。

#### 1.2.3.2 人机工作站

人机工作站用于维护、管理和提交离线计算分析任务，是离线应用的主要介质，一般还配有打印机等设备。

#### 1.2.3.3 外网连接设备

外网连接设备实现与其他电力系统自动化应用的连接，由交换机和防火墙构成。为安全性考虑，外网连接设备一般采用硬件防火墙形式，或者直接接入信息安全防护网。

#### 1.2.3.4 系统运行模式

在线动态安全监测与预警系统运行模式有在线模式、在线研究模式和离线模式三种。

在线模式实现在线安全监测与预警的主要功能，其主要特点是，通过未经修改的在线数据，对电力系统作出相关的安全稳定评估结论和辅助决策计算结果，其运行过程完全自动而没有任何人机操作。从流程上，首先通过与调度技术支持系统的统一规范接口，获取调度技术支持系统中各类安全稳定分析所需要的在线数据；然后，通过在线数据整合系统进行数据整合和数据交换，整合工作完成后，送入并行计算平台中；并行计算平台通过高效的计算组织方法，实现各个电力系统应用软件的并行分析，并通过统一规范接口将计算结果送回到调度技术支持系统。

在线研究模式主要实现操作前的综合安全分析和重大事件在线快速分析功能，其主要特点是，通过人工手动修改当前运行方式，对即将在系统中发生的事件进行安全稳定评估。从流程上，首先通过人机界面，记录用户的修改内容并计算潮流；然后送入并行计算平台中，并行计算平台通过高效的计算组织方法，实现各个电力系统应用软件的并行分析，并将计算结果送回人机界面。

离线模式主要实现离线方式计算功能，其主要特点是，通过大量的人机操作对数据进行修改，并通过运行方式人员熟悉的计算软件上传计算任务和查看计算结果。从流程上，首先通过人机界面，记录用户的提交的潮流；然后送入并行计算平台中，并行计算平台通过高效的计算组织方法，实现各个电力系统应用软件的并行分析，并将计算结果送回人机界面。

## 1.3 关键技术问题

### 1.3.1 基础技术难题

电力系统在线动态安全监测与预警系统的应用需要解决两个基础问题：①数据问题，即如何实现在线数据整合与接入；②计算问题，即如何保证计算速度。

数据是电力系统在线动态安全监测与预警系统的各类应用赖以运行的基础。要建立高效的数据交换共享体系和科学的数据处理方法，确保分散的数据能够快速地获取和共享，需要从数据交换共享体系的建立和动态数据平台两个方面予以实现。

在计算方式上，要将电力系统原来离线进行的方式计算，提速为在线进行的稳定分析。在电力系统核心算法没有重大突破之前，主要依靠飞速发展的机群系统硬件和并行计算技术，构建工作机制合理的电力系统并行计算平台来实现。对此需要开展并行处理策略的选择、并行计算平台的工作机制研究和并行计算平台软件研制三个方面的工作。

1.3.1.1 在线数据接入

电力系统在线动态安全监测与预警系统使用的数据分散在各电力调控中心，数据描述和格式在各电力调控中心和不同的应用系统中也存在很大差别，而系统运行的各类应用对数据均有快速提供和充分共享的苛刻要求，同时还需要依靠合理的维护分工，以降低维护难度，提高数据质量。因此，制定科学的技术规范和管理办法，建立合理的机制，形成由各级调度机构组成的高效的数据交换共享体系，是电力系统在线动态安全监测与预警系统建设和运行的重要基础。

数据的交换和共享需要从数据的定义、数据描述的形式、交换的方式和维护的分工四个层次予以解决。经过研究和实践摸索，形成了“描述形式采用电力系统数据标记语言（E语言），定义依靠数据规范，交换方式采用实时数据通信，维护以管辖范围分工划分”的数据交换共享体系的构建方案。为此，需要建设专门的动态数据平台来解决在线动态安全监测与预警的数据接入问题。

动态数据平台是在数据交换共享体系的框架下，实现基于E语言数据文件的实时通信，完成多家调度机构潮流数据的拼接和整合计算，快速形成真实电网的完整潮流数据，供电力系统的各类计算使用。基于设备自动映射、模型自动拼接和整合潮流计算的数据综合处理功能是动态数据平台，乃至整个电力系统在线动态安全监测与预警系统的核心功能。此外，动态数据平台还要采用TCP通信技术，实现数据的实时通信，传输包括电网运行数据和计算结果在内的各类数据。

动态数据平台的数据综合处理功能是：首先，自动完成电网设备及其动态连接关系的识别、映射和拼接，把不同来源、不同区域的电网运行潮流在设备层面实现跨区域、跨电压等级的无缝拼接，合成一套设备完整、连接关系正确的电网运行数据；然后，自动完成运行数据中的电网设备和离线模型参数库中电网设备的一一对应关系，实现运行数据和模型参数在设备上的集中，初步形成一套种类齐全、使用方便的电网计算分析数据；最后，使用高电压等级电网数据优先、消除跨电压等级潮流冲突的整合潮流计算技术，完成在线稳定计算分析所需的数据准备。其中，整合潮流计算技术还需解决现有潮流算法中电压和无功误差较大的问题，完成状态估计数据合理性的校验和利用数据采集与监视控制系统（Supervisory Control And Data Acquisition，SCADA）数据进行修正，具备局部潮流不收敛的自动处理功能，以提高整个潮流断面计算的收敛性。

动态数据平台的数据来源多、更新快，更为关键的是，在线数据没有条件经过人工确认，数据质量没有保障，需要通过软件来比较不同来源和不同时段模型参数、潮流数据的差异，分析各类数据存在的问题，检查整合潮流结果的合理性。

1.3.1.2 并行计算

随着电力系统规模的扩大，计算模型的规模和预想干扰算例的数量同时增长，传统的分析程序很难满足在线应用的时间要求，需采用并行计算以增强计算性能。

并行计算技术已成为国际上提高计算机系统性能的重要手段。实现在线动态安全监测与预警的关键之一就是如何利用并行处理技术提高时域仿真计算的速度，而选择合理实用的并行计算策略则是关键的关键，是研制并行计算平台前首先要解决的问题。

根据电力系统在线动态安全监测与预警系统的需求，实施并行计算时可以采用分网并行和任务并行两种模式。分网并行是指将大电网分为几个小网，分别在不同的处理器上计算，并依靠通信协调各小网的计算行为；任务并行是指每个计算设备单独承担完整电网的某一组故障的计算任务，全部计算机共同完成电网计算的全部故障分析任务。

在线并行计算以任务并行模式为主，采用任务并行算法，将大批量彼此无关的计算任务在并行计算机中分配和并行处理。并行计算技术已在在线动态安全监测与预警中得到了广泛应用。

传统的离线并行管理模式一般采用动态任务分配分式，管理节点负责给空闲计算节点分配计算任务（含数据和程序），任务完成后传回计算结果（大量曲线），再分配新任务。该并行管理方式的优点是非常灵活，与具体计算任务无关，可以尽可能减少空闲节点，个别节点出现问题也不影响系统的运行。该方式在节点数不多的离线计算应用场合效果突出。但当计算节点数目很多或用于在线计算场合时，该方式的计算效率会明显降低，主要因为在共享式局域网上反复进行内容相似的点对点通信传输，任务调度成为系统稳定和效率提高的瓶颈。因而，离线并行管理模式适用于小规模低并行度条件下的分析计算。

目前的在线并行模式一般采用预分配与动态分配结合的方式。由于通用的局域网多为共享模式，支持广播功能，而且对确定的电力系统稳定分析任务在一般情况下不会有变动，所有的在线计算任务大多可采用任务预分配的方式，只在计算机节点故障切换期间动态调整任务，这样可大幅度降低并行计算模式的复杂程度，提高并行计算效率。按照大规模并行处理平台的需求，结合电力系统在线动态安全监测与预警系统多种应用的需要，在线并行模式采用了基于数据广播、任务预分配和时序控制应用计算的大规模并行计算平台的软件工作机制，替代了大部分的动态任务分配的管理机制，简化了任务调度的复杂性，提高了系统的稳定性。

### 1.3.2 稳定分析技术发展

#### 1.3.2.1 传统稳定算法改进

我国电网规模大、覆盖地域广、网架薄弱，从整体上看，我国电网存在不同程度的暂态稳定问题和动态稳定问题，数量可观的安全自动装置也增加了运行的复杂性；电网分属不同的调度机构运行和管理，运行方式的安排和管理复杂，长过程的相继故障（或开断）诱发大面积停电事故的风险始终存在，电网的低频振荡事件也时有发生，原有的离线分析方式无法完全满足在线运行的要求，需要研究多种计算分析软件和手段以实现电网稳定的在线分析功能。

国内的离线分析软件有电力系统分析综合程序（Power System Analysis Software Package，PSASP）和 PSD-BPA，分析功能包括暂态稳定、电压稳定、小干扰稳定、短路电流、静态安全分析等，如何利用这些已有功能，开发实用化的在线分析计算软件，实现电网在线安全稳定的综合预警，是电力系统在线动态安全监测与预警系统应用功能研究的首要任务。尤其是在调度辅助决策、输电断面传输裕度评估、基于小干扰稳定计算和 WAMS 振荡统计的低频振荡综合预警等方面，更需要在已有离线分析技术的基础上进一步发展。

由于在线动态安全监测与预警的本质要求，大量的分析计算都依靠并行计算在短时间内完成。研究结果表明，依靠并行计算平台的高速计算能力和开放的集成性能，国内大型互联电力系统的在线安全稳定分析计算可在分钟级完成，具体时间依据并行计算机群的规模变动，并可控制在 30～300s 之内。

此外，改造稳定分析算法，进一步提高算法效率也是一个重要的技术研究方向，一般从缩减算例数量和减少计算时间两方面入手。①缩减算例数量。通过暂态稳定计算直接法等方法对预想故障算例进行筛选，对安全裕度高的算例不再进行暂态稳定计算。主要应用的方法有 PEBS、BCU 和 EEAC 等。②减少计算时间。通过提前判稳技术和变仿真步长方法，减少单次暂态稳定计算量。

与传统的离线分析计算技术相比，在线稳定分析技术的发展，使得电力系统稳定分析计算由传统的人工形成数据、手动设置典型故障、逐一观察判断稳定状态、依据经验调整电网状态的方式，转变为数据自动生成、全面 $N-1$ 扫描、自动故障判稳、依据计算辅助决策的方式。稳定分析技术按周期进行计算，其全面、快速的安全预警功能改变了传统的基于典型方式进行离线稳定分析的模式，使得分析结果更全面客观，解决了电力系统在长过程连续故障（或开断）情况下安全分析的速度、全面性和可信度问题，提高了调度人员实时掌握电网安全状况的能力，为应对电网大面积停电事故提供了宝贵的技术手段。

#### 1.3.2.2 调度辅助决策

调度辅助决策针对预警功能提供的隐患信息，开展调节措施的确定性计算，形成电网调整策略，作为调度员调度决策的支持信息或在未来直接实现自动控制。传统的离线分析计算并不存在调度辅助决策算法，其研发需要考虑如下约束条件，成为在线动态安全监测与预警的技术难点：

（1）针对暂态稳定、静态安全、短路电流、电压稳定、小干扰稳定等电力系统稳定特性，在深入分析其关键影响因素的基础上，实现具有针对性消除电力系统失稳或者越限隐患的辅助决策方案。

（2）受到调度操作管理规定和人工经验约束，并不是最优方案就一定能实施，控制措施数量和范围等都要依据实际调度运行情况进行调整。

通过工程应用手段，调度辅助决策算法与并行计算手段相结合可以解决大量传统算法难以处理和优化的问题。典型的方法就是以任务枚举算法替代迭代求解算法，在短时间内完成整个辅助决策计算，解决大电网多故障协调预防控制计算量大、计算时间长的问题。

调度辅助决策的结果是作为调度员的决策参考信息，还是直接用于闭环控制，国内尚存在争议。通过对大量实际应用的分析表明，目前 SCADA 数据和潮流数据在质量和维护及时性方面，还达不到实时控制的条件，因数据异常导致计算结果偏差的风险依然存在，需要开环考验和锤炼，因此目前调度辅助决策的结果还仅应用于调度员决策参考。

#### 1.3.2.3 输电断面传输裕度评估

关键输电断面的传输功率是调度员最关心的运行数据，控制断面功率是控制运行方式稳定水平的重要手段，输电断面的实际功率和稳定极限功率的接近程度直接反映系统的稳定水平，在线求解输电断面的输出极限对衡量系统的稳定水平、挖掘输电潜力具有非常重要的经济和安全意义。

在线求解输电断面极限功率需要在实际电网的运行数据条件下开展计算。该方法采用与实际方式安排类似的发电调整方式，保持电网的负荷不变，利用并行计算技术，在线计算电网各主要输电断面的稳定裕度，改变了传统上采用典型方式计算断面输电能力的模式，对实时掌握输电断面的输电能力和保证电网安全具有重要的指导意义，有助于提高电网运行的经济性。

#### 1.3.2.4 基于WAMS的低频振荡综合分析

单纯基于WAMS实现大电网稳定分析和优化控制研究的技术难度非常大，而与在线稳定分析结合，通过动态实时量测对在线稳定分析提供更为详细的输入信息，进一步提升在线稳定分析的针对性，例如对低频振荡进行综合分析具有更为现实的意义。WAMS的优势突出表现在数据采集上，其数据可作为详细分析低频振荡事件、电网扰动事件和动态性能的重要信息资源。

现有低频振荡综合分析包含低频振荡在线分析与告警、低频振荡模式的统计与评估，以及通过小扰动分析程序计算增强WAMS的低频振荡分析功能三个部分。低频振荡在线分析与告警功能用于在线发现系统中正在发生的大幅度的功率振荡；低频振荡模式统计与评估功能是对电力系统日常运行中小扰动激发的小幅度振荡进行统计与分析，找出系统中危险的隐藏振荡模式，并给出其发生概率；为了弥补PMU布点不足导致的WAMS低频振荡分析结果不够详细的缺点，将WAMS低频振荡分析结果与小扰动程序分析结果进行匹配，当二者匹配时，用小扰动程序计算出具体到机组的详细分析结果，来补充WAMS低频振荡分析结果。

#### 1.3.2.5 可视化

电力系统在线动态安全监测与预警系统面对的电网规模大、潮流数据和稳定结果信息多，如何将这些信息高效直观地显示在调度人员面前，也是需要重点解决的技术问题。传统EMS界面上使用的数据标注方法难以胜任系统的要求，需要开发面向科学计算的可视化技术指导界面。例如：采用三维可视化软件在地理图上表示电网的潮流数据（电压和功率），使用柱图和新型的表格适应调度辅助决策信息和断面稳定裕度数据的显示需求。这些手段极大改善了传统稳定分析计算的展示方法，丰富了调度自动化系统的图形表示方法。

# 2 在线数据整合

电力调控中心的各类计算数据是从不同的视角去描述同一个电网，但由于建模的载体、目的不同，建模过程相对独立等原因，很难将不同类型的数据直接进行简单的合并。为此，需要根据数据源的特点，结合在线数据整合的目标，分析和设计在线数据整合方案。

## 2.1 在线数据整合简介

### 2.1.1 数据源分析

对于一个特定的电力调控中心，在业务上管辖若干下级电力调控中心，同时其内部划分为调控运行、调度计划、系统运行、自动化、继电保护等多个专业，如图2-1所示。这种机构划分和管辖关系导致了多套电网计算数据并存，且数据的分布、维护和使用相对较为独立。

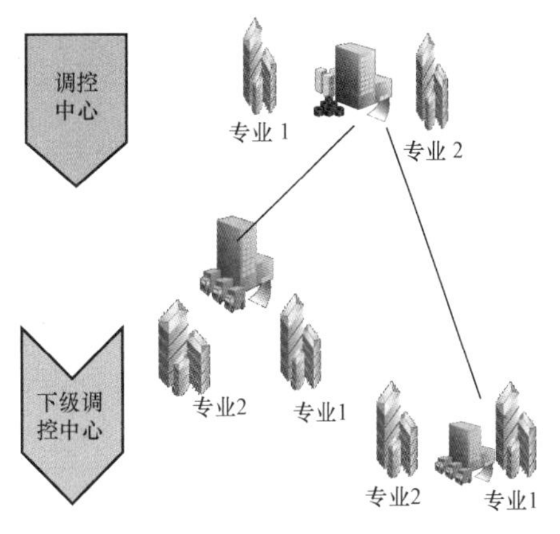


图2-1 电力调控中心数据资源分布示意图

电力调控中心电网计算数据按应用类型划分为在线数据、离线方式数据等；按建模范围划分为骨干电网数据（或主网数据）、外网数据、下级电网数据等。此外，对于特定数据源还可将数据项细分为网架结构、参数、运行数据等不同类型。

传统的电网计算数据主要是由系统运行和自动化专业维护的，其中系统运行专业维护离线分析使用的数据，自动化专业维护在线EMS数据。此外，继电保护专业维护的数据中还有部分一次、二次设备的参数。这些数据都是实际电力系统的不同视图。在线数据包含电网的运行信息，能够相对准确地描述某时刻电网的运行状态；离线方式数据包含相对完整的典型电网结构，以及电网设备的模型和参数，适合详细、深入地分析电网的物理特性。表2-1对比了在线和离线方式数据的特点。

**表2-1　　电网在线数据与离线方式数据特点对比**

| 项目 \ 数据类型 | 在线数据 | 离线方式数据 |
| --- | --- | --- |
| 用途 | SCADA和PAS（Power Application Software）高级应用 | 对典型的历史、当前、规划、故障电网进行潮流和暂态稳定等计算分析 |

续表

| 项目＼数据类型 | 在线数据 | 离线方式数据 |
|---|---|---|
| 载体或格式 | 基于EMS调度自动化系统，可导出多种通用格式 | 一般为PSASP或PSD_BPA等专有格式 |
| 维护和使用专业 | 主要由自动化专业维护，供调度、系统运行多个部门使用 | 主要由系统运行专业维护和使用 |
| 网架结构 | 一般描述当前电网实际情况，人工本地维护，仅有主网模型参与状态估计和在线潮流计算；在电网结构上往往是离线方式数据的一个子集 | 面向规划或计划电网，人工本地维护，电网模型较为详细、完整。除了辖区内的主网外，一般还包括低压和外网的电网信息 |
| 设备参数 | 主要是稳态参数，来源于离线方式数据 | 稳态正序参数、零序参数、发电机及其控制器和负荷的详细模型，来源于设计参数或实测 |
| 运行数据 | 运行数据实时/准实时连续自动刷新，能反映当前系统运行情况 | 人工设置典型或者预想恶劣运行方式 |
| 拓扑功能 | 支持网络拓扑功能，原始数据中有断路器、隔离开关建模，也可导出拓扑后的计算模型 | 一般无断路器、隔离开关模型或用零阻抗支路代替，拓扑功能有限 |
| 维护特点 | 网架、参数按照电网实际变化情况进行人工维护，运行数据按照SCADA配置自动刷新。数据变化相对连续 | 所有数据均为人工维护，全年分为若干套离散的典型数据。各套数据之间变化跨度较大 |

### 2.1.2 在线数据整合目标

在线数据整合的总体目标是：充分利用在线运行数据和离线方式数据，形成一套电网模型详细、参数完整、能够反映实时工况的整合数据，提高数据质量，降低数据维护的难度和工作量，为在线安全稳定评估、预警和预防控制提供数据基础，从而实现计算分析的在线化和高效化。

在线数据整合的具体目标是：

（1）保持整合数据的完整性，包括详细完整的电网模型和完备的参数；

（2）整合数据的潮流与在线数据基本一致；

（3）采用智能分析的算法在一定程度上自动适应在线运行数据和离线方式数据的增加、删除和修改，减少人工维护的工作量；

（4）自动适应在线电网的拓扑变化；

（5）能够长期稳定运行，及时导出整合数据，满足大电网实时在线分析；

（6）提供方便完善的数据查看、比对、校验和修正手段。

### 2.1.3 在线数据整合的方案设计

本节根据电力调控中心在线数据整合的目标，结合在线运行数据和离线方式数据的特点，针对在线数据整合的不同分类分别设计实现方案，并对两种方案的优缺点进行比较。

#### 2.1.3.1 方案描述

**方案一：以离线方式数据为基础的在线数据整合**

主要思路是以全网的离线方式数据为基础，用在线运行数据所包含的电网实时运行信息

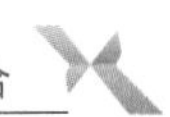

刷新和控制离线方式数据中相应电网设备的运行状态及潮流信息。其中，在线运行数据中参与刷新和控制的基本运行信息包括发电机出力、母线电压、负荷、线路/变压器潮流、变压器挡位/连接方式以及各种电气设备的投切状态等。同时，在线数据整合需要根据在线运行数据中电气设备的连接关系，对离线方式数据进行相应的拓扑调整。但是，由于在线运行数据只包含高电压网络的实时运行信息及网络结构，经过刷新和拓扑调整后的离线方式数据很难保证潮流计算的收敛性。即使潮流计算收敛，潮流计算的结果也会同在线运行数据的潮流相差甚远。为此，必须进行数据调整，可以在状态估计算法的基础上采取必要的数据调整策略，尽可能使整合数据的网架结构和潮流与在线运行数据保持一致。

**方案二：以在线运行数据为基础的在线数据整合**

主要思路是以单一来源或多个来源拼接而成的全网在线运行数据为基础，用离线方式数据所包含的电网设备的详细模型及动态参数刷新在线方式数据中相应的电网设备。其中，离线方式数据中参与刷新的基本信息包括交流输电线、串/并联电容电抗器、变压器、直流输电线、发电机、负荷模型等。但是，由于在线运行数据设备和离线方式数据设备难以一一对应，刷新后的整合数据中设备可能不具备详细模型及动态参数或虽具备但不合理，需要采取必要的处理措施以确保后续的在线动态安全与预警计算顺利进行。此外，还要采取类似方案一的数据调整措施以确保整合数据潮流尽可能地与在线运行数据保持一致。

#### 2.1.3.2 优缺点比较

方案一的优点是保留了离线方式数据的网架结构和参数，易于方式人员进行进一步的维护和使用。缺点是如果在线运行数据中建模比较完整、准确，并且离线方式数据和在线运行数据差异较大时，调整离线方式数据的过程比较复杂且容易出错。

方案二的优点是较容易保证整合后数据的潮流信息与在线运行数据一致。缺点是多源数据的拼接处理难度大；在线运行数据和离线方式数据的映射率要求高；整合后的数据保留了在线运行数据的连接方式和稳态参数，对在线运行数据的质量要求比较高。

两个方案各有优缺点，需要根据现有实际情况进行取舍。方案一提供了在线数据整合的基本方法，适应面较广，但运行数据的刷新和控制算法较为复杂；方案二比较容易保证整合后数据的运行方式与在线一致，但是对在线运行数据质量有较高的要求。

### 2.1.4 在线数据整合技术难点分析

在线数据整合的两种方案，既存在共同的技术难点，又因为各自的方案特点，存在一些特有的技术难点。

#### 2.1.4.1 数据源的不一致性

各级电力调控中心提供的在线运行数据之间普遍存在时间、空间上的不一致问题。同时，在线运行数据与离线方式数据间也存在同样的问题。如果在线数据整合直接采用在线运行数据和离线方式数据进行整合，不采取适当的调整策略，往往会造成比较大的误差，甚至无法进行潮流计算。

（1）在线运行数据之间的不一致性。从时间上看，在线运行数据每时每刻都在发生着变化，采样时刻、传输时延的不一致性必然导致量测数据的不一致。特别是经济发展迅速的地区，电网本身的变化也比较频繁，在线量测适应快速变化的电网需要一定的时间，也导致在线运行数据与实际系统产生一定的出入。从空间上看，各级电力调控中心提供的在线运行数据在网络结构上存在重叠和互补的现象，其中重叠部分的数据客观上也存在着不一致性。同时，由于状态估计算法的不完善和维护滞后等原因，状态估计输出的局部在线运行数据也会与实际系统存在较大的出入，从而影响在线数据整合的结果。

（2）在线运行数据与离线方式数据之间的不一致性。从时间上看，在线运行数据是电网的实时运行信息。离线方式数据代表系统一年中不同的负荷水平和开机方式，是在大量资料和经验的基础上整理出来的，在一定程度上代表着系统某一特定时段的实际运行状态，因此，在线运行数据与离线方式数据之间存在明显的不一致性。从空间上看，在线运行数据一般仅包含高压主网的实时运行信息，在建模的规模上仅仅是离线方式数据的一个子集；另一方面，由于在线运行数据和离线方式数据维护频度不同，可能出现在线运行数据中设备已建模，而离线方式数据中未建模或相对简单的情形。

#### 2.1.4.2 电网规模庞大

整合后数据覆盖了整个互联电网，并且在线运行数据和离线方式数据的建模日益详细。因此，整合数据中电网规模是比较庞大的，特别是在线运行数据中断路器、隔离开关的引入导致电网规模急剧扩大，计算负担较重，依托状态估计进行全网数据调整花费时间较多，在很大程度上影响了在线动态安全与预警系统的后续计算，为程序的调整带来了很大麻烦。

#### 2.1.4.3 建立设备映射表

在线数据整合方案的设计中已经提到，方案一是以离线方式数据为基础的数据整合，需要将在线运行数据中的基本运行信息刷新到离线方式数据中相应的设备上，而且需要根据在线运行数据与离线方式数据设备的对应关系调整离线方式数据的拓扑关系，即设备之间的连接关系，使它与在线运行数据的拓扑关系基本保持一致；方案二是以在线运行数据为基础的数据整合，需要根据设备的映射表，将离线方式数据中的模型和参数刷新到在线运行数据中。总之，设备映射表是在线运行数据与离线方式数据联系的桥梁。但是由于在线运行数据与离线方式数据独立建模和维护，而且数据规模庞大，如何根据一定的原则和方法快速建立设备映射表难度很大。

## 2.2 公共处理方法

在线数据整合的两种方案在基础数据的选取上有不同的侧重，相应的整合方法也不尽相同，但两种方案面对大量的共性问题，因此具有公共处理方法。

### 2.2.1 快速多源数据解析

在线运行数据具有公共信息模型（Common Information Model，CIM）、基于 CIM 的高效模型（CIM/E）、SCADA 等格式，离线方式数据具有 PSASP、PSD_BPA 等格式，同一格式还有内容、版本等差异。这些数据大多以文件的形式存放，数据间存在复杂的关联关系，数据量通常较大，如何快速解析这些数据并具备足够的兼容性是在线数据整合首先要解决的问题。通过采用原位解析、格式解析与数据分离、OpenMP 并行计算技术等方法，可以获得很好的加速比，极大降低数据读取时间。

### 2.2.2 电网数据结构

电网数据结构是数据处理的核心，在线数据整合过程中有大量的数据交换处理操作，合理的电网数据结构及其相关功能对减少处理时间有重大作用。电网数据结构应支持 CIM、CIM/E、SCADA、PSASP、PSD_BPA 等数据格式。为充分利用多核计算功能，应针对并

行处理进行优化。设备及其关联关系查找在数据处理过程中极其频繁，设备存储方法和关联关系的表述方式将极大影响处理时间。在线运行数据中大量断路器、隔离开关的导入对拓扑分析和拓扑搜索速度提出了极高的要求，基于连通图相关算法来生成拓扑可以很好地解决这一问题。

### 2.2.3 数据检查

原始数据的质量直接影响数据整合结果，因此需要对原始数据进行数据检查以确保数据源的质量，从而提升整合数据的质量。

数据检查分多个层次进行：

(1) 数据格式，是否符合格式要求；

(2) 数据完备性，是否给出必备的数据；

(3) 数据一致性，通过冗余信息进行校验；

(4) 参数检查，确保各类参数在合理范围；

(5) 潮流检查，包括 $PQ$ 平衡检查。

数据检查的结果一方面可通过日常工作来改进数据质量，另一方面为后续整合调整措施提供基础。

### 2.2.4 边界潮流匹配

在数据整合处理中，经常会遇到需要把多源电网数据拼接为完整电网数据的情形，可以采用边界潮流匹配的方法完成多源数据拼接，生成在线稳定分析计算的整合数据。因为区域交换功率通常不一致，所以要确定主数据源，根据各个区域的交换功率调整其他数据源数据。边界潮流匹配的方法主要有二次规划法、多 $Q\theta$ 节点潮流法和简易潮流匹配法。

#### 2.2.4.1 二次规划法

根据从在线计算数据中获得的外网联络线的实测功率推算外网母线的注入量，可以显著提高外网离线数据的精度。

该边界潮流匹配算法采用二次规划的方法，目标函数取为

$$\min\left[\left(\frac{\Delta P_1}{P_{1N}}\right)^2+\left(\frac{\Delta P_2}{P_{2N}}\right)^2+\cdots+\left(\frac{\Delta P_n}{P_{nN}}\right)^2\right] \tag{2-1}$$

式中：$\Delta P_1$，$\Delta P_2$，…，$\Delta P_n$ 为在计入 EMS 信息的条件下，原不可观区域中的各节点有功功率的变化量；$P_{1\mathrm{N}}$，$P_{2\mathrm{N}}$，…，$P_{n\mathrm{N}}$ 为对应方式下各节点的额定功率。

约束条件包括以下 3 类：

第一类约束条件保证了伪量测量的设置结果满足外网联络线实测线路有功潮流的要求，即

$$\Delta P_1 G_{l-1}+\Delta P_2 G_{l-2}+\cdots+\Delta P_n G_{l-n}=\Delta P_l(l=1,2,\cdots,m) \tag{2-2}$$

式中：$G_{l-1}$，$G_{l-2}$，…，$G_{l-n}$ 为实测线路有功潮流对于节点有功注入功率的灵敏度系数；$\Delta P_l$ 为相对于对应方式的实测线路有功潮流的变化量；$m$ 为实测线路条数。

第二类约束条件是各节点有功注入功率变化量的上、下限约束：

$$\Delta P_{i\min}\leqslant\Delta P_i\leqslant\Delta P_{i\max}\quad i=1,2,\cdots,n \tag{2-3}$$

式中：$\Delta P_{i\min}$ 为节点有功注入功率变化量下限；$\Delta P_{i\max}$ 为节点有功注入功率变化量上限。

第三类约束条件是平衡节点有功注入功率变化量的上、下限约束：

$$k_1\Delta P_{\text{slack-min}}\leqslant-(\Delta P_1+\Delta P_2+\cdots+\Delta P_n)\leqslant k_2\Delta P_{\text{slack-max}} \tag{2-4}$$

式中：$\Delta P_{slack-min}$，$\Delta P_{slack-max}$为相对于 EMS 信息的平衡节点有功注入功率变化量的上、下限约束；$k_1$ 和 $k_2$ 为考虑网损后的修正系数。

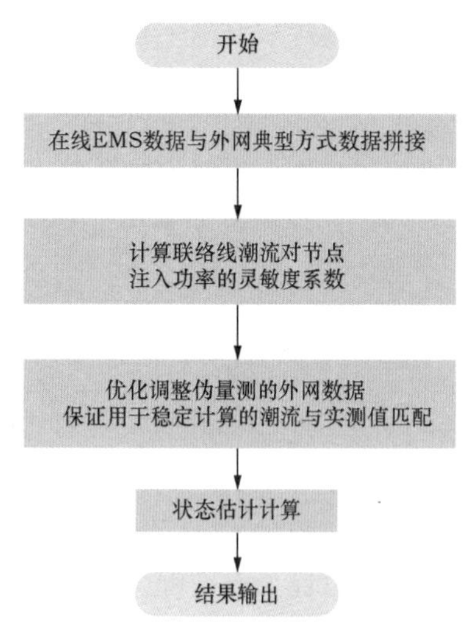


图 2-2　二次规划法程序流程图

解决上述二次规划问题可得各个节点有功注入功率变化量 $\Delta P_1$，$\Delta P_2$，…，$\Delta P_n$，修正后作为伪量测量，再进行状态估计计算，即得到系统的各状态量。

二次规划法程序流程图如图 2-2 所示。

#### 2.2.4.2　多 $Q\theta$ 节点潮流法

如图 2-3 所示，通过在线 EMS 数据可以得到真实的内网运行状态、联络线的外网侧潮流和外网侧边界节点电压。一个节点有 $P$、$U$、$Q$、$\theta_4$ 个变量，只能调整其中 2 个。

如图 2-4 所示，通过节点撕裂，把联络线外网侧的端节点分裂成内外 2 个虚拟节点，同时把联络线潮流作为虚拟节点的注入功率，从而把外网与内网分隔开。

对于外网，将边界节点的 $Q\theta$ 作为已知量（采用内网在线 EMS 数据的结果），形成了一个多 $Q\theta$ 节点的外网潮流模型。求解外网多 $Q\theta$ 节点潮流，可得外网边界节点处的 $PU$，考察该值与内网实时估计结果的偏差量。然后对潮流方程进行 Gauss 消去，得到可调节点（外网离线发电机的节点和负荷节点）与 $Q\theta$ 节点的转移导纳，计算出 $Q\theta$ 节点有功注入偏差灵敏度和电压偏差灵敏度的校正结果，通过校正结果调节外部电网可调节点的 $PU$，来减少偏差量。反复以上过程，直至外网的边界量与内网在线 EMS 实时估计结果完全一致。该方法的程序流程图如图 2-5 所示，并对其中框［1］多 $Q\theta$ 节点潮流计算算法的实现进行详细的说明。

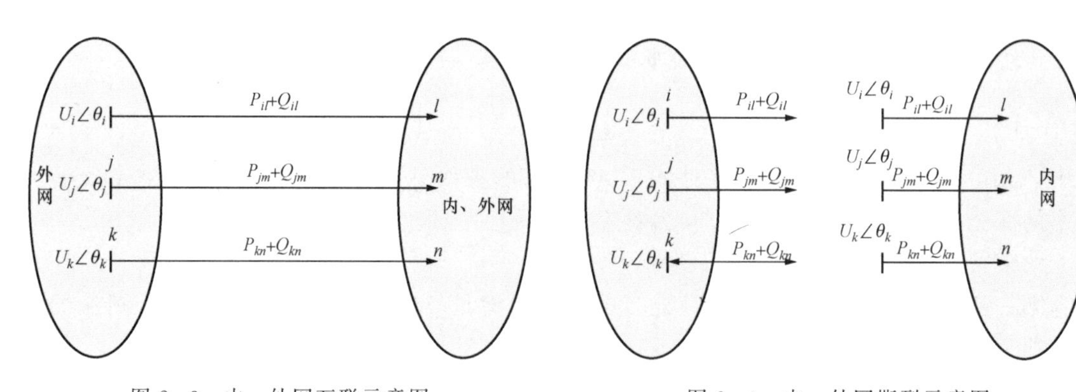


图 2-3　内、外网互联示意图　　　　图 2-4　内、外网撕裂示意图

框［1］为多 $Q\theta$ 节点潮流计算。对于 $N$ 节点电力系统，如果有 $S$ 个 $Q\theta$ 节点，$R$ 个 $PV$ 节点，其他节点为 $PQ$ 节点，由于 $Q\theta$ 节点的相角可以作为系统电压相角的参考值，无需指定 $V\theta$ 节点，则该系统中待求的节点电压相角变量为 $N-S$ 个，待求的电压幅值变量为 $N-R$ 个，共 $2N-S-R$ 个待求量。除 $Q\theta$ 节点外，可以列出 $N-S$ 个有功平衡方程。除 $PV$ 节点外，可以列出 $N-R$ 个无功平衡方程，共 $2N-S-R$ 个方程，所以多 $Q\theta$ 节点的潮流可解。在快速分解潮流中，只需要在 $\boldsymbol{B}'$矩阵中去掉与 $Q\theta$ 节点相对应的行与列、在 $\boldsymbol{B}''$矩阵中增

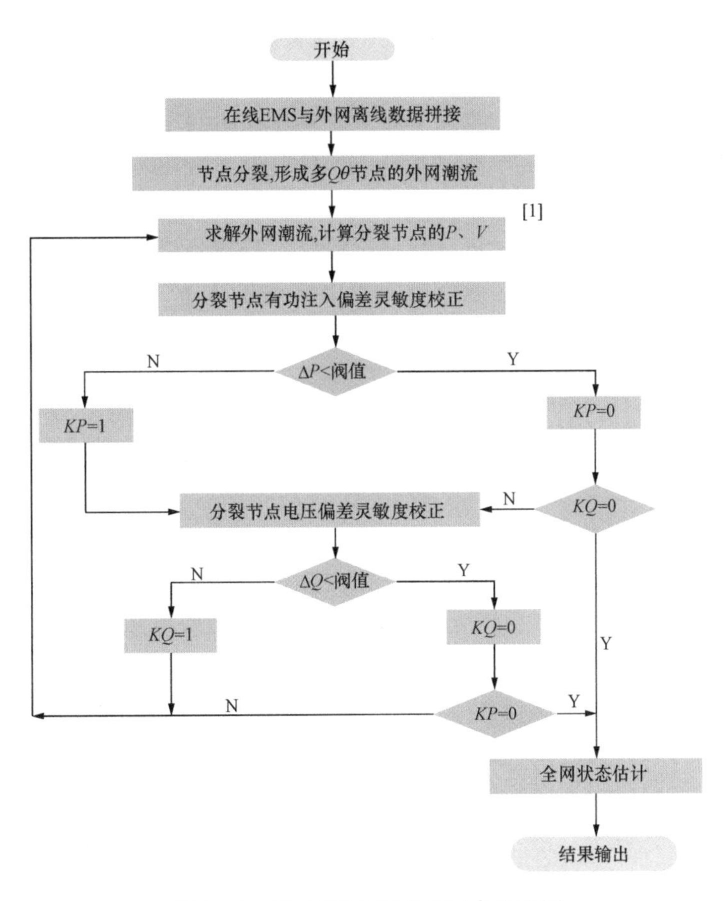


图 2-5 多 $Q\theta$ 节点潮流法程序流程图

加对应的行和列，就可以实现含多 $Q\theta$ 节点的潮流计算。由计算结果可得外网边界节点处的 $PV$。算例表明，这种多 $Q\theta$ 节点潮流的快速分解法具有很好的收敛性。

2.2.4.3 简易潮流匹配法

在离线数据中，设外网的有功负荷总量为 $P_{I0}$、无功负荷总量为 $Q_{I0}$，内、外网联络线上的有功功率为 $P_0$、无功功率为 $Q_0$。在线计算数据中，联络线实测有功功率为 $P$、无功功率为 $Q$，则外网各负荷点的调整比例如式（2-5）所示

$$\begin{cases} \Delta P = \dfrac{P - P_0}{P_{I0}} \\ \Delta Q = \dfrac{Q - Q_0}{Q_{I0}} \end{cases} \tag{2-5}$$

将调整后的外网和内网合并后进行一次潮流计算，求得联络线的功率 $P'$ 和 $Q'$，若满足下列收敛判据

$$\begin{cases} |P - P'| < \varepsilon_p \\ |Q - Q'| < \varepsilon_q \end{cases} \tag{2-6}$$

则迭代收敛。否则，以新计算的外网负荷总量和联络线功率按式（2-5）重新计算外网各负荷点的调整比例。简易潮流匹配法的程序流程如图 2-6 所示。

## 2.2.5 设备自动映射

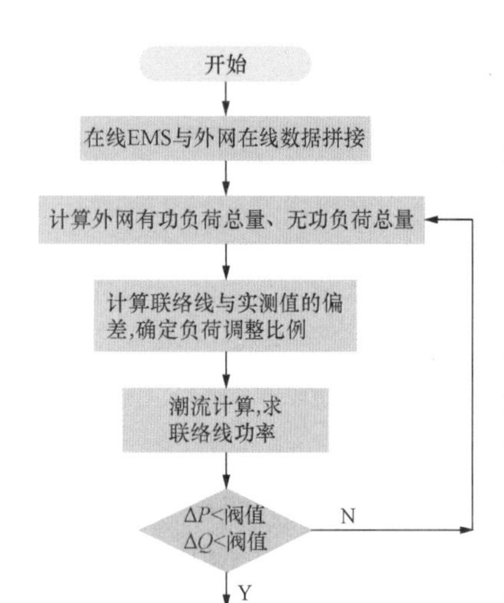

图 2-6　简易潮流匹配法程序流程图

建立设备名称映射表是在线运行数据与离线方式数据能够相互联系和影响的重要途径。在以离线方式数据为基础的数据整合中，离线方式数据通过设备映射表可以获得实时的在线潮流，并且进行相应地拓扑调整。在以在线运行数据为基础的数据整合中，在线运行数据通过设备映射表可以获得电气设备的详细模型及动态参数。但在实践中，直接形成所有电气设备的映射表有很大难度，这是因为：

（1）两套电网数据基本是独立维护和使用的，由于等值、T 接线路等建模的不同，很难做到将所有电网设备一一映射。

（2）同一电气设备在两套数据中有不同的名称，传统的离线方式数据中甚至没有设备名称。

（3）电网数据往往规模庞大、变更频繁，人工维护设备映射表是不切实际的。

为实现不同电力调控中心在线运行数据和离线方式数据的整合，首先需要建立设备自动映射，其基本原理为：根据在线/离线设备名称、连接关系、编号、元件参数以及人工定制等信息动态形成各类设备映射表，支持多对多映射，支持不同类型设备之间的映射，如图 2-7 所示。

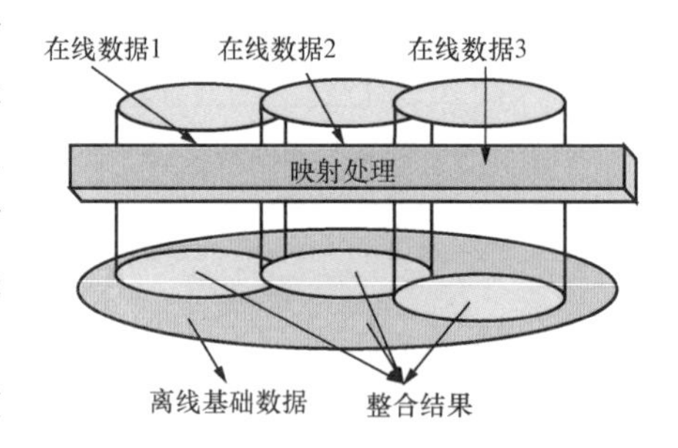

图 2-7　动态设备名称映射

对于跨区大电网来说，由于数据涉及范围广，数据量大，对应关系复杂，采用传统的人工维护的方法难以解决电网设备动态映射的问题。根据电网的实际情况和规律，采用以下原则和方法来实现电网设备的动态智能映射：

（1）以厂站为基本映射单位的动态设备映射。在电网计算数据中，厂站位于电网层次结构中的中间层，其数量相对有限，不同数据之间的厂站映射相对容易维护。同时形成厂站映射后，厂内外电网设备映射的形成也大为简化。

（2）采用以厂站和设备的标准命名为核心、拓扑连接关系为辅的技术实现动态映射。

（3）根据联络设备（线路或变压器）和设备的等值属性实现等值设备和等值网络的复杂映射。由于离线方式数据与在线运行数据建模不一致，一些情况下，在线运行数据只有厂站出线的等值量测；另一些情况下，实际系统存在提前投运的厂站，在线运行数据具有详细的厂站建模，而离线方式数据相对比较简单。在这类在线/离线方式数据不一致的情况下，需要建立复杂的映射关系，以保证等值设备、等值电网的在线量测能够在整合潮流中得到准确、完整的体现。

基于以上分析，映射表形成的主要流程如下：

（1）结合智能匹配和人工指定的方法生成厂站映射表；

（2）形成发电机、厂用电映射表；

（3）形成变压器映射表；

(4) 形成交流线路（T 接线路）、映射表；

(5) 形成负荷、负荷与线路、负荷与变压器映射表；

(6) 形成串/并联电容电抗、直流线路等其他电气设备映射表。

### 2.2.6 整合数据状态估计

#### 2.2.6.1 基于 OpenMP 并行计算技术的状态估计

针对数据源的不一致性以及数据规模庞大影响计算效率等技术难点，本节提出基于 OpenMP 并行计算技术的状态估计算法。

对于基于快速分解法的大型复杂电力系统状态估计的计算，不可避免地遇到大型线性方程组的求解问题以及循环求解的问题，而在计算中多次循环和大型方程组的求解在程序运算中非常浪费时间。数据整合中根据状态估计快速分解法的特点，从纵向和横向两方面入手，实现快速分解法的并行化计算，大大提高计算速度。在纵向方面，快速分解法状态估计需要多次迭代，由于每次迭代都需要上一次的计算结果，所以在这方面进行并行的难度较大；在横向方面，也就是每次迭代的计算过程，是快速分解法状态估计并行化的主要入手点。

(1) 并行实现有功和无功迭代的简化雅克比矩阵 $\boldsymbol{B}_a$、$\boldsymbol{B}_r$。在编写代码时，只需要编写相对独立的函数分别形成 $\boldsymbol{B}_a$、$\boldsymbol{B}_r$，就可以利用 pragma omp parallel sections 指令实现函数级的并行处理。代码实例如下：

```
#pragma omp parallel sections
{
  #pragma omp section
        formBa (Ba);
  #pragma omp section
        formBr (Br);
}
```

其中，formBa 形成有功迭代的简化雅克比矩阵 $\boldsymbol{B}_a$，formBr 形成无功迭代的简化雅克比矩阵 $\boldsymbol{B}_r$。

(2) 并行实现 $\boldsymbol{B}_a$、$\boldsymbol{B}_r$ 矩阵的三角分解。$\boldsymbol{B}_a$、$\boldsymbol{B}_r$ 矩阵三角分解在函数级的并行化方法与并行化形成 $\boldsymbol{B}_a$、$\boldsymbol{B}_r$ 矩阵的方法相同，均利用了 pragma omp parallel sections 指令。代码实例如下：

```
#pragma omp parallel sections
{
  #pragma omp section
    factP (Ba, matrixP );
  #pragma omp section
    factQ (Br, matrixQ );
}
```

其中，factP 实现 $\boldsymbol{B}_a$ 矩阵的三角分解，factQ 实现 $\boldsymbol{B}_r$ 矩阵的三角分解。

(3) 并行实现 $P-\theta$ 和 $Q-U$ 迭代修正。在一次快速分解法状态估计的迭代过程中，$P-\theta$ 求解修正是按照当前的电压相角 $\theta$ 和上次 $Q-U$ 求解修正后的电压幅值 $U$ 计算有功量测，然后求出修正向量 $\Delta\theta$ 和修正电压相角 $\theta$。$Q-U$ 求解修正是按照修正后的电压相角 $\theta$ 和当前的电压幅值 $U$ 计算无功量测，然后求出修正向量 $\Delta U$ 和修正电压幅值 $U$。这样，$Q-U$

求解修正过程依赖于$P-\theta$求解修正后电压相角向量$\theta$，因此，很难实现迭代过程的并行化。

在实现快速分解法状态估计的过程中，在线数据整合对$P-\theta$和$Q-U$的求解修正过程进行了改进。首先，设置$\theta$和$U$的初值，在每次状态估计的迭代过程中，利用当前的$\theta$和$U$分别计算有功量测和无功量测，然后利用$P-\theta$和$Q-U$修正方程分别求出电压相角和幅值的修正向量$\Delta\theta$和$\Delta U$，在进入下一次迭代之前，统一修正电压的相角$\theta$和幅值$U$。这样，就实现了$P-\theta$和$Q-U$求解修正过程的分离，然而，由于$Q-U$求解修正不再依赖于$P-\theta$修正方程所求出的电压相角的修正向量$\Delta\theta$，影响了每次迭代过程中$\Delta\theta$和$\Delta U$的精度，增加了状态估计迭代收敛的次数，但是由于实现了$P-\theta$和$Q-U$迭代修正过程的并行计算，每次迭代所需的时间较少，以致总的计算速度还是比较快的。代码实例如下：

```
#pragma omp parallel sections
{
    #pragma omp section
     fdPSolve (angle_adjust, matrixP );
    #pragma omp section
     fdQSolve (vol_adjust, matrixQ );
}
maxDeltaAngle=modifyDelta (angle_adjust );
maxDelaVol=modifyVol (vol_adjust );
```

（4）其他计算过程的并行化。主要实现了并行计算不平衡功率$\Delta P$和$\Delta Q$以及并行修正电压相角$\theta$和幅值$U$的过程，这些计算过程的并行实际上都是循环级别的并行，在编写代码的过程中，一定要注意循环与循环之间的独立性以及私有变量和共有变量的划分。这些计算过程的实现大同小异，在此，展示具有代表性的并行化代码，实现电压相角$\theta$的修正公式$\theta=\theta+\Delta\theta$的并行化，并从修正变量$\Delta\theta$中选择出最大的相角修正量max_delta。

```
doubleabs_max_delta=.0;
intnCore=omp_get_num_procs ();
double* deltaMax= (double*) malloc (nCore*sizeof (double));
doublemax_delta=.0;
#pragma omp parallel for firstprivate (abs_max_delta) shared (x)
for (inti=0; i<m_Angles.size (); ++i) {
    int k=omp_get_thread_num ();
    m_Angles [i] -=x [i];
    if (fabs (x [i]) >abs_max_delta) {
        abs_max_delta=fabs (x [stateIdx]);
        deltaMax [k] =x [i];
    }
}
for (inti=0; i<nCore; i++) {
    if (abs (deltaMax [i]) >abs_max_delta) {
        abs_max_delta=abs (deltaMax [i]);
        max_delta=deltaMax [i];
    }
```

```
}
free (deltaMax);
```

2.2.6.2　迭代修正方程的动态形成

数据整合中状态估计采用的量测量主要包括节点电压幅值、节点有功注入功率和无功注入功率、支路两端的有功潮流和无功潮流五种类型。雅克比矩阵 $\boldsymbol{B}_a$、$\boldsymbol{B}_r$ 分别根据有功潮流量测量、无功潮流量测量的类型形成，而且 $\boldsymbol{B}_a$ 与有功量测矢量 $\boldsymbol{Z}_a$、有功量测量的计算值 $\boldsymbol{h}_a$，$\boldsymbol{B}_r$ 与无功/电压量测矢量 $\boldsymbol{Z}_r$、无功/电压量测量的计算值 $\boldsymbol{h}_r$ 有一致的对应关系。例如：当 $\boldsymbol{B}_a$ 的行发生交换时，$\boldsymbol{Z}_a$、$\boldsymbol{h}_a$ 中的元素必须做出相应的调整，相似地，当 $\boldsymbol{B}_r$ 的行发生交换时，$\boldsymbol{Z}_r$、$\boldsymbol{h}_r$ 中的元素也必须作出相应的调整。因此，为了能够灵活利用各种类型的量测量，不受量测量类型的顺序约束，在状态估计算法的程序设计中，$\boldsymbol{B}_a$ 与 $\boldsymbol{Z}_a$、$\boldsymbol{h}_a$，$\boldsymbol{B}_r$ 与 $\boldsymbol{Z}_r$、$\boldsymbol{h}_r$ 之间需要协调一致，动态形成迭代修正方程组。

在线数据整合中设计了成员变量 m _ idx _ p _ equ map<int，equ _ se _ t>、m _ idx _ p _ equ map<int，equ _ se _ t>，用来建立有功量测量编号与有功量测量相关信息、无功/电压量测量编号与无功/电压量测量相关信息的一一映射关系，作为彼此之间联系的桥梁，从而方便地实现迭代修正方程的动态形成。其中，equ _ se _ t 记录了量测量的相关信息，其成员变量包括：

bus _ idx：母线编号，记录量测量所在母线编号。

devType：设备的类型，记录量测的是节点信息还是支路信息，取值包括 acline（交流线）、trans _ 2w（两绕组变压器）、trans _ 3w（三绕组变压器）、node（节点）。

devName：设备的名称，记录量测的设备的名称，通过设备名称可以得到设备相关量测的值，形成与 $\boldsymbol{B}_a$ 相对应的 $\boldsymbol{Z}_a$、与 $\boldsymbol{B}_r$ 相对应的 $\boldsymbol{Z}_r$。

measType：量测量的类型，记录量测的类型，取值包括 $P_i$（支路 $i$ 侧有功量测）、$P_j$（支路 $j$ 侧有功量测）、$P$（节点注入有功量测）、$Q_i$（支路 $i$ 侧无功量测）、$Q_j$（支路 $j$ 侧无功量测）、$Q$（节点注入无功量测）、$U$（节点电压幅值量测）。devType 与 measType 结合使用，可以决定设备潮流计算公式的选择。

2.2.6.3　基于 OpenMP 并行技术的状态估计流程图

基于 OpenMP 并行计算技术的快速分解状态估计算法的计算流程如图 2-8 所示。

### 2.2.7　在线数据整合调整

为提高数据整合结果的潮流收敛率，在利用并行状态估计提高整合效率和数据质量的基础上，还需要采取一些数据调整方法。

（1）动态加入等值负荷。由于量测异常、维护滞后、状态估计算法等原因，在线运行数据中存在不少功率明显不平衡的地方，动态加入合理的等值负荷，能有效地防止因功率不平衡所造成的成片数据污染。

（2）设备状态修正。断路器、隔离开关的开合，设备的运行状态与潮流数据存在不一致的现象，通过拓扑搜索功能统合异常设备周边设备的潮流分布情况，修正设备状态，切实反映电网运行工况，有效提高潮流收敛率。

（3）坏数据的辨识与过滤。基于相对完整的网架结构和可信电网参数，对 EMS 的熟数据/生数据进行进一步的坏数据辨识与过滤，对于状态估计值与实际值相差较大的运行数据，引入 SCADA 采集值作为参考。这是因为，EMS 在满足潮流方程的前提下，对于 SCADA

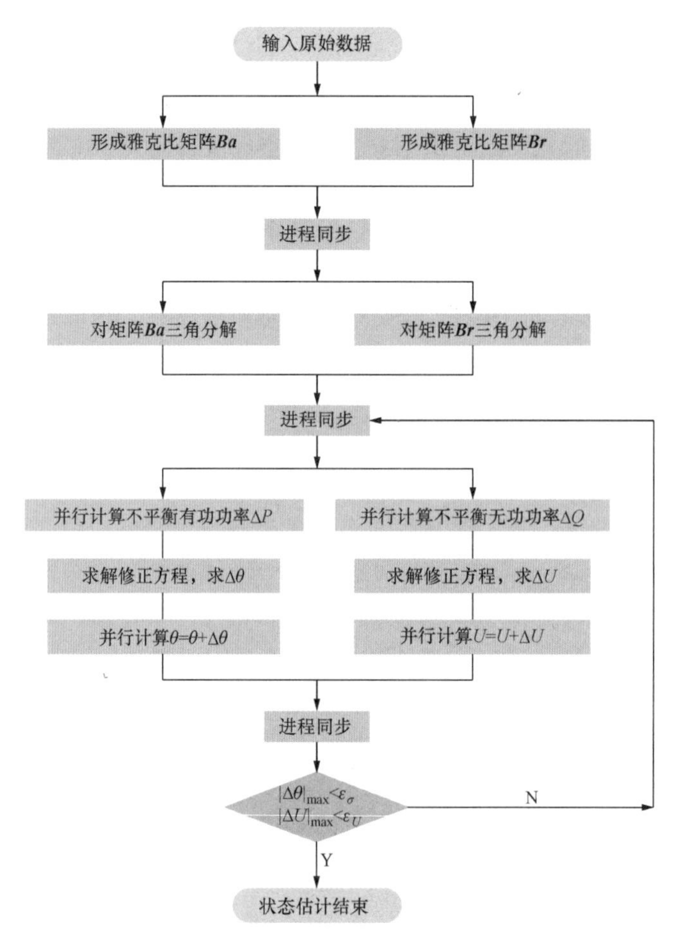


图 2-8　基于 OpenMP 并行计算技术的快速分解状态估计算法流程图

的量测做了误差最小的处理，然而对于某些重要量测而言，EMS 也会带来一定的数据污染。在线数据整合技术在离线方式数据对比的基础上，引入 SCADA 采集值作为参考，有效减少了某些重要测点上的 EMS 估计值误差问题，提高了电网潮流数据的合理性。

（4）按数据的优先级解决数据不一致问题。在线数据整合接收多级电力调控中心的在线运行数据，各套电网在线运行数据普遍存在交叉耦合的情况，在时间、空间上均存在不一致性。在线数据整合技术提出了高电压等级主干输电网数据优先级最高、次级电网数据适当调整、无在线运行数据采集的设备跟踪电网变化、吸收计算误差的调整策略。在线数据整合会进行多次状态估计，在每次状态估计之后，选取离线方式数据中处于低电压等级且没有在线映射的负荷作为调整的对象，根据本次状态估计的计算结果，对这些负荷注入系统的功率进行调整并将调整后负荷的功率作为伪量测量进行下一次的状态估计。实践证明，这种负荷调整策略可以大大减小整合数据中有功功率、电压相角与在线运行数据之间的误差。

（5）合理动态设置多电压参考点。在线数据整合在进行状态估计时，如果参考节点选取得不合理，可能会造成成片数据的污染，使得某些区域的电压与在线运行数据相比整体偏高或偏低，甚至造成状态估计的不收敛。在线数据整合基于无功电压的局部特性，在每次状态估计之后，判断电压偏差最大的区域，动态选取该区域中枢母线的电压添加到下一次状态估

计的电压参考点集合中。这些中枢母线的电压一般是少量最重要的超高压母线，它们的电压行为足以代表整个区域的电压行为。如果电压偏差趋势进一步增大或不收敛，算法会自动判断，重新选取电压参考点。该方法能够有效地减少成片数据污染，大大减小整合数据的电压幅值、无功功率与在线运行数据之间的误差。

## 2.3 以离线数据为基础的在线数据整合方法

### 2.3.1 在线整合数据的电网拓扑调整

基于在线设备拓扑连接关系，根据映射表对离线方式数据中的设备连接关系进行动态调整，保证整合后的电网拓扑结构能够适应电网的变化，与电网的真实工况保持一致，同时避免大规模电网拓扑计算带来的维护和效率问题。然而，传统的电力系统离线分析软件一般不支持拓扑分析功能，也没有断路器、隔离开关的建模，因此不能以常规的方式通过分析断路器、隔离开关的位置来直接形成全网的拓扑。为了在数据整合过程中实现离线方式数据的动态拓扑更改，采用了如下的方法：①通过建立小支路合并多个计算节点；②通过分裂计算节点实现分母独立运行。

### 2.3.2 离线方式数据整合调整

由于在线、离线方式数据维护滞后等原因，数据整合后电网的网架结构可能与实际运行的电网存在一定的差异，造成某些元件的缺失。数据整合在进行状态估计之前，要检查功率明显不平衡的地方，动态加入合理的等值负荷，有效防止因功率不平衡造成的成片数据污染。

### 2.3.3 离线数据为基础的流程

电力调控中心以离线数据为基础的数据整合程序流程图如图 2-9 所示，下面对流程图中的某些部分进行解释。

框 [1]：在线运行数据进行潮流计算，实际上是粗略地检验在线运行数据是否满足网络方程。如果潮流计算不收敛，则说明该时间断面的在线运行数据是不可用的，其中可能存在大量的坏数据，或者在线运行数据本身就是不完整的。程序会转到框 [6] 出口 1，等待下一周期的在线运行数据。

框 [2]：设备映射表，是对离线方式数据进行拓扑调整、刷新设备在线潮流的基础。

框 [3]：变量 $i$，记录整合数据中拓扑岛的个数，分岛进行状态估计。

框 [4]：变量 $j$，设置利用并行状态估计进行数据调整的最大次数。如果状态估计的次数超过最大次数，而且经过选取其他电压参考点还没有收敛，则记录该拓扑岛不收敛的信息；如果状态估计是收敛的，说明通过数据调整无法将整合数据中的母线电压幅值的精度进一步提高，使得 $|\Delta U_i|_{\max}<\varepsilon_U$。

框 [5]：$\varepsilon_U$ 母线电压幅值的最大残差，其值比状态估计中要求的母线电压幅值最大残差还要小很多。如果在数据调整过程中达到该精度，程序自动退出，进行下一个拓扑岛的状态估计。

框 [6]：出口 1，潮流不收敛时的出口。

框 [7]：出口 3，说明数据调整过程中存在状态估计不收敛的拓扑岛，需要人工查看状态估计迭代过程并结合图示化工具调试整合数据。

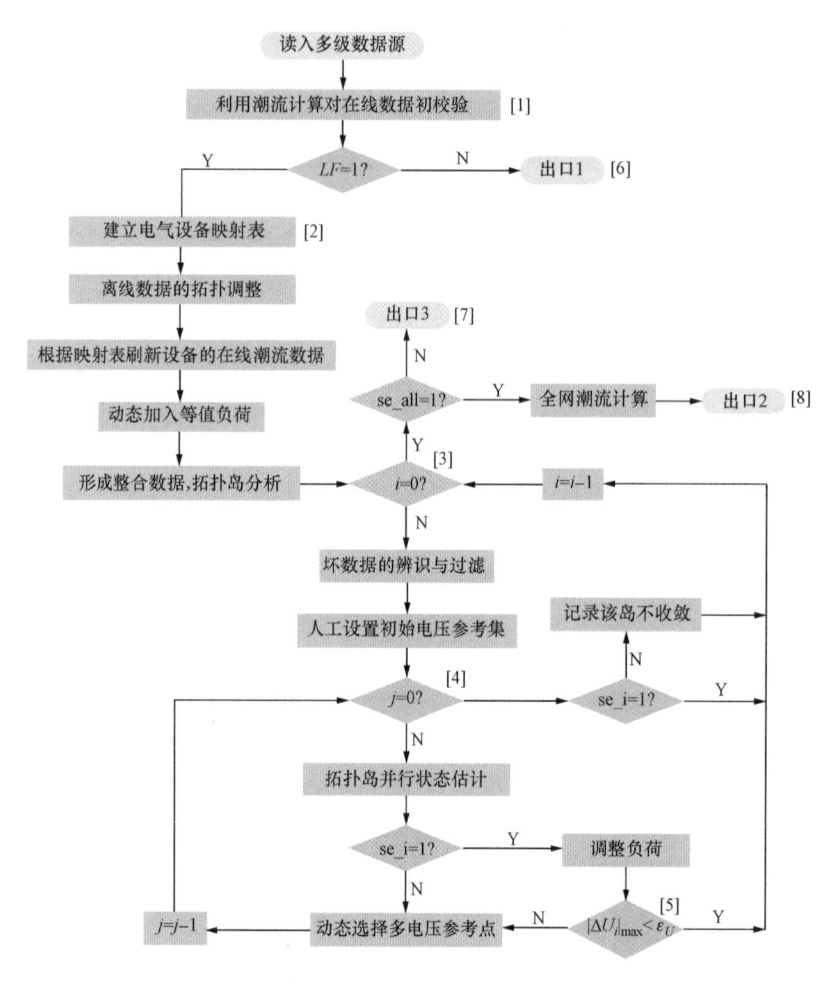


图 2-9　以离线数据为基础的在线数据整合程序流程图

框［8］：出口 2，数据整合成功，下发数据。

## 2.4　以在线数据为基础的在线数据整合方法

### 2.4.1　在线运行数据选取

数据整合支持三种在线运行数据模式：上级电网在线运行数据、本级电网在线运行数据、上级电网和本级电网拼接的在线运行数据。

目前，国内电网可以实时获取本辖区内部网络模型和实时数据，定时接收上级电网的最新网络模型和实时数据。通常，上级电网对于低电压等级进行一定的等值简化，而本级电网建模较为详细。为适应这一情况，得到一个既能反映内部电网的实时状态，又能考虑外部网络模型的整个大区电网，数据整合支持将上级电网和本级电网在线运行数据拼接，得到完整的网络模型。

### 2.4.2　在线运行数据整合调整

由于在线运行数据一般不包含详细模型及动态参数，而离线方式数据仅能定期获取，因

此以在线运行数据为基础的数据整合中需要依据离线方式数据和映射情况进行数据调整。

（1）数据范围裁剪。在线运行数据的范围不能超过离线方式数据，这就要求对在线运行数据进行裁剪以适应离线方式数据的范围。

（2）合理设置缺省动态参数。无法保证在线运行数据中设备均能在离线方式数据中找到映射设备，因此应预先合理设置设备的缺省动态参数。

（3）未映射的直流线、发电机转为负荷。由于直流线、发电机具有较多的模型参数，并且难以给出合理的缺省值，因此需要把未映射的直流线、发电机转换为负荷。

### 2.4.3 以在线运行数据为基础的在线数据整合流程图

电力调控中心以在线运行数据为基础的数据整合程序流程图如图 2-10 所示，并对流程图中的某些部分进行解释。

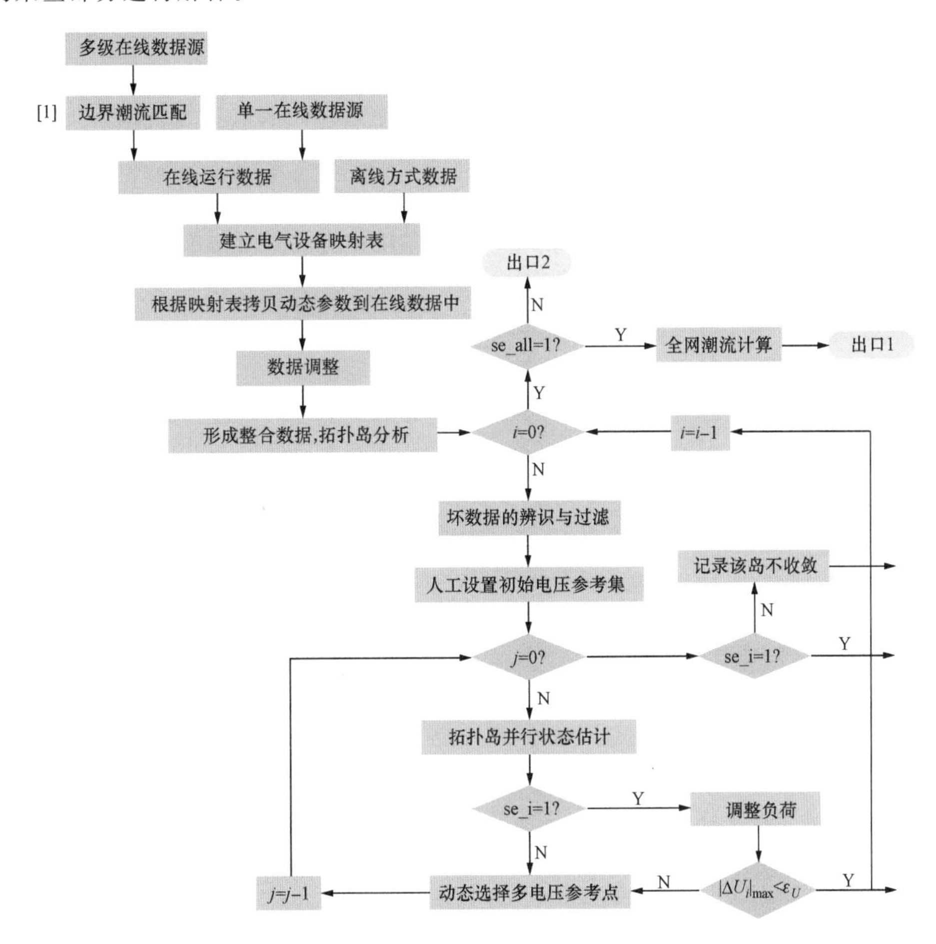


图 2-10 以在线运行数据为基础的在线数据整合流程图

框［1］：通过边界潮流匹配实现数据拼接。

其余流程与图 2-9 类似，参见 2.3.3 小节。

# 3 并行计算

随着电力系统自动化水平的不断提高，电网规模越来越大，网络结构变得异常复杂，传统的在线、离线电力系统分析串行计算模式和数据集中处理方式必然会遇到计算能力的瓶颈。而分布式并行计算近年来成为国内外大规模高性能计算应用的方向，即开发基于网络技术的多机并行计算环境，建立分布式系统，从而将地理上分布的、异构的多种计算资源通过高速网络连接起来，共同完成计算问题。

根据电力系统计算的数据来源，电力系统分析计算可分为在线计算和离线计算。前者根据实际运行的电力系统的电网监控和数据采集系统提供的实时状态数据进行分析计算；后者主要是对电力系统的物理过程建立数学模型，根据所构建的电网模型进行分析计算，可以与实际运行的电力系统没有直接联系。

离线分析计算中时常出现这样的情形：一次需要计算的任务非常多，程序单机操作、批量提交、单个执行，常出现“人等机器”的现象，计算效率低下。而在线分析计算在电力系统核心算法没有重大突破之前，还必须依靠飞速发展的机群系统硬件和并行计算技术，通过构建工作机制合理的电力系统并行计算平台来实现。本章将重点叙述分布式并行计算技术，通过将计算程序分布并行化，使用局域网或广域网中分散的计算节点来实现海量数据分布处理或大批量的计算任务并行执行，从而解决电力系统中原有的单机串行计算模式的瓶颈问题。

## 3.1 并行计算简介

### 3.1.1 概念

并行计算（Parallel Computing）是指同时使用多种计算资源解决计算问题的过程，也称平行计算。并行计算是相对于串行计算来说的，可分为时间上的并行和空间上的并行。时间上的并行是指流水线技术，而空间上的并行则是指用多个处理器并发的执行计算。为执行并行计算，计算资源应至少包括一台配有多处理机（并行处理）的计算机或多个与网络相连的计算机，或者两者结合使用。并行计算的主要目的是快速解决大型且复杂的计算问题。

根据电力系统动态稳定分析的需求，并行计算分为分网并行和任务并行两种模式。分网并行是指将大电网分为几个小网，分别在不同的处理器上计算，并依靠通信协调各小网的计算行为；任务并行是指每个计算处理器单独承担电网的某一个故障的计算任务，最后共同完成电网计算的全部故障分析任务。测试和研究结果表明，当计算任务数远大于CPU数目时，任务并行模式下的总体计算时间通常会成倍减少，计算总体时间的最短极限取决于单个处理器计算一个任务的最长时间；分网并行模式可缩短单个任务的计算时间，最佳分网数目取决

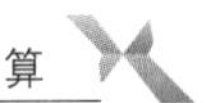

于处理器（或计算节点）之间网络的传输性能和分网之间信息交换的需求。

对于电力系统稳定计算而言，采用计算节点间任务并行、节点内分网并行的计算效率最高，而电网规模在10000节点及以下则可以完全采用任务并行的计算策略。

### 3.1.2 应用

并行计算技术通过几十年的发展已经广泛应用于各行各业，包括气象、石油、军事、电信等领域。在气象领域中，数值模式成为大气科学的重要实验手段，数值天气预报要求提高天气变化预测的精确度，要采用逼近真实大气复杂物理过程的模拟计算，单处理器计算机已经无法满足其性能要求，必须利用并行计算技术来模拟计算大气活动。石油勘探尤其是石油地球物理勘探，一直是高性能计算技术的主要应用领域，地震成像处理是石油物探中对并行计算需求最大的技术，地震成像算法及其在各种并行计算系统中的实现是并行计算技术在石油勘探领域研究和应用的重点。

在电力系统分析计算领域，2007年国家电力调度通信中心组织建设了跨区大电网预警及辅助决策系统，为解决大型互联电网仿真的超大规模实时计算，实施建设200个计算节点规模的分布式并行计算平台。各计算节点间通过千兆以太网互联通信，以IP组播技术进行节点间控制指令与数据交互。该并行计算平台在多年的连续运行中性能优越，运行稳定。

国外已投运的分布式并行计算项目，如轻量级网格系统 Xtrem Web 和伯克利开放式网络计算平台（Berkeley Open Infrastructure for Network Computing，BONIC）等，主要应用于地外无线电信号分析、基因排序和蛋白质内部结构分析计算等。这些项目采用分布式并行计算通常是为了解决计算能力严重不足的问题，但对计算任务的总体完成时间和并行计算效率没有苛刻的要求，其整体架构和实现呈现为松耦合、散关联的状态。

本章中所涉及的并行计算技术以及构建的并行计算平台，主要解决在线动态安全监测与预警系统的大规模高性能计算需求。系统中在线稳定分析、稳定裕度评估和调度辅助决策等各类计算对时间有着严格的要求，这需要在系统整体架构和系统设计中综合考虑分布式并行计算的效率，包括通信效率、大数据量文件传输效率和任务调度效率等。同时，构建并行计算平台时须提供多种任务调度策略，以适应不同的计算情景，更好地服务于在线和离线计算的不同需求。

### 3.1.3 任务分解

并行计算平台的本质是并行程序设计和计算模型，可以缺省周期性计算多个独立的任务。这些任务之间的相互关系可以分成以下三种：

（1）任务分解。任务分解就是把一个问题分解成若干个任务，这些任务可以同时进行计算，平台可以将其调度到机群节点CPU上进行计算，形成任务之间的并发执行。例如：电力系统计算可以分成暂态稳定计算、电压计算、小干扰计算等计算类型的任务。这些任务均可独立运行，互不干扰。

（2）数据分解。也称数据级并行，能够按照数据分解的方式将不同的数据对象提交给同一类型的计算可执行程序。例如：批量暂稳作业按照故障方式区分不同的计算输入数据对象。

（3）数据流分解。数据流关系影响程序并行执行效率的一个例子就是众所周知的生产者/消费者问题。一个任务的输入是另一个任务的输出。例如：在计算过程中，根据暂态稳定作业的计算结果形成下一批任务的计算，如果稳定，则进行裕度评估作业计算阶段；如果不稳定，则进入调度辅助决策作业计算阶段。

### 3.1.4 并行计算平台构建

构建并行计算平台，可以充分利用电力系统中的计算机群节点或电力机构中的工作者计算机的闲置计算能力，把根据跨区电网实时运行工况周期形成的批量任务分别调度到这些参与节点机上执行，计算输入文件和结果文件通过局域网或广域网进行数据交换。从整体架构上看，并行计算平台主要包括数据网关服务器、数据服务器、人机工作站、调度服务器和计算节点机群五个子系统，图 3-1 为并行计算平台的总体结构图。

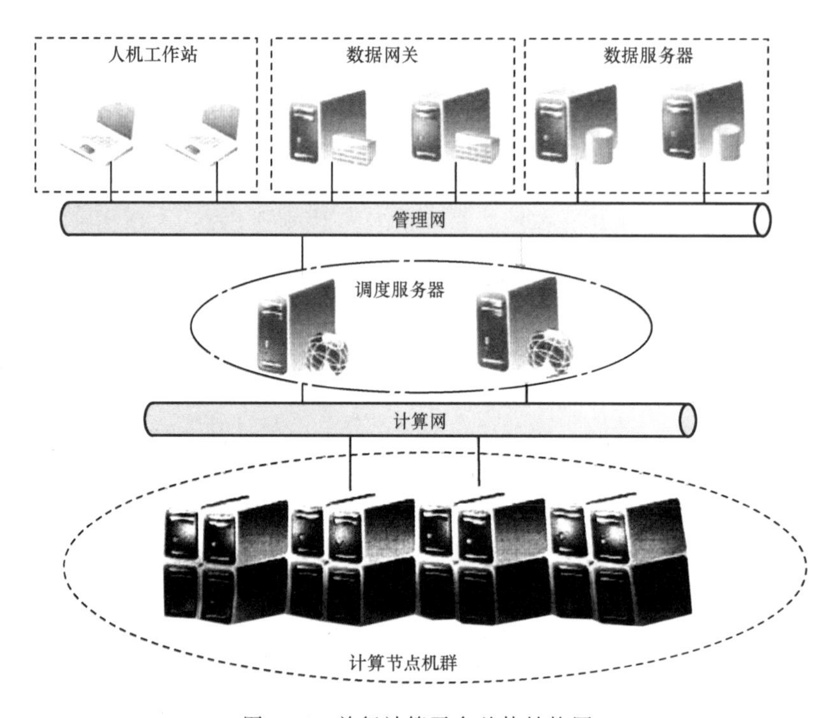


图 3-1　并行计算平台总体结构图

(1) 数据网关服务器。负责 EMS 和调度服务器之间的数据下发和上传。数据下发指从 EMS 或数据整合平台接收 E 格式潮流断面数据文件，同时将该 E 格式文件播发给调度服务器和数据服务器。数据上传指从调度服务器接收 E 格式结果文件，并将 E 格式结果文件发送给 EMS。

(2) 调度服务器。负责数据通信转发和任务调度。转发的通信数据包括控制指令、配置文件、E 格式潮流文件、计算结果文件等。通信数据源包括人机工作站、数据网关、机群计算节点等。通信数据目的地包括数据服务器、数据网关、机群计算节点等。

(3) 数据服务器。负责数据文件存储和计算结果处理并转存到数据库。接收数据网关发送过来的潮流断面文件和调度服务器转发的计算结果文件数据，然后将上述文件数据按照规定的目录和文件名格式存储到本地。保存平台运行过程中产生的日志文件，响应人机工作站的日志查询。

(4) 计算节点机群。运行计算程序的计算机，属于机群的一部分。计算节点主要从调度服务器接收计算输入数据或计算指令并开始计算，计算完毕后向调度服务器返回计算结果。

计算节点上可包括多个计算进程或线程。多台计算节点通过高速网络互联形成一个计算机群。

(5) 人机工作站。又称人机接口服务器，是对整体系统应用进行配置、管理、监视、调整和计算任务提交的人机图形界面程序。

实际应用中，为上述每个子系统都配置两台服务器，互为冗余。每台服务器配置两张千兆网卡，并通过两个交换机连接起来，对网络和通信方式实现硬件冗余配置。

平台内部应用通信方式包括可靠组播和单播。可靠组播共有两个固定组：服务器组和计算组。服务器组包括人机工作站、数据网关和调度服务器，计算组包括调度服务器和计算节点机群。除固定组外，组播还可以选择一个或多个逻辑组播组，逻辑组的组名、组员信息由组播发送者维护和组织。

并行计算平台功能是以任务调度、任务计算、计算结果收集与分析为主，其中任务分配（调度）机制、底层通信机制、流程管理和通用应用环境是平台构建的关键技术，下面将分节进行介绍。

## 3.2 分配机制

传统的并行计算管理模式一般采用“推”或“拉”式动态任务分配方式，在节点数不多的应用场合效果不错。但当节点数目很多或用于在线计算场合时，效率明显降低，任务调度成为系统稳定和效率提高的瓶颈。

本书中的并行计算平台工作机制支持可靠组播功能，所有的在线系统或实时系统采用任务预分配的方式，只在故障切换期间动态调整任务。按照大规模并行计算处理平台的需求，结合在线动态安全监测与预警多种应用的需要，实现基于数据组播、任务预分配和时序控制应用计算的大规模并行计算平台的软件工作机制，替代传统的单一动态任务分配的管理机制，简化任务调度的复杂性，提高系统的稳定性。

### 3.2.1 任务调度机制

电力系统计算的特性造成了计算输入输出文件包含的数据量过大。为了优化数据文件的传输效率，将待交换的数据文件区分成固定数据和变化数据文件，固定数据文件主要包含相同类型计算任务的常量数据，变化数据文件主要包含与每个具体计算任务相关的信息。固定数据文件可以在多计算节点上同类型计算任务间共享，实现传输一次，则同类型多个计算任务共享使用多次。

随着在线动态安全监测与预警系统对在线并行计算时间特性的要求越来越高，并行计算平台结合数据区分特性，将原有的动态计算任务分配机制更改为任务预分配机制。在任务调度中，平台主要采取分阶段的以预分配方式为主、动态任务分配为辅的调度策略。

预分配：在每个并行计算周期内，已知计算的类型、计算任务的数量、计算的输入文件和计算节点的类型和数量，则在任务计算前，预先将任务分配方案写入配置表中，并将配置表文件和计算输入固定数据文件提前分发到每个计算节点上，然后在每周期内计算节点根据调度服务器转发来的潮流数据触发启动计算。

动态分配：将问题分解成众多的并行子问题，若每个子问题都可以单独解决，当每个子问题都处理完毕时，这些子问题的结果就可以聚合分析并形成新的计算任务。这些新增计算任务的个数和产生时刻具有不确定性。调度服务器收集和分析上一阶段任务执行结果并形成新增计算任务，然后按照调度策略和算法动态地将新增计算任务分发给机群计算节点进行计算。

预分配方法注重数据传输和交互的效率，尽量减少交互次数，降低数据传输量，但系统运行时系统管理员要对任务进行合理分配并进行验证优化。动态分配必须对机群整体系统资源有全局性的掌握，并能够对空闲节点资源进行合理调配和使用。任务调度机制使得任务请求和节点提供的计算能力之间进行合理匹配，实现计算能力的高效、集成和共享，同时也使得在动态分配阶段各个节点的任务计算做到负载均衡。

以在线暂态稳定分析计算为例说明预分配任务调度机制，每周期以多个固定故障方式的暂态稳定扫描计算，那么在执行周期并行计算前，以故障方式为切割点的任务预分配到计算节点上，也就是说计算节点在每周期的计算中只针对某一个或几个故障方式进行暂态稳定计算扫描，从而减少了与故障相关的数据和配置文件在每个周期内的通信传输，节省了通信带宽，提高了平台整体交互的通信效率。

### 3.2.2 任务预分配

任务预分配是指平台管理员通过并行计算平台的人工配置台，根据每个计算节点的硬件属性（如 CPU、内存等）对每周期总的计算任务进行计划分配，并把分配结果形成任务预分配表，通过平台的任务预分配表提交接口，发布到机群中的每个计算节点上。

任务预分配表包括计算节点、计算任务类型、计算任务个数、计算进程个数和计算的先后次序。并行计算平台启动初始化过程中，每个计算节点开始读入任务分配表，并根据自身任务分配情况初始化计算进程，计算进程常驻内存。这样，每个计算节点在每个周期内的计算类型和计算任务个数都是固定的，同时与计算相关的输入数据也是相对固定的。这些固定的数据文件都可以在在线平台运行前通过人工配置台分发到计算节点上并提前准备好，周期计算时无需再次传输，从而压缩了计算周期内的数据传输时间，提高了周期内的任务计算效率。

任务预分配过程分为以下三个阶段：

（1）预分配环境初始化。在预分配前，收集每个计算节点的计算环境信息，包括 CPU 类型和个数、内存大小等。这些参数信息成为预分配参照的依据。

（2）故障方式计算的预分配。调度分配模块在所有计算节点的计算环境信息基础上，根据计算能力的匹配，将需要计算的计算任务分配到每个节点上，在整个计算周期内只做与所预分配对应的计算任务。

（3）作业固定输入数据预分配。同种类型的作业输入数据分为固定数据和周期性变化刷新数据两部分。固定数据被预分配到各个节点上，每个节点为各个计算任务保留一份固定数据。

完成上述预分配后，在调度服务器上建立一个预分配故障方式的计算节点映射表。平台中的超时重发和故障重分配模块根据映射表查询每个周期的节点计算是否按时正确返回结果，根据查询监视结果自动屏蔽出错节点。调度服务器对出错计算节点上的故障方式重新预分配，从而在出错计算节点与冗余节点之间做计算环境的节点迁移，可以认为冗余节点的环境和任务是对出错计算节点的完整拷贝。之后，调度服务器重新修改预分配故障方式的映射表，在整个计算周期内保证映射表是当前最新的，并与实际运行情况对应。

如图 3-2 所示，通过预分配机制，建立一个稳定和完整的在线并行计算环境，这样可以减少中间调度分配的环节，减少系统出错概率，提高系统的稳定性和可靠性。

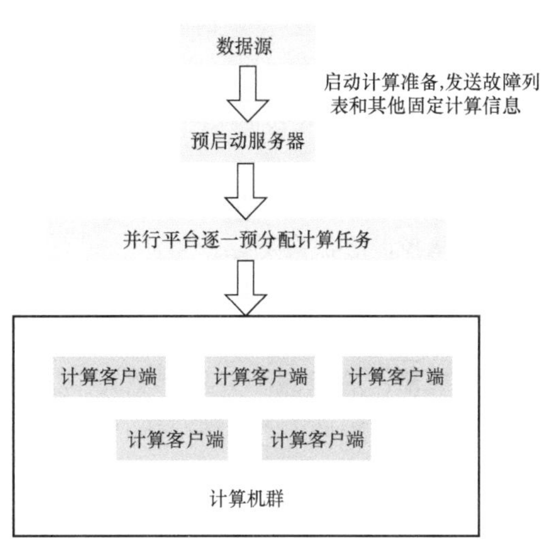


图 3-2 并行计算平台预分配示意图

预分配的目的是为了在在线运行阶段，将一些固定的配置和参数事先存储到各个计算节点中去，如故障列表和动态参数库等。预分配能通过平台的任务调度功能，根据平台现有计算节点的情况，把各个计算任务预先分配好，使在线运行阶段的计算任务分配固定下来，从而使在线运行阶段在刷新了在线运行变化数据后就开始计算。

预分配具有自动配置和手工修改的功能，其中自动配置功能根据各个计算应用配置的节点情况，把各个计算应用算例均匀地分配到各个节点中去；而手工修改则能手工分配计算任务或根据自动配置的结果进行修改。除此之外，预分配机制还包括并行计算平台的维护功能，如修改计算节点的配置、更新参数库、更新故障设置等。

预分配的数据传送方向为人机工作站组播到并行计算平台中各个功能节点，预先被分配到各个节点的数据包括：

（1）暂态稳定故障列表：包括各个暂态稳定的计算设置，以及暂态筛选方法可能产生的新故障；

（2）电压稳定计算设置：包括电压稳定的计算参数、调节量和调节方式的设置等；

（3）小干扰稳定计算设置：包括小干扰计算的算法选择、搜索范围设置及搜索个数设置等；

（4）静态安全分析计算设置：包括 $N-1$ 搜索的范围和其他计算参数设置等；

（5）动态元件参数库：包括发电机、负荷、电力电子设备等动态元件的参数信息。

并行计算平台预先分配好所有的计算任务后，需要把分配计算的信息进行存储和管理，包括各个计算节点预分配的计算任务、坏计算节点记录、最新刷新的参数库信息记录及程序库记录等。

并行计算平台的预分配界面包括相应的人机界面功能，并集成到人机工作站计算设置图形界面，其提供如下的功能：

（1）计算配置结果通过计算设置的图形界面进行查询与修改，其中包括各个计算节点预分配的计算任务、坏计算节点记录、最新刷新的参数库信息记录及程序库记录等信息；

（2）用户能手工修改各个计算节点预分配的计算任务。

## 3.3 通信机制

在每个在线运行周期内，E 格式文件数据在一个组内或多个组内以一对多方式传输。如果采用 TCP 或单播方式，那么发送端必须维护每个文件接收端的信息，同时相同的数据可能在同一链路上传输多次，消耗大量带宽。并行计算平台在底层集成了可靠的UDP/IP单播/组播通信中间件。

当前，支持IP组播的标准传输层协议包括UDP，但UDP组播报文的传输是不可靠的。可靠通信中间件技术解决了如何根据组播通信过程中丢失分组报文的情况来迅速、高效地恢复丢失的报文，使接收者接收到正确、有序的报文。其算法主要包括可靠通信中的错误恢复算法和拥塞控制算法两部分。

### 3.3.1 通信中间件系统

通信中间件建立在已有的传输层协议（TCP或UDP）基础之上，如图3-3所示。中间件为应用层提供API接口，实现数据收发等功能，但是它提供比传输层更多的特性支持。通信中间件模块提供了大数据传输（单次传输最多可达20MB字节）、可靠多播、选择多播等功能。

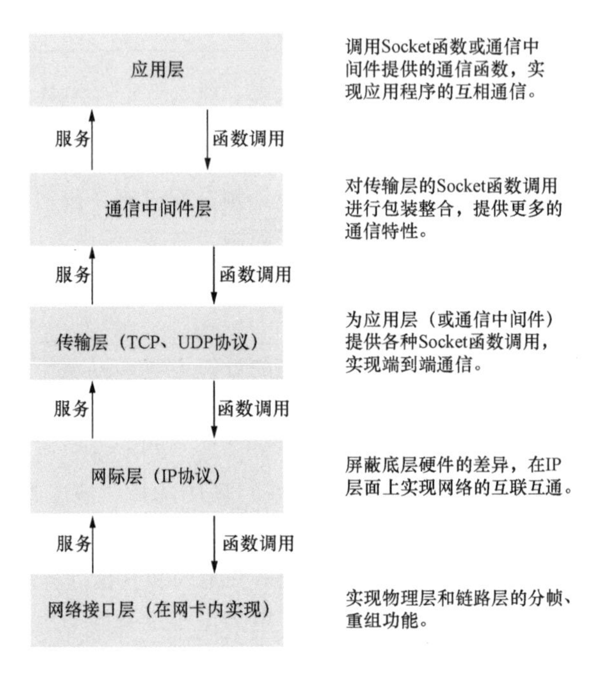


图3-3 通信中间件在协议栈中的位置及其功能

通信中间件模块的功能主要有：

（1）可靠通信和不可靠通信。通信中间件需要实现两种可靠性级别的通信方式，这两种通信方式都建立在不可靠的传输层协议（UDP）之上。不可靠通信需要把大块数据（在下文中，如果不至于引起混淆，可能将“大块数据”不太严格地称之为“文件”或“消息”）进行分片传输，因此每小片数据都必须有序列号，以便接收端能够重新组装。可靠通信除了要进行数据分片处理外，还要求接收端在收到首片数据和收齐整个文件后向发送端发出ACK确认。如果出现数据分片丢失，则两种级别的通信方式都需要向发送端发送NAK，NAK包含分片丢失信息，以便发送端重传丢失的数据。

（2）异步发送和乱序接收。通信中间件的数据传输模式是异步发送和乱序接收。异步发送是指发送端的应用程序将大块数据（文件）交给中间件以后便立即返回，继续处理应用层的事务逻辑。中间件自身维护着一个发送任务列表，真正的数据发送过程由中间件控制，与

应用层无关。乱序接收是指在同一时间允许多个发送端向接收端发送数据，因为数据是分片的，所以接收端在一段时间内收到的数据可能属于不同的发送者，这些数据片是互相交叉的。因此，中间件必须维护一个接收缓冲池，将属于不同文件的数据放到各自的地方，而不至于互相混淆。

(3) 选择多播。通信中间件需要实现一对多的通信方式，即一个发送者对应多个接收者。通常可以利用 IP 多播技术达到这一目的，但是对中间件提出了更高的要求，期望达到这样一种效果：接收者并不是所有加入了某一个多播组的所有成员，而是其中的一个子集，并且这个子集可以任意指定，这种通信方式称为选择多播。

(4) 按组名多播。IP 多播技术是借助 D 类 IP 地址实现的，每个多播组都用一个 D 类 IP 地址（224.0.0.0～239.255.255.255）来标识。显然，IP 地址不方便人们记忆，也不利于实现多播通信对应用层的完全透明，因此中间件必须实现一种类似于域名的机制，用一个字符串形式的多播组名来代替多播 IP 地址。

### 3.3.2 实现方案选择

#### 3.3.2.1 方案一——通信函数库

这种方案的思路是将所有通信功能实现为一个函数库，中间件向应用层开发者提供 API（声明各个外部接口的头文件）、静态库（.a 文件）和运行时动态链接库（.so 文件）。应用层的程序经过编译链接以后，通信中间件将成为应用程序的一部分，整个系统运行时只有一个进程。这样做的优点是内存拷贝次数比较少，效率相对较高。缺点是应用层与中间件层结合太过紧密，不利于实现通信中间件的通用化，并且一旦应用程序运行时出现故障，难以查找故障点是出在应用层还是中间件里面。

图 3-4 描绘了本方案的数据传输过程，图中用通信中间件提供的两个典型函数 COM_unicast() 和 COM_receive() 为例进行说明。

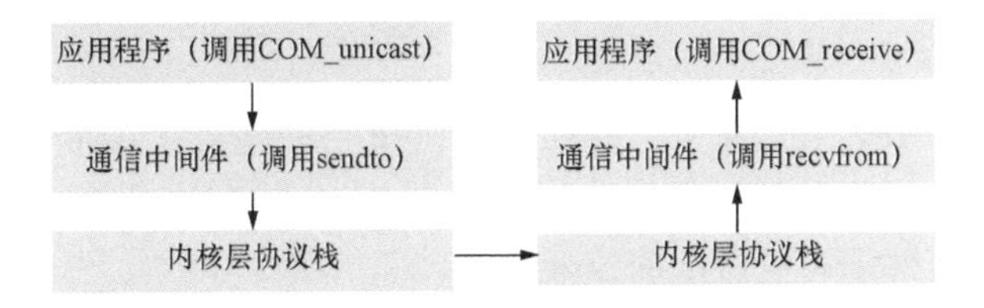


图 3-4 方案一的数据传输过程

#### 3.3.2.2 方案二——通信守护进程＋函数库

这种方案的思路是将通信中间件做成两部分，一部分是一个独立运行的通信守护进程（Daemon），守护进程维护着发送任务队列和接收任务缓冲池，负责主机之间的数据传输；另一部分提供一个函数库（包括相应的头文件、静态库和动态库），两部分通过 TCP 或 UNIX 域套接字连接。与方案一不同的是，这个函数库的功能比较简单，它不负责实际的数据传输工作，只是将应用层请求发送的数据交给守护进程，以及从守护进程提取接收完成的大块数据（文件）。

图 3-5 描绘了方案二的数据传输过程，同样用中间件 API 提供的 COM_unicast() 和 COM_receive() 为例进行说明。与方案一相比，本方案在层次上多了一层，因此在整个应用层—应用层的数据传输过程中，多了两次内存拷贝。显然，这对效率是有一定影响的。但

是这种方案也有它的优点，即：实现了具体通信过程（即中间件的守护进程部分）与应用层逻辑的完全分离，使“异步发送”和“乱序接收”得以方便地实现，同时使中间件本身获得了更好的独立性和通用性。此外，在软件故障发生时，它让开发人员能够准确定位是应用程序还是中间件本身存在问题。

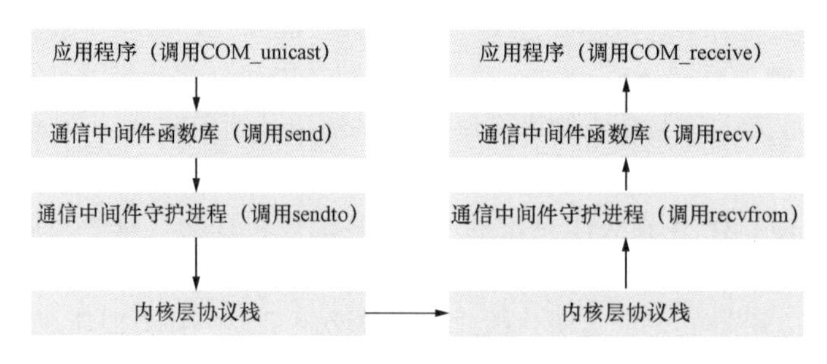


图 3-5　方案二的数据传输过程

3.3.2.3　选定的方案及理由

通信中间件在功能方面提出了“异步发送”和“乱序接收”的需求，如果采用方案一，会让中间件这个子系统变得异常复杂，而用方案二则可以很方便地实现，因为通信守护进程维护了发送任务列表和接收任务缓冲池。

方案实现要注重通信中间件的独立性、通用性和扩展性。采用的设计策略是扩展策略，因此选用方案二能够更好地满足这些特性。

当然，方案二会损失一些效率，但可以通过采取优化策略使效率的损失降低到最低限度。比如，应用程序和通信守护进程通常运行在同一台主机上，因此可以使用效率比较高的Unix 域协议（Unix Domain Socket）代替因特网域协议来进行本地数据传输。

综上所述，选定了通信守护进程＋函数库的实现方案。

### 3.3.3　总体结构

在整个通信中间件系统里，除人工监控功能所在的主机外，其他每台主机（包括调度服务器、数据服务器和计算节点等）的系统均可用图 3-6 的左边部分来表示，从图中可以清楚地看出整个通信中间件子系统所处的位置。

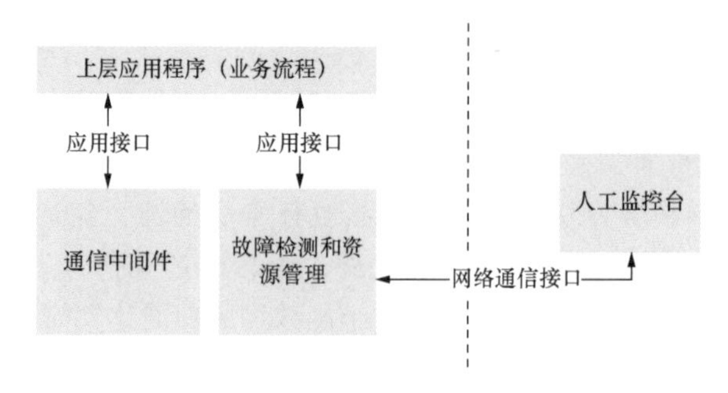


图 3-6　通信中间件在系统中所处的位置

通信中间件本身是一个相对独立的子系统，包括通信守护进程和函数库两大部分，其中守护进程又可以细分为若干个小模块。它的总体结构如图 3-7 所示。

以下简单介绍一下会话、事件、发送任务和接收任务的概念。

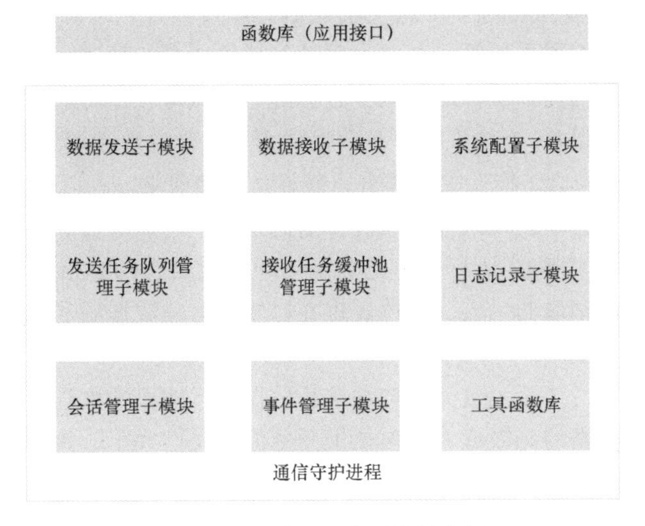


图 3-7 通信中间件总体结构图

会话（Session）：一个上层应用在请求通信中间件为其进行数据传输之前，必须先通过函数库与通信守护进程建立连接，这种连接被称为会话。建立了会话，便可以实现多个上层应用同时请求通信守护进程为其进行数据传输。当上层应用不再需要守护进程为其服务的时候，应当断开与守护进程的连接，这时候守护进程将会话注销。通信守护进程维护着一个会话列表。

事件（Event）：通信守护进程有一个用于监听会话的 Socket 描述符，每一个会话对应一个 Socket 描述符（Unix Socket 或 Internet Socket），各台主机的守护进程间通信分别有一个用于读的 Socket 描述符和一个用于写的 Socket 描述符。在这些 Socket 描述符上可能发生各种各样的行为，如：上层应用与守护进程建立连接，会话 Socket 上送来了一个数据传输请求，上层应用断开了与守护进程的连接，数据读 Socket 上面有了从其他守护进程送来的数据等。我们把这些行为统称为事件。

发送任务与接收任务：对于上层应用来说，数据的传输通常都是整块的，大块数据（文件）的分片和重组由通信中间件来负责。文件在应用层视为一个不可分割的整体。在在线动态安全监测与预警系统中，将一个要传输的文件称作一个任务。在中间件里，任务除了文件数据本身以外还有一些附加信息，如文件的大小、任务的发送者和接收者的地址、任务的编号，等等。根据附加信息的不同，可将任务细分为发送任务和接收任务。通信守护进程维护着一个发送任务列表和一个接收任务缓冲池。

### 3.3.4 关键技术与算法

#### 3.3.4.1 可靠通信技术与算法

通信中间件的数据传输建立在不可靠的 UDP/IP 基础之上，为了实现可靠通信，需要实现一套可靠的用户层协议。实现可靠通信的两个基本方法是序列号和丢帧重传。

序列号的作用是实现大块数据（文件）的分片和重组。因为 UDP 协议不保证数据报文的按序到达，所以接收端不能以接收到报文的顺序作为真正的顺序来重组。但是如果给文件的每一个分片一个递增的序列号，那么接收端无论以什么顺序接收，只要它收到了每一片数据，就可以正确地重构出原来的文件。

UDP 协议不保证它发出的每一个报文都能够到达目的地，这意味着数据有可能在网络上丢失。因此，为了实现可靠传输，必须有丢帧（这里所说的帧实际上是用户层对数据分片的片，不是数据链路层的帧）重传的机制。数据的接收端应在适当的时机检查数据是否完全接收（是否有丢失的数据片），如果发现有数据片丢失，就向发送端发送 NAK，告知丢失的部分。发送端收到 NAK 后，将丢失的部分重新发送给接收端。

上文提到，中间件必须实现两种可靠性级别的通信：可靠通信和不可靠通信。这里所说的不可靠通信并不是说它跟 IP 协议一样完全是一种最大努力的通信，而是说它与另一种可靠性级别相比，其要求稍微低一点。具体表现在：收到首片数据后和收全所有数据后不需要向发送端发送 ACK 确认。

大块数据（文件）的传输大致分为传输首片数据、传输正常数据和传输尾片数据三个阶段。首片数据是正常数据的元数据，它包括了任务号、文件大小、传输方式（单播、多播或选择多播）、服务类型（可靠或不可靠）及主机掩码（用于选择多播）等信息。正常数据和尾片数据都是文件数据，不过正常数据的数据区大小是固定的，而尾片数据的数据区通常要小于正常数据。

图 3-8 是不可靠通信的工作流程图。左图表示数据的正常发送流程，右图表示接收流程，值得注意的是，右图中对 NAK 的处理实际上属于数据发送的工作。

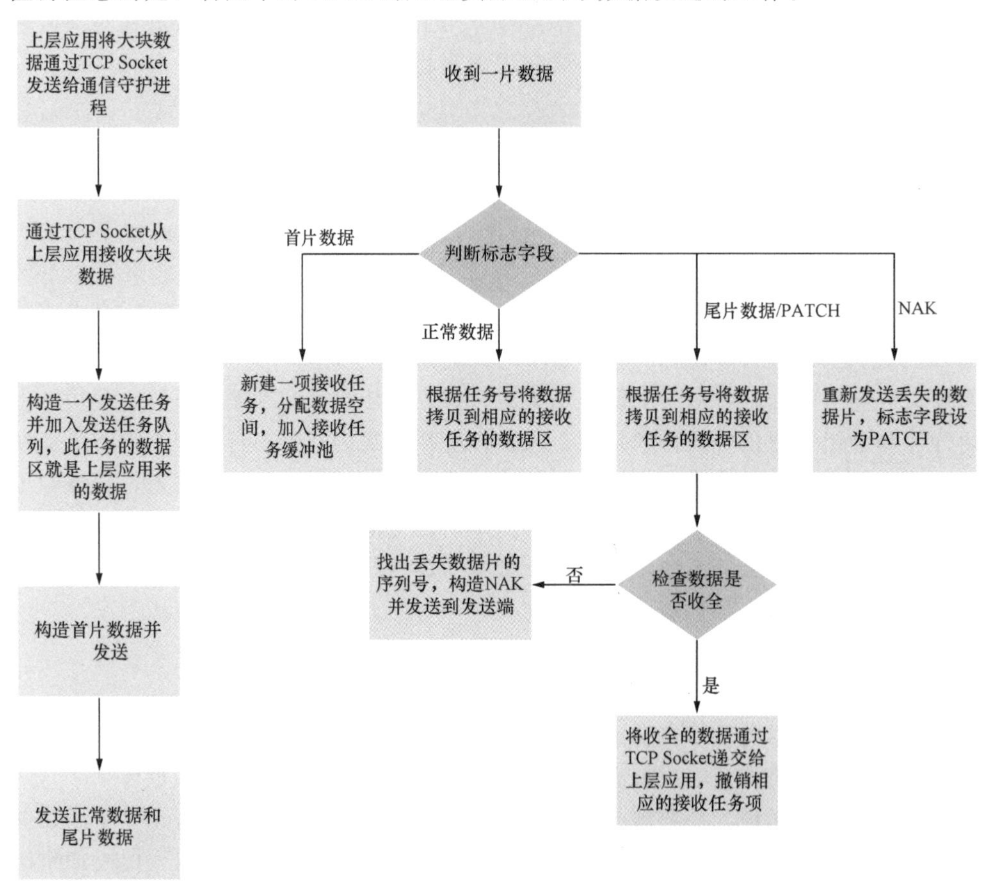


图 3-8　不可靠通信的工作流程图

图 3-9 是可靠通信的工作流程图。左图表示数据的正常发送流程，右图表示接收流程。同样，值得注意的是，右图中对 NAK 和 ACK 的处理实际上属于数据发送的工作。

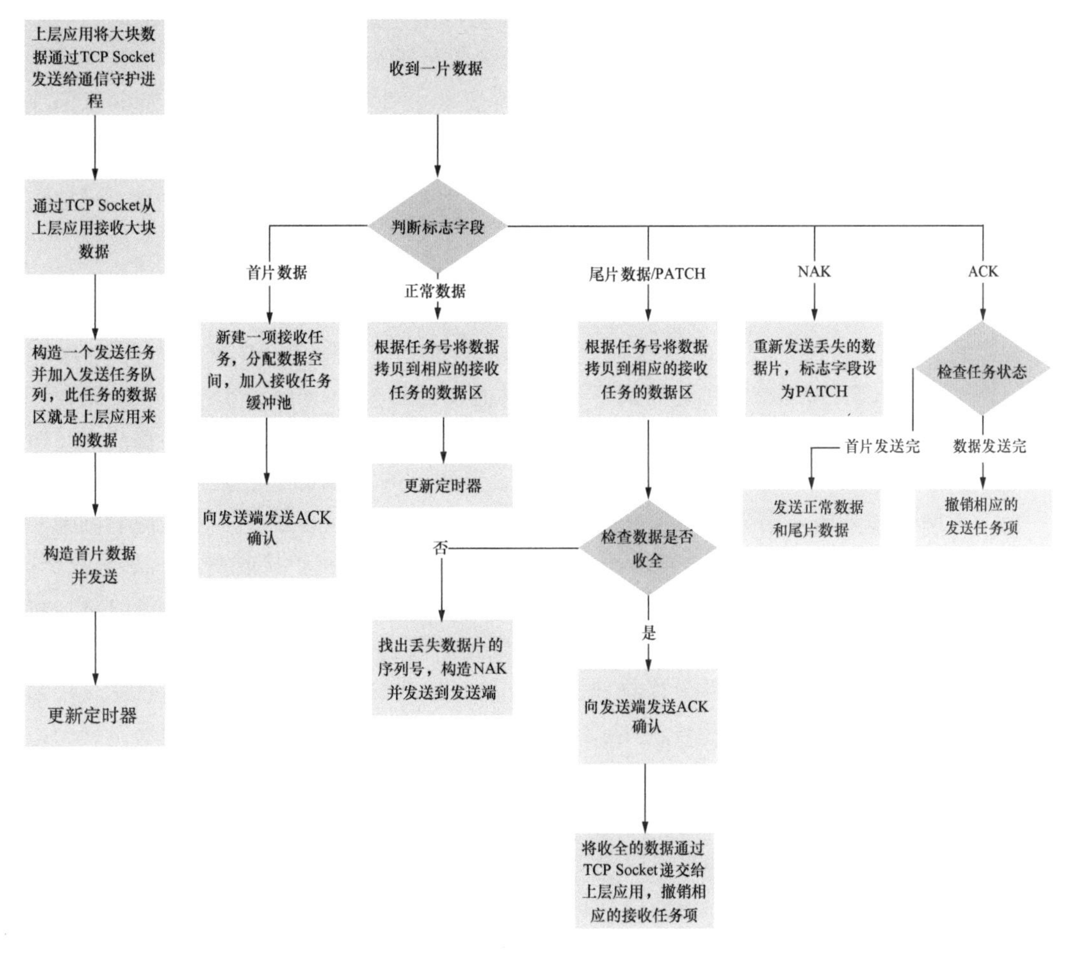


图 3-9　可靠通信的工作流程图

从图 3-9 中可以看出，可靠通信使用了定时器，定时器的作用主要是：①发送端发出首片数据后，可能得不到 ACK，这时候可能有两种情况：要么是接收端出现故障，要么是数据出现了丢失。等预设时间一到，如果没有收到 ACK，发送端就应当查询接收端的状态。如果有响应，那么重发首片数据；如果无响应，更新节点列表。②发送端发送完所有数据以后，可能收不到 ACK，这时也要查询接收端状态。如果无响应，则更新节点列表。③接收端可能收不到尾片数据，此时收到最后一片正常数据后所更新的定时器就可以发挥作用，等预设时间一到，接收端检查哪些数据片没有接收完成，并且构造 NAK 发送给发送端。

定时器是借助 Linux 的信号机制实现的，在预设的超时时限到了以后，就会向本进程发送 SIGALRM 信号，系统捕获到这个信号后就可以进行相应的处理。

3.3.4.2　选择多播（组播）技术和算法

选择多播技术是借助 IP 多播技术和主机掩码实现的。IP 协议提供一种发送和接收 IP 多播流的机制。IP 多播流发送到单个目标 IP 地址，但是由多个 IP 主机接收和处理。一个主机侦听一个特定的 IP 多播地址，并接收发送到该 IP 地址的所有数据包。

对于一对多的数据传输，IP多播要比IP单播更为高效。与单播不同，多播仅发送数据的一个副本。与广播不同，多播仅由正在侦听它的计算机接收和处理。

侦听特定IP多播地址的那一组主机称为一个主机组。主机组的成员关系是动态的，主机可以在任何时候加入或离开该组。主机组的成员数量没有限制。主机组可以跨越多个网段。这种配置需要IP路由器上的IP多播支持，并要求主机将它们接收多播流量的意愿注册到该路由器。主机注册是通过使用Internet组管理协议（Internet Group Management Protocol，IGMP）来完成的。

IP多播地址（也称为组地址）在224.0.0.0～239.255.255.255的D类地址范围内，这是通过将前四个高序位设置为1110来定义的。在网络前缀或无类别域间路由（Classless Inter-Domain Routing，CIDR）表示法中，IP多播地址缩写为224.0.0.0/4。224.0.0.0～224.0.0.255（224.0.0.0/24）的多播地址保留用于本地子网，而IP报头中的生存时间（Time to Live，TTL）可忽略，它们都不会被IP路由器转发。

本系统对通信中间件提出了选择多播要求，期望达到这样一种效果：接收者并不是所有加入了某一个多播组的所有成员，而是其中的一个子集，并且这个子集是可以任意指定的。

为了支持选择多播，定义一种叫主机掩码的数据结构。它包含256个位，每个位唯一对应一个C类局域网的256台主机，某个位为1表示对应的主机属于接收对象。发送数据时，如果传输类型是选择多播，则首片数据中会携带一个主机掩码，属于接收多播组的每一台主机均可以收到这个首片数据。这些主机收到首片数据后，会根据主机掩码判断自身是否属于接收对象。如果是，那么新建一个接收任务项，加入接收任务缓冲池并分配相应的数据空间，否则将首片数据丢弃。

#### 3.3.4.3 日志记录技术和算法

通信守护进程在运行时可能出现各种情况，有时我们希望能将这些信息记录下来以便管理人员分析，因此设计了日志记录子模块。可以让通信守护进程在运行时向控制台输出各种信息，但是因为以下原因没有采用这种方式：①向屏幕输出信息是一种比较“昂贵”的I/O操作，它会引发系统调用，降低整个系统的效率；②通信守护进程被设计成一个可以以Daemon模式运行的程序，这时守护进程可能关闭标准I/O设备，使得这些信息无法输出；③即便通信守护进程没有以Daemon模式运行，也可能是无人值守的，即系统管理员可能在运行守护进程以后退出登录，这时会使得信息无法输出。

写日志文件本身是一种费时的I/O操作，因此不能在每一处需要记录的地方都直接对日志文件进行读写。专门创建了一个日志记录线程负责将日志项写入文件，同时设计了一个日志项环形缓冲池。日志记录线程一开始处于睡眠状态，程序每到一处需要记录时就将日志项写入环形缓冲池，同时唤醒日志记录线程。日志记录线程将缓冲池中的每一项写入文件以后，继续睡眠，等待下一次被唤醒。

### 3.3.5 通信守护进程工作流程

上层应用调用通信中间件进行数据传输的过程主要有三个：调用函数库与通信守护进程建立会话——请求数据传输——注销与通信守护进程的会话。通信守护进程是通信中间件的主体。图3-10是通信守护进程启动和退出时的工作流程。

通信守护进程进入事件循环以后，会接收并处理各种各样的事件，比如：上层应用与守护进程建立连接，会话Socket上送来了一个数据传输请求，上层应用断开了与守护进程的

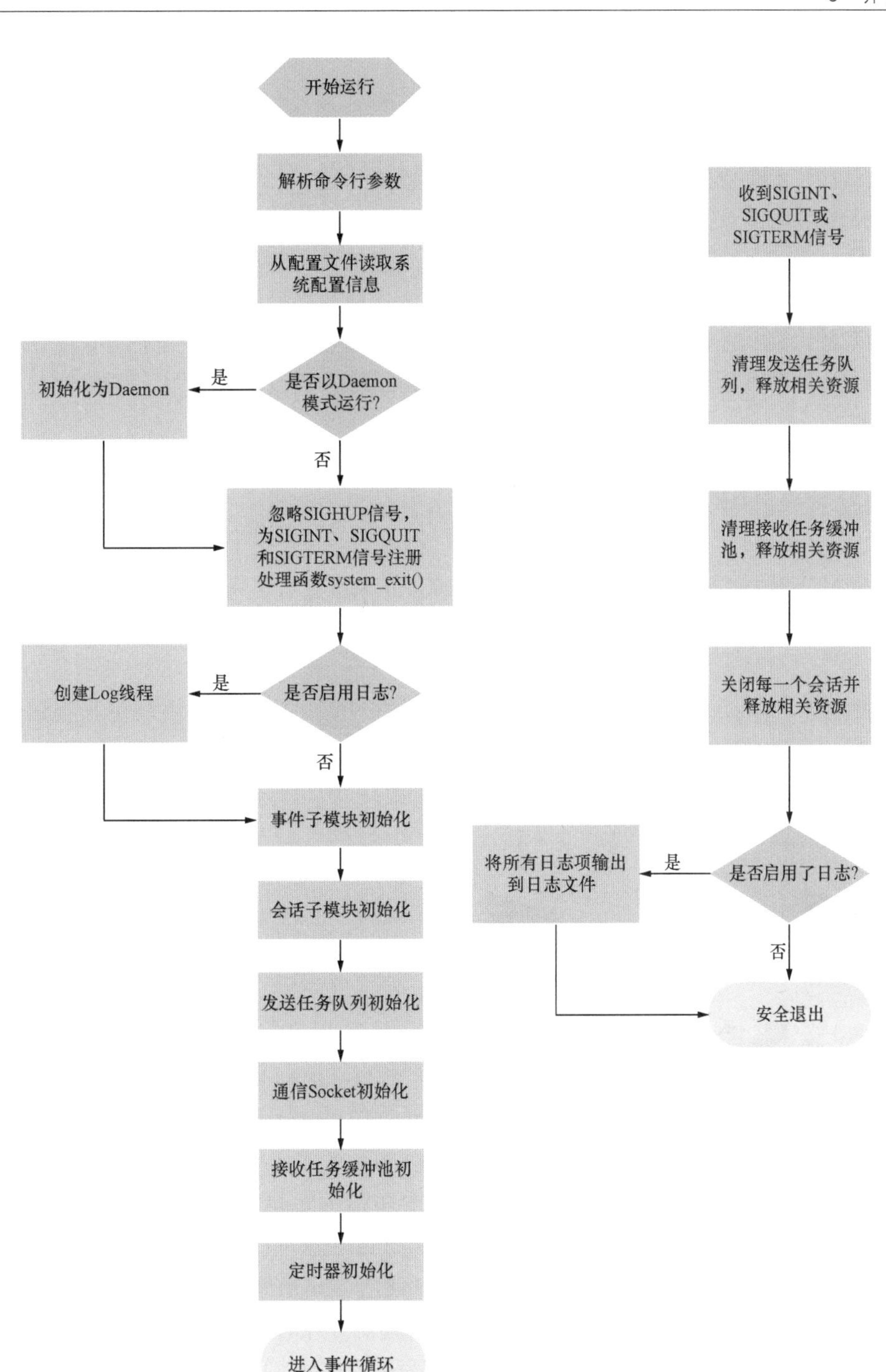


图 3-10 通信守护进程启动和退出流程图

连接，数据读 Socket 上面有从其他守护进程送来的数据等。除非接收到 SIGINT、SIGQUIT 和 SIGTERM 三种信号，守护进程将启动正常的退出流程外，系统将一直运行于事件循环中。SIGKILL 信号无法被捕获和注册为信号处理函数，因此一旦管理员向守护进程发送 SIGKILL 信号，将造成系统非正常退出。

## 3.4 流程管理

并行计算平台建立以预分配为主的任务调度机制，并以可靠 UDP 组播和单播为底层通信机制，整体功能节点由数据网关、数据服务器、人机工作站、调度服务器和计算节点机群组成。平台在固定在线计算周期内，从数据整合平台接收跨区电网全 EMS 模型数据，对跨区电网实时运行工况进行在线安全预警分析、裕度评估和辅助决策。并行计算平台也可以直接利用电网实时数据进行离线分析，为电网的运行方式离线研究提供强大技术支持手段。为支持在线计算和离线分析，并行计算平台要实现初始化、潮流数据分发、结果收集等多个核心功能流程。

初始化：在平台初始化阶段，通过组播方式为每个计算节点分发稳定计算程序及其配套的电力系统模型和参数；组播基于故障集的任务分配表，给每个处理器分配一个或几个故障分析任务。

潮流数据分发：在潮流数据分发阶段，将从 EMS 或整合数据平台传来的整合完毕的全网潮流断面，组播给所有计算节点；计算节点收到后，根据预先分配的计算任务，随即触发计算处理。

结果收集：在结果收集阶段，计算节点完成本次计算任务后，仅将稳定与否的结果告之调度服务器，也可仅返回不稳定的结果；大量曲线数据留在本机，后续可以覆盖。

另外，在计算阶段，不同应用的计算按照预定的时序执行，从而简化计算节点的计算管理和结果回收，也方便系统扩展。

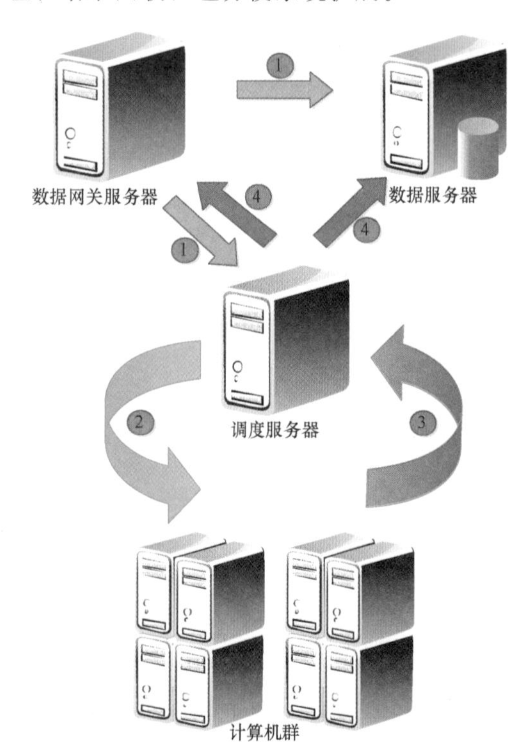


图 3-11 并行计算平台内部计算流程图

### 3.4.1 在线计算流程

在每个在线计算时间周期内，数据网关从数据整合平台中接收标准 E 格式潮流断面数据文件后，开始按照图 3-11 所示的内部流程启动数据分发、调度计算和结果收集过程。图中，①为数据网关向调度服务器、数据服务器组播标准 E 格式潮流断面数据文件；②为调度服务器在接收 E 格式潮流断面文件后利用 UDP 组播方式将此文件分发到所有计算节点，计算节点主控进程在接收 E 格式数据后，通过 IPC 通信方式通知所有驻留计算进程，计算进程开始执行计算，计算完毕后通知计算节点主控进程；③为计算主控进程将计算结果信息或文件单播返回给调度服务器；④为调度服务器将计算结果关键信息组播返回给数据网关和数据服务器。

计算程序执行功能主要由其计算节点实现，而计算节点的计算软件包括静态安全分析、短路电流计算、暂态稳定、小干扰计算、电压稳定等。因此，计算节点需要为多厂家、多类型的计算软件提供一个开放式的接口，并在此基础上实现各个计算类型的进程管理与局部任务调度，以及与平台实现消息通信的机制。因此，计算节点计算管理包括平台消息通信、进程管理与任务调度以及计算软件的开放式接口三个部分。

数据触发计算在保证数据完整性的基础上简化了指令交互方式，同时计算节点上数据触发计算进程也采用 IPC 通信方式，这样可以保持计算进程常驻内存，节约了进程创建和销毁时间。

为了防止大批量计算完成时回结结果所产生的时间延迟，返回的计算结果收集的主要信息是各个计算稳定分析结果的摘要信息，其详细计算结果信息将按照分布式存储的模式放到各个计算节点。数据服务器中的计算结果收集模块负责把所有的计算结果进行归类和总结，转换成界面显示所需要的格式发送到界面显示部分。

在线运行模式具有周期性重复启动的能力，在线运行模式接收一次在线数据到达信号，就进行一次安全稳定分析计算扫描。

### 3.4.2 通信交互流程

从上一节在线计算流程知道，并行计算平台中通信交互的方式包括单播和组播，通信中所有涉及的平台子系统包括数据网关、调度服务器、数据服务器、人机接口程序（人机工作站）、计算节点等。这些子系统在平台的整体的通信流程中既是消息的发送者，也是消息的接收者。平台中的通信交互主要包括 E 格式潮流文件、配置和参数文件、控制指令、结果文件、计算结果信息等。图 3-12 描述了并行计算平台的整体通信交互流程。

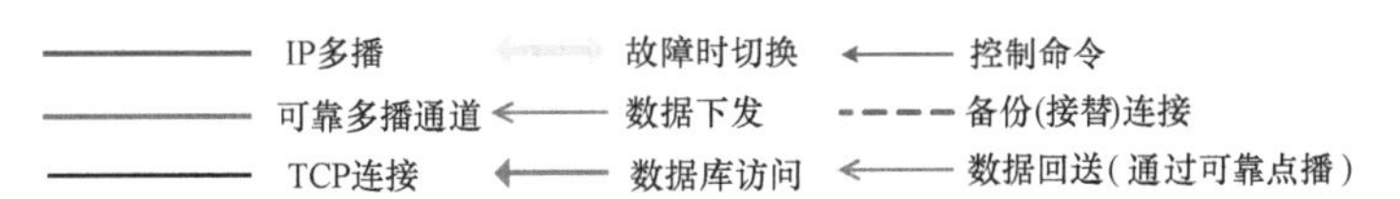


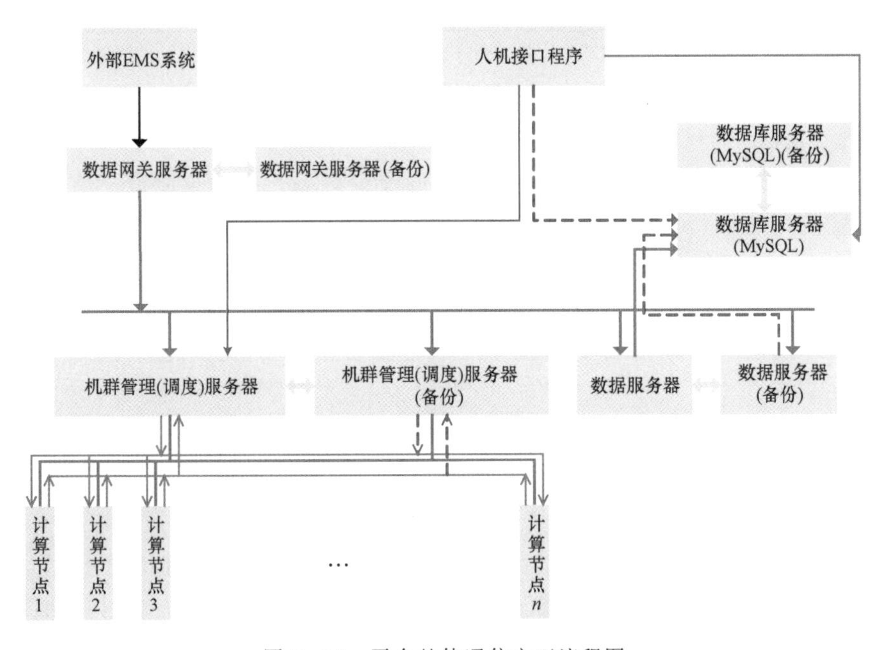


图 3-12 平台整体通信交互流程图

3.4.2.1 管理物理组播组

表3-1中的管理物理组播组包括人机接口程序、数据网关和调度服务器等。

表3-1 管理物理组播组

| 组播发送者 | 组播形式 | 内容 | 个数 |
|---|---|---|---|
| 网关 | 文件 | E格式潮流文件 | N个/计算周期 |
| 人机接口程序 | 文件 | 配置文件、参数文件 | N个/生命周期 |
| | 指令 | 启动/停止 | 1个/生命周期 |
| 调度服务器 | 文件 | 结果文件 | N个/计算周期 |
| | 信息 | 计算结果信息 | N个/计算周期 |

注 数据计算周期为数据网关每次发送潮流数据文件的数据间隔时间。

生命周期为并行计算平台在线运行后的持续时间，包含多个数据计算周期，直到停止运行为止。

3.4.2.2 计算物理组播组

表3-2中的计算物理组播组包括调度服务器、计算节点机群等。

表3-2 计算物理组播组

| 组播发送者 | 组播形式 | 内容 | 个数 |
|---|---|---|---|
| 调度服务器 | 文件 | E格式潮流文件 | N个/计算周期 |
| | 指令 | 阶段计算控制指令 | N个/计算周期 |
| 人机接口程序 | 文件 | 配置文件、参数文件 | N个/生命周期 |

注 每个数据计算周期内包含多个计算阶段。在每个计算阶段中，调度服务器根据上一阶段已经返回的计算结果生成新的计算任务，新的计算任务被动态分配到空闲的计算节点上继续计算。

3.4.2.3 单播

表3-3中的单播方式主要涉及计算节点和调度服务器之间结果文件、信息的点到点的可靠交互方式。

表3-3 调度服务器与计算节点之间的单播

| 单播发送者 | 单播接收者 | 单播形式 | 内容 | 个数 |
|---|---|---|---|---|
| 计算节点 | 调度服务器 | 文件 | 计算结果文件 | N个/计算周期 |
| | | 信息 | 计算结果信息 | N个/计算周期 |

3.4.2.4 逻辑组播

逻辑组播（选择多播）的通信接收者并不是所有加入了某一个多播组的成员，而是其中的一个子集，并且这个子集是可以任意指定的。表3-4中的逻辑组播组包括调度服务器和计算节点机群等。

表 3-4 逻辑组播

| 组播发送者 | 组播形式 | 内容 | 个数 |
| --- | --- | --- | --- |
| 调度服务器 | 文件 | 计算阶段任务输入文件 | N 个/计算周期 |
| | 指令 | 阶段计算控制指令 | N 个/计算周期 |

#### 3.4.2.5 转播

表 3-5 中的转播是指调度服务器接收到文件或指令后直接转发。

表 3-5 转播

| 源发送者 | 目的接收者 | 形式 | 内容 | 个数 |
| --- | --- | --- | --- | --- |
| 人机接口程序 | 计算节点 | 文件（组播） | 参数文件、配置文件 | N 个/计算周期 |
| 数据网关 | 计算节点 | 文件（组播） | E 格式潮流文件 | 1 个/计算周期 |
| 计算节点 | 数据服务器 | 文件（单播） | 计算结果文件 | N 个/计算周期 |
| | 数据服务器 | 信息（单播） | 计算结果信息 | N 个/计算周期 |

以上通信是基于 IP 单播和组（多）播技术。IP 单播是通过对方 IP 地址向对方发送数据。而 IP 组播是在标准 IP 技术上的一个扩展，其思想是通过 IP 组播地址向一个主机组发送数据。发送者仅仅发送数据，而不关心谁在接收数据；接收者只要加入该组就可以接收数据，加入和退出是自由的，并且可以加入到一个以上的组播组。组播技术有效避免了广播风暴，并且能够突破路由器的限制。更为重要的是，组播技术从本质上减少了对网络带宽的需求，克服了集中式会话中服务器负载随客户数目增加而急剧增加的问题。但 IP 单播和组播都有不可靠、多个副本和无序的缺点。并行计算平台通过通信中间件子系统完成基本的可靠组播功能，包括消息不丢失、大消息的拆分和重组、单点消息有序性等功能。

## 3.5 通用应用环境

并行计算平台连接在线数据整合平台与在线稳定分析等核心计算功能，是在线动态安全监测与预警系统的基础计算平台，承担所有在线计算任务的调度、执行和结果回收汇总等。平台必须提供通用的应用环境支持，因此在构建平台时须特别考虑以下关键技术问题：

（1）并行计算平台与多套系统交互，不仅包括在线数据整合平台与 EMS，还包括多种类型的在线安全稳定分析计算。这些稳定分析计算具有不同的计算类型，可能分属不同的计算程序提供商。这就要求并行计算平台必须具备一个开放式的架构与标准化的计算应用交互接口。

（2）并行计算平台为了保证在指定的时间内完成繁重的计算任务，需要建立一个庞大的计算机群来协同完成任务。这就需要并行计算平台提供一个针对电力系统计算特点的大规模机群服务方案，以满足在线安全稳定分析计算的任务执行需要。

（3）并行计算平台为了保证在指定的时间内完成繁重的计算任务，除了在硬件方面应用计算机群完成任务，同时也需要在本身软件范围内提供一个高效的计算平台，极力压缩平台的数据传输与逻辑处理时间，把最多的时间留给安全稳定分析计算。这就需要在平台的各个部分进行效能优化工作。

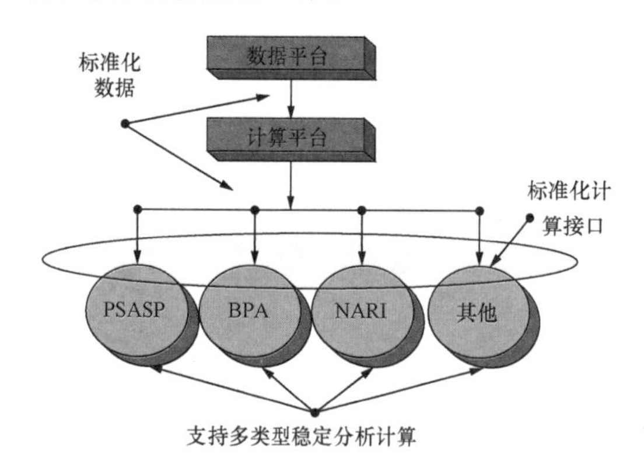


图 3-13　并行计算平台开放式架构与标准化计算应用接口

### 3.5.1　开放应用接口

为了支持不同厂家不同类型的计算任务，并行计算平台必须具备一个开放式架构与标准化接口，图 3-13 描述了平台的开放式架构与标准化计算应用接口。

并行计算平台内部标准化的计算应用交互接口方式有：

（1）平台与计算应用程序控制信息交互。平台调用计算应用程序采取命令行启动和常驻进程信号交互两种方式。其中：命令行启动指每次计算时命令行启动计算程序，计算程序被调用并在计算结束后退出；常驻进程信号交互指平台计算节点初始化时预先启动计算程序形成常驻进程，平台作为父进程通过信号方式与常驻进程进行双向交互，常驻进程在平台计算节点启动后无异常不退出。

信号是进程间通信机制中唯一的异步通信机制，平台作为父进程向计算进程发送 USR1 信号，计算进程接收到信号后开始调用内部算法执行函数开始计算；计算完毕后，计算进程向父进程发送 USR1 信号，表示计算结果稳定，无需上传文件；发送 USR2 信号，表示计算结果失稳或者计算异常，需要上传文件。

（2）平台与计算程序数据信息交互。采用文件交换接口，利用 E 格式规范规定各类计算软件的输入输出文件格式，其中包括 E 格式在线数据输入与 E 格式计算结果输出。并行计算平台支持多类稳定分析计算，其中稳定计算包括暂态稳定计算、小干扰稳定、电压稳定、调度辅助决策计算及裕度评估校核计算。

### 3.5.2　高效应用计算环境

并行计算平台利用机群堆叠服务加速计算，通过调度服务器协同控制大量计算节点参与计算，大规模提高批量任务计算性能，缩短安全稳定分析总体计算时间。电力系统在线分析计算具有分散计算—结果综合、各类计算独立性强、计算之间交互较少、计算阶段周期性特征明显、计算效率要求高等特点。因此，并行计算平台采用总—分的平台架构模式，调度服务器负责各个计算节点之间的通信与协同工作，计算节点负责不同类型的计算任务执行。这种总—分方式的平台架构比较适合于各类计算独立性强、计算之间交互较少的在线分析计算需求。图 3-14 说明了并行计算平台的计算任务需求。

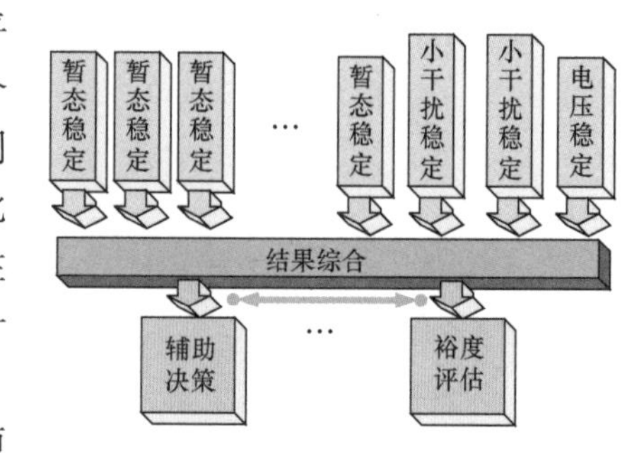


图 3-14　分布式并行计算平台计算任务需求

为了高效完成批量计算任务，并行计算平台必须提供一个高效应用功能计算环境，极力压缩平台的数据传输与逻辑处理时间，把主要时间预留给安全稳定分析计算。

（1）优化运行数据在线刷新机制，减少计算数据传输时间。每一类在线分析计算均需要在线数据，如图 3-15 所示，在线数据包含周期固定数据和周期变化数据。周期固定数据指一些不随时间周期变化的数据，例如计算数据参数库，并行计算平台采用了预分配的机制，以便在计算节点上提前完成数据部署；周期变化数据指随时间周期在线变化的运行数据，并行计算平台采用可靠组播的机制，用最快的方式把数据发送到庞大的计算节点群中，并利用数据触发的方式启动计算。

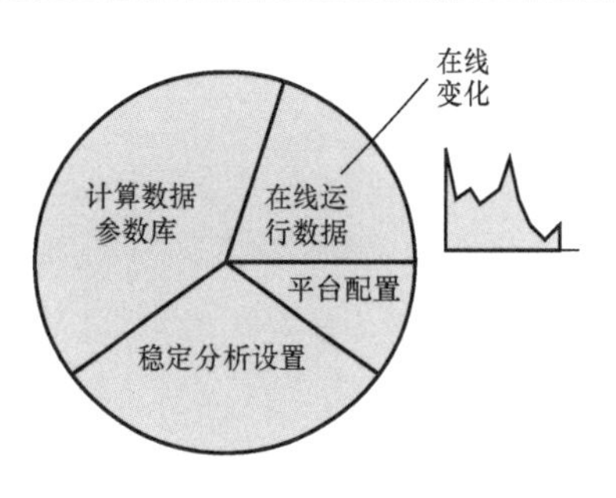


图 3-15 在线数据刷新与其他数据预分配

（2）由于在计算平台中建立了一个庞大的计算机群来协同完成任务，应提供一个针对电力系统计算特点的大规模机群服务方案。这需要对数据传输机制进行最大程度的优化，其中包括采用单播与组播方式作为运行数据在线刷新机制以及一些通信优化与安全性的处理，如图 3-16 所示，计算节点从组播接收到的数据中抽取与所属节点计算相关的部分数据。

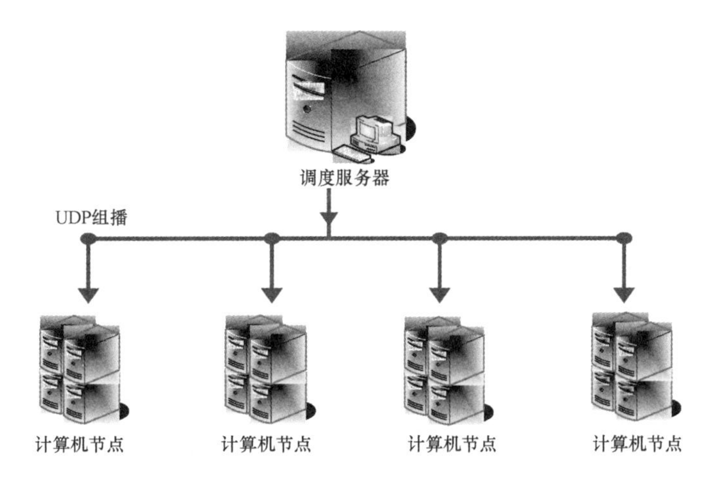


图 3-16 并行计算平台计算组播通信方式

（3）对于计算节点，平台也做了性能优化的处理，其中包括多任务并行计算，以及计算与平台之间的高效交互。由于计算节点通常采用多核服务器的配置，对于多个计算任务而言，平台充分利用这种配置条件实现多任务多进程并行执行计算，如图 3-17 所示。

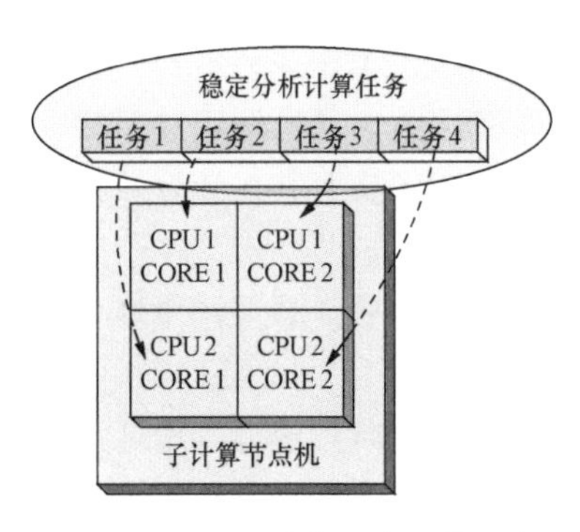


图 3-17 并行计算平台计算节点内部性能优化

（4）对于调度服务器，平台的性能优化措施包括结果文件优化与数据传输优化两个部分，如图 3-18 所示。平台对于各个计算节点的计算结果进行判断，如果没有需要报警的信息，计算节点通过可靠单播告知调度服务器计算结束；如果有需要报警的信息，计算节点才会向调度服务器上传结果，有效避免了结果回传可能带来的网络拥堵情况，降低了调度服务器的通信负担。

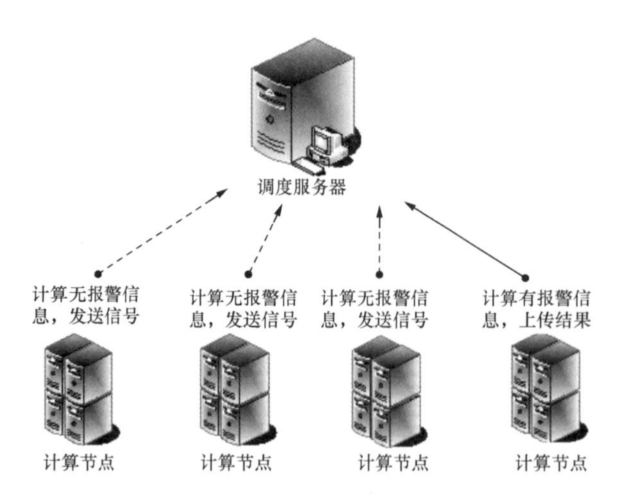


图 3-18 并行计算平台调度服务器通信优化

### 3.5.3 应用编程接口

并行计算平台支持各种在线核心计算程序，包括时域仿真程序、小干扰程序、电压稳定评估程序、裕度评估校核程序等计算软件。计算程序软件将以平台提供的客户端类库为基础，以文件交互为原则进行接口交互。客户端类库利用 TEMPLATE 模式将通用的方法代码和具体核心算法分离开来，各种计算程序通过继承和实现这些通用抽象基类，将算法实现的细节封装到基类的抽象方法中。

平台针对时域仿真程序、小干扰程序、电压稳定评估程序以及其他裕度评估校核等计算程序提供如下公用接口。

#### 3.5.3.1 软件接口

为了使平台更好地支持不同厂家不同类型的计算软件，计算节点提供开放式的计算软件抽象基类编程接口，各个计算软件必须继承和实现接口方法以保证在平台上能够顺利被调用执行。计算软件接口包括：

(1) 初始化接口：各个计算软件可以在计算启动时，通过实现这个接口完成其启动所需要的各类初始化处理，包括内存申请、工作目录创建及其他计算准备工作等。

(2) 数据读取接口：各个计算软件可以在接收到新的在线数据时，通过调用这个接口完成其新一轮计算开始时的数据准备工作，包括在线数据读取、数据转换及其他计算数据处理工作等。

(3) 计算接口：各个计算软件可以在接收新的在线数据准备完成后，通过调用这个接口完成其主体计算任务，通常包括具体算法实现细节。

(4) 单个计算结束接口：各个计算软件可以在单个计算进程完成时，通过调用这个接口完成单个计算任务结果处理工作。

(5) 总体计算结束接口：各个计算软件可以在所有计算进程均完成时，通过调用这个接口完成结果处理工作。

#### 3.5.3.2 任务预分配

任务预分配接口服务包括固定参数维护、固定参数分配及计算分配三个主要服务。

固定参数维护是指提供相应的人机界面，方便用户维护电力系统中不随运行方式变化而

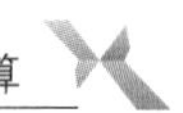

变化的固定参数的，主要包括计算设置与动态参数库的维护。

固定参数分配是指把电力系统不随运行方式变化而变化的固定参数形成参数文件，并事先存储到各个计算节点中，主要是计算设置与动态参数文件，其包含如下内容：

（1）暂态稳定故障列表：包括各个暂态稳定的计算设置，以及暂态筛选方法可能产生的新故障。

（2）电压稳定计算设置：包括电压稳定的计算参数、调节量和调节方式的设置等。

（3）小干扰稳定计算设置：包括小干扰计算所基于的网架结构和运行方式设置、电网动态模型和参数设置、特征值算法设置等。

（4）动态元件参数库：包括发电机、负荷、电力电子设备等动态元件的参数信息。

计算分配是指通过平台的任务调度功能，根据平台现有计算节点的情况，把各个节点对应的计算任务预先分配好，使在线运行阶段的计算任务分配固定下来。计算配置具有自动配置和手工修改的功能，其中：自动配置功能根据各个计算应用配置的节点情况，把各个计算任务算例均匀地分配到各个节点中去；而手工修改则能手工分配计算任务或者根据自动配置的结果进行修改。

在任务预分配过程中，计算程序运行环境目录位置均遵守并行计算平台系统输入输出规范，包括：

$DSA_HOME/data 动态数据目录；

$DSA_HOME/result 分析结果目录；

$DSA_HOME/para 静态参数目录；

$DSA_HOME/bin 执行程序目录；

$DSA_HOME/conf 系统配置目录；

$DSA_HOME/log 运行记录目录；

$DSA_HOME/task 中间结果目录。

其中，$DSA_HOME 为平行计算平台运行变量。

#### 3.5.3.3 在线运行

在线运行主要包括在线数据刷新服务与计算控制服务。其中，在线数据刷新服务是指平台通过在线数据整合接口，以 E 格式为标准，向平台中的各个计算节点提供当前状态的运行方式数据。计算控制服务是指平台在数据刷新完成后，通过触发计算进程激活计算。

#### 3.5.3.4 结果收集与历史记录

结果收集与历史记录是指平台在各类分析计算完成后，收集计算结果信息并形成相应的历史记录，存储到计算结果库中。

# 4 在线稳定分析

## 4.1 在线稳定分析简介

在线稳定分析是运用目前通用的各种离线稳定分析算法，采用在线潮流数据和电网模型数据，基于并行计算平台的自动分析与应用计算，实现电网安全稳定性的全面在线分析与评估，并根据计算分析结果，对电网运行安全状态进行预警，并通过人机界面反映给运行人员。

在线稳定分析的功能主要是：在线监测电网运行情况，及时分析电网运行的稳定程度，发现安全隐患，给出预警信息，实现电网运行状态的在线稳定分析与预警，为提高电网运行决策的科学性、预见性提供技术支撑和手段。在线稳定分析的内容包括在线暂态稳定分析、在线电压稳定分析、在线小干扰稳定分析、在线静态安全分析和在线短路电流分析。

对于在线系统而言，原有离线应用的计算程序需要做相应的改动，才能适应在线计算的要求，其中包括：

(1) 支持标准输入输出：能够支持通用标准格式的在线数据输入，以及通用标准格式所规定的计算结果输出。

(2) 适应在线拓扑变化：对于拓扑变化前后的在线数据，计算程序能够根据数据变化自动进行相应计算处理，而不需要进行任何手工设定。

(3) 支持计算进程常驻内存，无内存泄漏或其他重复调用会产生问题：对于离线数据而言，计算进程在每次调用后都退出，不存在内存泄漏和重复调用问题；对于在线计算而言，计算进程必须常驻内存监听计算开始信号，对内存泄漏与重复调用有很高的要求。

(4) 支持信号方式的计算控制：并行计算平台调用计算软件采用系统信号控制手段，通过与计算软件信号交互的方式，控制计算软件的启动，并且根据计算软件发出的计算结束信号开始获取计算结果。对于信号控制方式，约定了 usr1 信号代表计算结果稳定，无需上传结果文件，usr2 信号代表计算结果失稳或者计算异常，需要上传文件。这需要对离线计算软件作相应的改动，使之能够适应相应的需求。

(5) 支持出错处理：在线计算软件要求无人干预的情况下能够连续运行，而离线软件没有这种处理需求。对于各类错误情况，包括计算错误、数据错误以及其他错误，在线计算软件均需要能够进行自动处理与报警，并避免软件崩溃等严重问题发生。

在线计算与离线计算的不同点如表 4-1 所示。

表 4-1 在线计算与离线计算的不同点

| | 离线计算 | 在线计算 |
|---|---|---|
| 输入输出 | PSASP 格式/PSD-BPA 格式 | 通用标准格式 |
| 拓扑变化 | 手工设定 | 自动适应 |
| 计算调用 | 计算完退出 | 重复调用运行 |
| 计算启停 | 手工设定 | 信号触发 |
| 出错处理 | 人工处理 | 自动处理与报警 |

## 4.2 在线暂态稳定分析

### 4.2.1 暂态稳定的分析方法

暂态稳定是指电力系统受到大干扰后，各同步电机保持同步运行并过渡到新的或恢复到原来稳态运行方式的能力[8]。

分析电力系统暂态稳定的主要方法是时域仿真法（又称逐步积分法）及直接法（又称能量函数法）。时域仿真法基于描述电力系统状态的一组联立的微分和代数方程组，该模型来源于电力系统各元件模型和元件间的拓扑关系。时域仿真起步于稳态工况或潮流解，通过逐步积分求得系统状态量和代数量随时间变化曲线，并根据发电机功角、母线电压、电网频率等曲线判别系统的暂态稳定性。能量函数法基于简化的元件模型，通过比较扰动结束时电力系统的暂态能量函数值和临界值，直接判断大扰动下的稳定性。

时域仿真法计算速度较慢、量化分析困难，但计算精度高、结果直观，在电力系统规划、运行中有不可替代的作用，是在线稳定分析的重要计算手段。直接法计算速度快、有量化分析能力，但是误差大，在在线动态安全监测与预警系统中常用来进行暂态稳定故障筛选。

时域仿真法的微分方程和代数方程可以联立求解，也可以交替求解。前者使解方程的规模扩大，收敛性下降；后者需要处理微分和代数方程间的交接误差。

### 4.2.2 暂态稳定时域仿真法

以微分方程和代数方程交替求解的方法为例描述暂态稳定时域仿真的方法[8~11]。

（1）问题描述。时域仿真法以某一稳态的潮流计算结果作为初始状态，数学模型包括一次电网的数学描述（代数方程）和发电机、负荷、无功补偿、直流输电、发电机调压器、调速器、电力系统稳定器等设备动态特性的数学描述（微分方程）以及各种可能发生的扰动方式和稳定措施的模拟等。暂态稳定计算的数学模型可分为以下三个部分：

1）电网的数学模型，即代数方程如式（4-1）所示。

$$\boldsymbol{X}=\boldsymbol{F}(\boldsymbol{X},\boldsymbol{Y}) \tag{4-1}$$

其中，$\boldsymbol{F}=(f_1,f_2,\cdots,f_n)^{\mathrm{T}}$，$\boldsymbol{X}=(x_1,x_2,\cdots,x_n)^{\mathrm{T}}$ 为代数方程求解的变量。

2）发电机、负荷等一次设备和二次自动装置的数学模型，即微分方程如式（4-2）所示。

$$\boldsymbol{Y}=\boldsymbol{G}(\boldsymbol{X},\boldsymbol{Y}) \tag{4-2}$$

其中，$\boldsymbol{G}=(g_1,g_2,\cdots,g_n)^{\mathrm{T}}$，$\boldsymbol{Y}=(y_1,y_2,\cdots,y_n)^{\mathrm{T}}$ 为微分方程求解的变量。

3）扰动方式和稳定措施的模拟，如电网的简单故障或复杂故障及冲击负荷、快关汽门、切机、切负荷、切线路等。这些因素的作用结果是改变 $\boldsymbol{X}$，$\boldsymbol{Y}$。

时域仿真法的数学模型可归结为代数方程和微分方程联立求解，如式（4-3）所示。

$$\begin{cases}\boldsymbol{X}=\boldsymbol{F}(\boldsymbol{X},\boldsymbol{Y})\\ \boldsymbol{Y}=\boldsymbol{G}(\boldsymbol{X},\boldsymbol{Y})\end{cases} \tag{4-3}$$

（2）计算方法。在时域仿真法中，采用梯形稳积分的迭代法，求解微分方程；采用直接三角分解和迭代相结合的方法求解代数方程；微分方程和代数方程两者交替迭代，直至收敛，完成一个时段 $t$ 的求解。

1）微分方程的梯形隐积分迭代法。微分方程 $\boldsymbol{Y}=\boldsymbol{G}(\boldsymbol{X},\boldsymbol{Y})$ 的求解方法原理，与下面的单变量微分方程式的求解方法是一致的。设微分方程如式（4-4）所示。

$$\frac{\mathrm{d}\boldsymbol{Y}}{\mathrm{d}t}=\boldsymbol{f}(\boldsymbol{Y},t) \tag{4-4}$$

当 $t_n$ 处函数值 $\boldsymbol{Y}_n$ 已知时，可按如式（4-5）所示求出 $t_{n+1}=t_n+\Delta t$ 处的函数值 $\boldsymbol{Y}_{n+1}$

$$\boldsymbol{Y}_{n+1}=\boldsymbol{Y}_n+\int_{t_n}^{t_{n+1}}\boldsymbol{f}(\boldsymbol{Y},t)\,\mathrm{d}t \tag{4-5}$$

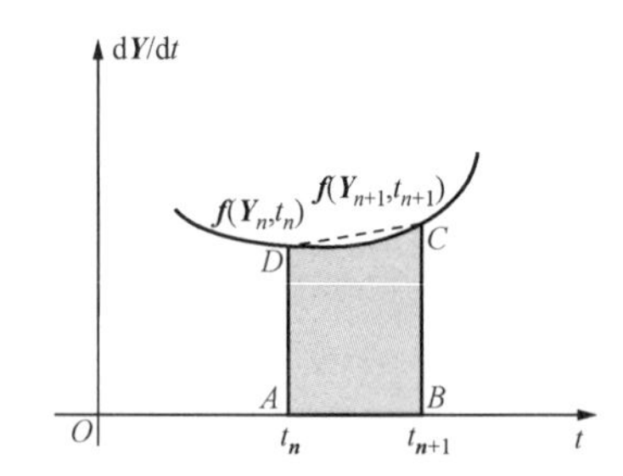


图 4-1　梯形积分法的几何解释

上式中的定积分相当于图 4-1 中阴影部分的面积。

当步长 $\Delta t$ 足够小时，函数 $f(Y,t)$ 在 $t_n$ 到 $t_{n+1}$ 之间的曲线可以近似地用直线代替，如图 4-1 中虚线所示。这样，阴影部分的面积就可以用梯形 $ABCD$ 的面积来代替，因此，式（4-5）可以改写为

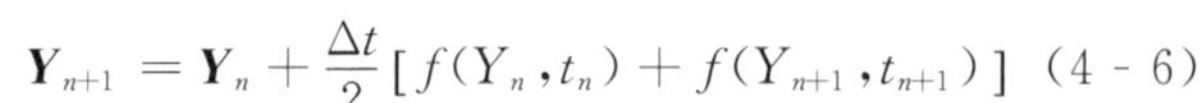

$$\boldsymbol{Y}_{n+1}=\boldsymbol{Y}_n+\frac{\Delta t}{2}[f(Y_n,t_n)+f(Y_{n+1},t_{n+1})] \tag{4-6}$$

即是梯形积分法的差分方程，也就是把微分方程转换成代数方程求解。由于式（4-6）等号的右侧也含有待求量 $Y_{n+1}$，这种隐式形式很难直接求解，通常采用如下的迭代方法

$$Y_{n+1}^{(K+1)}=\boldsymbol{Y}_n+\frac{\Delta t}{2}[\boldsymbol{f}(\boldsymbol{Y}_n,t_n)+\boldsymbol{f}(\boldsymbol{Y}_{n+1}^{(K)},t_{n+1})] \tag{4-7}$$

其中，$K$ 为迭代次数，并设 $\boldsymbol{Y}_{\mathrm{n+1}}^{(0)}=\boldsymbol{Y}_{\mathrm{n}}$，这样按式（4-7），由 $\boldsymbol{Y}_{\mathrm{n+1}}^{(0)}$ 求 $\boldsymbol{Y}_{n+1}^{(1)}$，再由 $\boldsymbol{Y}_{n+1}^{(1)}$ 求 $\boldsymbol{Y}_{n+1}^{(2)}$，依此类推，直至 $|\boldsymbol{Y}_{n+1}^{(K+1)}-\boldsymbol{Y}_{n+1}^{(K)}|<\varepsilon$ 时，即求得 $n+1$ 时段的值。

$$\boldsymbol{Y}_{n+1}=\boldsymbol{Y}_{n+1}^{(K+1)} \tag{4-8}$$

式（4-8）即是梯形隐积分的迭代方程式，可以根据函数 $f$ 具体表达式对式（4-7）进行整理，使之更有利于收敛。

为了简化叙述，设暂态稳定的梯形隐积分方程如式（4-9）所示。

$$\boldsymbol{Y}^{(K+1)}=\boldsymbol{G}(\boldsymbol{X},\boldsymbol{Y}^{(\mathrm{K})}) \tag{4-9}$$

2）代数方程的直接三角分解和迭代相结合方法。当微分方程的解 $\boldsymbol{Y}$ 确定之后，代数方程即变成线性方程组，如式（4-10）所示。

$$\boldsymbol{A}(\boldsymbol{Y})\boldsymbol{X}^{\mathrm{T}}=\boldsymbol{b}(\boldsymbol{Y}) \tag{4-10}$$

式中：$\boldsymbol{A}(\boldsymbol{Y})$为含有 $\boldsymbol{Y}$ 变量的系数矩阵；$\boldsymbol{b}(\boldsymbol{Y})$为含有 $\boldsymbol{Y}$ 变量的列向量。由于 $\boldsymbol{Y}$ 是微分方程的解，在微分方程的求解过程中频繁变化，使系数矩阵 $\boldsymbol{A}(\boldsymbol{Y})$也随着变化，这样，求解代

数方程将消耗很多时间。为此，从式（4-10）的系数矩阵中，分离出一常数阵 $\boldsymbol{A}_c \subset \boldsymbol{A}$（应尽量为主对角线元素占优势），如式（4-11）所示。

$$\boldsymbol{A}_C \boldsymbol{X}^T = \boldsymbol{b}(\boldsymbol{Y},\boldsymbol{X}) \tag{4-11}$$

对于式（4-11），可通过如式（4-12）所示的迭代过程求解

$$\boldsymbol{A}_C \boldsymbol{X}^{T(K+1)} = \boldsymbol{b}(\boldsymbol{Y},\boldsymbol{X}^{(K)}) \tag{4-12}$$

当电网结构不变时，$\boldsymbol{A}_c$ 为常数阵，在对 $\boldsymbol{A}_c$ 做三角分解后，求解代数方程的工作量即是根据 $\boldsymbol{b}(\boldsymbol{Y},\boldsymbol{X}^{(0)})$通过前代、回代求出 $X^{(1)}$，再根据 $\boldsymbol{b}(\boldsymbol{Y},\boldsymbol{X}^{(1)})$ 求出 $X^{(2)}$，依此类推，直至 $\|\boldsymbol{X}^{(K+1)}-\boldsymbol{X}^{(K)}\|<\varepsilon$为止。ε 是迭代允许误差，其值可取作 0.0001～0.0005。在网络非突变的时刻，一般只需迭代 2～3 次即可收敛。这要比求解式（4-10）节省很多计算时间。此外，由于代数方程的系数矩阵是稀疏阵，求解时自然采用稀疏矩阵的技巧。

为了简化叙述，设代数迭代方程如下

$$\boldsymbol{X}^{(K+1)} = \boldsymbol{F}(\boldsymbol{X}^{(K)},\boldsymbol{Y}) \tag{4-13}$$

3）微分方程和代数方程交替迭代。在暂态稳定计算中，微分方程和代数方程均采用迭代法，具体的做法是交替迭代，同时收敛，可以消除微分方程和代数方程的交接误差。对于每一积分时段，其迭代过程如图 4-2 所示。

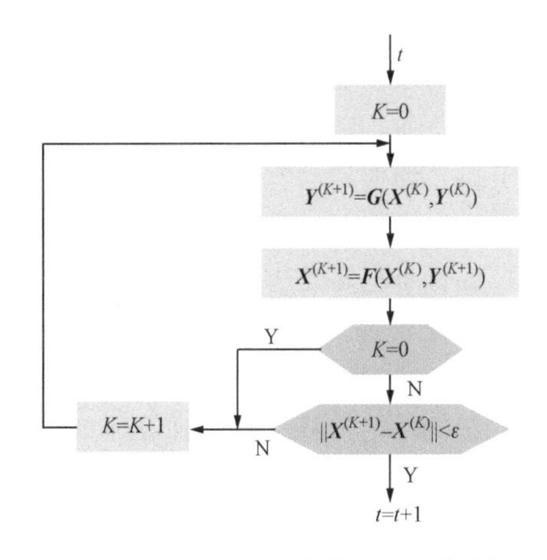


图 4-2 微分方程和代数方程交替求解

### 4.2.3 在线暂态稳定分析的特点

#### 4.2.3.1 计算时间

在线计算时间有限制和扫描更多故障的需求之间存在矛盾。采用并行计算平台和故障筛选能在一定程度上解决该问题，但这两种手段并不是十分完美，前者需要更多的资金投入，后者存在筛选结果的准确性问题。在实际工程应用中，一般以故障数量作为并行计算平台硬件 CPU 总核数的参考，以取得计算时间和资金投入的平衡。

#### 4.2.3.2 模型限制

在线动态安全监测与预警系统的数据有两个主要来源：状态估计的结果和电网动态模型。前者来源于能量管理系统，包括电网潮流和元件的静态模型；后者指发电机、负荷、直流线路等动态元件的模型和参数，来源于离线的动态模型库。二者结合，可实现对运行电网静态和动态的全面描述，支持进行在线暂态稳定分析。

能量管理系统在传统上只支持静态分析，其电网模型与动态分析的要求之间往往存在差距。最基本的差距是建模的详细程度，主要表现在如下方面。

（1）忽略 110kV 电网。离线分析中对电网建模，通常将负荷挂在 110kV 甚至更低电压等级的母线上，保留部分 110kV 电网。由于收敛性等原因，在进行大型互联电网状态估计时，往往忽略 110kV 电网，将负荷直接挂在 220kV 母线上，将导致计算结果偏于乐观，对于正确评估暂态稳定性十分不利。

（2）简化动态无功补偿。可控串联补偿器、静止无功补偿器、可控高压并联电抗器等元件，在每一个瞬间表现为某一个固定的阻抗。传统状态估计往往用固定的补偿器或调相机模

型代替，对静态分析精度的影响并不大。但在暂态计算中，这些元件的动态调节行为对稳定性可能有重大影响，忽视其动态特性在特定情况下甚至会对计算结论有质的影响。

(3) 推算电网末端元件状态。电网末端元件的电压，如发电机端电压，在保证上网变压器高压侧电压精度的条件下，对静态分析的准确性几乎没有影响。相当多的状态估计系统因此不重视对电网末端元件的信息采集，倾向于通过高压侧采集的电气量及假定的变比推算末端元件电气量。但在暂态稳定分析中，发电机和负荷的端电压参与决定状态变量的初值，以及随后的响应，需要精确的数据。一个错误的变化会导致一个错误的端电压，从而产生在线暂态稳定计算大范围错误。

(4) 离线的动态模型库为运行方式计算而建立，在某些方面与在线分析的要求可能有所不同。例如，从经济和安全的角度出发，动态模型对部分火电机组的汽门开度设置下限。方式数据尽量减少旋转备用以增加分析结论的保守性，通常不会受到该开度限制的影响。但在线系统采集数据的时刻机组可能正处于开机或停机过程中，汽门开度会低于设置的最小值，影响计算正常进行或结果的正确性。

(5) 离线动态模型和在线静态模型之间可能存在失配。如某条线路末端既接有发电厂又接有工业负荷，离线动态模型库中是两个元件，而在线静态模型可能等值成一个负荷。从鲁棒性上讲，如何给动态模型库中不存在的元件配置动态参数，从正确性上讲，如何发现被等值的动态模型设备，是需解决的难题。

在线暂态稳定分析正确性和鲁棒性要求很高，除了本身软件改进外，一般还需要通过大量工具检查和人工检查来解决该问题。

#### 4.2.3.3 计算精度

状态估计的计算精度和收敛性相互制约。暂态稳定分析迭代方程矩阵的阶数和复杂性都大于静态分析，对潮流分布的精度要求也高于后者，相应地要求状态估计有更高的估计精度。在量测和参数误差较多的情况下，状态估计可能将支持静态分析需要的精度作为收敛标准，以保证系统部分应用正常。从更高精度的角度看，这种电网潮流相当于在大量的母线上出现了小的不平衡功率。如何处理这些不平衡功率是进行暂态稳定分析前必须考虑的问题。

总之，在线暂态稳定分析对传统的能力管理系统、离线动态元件库、处理大规模计算的能力等方面都提出了新的要求。这也是推动在线动态安全监测与预警技术必须面临的挑战。

## 4.3 在线电压稳定分析

### 4.3.1 电压稳定的定义和分类

国际电工与电子工程师协会IEEE电压稳定小组在1990年的报告中提出[12]，如果系统能维持电压以确保负荷导纳增加时，负荷消耗的功率也增加，并且功率和电压都是可控的，就称电压稳定，反之就称为电压不稳定。

CIGRE TF38.02.10工作组在1993年提出了与一般动态系统稳定性定义相似的电压稳定定义和分类[12]：电力系统的电压稳定性是指系统在某一给定的稳态运行下，经受一定的扰动后各负荷节点维持原有电压水平的能力。根据研究的扰动大小及时域范围，电压稳定性又可分为小干扰电压稳定性、暂态电压稳定性和长期电压稳定性。

小干扰电压稳定性即为系统遭受任何小扰动后，负荷电压恢复至扰动前电压水平的能

力。暂态电压稳定性是指系统遭受大扰动后，负荷节点维持电压水平的能力。长期电压稳定性是指系统在遭受大扰动或负荷增加、传输功率增大时，在0.5～30min的时间范围内负荷节点维持电压水平的能力。小干扰电压稳定性实际上是李亚普诺夫意义下的渐近稳定性；暂态电压稳定性所关心的是系统在遭受大扰动后几秒钟以内的动态行为；长期电压稳定性则涉及系统长达数十分钟的动态过程。

本节所述的电压稳定算法主要涉及小干扰电压稳定分析。若采用成熟的暂态稳定程序，并考虑感应电动机及高压直流（HVDC）输电线路两端换流站等具有快速响应特性的负荷，则可在计算暂态稳定分析时，同时进行暂态电压稳定分析。

### 4.3.2 电压稳定分析方法

早期研究普遍认为电压稳定问题是一个静态问题，研究集中在以潮流方程为工具的静态方法上。随着研究的深入，人们逐渐认识到电压稳定问题的动态本质，开始重点研究电压崩溃的动态机理，并提出了一些相关的电压稳定性分析方法和电压崩溃的预防对策。经过了几十年的努力，电压稳定问题的研究在理论上和实践上都取得了较大的进步，在数学模型的建立、系统中动态元件特性对电压稳定性的影响、判别电压稳定性的指标、电压崩溃的预防和校正措施等方面都取得了一系列研究成果，提出基于微分—代数方程的研究方法，进而逐步意识到电压崩溃机理的复杂性。据此，可以将电压稳定分析方法分为两大类：基于潮流方程的静态分析方法和基于微分方程的动态分析方法[13]。

（1）静态分析方法。

基于潮流方程的静态分析方法目前已经较为成熟，该方法中除了以$P-V(Q-V)$曲线解释为代表的电压崩溃机理认识之外，主要侧重于各种电压稳定性指标的提出和算法的研究。静态分析法计算量相对于动态分析法要小得多，在一定程度上也能较好地反映系统的电压稳定水平，可以给出电压稳定性指标及其对状态变量、控制变量等的灵敏度信息，便于系统的监视和优化调整，在工程上具有极其重要的应用价值。即使在电压稳定的动态特性受到普遍重视以后，由于电压崩溃的动态机理尚不完全清楚，静态分析仍然是实用中最重要也最有效的手段之一。这一类分析方法主要包括潮流多解法、灵敏度分析法、连续潮流解法、模态分析法、奇异值分析法、特征结构分析法等。

1）潮流多解法[15]。

电力系统的潮流方程是一组非线性的方程组，故其解存在多值。对于一个$n$节点系统的解最多可能有$2n-1$个，并随着负荷水平增加，潮流解的个数将减少。当系统由于负荷过重而接近静态电压稳定运行极限时，潮流方程只剩下一对解，即一个高值解和一个低值解。此时出现扰动，高值解向低值解转化，系统将发生电压崩溃。这样可利用潮流解的个数和多解之间的距离来估计系统接近临界点的程度。该方法的缺点是求解非线性方程组多解的问题难度较大。

2）灵敏度分析法[16]。

灵敏度分析方法计算简单，结果清晰明了，因而在静态电压稳定分析中受到较广泛的应用。灵敏度分析法根据潮流方程求解出的灵敏度矩阵性质来判断系统电压的稳定性。它利用系统状态变量与系统输出变量与控制变量之间的关系来进行研究。用以反映静态电压稳定的灵敏度指标，主要有反映节点电压随负荷变化的指标$\mathrm{d}u_{\mathrm{L}}/\mathrm{d}P_{\mathrm{L}}$、$\mathrm{d}u_{\mathrm{L}}/\mathrm{d}Q_{\mathrm{L}}$；反映发电机无功功率随负荷功率变化的指标$\mathrm{d}Q_{\mathrm{gi}}/\mathrm{d}Q_{\mathrm{Li}}$和$\mathrm{d}Q_{\mathrm{gi}}/\mathrm{d}P_{\mathrm{Li}}$；反映负荷节点电压同发电机节点电压变

化的指标 $du_L/du_{gi}$等。灵敏度分析只能对电压稳定进行定性分析，而不能进行定量分析，因而无法用裕度指标来有效衡量系统的电压稳定性，而且灵敏度分析也没有考虑到系统的一些运行约束问题，如发电机的功率极限等因素的影响，故其精度还有待提高，因此灵敏度分析一般只用于设计规划领域。

3）连续潮流解法[17]。

目前连续潮流法得到了普遍的应用。由于潮流方程组的多解和系统电压不稳定现象密切相关，当系统接近电压崩溃点时，潮流计算将不收敛。连续潮流法通过增加一个与连续参数相关的修正方程，消除临界运行点处雅可比矩阵的奇异性，改善了潮流方程的收敛性能。连续潮流法不仅能求出静态电压稳定的临界点，而且还能描述电压随负荷增加的变化过程，绘制出 $P-V$ 曲线，同时还能考虑各种元件的动态响应。但修正后的方程计算精度无法得到保证，而且为了保持稀疏性，不能计算到临界点。连续潮流法的优点是具有很强的鲁棒性，能够考虑各种非线性控制及一定的不等式条件约束；其缺点是算法对 $P-V$ 曲线上的许多点都做潮流计算，算法速度较缓慢，且一般不能精确计算出临界点。

4）模态分析法、奇异值分析法和特征结构分析法。

模态分析法[14]、奇异值分析法[18]和特征结构分析法[18]的关系比较密切，它们都是通过分析潮流雅可比矩阵，达到揭示某些系统特征，识别系统失稳模式的目的。模态分析法是在假设了某种功率增长方式的基础上，利用最小特征值对应的特征向量，计算出各节点参与最危险模式的程度，从而辨识出关键支路、关键发电机、薄弱节点等，也可对系统节点按关联强弱进行分区，这对于系统的运行监测、确定无功补偿的位置、制定提高电压稳定性的策略等，都具有十分重要的意义。奇异值分析法和特征结构分析法相类似，最小奇异值对应的奇异向量与特征结构分析法中的特征向量具有相同的功能，但数值计算中前者只涉及实数运算，后者可能会出现最小特征值为复数而加大计算量的情况，故奇异值分析法的计算速度更快。由于电压和无功的强相关性，为了减小计算量，这三种方法往往以降阶的雅可比矩阵为分析对象。

（2）动态分析方法[19]。

随着研究的不断深入，人们逐渐认识到电压稳定与电力系统的动态特性有很大关系。电力系统是典型的动态系统，理论上，考虑了元件的动态特性更能揭示电压失稳过程的本质。动态电压稳定可用一组微分方程、差分方程和代数方程组（Difference Differential Algebraic Equations，DDAE）来描述，即考虑了系统的动态特性，如发电机、励磁系统、有载调压变压器、各种负荷等元件的动态特性。目前动态电压稳定分析方法主要分为小干扰分析方法和大干扰分析方法（暂态和中长期电压稳定性）。

1）小干扰分析方法。

小扰动电压稳定分析方法是基于系统的微分—代数方程，如式（4-14）所示。

$$\begin{cases} \dot{x} = f(x,y,u) \\ 0 = g(x,y,u) \end{cases} \tag{4-14}$$

将上式在运行点处线性化，得到式（4-15）。

$$\begin{bmatrix} \Delta\dot{x} \\ 0 \end{bmatrix} = \begin{bmatrix} A & B \\ C & D \end{bmatrix} \begin{bmatrix} \Delta x \\ \Delta y \end{bmatrix} \tag{4-15}$$

消去代数变量 $\Delta y$，得到系统状态代数方程系数矩阵，如式（4-16）所示。

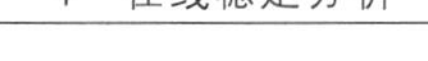

$$H_x = A - BD^{-1}C \tag{4-16}$$

通过研究状态方程系数矩阵的特征值可判断该运行点的稳定性特征：若所有特征值都位于复平面的左半平面，则系统是稳定的；若有一个实特征值或一对共扼特征值位于右半平面则系统不稳定；若特征值位于虚轴上则对应临界状态。小扰动分析是严格意义上的李雅普诺夫稳定分析。

尽管小干扰法的数学原理清晰，但由于电力系统的动态元件非常多，其时间常数可从很短的暂态时间（几秒）过渡到几分钟甚至几十分钟，所以建立整个系统完整的运行点的线性化微分方程系数矩阵是困难的，如何建立简化的模型精确反映电压稳定性值得进一步研究。

2）大干扰电压稳定分析方法。

潮流方程解的存在和小干扰电压稳定的重点在于把电力系统置于一个具有一定安全裕度的运行方式。电力系统遭受线路故障和其他类型的大冲击或在小干扰稳定裕度的边缘时，负荷的增加都可能使系统丧失稳定。这时电力系统动态行为的数学描述必须保留其非线性特征，才能真正揭示电力系统电压稳定问题的发展机制和大干扰下的特征。这方面的研究目前主要有时域仿真法及能量函数法等。

a）时域仿真法。

时域仿真法是研究电力系统动态电压特性的最有效方法，目前时域仿真法主要用来认识电压崩溃现象的特征，检验电压失稳机理，给出预防和校正电压稳定的措施等。目前，电压稳定的时域仿真研究还存在一些难点，主要包括时间框架的处理、负荷模型的实用性以及结论的一般化问题。

b）能量函数法。

能量函数法是直接估算动态系统稳定的方法，可避免耗时的时域仿真，基本思想是利用能量函数得到状态空间中的一个能量势阱，通过求取能量势阱的边界来估计扰动后系统的稳定吸引域，据此判断系统在特定扰动下的稳定性。

能量函数法在判断暂态功角稳定方面已取得了相当的成果，在研究电压稳定方面仍处于起步阶段。总的来说，目前用能量函数来研究电压稳定的学者还不多，取得的成果也不多，与实际应用仍有较大的差距，有待于进一步努力。

### 4.3.3 电压稳定的计算

从实际系统运行的安全性来说，人们不仅关心系统的某一运行方式是否稳定，而且更关心这一运行方式是否有足够的稳定裕度。前者涉及到电压稳定性的判别方法，后者则属于电压稳定极限的计算。

相对于功角稳定性而言，电压稳定性往往表现为一种局部现象，电压失稳总是从系统电压稳定性最薄弱的节点开始引发，并逐渐向周围比较薄弱的节点（区域）蔓延，严重时才会引发整个系统的电压崩溃。因此，对用户而言，他们十分关心在重负荷下的关键节点（包括关键负荷节点和关键发电机节点）和关键区域。由电压稳定极限可得出系统的稳定裕度，但稳定裕度仅是系统的一个全局指标，并不能给出系统在一定过渡方式下到电压稳定极限时，从哪一点开始发生电压失稳，从而也不能给出相应的事故预防措施。为此，对包含系统动态现象的潮流雅可比矩阵（系统静态化雅可比矩阵 $\boldsymbol{J}_S$）进行模态分析，可得出系统电压稳定性的局部指标。与现有的模态分析方法相比，由于所采用的修正潮流雅可比矩阵包含了与系统电压稳定性密切相关的各种动态元件特性，故所得出的关键节点、关键区域更为合理。

(1) 计算系统小干扰电压稳定极限的数学模型。

设系统被研究的稳态运行点，即$(\boldsymbol{U}_0, \boldsymbol{\theta}_0)$，满足如式（4-17）所示潮流方程式。

$$\left.\begin{aligned}\boldsymbol{P}_{G0}-\boldsymbol{P}_{L0}(\boldsymbol{U}_0)&=\boldsymbol{f}_p(\boldsymbol{U}_0,\boldsymbol{\theta}_0)\\ \boldsymbol{Q}_{G0}-\boldsymbol{Q}_{L0}(\boldsymbol{U}_0)&=\boldsymbol{f}_Q(\boldsymbol{U}_0,\boldsymbol{\theta}_0)\end{aligned}\right\} \tag{4-17}$$

式中：$\boldsymbol{P}_{G0}$与$\boldsymbol{Q}_{G0}$分别为由发电机在当前运行点处有功功率与无功功率组成的向量；$\boldsymbol{P}_{L0}(\boldsymbol{U}_0)$与$\boldsymbol{Q}_{L0}(\boldsymbol{U}_0)$分别为考虑负荷静特性条件下的有功负荷与无功负荷组成的向量；$\boldsymbol{f}_p(\boldsymbol{U}_0, \boldsymbol{\theta}_0)$与$\boldsymbol{f}_Q(\boldsymbol{U}_0, \boldsymbol{\theta}_0)$分别为由网络特性所决定的节点吸收有功与无功功率。

考虑系统所增加的负荷量可以用一参数$k$来表示，即如用$\boldsymbol{P}_D(\boldsymbol{U})$和$\boldsymbol{Q}_D(\boldsymbol{U})$分别表示负荷有功和无功增加的方向，则系统过渡方式中的负荷如式（4-18）所示。

$$\left.\begin{aligned}\boldsymbol{P}_L(\boldsymbol{U},k)&=\boldsymbol{P}_{L0}(\boldsymbol{U})+k\boldsymbol{P}_D(\boldsymbol{U})\\ \boldsymbol{Q}_L(\boldsymbol{U},k)&=\boldsymbol{Q}_{L0}(\boldsymbol{U})+k\boldsymbol{Q}_D(\boldsymbol{U})\end{aligned}\right\} \tag{4-18}$$

上式表示的负荷变化规律包括以下三种情况：①一个负荷节点仅有功或无功之一发生变化，其他节点的有功和无功保持不变。②一个负荷节点的有功和无功同时变化，且这种变化可以用一个参数来表示，其余节点的有功和无功保持不变。③一个区域或几个区域的有功与无功负荷同时变化，且这种变化可以用一个参数来表示。

对实际系统而言，所增加的负荷有功功率一般由多台发电机按一定方式分担。发电机的有功功率变化规律如式（4-19）所示。

$$\boldsymbol{P}_G(\boldsymbol{U},k)=\boldsymbol{P}_{G0}(\boldsymbol{U})+k\boldsymbol{P}_{DG}(\boldsymbol{U}) \tag{4-19}$$

式中 $\boldsymbol{P}_{G0}(\boldsymbol{U})$——在初始运行条件下发电机的有功出力；

$\boldsymbol{P}_{DG}(\boldsymbol{U})$——发电机有功出力的增加方向；

$\boldsymbol{P}_G(\boldsymbol{U},k)$——在某一参数$k$下发电机的有功出力。

随着参数$k$的增大，系统的运行方式逐渐恶化，当某台发电机的有功功率输出达到其极限时，则令该台发电机$P_G=P_{Gmax}$；当某台发电机的无功输出达到其极限时，则令该台发电机$Q_G=Q_{Gmax}$，若该台发电机所在的节点为PV节点，则该节点转为PQ节点。

在系统的每一个稳态运行点，计算发电机的空载电势$E_q$，如果某台发电机的空载电势$E_{qmax}$达到其极限，则意味着该台发电机的励磁电流达到其极限值，此时发电机自动电压调节器（Automatic Voltage Regulator，AVR）输出电势保持恒定，相当于发电机自动电压调节器停止工作。在数学上，相当于$E_{fq}=E_{fqmax}$保持不变，该台发电机对应的微分方程组降低一阶。此外，假设平衡节点的出力不受限制。

(2) 求取系统小干扰电压稳定极限的算法。

在给定的初始运行状态及过渡方式下，系统小干扰电压稳定极限的求解过程可以描述为：从系统被研究的稳态运行点开始，按一定步长不断增加$k$的取值，然后进行潮流计算，同时考虑各种约束条件，采用小干扰电压稳定新判据判别系统的稳定性，直至得到系统电压稳定极限。采用连续潮流法逐步搜索计算电压稳定极限，并在每个搜索步上采用预估—校正算法，以提高求解速度。

校正算法可以是现有的适合于不同特性网络的各种潮流解法。随着系统运行方式的不断恶化，校正时所用的潮流解法可能不收敛，即出现病态潮流问题。对此可选择采用文献[18]所提出的改进潮流算法来消除奇异点或将奇异点移到电压低于最大负荷点电压的区域，仅需对潮流雅可比矩阵作简单修正，没有增加矩阵的维数，并基本保持了雅可比矩阵的稀疏

性，计算效率比较高。具体的改进算法见下文病态潮流部分。

为了得到完整的 $P-V(Q-V)$ 曲线，可在改进潮流算法不收敛后，再次切换到常规的潮流算法。常规的潮流算法和改进潮流算法相结合，可得到完整的 $P-V(Q-V)$ 曲线。

（3）病态潮流及其改进算法。

1）病态潮流的经典算法。病态潮流问题的求解需要采用特殊的处理方法。在原始牛顿法的基础上，学者们做了大量的研究，提出了病态潮流的很多算法，其中最经典的是最优乘子法和非线性规划法。

2）病态潮流的改进算法。传统的最优乘子法和非线性规划法虽然在一定程度上改善了潮流的收敛性能，但由于算法本身的局限性，使得其难以从根本上解决病态潮流问题。近年来，学者们又在前人的基础上提出了一些改进算法，最常见的有极坐标最优乘子算法、基于节点不平衡功率的算法、改进的连续潮流算法等。

（4）确定系统关键节点和关键区域。

由于根据电压稳定极限所得出的裕度指标仅是系统的一个全局安全指标，它并不能给出系统的关键节点（薄弱节点）和关键区域（薄弱区域）等信息，因而还不能为实际系统运行提供全面的指导信息。例如，当系统的电压稳定裕度较低时，可选择在某些地点装设无功补偿装置以改善系统的电压稳定性；另外，在某些重负荷情况下，为防止系统发生电压崩溃，在系统无功补偿装置都已投入的情况下，应在某些关键节点紧急切负荷，以使系统的电压稳定性满足所能接受的水平。最佳无功补偿装置设置点和最佳切负荷点实际均为系统电压稳定性最薄弱的节点。

很多电压稳定性指标都可提供有关系统弱节点、弱区域的信息。由于现有的判别系统弱节点、弱区域的方法都是基于常规潮流雅可比矩阵的，并不是基于系统的状态方程系数矩阵，因而所得出的结果并不严谨。采用模态分析方法来判别系统的弱节点和弱区域，这相当于近似考虑了与电压稳定性密切相关的动态元件特性。

可分别在初始稳态运行点和电压稳定极限点进行模态分析，求出各节点对主导电压失稳模式的参与因子，根据参与因子的大小，可确定系统的薄弱节点和薄弱区域。参与因子越大，则表明该节点功率的变化对电压稳定性影响越大。由于通常情况下，初始稳态运行点的电压稳定裕度较高，故在电压稳定极限点或重负荷运行方式下的模态分析结果可能更有实际意义。

另外，在计算电压稳定极限的过程中，还可计算出各母线的电压对系统总功率的变化率，即电压—功率灵敏度 $\left(\dfrac{\mathrm{d}U}{\mathrm{d}\sum P_L},\dfrac{\mathrm{d}U}{\mathrm{d}\sum Q_L}\right)$，根据该灵敏度由大到小也可确定系统的薄弱节点和薄弱区域。由于是基于静态的潮流方程计算电压—功率灵敏度，所以该灵敏度反映的是由于系统网络特性所决定的薄弱节点和薄弱区域，可能与考虑发电机及其励磁系统的模态分析结果有较大差异。

### 4.3.4 电压稳定指标

为了防止电压失稳和电压崩溃事故，调度运行人员最关心的问题是：当前电力系统运行状态是不是电压稳定的，系统离崩溃点还有多远或稳定裕度有多大。因此必须制定一个确定电压稳定程度的指标，以便调度运行人员做出正确的判断，采取相应的对策。由于电压稳定指标是对系统接近电压崩溃程度的一种量度，因此如何定义一个指标直接取决于对电压崩溃的理解，不同的理解将构造出不同的电压稳定指标。

常用的电压稳定指标可分为状态指标和裕度指标，两类指标都能够给出系统当前运行点离电压崩溃点距离的某种量度。状态指标利用当时的系统状态信息，计算简单，但线性程度不好，物理意义不明确，只能给出系统当时的相对稳定程度。相对于状态指标，裕度指标具有以下优点：能给运行人员提供一个较直观的表示系统当前运行点到电压崩溃点距离的量度；系统运行点到电压崩溃点的距离与裕度指标的大小呈线性关系；可以比较方便地计及过渡过程中各种因素如约束条件、发电机有功分配、负荷增长方式等的影响。但是裕度指标涉及到临界点的求取，计算量较大。裕度指标是目前一种被广泛接受的稳定指标，计算过程中雅可比矩阵病态和奇异引起的计算困难已经被克服，缺点是采用的模型仍显粗糙，有待进一步改进。

（1）状态指标。状态指标是以描述运行状态或其变化的某些物理量值表示的指标，只取用当前系统运行的状态信息，计算比较简单，但线性程度不好，物理意义不够明确，只能给出系统运行的相对稳定程度。状态指标包括各类灵敏度指标、最小模特征值指标、潮流雅可比矩阵奇异值指标、潮流多解间距离 VIPI 指标、基于一般潮流解的 L 指标等。

（2）裕度指标。从系统给定运行状态出发，按照某种模式，通过负荷或传输功率的增长逐步逼近电压崩溃点，则系统当前运行点到电压崩溃点的距离可作为判断电压稳定程度的指标，称之为裕度指标。从以上定义可看出，决定裕度指标主要有崩溃点的确定、从当前运行点到崩溃点的路径的选取以及模型的选择 3 个关键因素。电压崩溃机理的解释不同，则定义的崩溃点不同，所得出的裕度指标也不同。纵观国内外研究文献，求取裕度指标的方法概括起来主要有直接法、连续法、优化方法、近似方法、扩展潮流方法等。

### 4.3.5 在线电压稳定分析的特点

由于 PMU 布点限制，目前基于 WAMS 系统量测的电压稳定分析方法尚未获得广泛应用，在线电压稳定分析的主流方法是基于状态估计后潮流矩阵的静态分析算法，如连续潮流法、模态分析法；同时，在线动态安全监测与预警系统的优势在于具备电网实时的动态模型，有条件通过仿真程序分析扰动过程中电网的暂态电压稳定性，极大地提高了电网抵御电压失稳风险的能力。

电压稳定功率裕度具有直观评价电网电压稳定性的功能，是在线电压稳定分析的重要输出。该方法基于潮流或扩展潮流方程，计算中需要不断增加所考察电网的负荷和发电功率对网络施压。当该电网任意局部出现薄弱点时，电压稳定的功率裕度有较大的下降。因此，该值和对应的电压崩溃点变化，可能提供如下有用信息：网络结构的固有薄弱点、当前电网的操作或故障、状态估计质量下降区域、电网模型偏差之处。应用这类计算还需要注意如下方面：

1）厂用电、站用电等功率受限负荷应采用较接近实际的模型，如不同类型的发电厂厂用电应与发电功率呈不同的关系。

2）发电机需考虑功率限制，因而功率裕度不会超出全网的旋转备用。

3）不同季节、不同区域电网的电压稳定性偏差较大。装备了大量风电且供热容量较大的电网，在冬季的夜晚电压稳定功率裕度可能超过 100%；东部经济发达省份夏季大负荷时电压稳定功率裕度可能不超过 10%。分析计算结果时应考虑各种影响因素。

## 4.4 在线小干扰稳定分析

### 4.4.1 小干扰稳定原理

电力系统小干扰稳定是指系统受到小干扰后，不发生自发振荡或非周期性失步，自动恢复到起始运行状态的能力。系统小干扰稳定性取决于系统的固有特性，与扰动的大小无关。复杂电力系统小干扰稳定分析主要是应用基于一次近似法的特征值法，该方法的基本原理如下[20~21]：

电力系统的动态特性可以由一组非线性微分方程组描述，如式（4-20）所示。

$$\frac{\mathrm{d}x_i}{\mathrm{d}t} = f_i(x_1, x_2, \cdots, x_n) \quad i = 1, 2, \cdots, n \tag{4-20}$$

将式（4-20）在运行点附近线性化，将各状态变量表示为初始值与微增量之和，如式（4-21）所示。

$$x_i = x_{i0} + \Delta x_i \tag{4-21}$$

将所得方程组在初始值附近展开成泰勒级数，并略去各微增量的二次及高次项，可以得到式（4-22）。

$$\frac{\mathrm{d}\Delta x_i}{\mathrm{d}t} = \sum_{j=1}^{n} \frac{\partial f_i}{\partial x_j} \Delta x_j \quad i = 1, 2, \cdots, n \tag{4-22}$$

将式（4-22）写成矩阵形式

$$\Delta \dot{\boldsymbol{X}} = \boldsymbol{A} \Delta \boldsymbol{X} \tag{4-23}$$

式（4-23）即为描述线性系统的状态方程，其中 $\boldsymbol{A}$ 为 $n \times n$ 维状态矩阵。根据李雅普诺夫第一定理，由状态方程描述的线性系统，其小干扰稳定性是由状态矩阵的特征值决定的。如果状态矩阵 $\boldsymbol{A}$ 所有的特征值实部都为负，则系统在该运行点是稳定的；只要存在一个实部为正的特征值，则系统在该运行点是不稳定的；如果状态矩阵 $\boldsymbol{A}$ 具有实部为零的特征值，则系统在该运行点处于临界稳定的情况。因此，分析系统在某运行点的小干扰稳定性问题，可以等效为求解状态矩阵 $\boldsymbol{A}$ 的全部特征值的问题。

### 4.4.2 小干扰稳定的计算方法

在线小干扰稳定分析方法保留了离线小干扰分析方法的优点，在原有算法的基础上，实现了并行和优化处理，以满足在线应用的要求。迄今为止，计算矩阵全部特征值最有效方法是 QR 法，对于中等大小的矩阵（$<4000$），该算法具有良好的数值稳定性和较快的收敛速度。但是随着电网规模的不断增大，各种控制器和 FACTS 元件的广泛使用，描述电力系统的状态方程阶数越来越高，QR 法已不能满足大系统分析的需求。为了解决这个问题，上世纪 80 年代以来，许多学者提出了计算系统关键特征值的分析方法。根据对系统状态矩阵处理方式的不同，这些算法可以分为降阶选择模式分析法和全维部分特征值分析法。目前，在大型互联电力系统的小干扰稳定分析中，全维部分特征值分析法是最常用的分析方法。下面简单介绍在线特征值计算方法。

（1）逆迭代转瑞利（Rayleigh）商迭代法[22]。

Rayleigh 商的概念最初是为了估算实对称矩阵的特征值提出的。设 $\boldsymbol{A} \in \boldsymbol{R}^{n \times n}$ 为实对称矩阵，对于任一非零向量 $\boldsymbol{x}$，称 $R(\boldsymbol{x}) = \dfrac{\boldsymbol{x}^{\mathrm{T}} \boldsymbol{A} \boldsymbol{x}}{\boldsymbol{x}^{\mathrm{T}} \boldsymbol{x}}$ 为对应于向量 $\boldsymbol{x}$ 的 Rayleigh 商。对于对称矩阵 $\boldsymbol{A}$，

其特征值次序记为$\lambda_1 \geqslant \lambda_2 \geqslant \lambda_3 \geqslant \cdots \geqslant \lambda_n$，则 Rayleigh 商具有特性如式（4-24）所示。

$$\lambda_n \leqslant R(\boldsymbol{x}) \leqslant \lambda_1 \tag{4-24}$$

其中，$\lambda_1 = \max\limits_{\substack{\boldsymbol{x}\in \boldsymbol{R}^n \\ \boldsymbol{x}\neq \boldsymbol{0}}} R(x)$，$\lambda_n = \min\limits_{\substack{\boldsymbol{x}\in \boldsymbol{R}^n \\ \boldsymbol{x}\neq 0}} R(\boldsymbol{x})$。

而对于非对称阵或 non-Hermitian 阵，广义 Rayleigh 商定义如式（4-25）所示。

$$R(\boldsymbol{x}) = \frac{\boldsymbol{w}^{\mathrm{T}}\boldsymbol{A}\boldsymbol{x}}{\boldsymbol{w}^{\mathrm{T}}\boldsymbol{x}} \tag{4-25}$$

其中，向量 $\boldsymbol{w}$ 是 $\boldsymbol{A}$ 的左特征向量的估计。

Rayleigh 商迭代法则是以逆迭代法为基础，即按照迭代序列

$$\boldsymbol{q}^k = \frac{\boldsymbol{w}^{\mathrm{T}}\boldsymbol{A}\boldsymbol{u}^k}{\boldsymbol{w}^{\mathrm{T}}\boldsymbol{u}^k} \tag{4-26}$$

$$\boldsymbol{v}^{k+1} = (\boldsymbol{A} - \boldsymbol{q}^k\boldsymbol{I})^{-1}\boldsymbol{u}^k \tag{4-27}$$

$$\boldsymbol{u}^{k+1} = \frac{\boldsymbol{v}^{k+1}}{\max(\boldsymbol{v}^{k+1})} \tag{4-28}$$

求取最靠近初始位移 $\boldsymbol{q}^0$ 的特征值及其相应特征向量。由于 Rayleigh 商迭代法使用移动位移，所以每次迭代中都需要对矩阵（$\boldsymbol{A}-\boldsymbol{q}\boldsymbol{I}$）进行 LU 分解。上述 Rayleigh 商迭代法的迭代收敛速度较快，但其对于初始位移 $\boldsymbol{q}^0$ 的要求较高。另外与幂法相同，该方法一次也只能求出一对特征值和特征向量。

小干扰算法中的逆迭代转 Rayleigh 商迭代法是将逆迭代法和 Rayleigh 商迭代法相结合而形成的算法，其中逆迭代法是由幂法和复位移逆变换组合而成。逆迭代转 Rayleigh 商迭代法，是先用逆迭代法求出一个较好的估计值，然后以此估计值为初值，用 Rayleigh 商迭代法求出特征值。

（2）同时迭代法[22]。

同时迭代法是幂法的一个直接推广，设 $\boldsymbol{A}\in \boldsymbol{R}^{n\times n}$，特征值满足式（4-29）。

$$|\lambda_1| \geqslant |\lambda_2| \geqslant |\lambda_3| \geqslant \cdots \geqslant |\lambda_n| \tag{4-29}$$

这里

$$\boldsymbol{\Lambda} = \begin{bmatrix} \boldsymbol{\Lambda}_a & 0 \\ 0 & \boldsymbol{\Lambda}_b \end{bmatrix} \tag{4-30}$$

其中，$\boldsymbol{\Lambda}_a = \mathrm{diag}(\lambda_1 \quad \cdots \quad \lambda_m)$，$\boldsymbol{\Lambda}_b = \mathrm{diag}(\lambda_{m+1} \quad \cdots \quad \lambda_n)$。

将矩阵 $\boldsymbol{A}$ 的右特征向量阵写成式（4-31）。

$$\boldsymbol{Q} = [\boldsymbol{Q}_a \quad \boldsymbol{Q}_b] = [\boldsymbol{q}_1 \quad \cdots \quad \boldsymbol{q}_m \quad | \quad \boldsymbol{q}_{m+1} \quad \cdots \quad \boldsymbol{q}_n] \tag{4-31}$$

其中，$\boldsymbol{q}_i$ 为对应于特征值 $\lambda_i$ 的特征向量。设有 $m$ 个相互独立的初始向量组成矩阵如式（4-32）所示。

$$\boldsymbol{U} = [\boldsymbol{u}_1 \quad \boldsymbol{u}_2 \quad \cdots \quad \boldsymbol{u}_m] \in \boldsymbol{C}^{n\times m} \tag{4-32}$$

对于上述初始向量执行如式（4-33）所示运算。

$$\boldsymbol{V} = \boldsymbol{A}\boldsymbol{U} \tag{4-33}$$

$\boldsymbol{U}$ 可以化为

$$\boldsymbol{U} = \boldsymbol{Q}_a\boldsymbol{C}_a + \boldsymbol{Q}_b\boldsymbol{C}_b \tag{4-34}$$

其中，$\boldsymbol{C}_a \in \boldsymbol{C}^{m\times m}$，$\boldsymbol{C}_b \in \boldsymbol{C}^{(n-m)\times m}$分别为系数矩阵。由式（4-32）～式（4-34）可得

$$\boldsymbol{V} = \boldsymbol{A}\boldsymbol{U} = \boldsymbol{Q}_a\boldsymbol{\Lambda}_a\boldsymbol{C}_a + \boldsymbol{Q}_b\boldsymbol{\Lambda}_b\boldsymbol{C}_b \tag{4-35}$$

由于 $\boldsymbol{Q}_b$ 对 $\boldsymbol{V}$ 的贡献小于对 $\boldsymbol{U}$ 的贡献，经过一定次数的迭代以后，$\boldsymbol{C}_b$ 要远小于 $\boldsymbol{C}_a$。也即式（4-35）中等式右边第一项所占比例较大，而相对的 $\boldsymbol{Q}_b$ 分量受到了某种程度的抑制。接着，采用以下迭代过程进一步求解 $\boldsymbol{\Lambda}_a$ 的特征值。首先定义矩阵 $\boldsymbol{B}\in\boldsymbol{C}^{m\times m}$ 的完全特征求解，$\boldsymbol{B}$ 是方程（4-36）的解

$$\boldsymbol{GB} = \boldsymbol{H} \tag{4-36}$$

其中，$\boldsymbol{G}=\boldsymbol{U}^{\mathrm{H}}\boldsymbol{U}\approx\boldsymbol{U}^{\mathrm{H}}\boldsymbol{Q}_a\boldsymbol{C}_a$，$H=\boldsymbol{U}^{\mathrm{H}}\boldsymbol{V}\approx\boldsymbol{U}^{H}\boldsymbol{Q}_a\boldsymbol{\Lambda}_a\boldsymbol{C}_a$。

假设 $\boldsymbol{U}^{\mathrm{H}}\boldsymbol{Q}_a$ 非奇异，则如式（4-37）所示

$$\boldsymbol{G}^{-1}\boldsymbol{H} \approx \mathrm{C}_a^{-1}(\boldsymbol{U}^{\mathrm{H}}\boldsymbol{Q}_a)^{-1}\boldsymbol{U}^{\mathrm{H}}\boldsymbol{Q}_a\boldsymbol{\Lambda}_a\boldsymbol{C}_a = \boldsymbol{C}_a^{-1}\boldsymbol{\Lambda}_a\boldsymbol{C}_a \tag{4-37}$$

上式表明矩阵 $\boldsymbol{\Lambda}_a$ 和 $\boldsymbol{C}_a$ 包含矩阵 $\boldsymbol{B}$ 的近似特征值和左特征向量。若矩阵 $\boldsymbol{P}$ 为矩阵 $\boldsymbol{B}$ 的右特征向量按列组成的矩阵，则 $\boldsymbol{P}\approx\boldsymbol{C}_a^{-1}$，则如式（4-38）所示。

$$\boldsymbol{W} = \boldsymbol{VP} \approx \boldsymbol{Q}_a\boldsymbol{\Lambda}_a + \boldsymbol{Q}_b\boldsymbol{\Lambda}_b\boldsymbol{C}_b\boldsymbol{C}_a^{-1} \tag{4-38}$$

式（4-38）给出了矩阵 $\boldsymbol{A}$ 的右特征向量 $\boldsymbol{W}$ 的估计值。令初始向量集 $\boldsymbol{U}=\boldsymbol{W}$，重复以上运算直至收敛，并且该算法一次可以求出若干个主导特征值及其特征向量。

### 4.4.3 基于 WAMS 的低频振荡辨识

电力系统遭受小扰动后的振荡信号可以视为某些固定频率、幅值按指数规律变化的正弦信号（振荡模式）与白噪声的线性组合。理想的电力系统某一状态变量的振荡信号可以表示为

$$x(t) = \sum_{i=1}^{p} a_i \mathrm{e}^{-\sigma_i t}\cos(\omega_i t + \varphi_i) \tag{4-39}$$

式中：$p$ 为自然数，$a_i$ 为模式 $i$ 的振荡幅值，$\sigma_i$ 为模式 $i$ 的阻尼系数，$\omega_i$ 表示模式 $i$ 的振荡角频率，$\varphi_i$ 表示模式 i 的初始相位。

WAMS 在线低频振荡分析方法主要就是根据采样信号，应用 Prony 分析、小波变换或者傅里叶变换等辨识算法估算系统关键的振荡频率、对应的振荡幅值和阻尼。

Prony 分析是电力系统低频振荡在线辨识中应用最为广泛的一种方法。它用指数函数的线性组合来拟合等间隔采样的信号，从中分析出振荡曲线的频率、衰减因子、幅值和相位。但是，电力系统动态过程信号具有较强的非线性和非平稳性，因此传统的 Prony 分析方法会产生一定得误差，并且 Prony 的分析速度还达不到实时辨识的要求，为此，国家电力调度控制中心的广域监测系统（Wide Area Measurement System，WAMS）引入一种非平稳信号的频谱分析方法——希尔伯特黄变换（Hilbert-Huang Transform，HHT）来实时分析低频振荡。

HHT 变换分析法由经验模态分解（Empirical Mode Decomposition，EMD）和 Hilbert 变换两部分组成，其核心部分是 EMD 分解技术[23]。该方法首先对非平稳信号进行 EMD 分解，得到固有模式函数分量（Intrinsic Mode Function，IMF），再对数据进行 Hibert 变换，得到瞬时频率及瞬时振幅，进而可得到信号的 Hilbert 谱和 Hilbert 边界谱，以实现对非平稳信号的时频分析。

HHT 技术的核心和创新部分在于其经验模态分解 EMD 算法，它可以单独作为数据平滑、滤波和消除非周期趋势项的方法使用。经验模态分解可以将信号分解成一组 IMF 的线性组合，分解过程如下：

先将原始信号分解成 1 个 IMF 和随时间变化的均值之和，然后将均值考虑为新的待分

解的信号，将其分解为第 2 个 IMF 和新的均值之和，持续这种分解过程直至获得最后一个 IMF。经验模态分解的最终目标是将原始的数据信号 $x(t)$ 分解为式（4-40）。

$$x(t)=\sum_{i=1}^{n}c_i(t)+r \tag{4-40}$$

式中：$c_i$ 为固有模式函数；$r$ 是剩余分量，代表信号中的非周期趋势和常量。

其中 $c_i$ 满足以下条件：

1）在整个数据段内，极值点的个数和穿越零点的次数必须相等或至多相差 1。

2）在任意时间点，由极大值点形成的包络线和由局部极小值点形成的包络线的平均值为零。

完成 EMD 分解后，对每一个 IMF 做 Hilbert 变换，得到

$$Y(t)=\frac{1}{\pi}\int_{-\infty}^{+\infty}\frac{C(t)}{t-\tau}\mathrm{d}\tau \tag{4-41}$$

其反变换如下

$$X(t)=\frac{1}{\pi}\int_{-\infty}^{+\infty}\frac{Y(t)}{t-\tau}\mathrm{d}\tau \tag{4-42}$$

得到该分量的解析信号如式（4-43）所示

$$Z(t)=X(t)+iY(t)=a(t)\mathrm{e}^{\mathrm{j}\psi(t)} \tag{4-43}$$

式中：$a(t)$ 为瞬时振幅；$\psi(t)$ 为相位。

因此，瞬时频率为

$$f(t)=\frac{1}{2\pi}\frac{\mathrm{d}\psi(t)}{\mathrm{d}t} \tag{4-44}$$

式（4-44）还可以写成

$$Z(t)=\Lambda(t)\mathrm{e}^{-\theta(t)+\mathrm{j}\psi(t)} \tag{4-45}$$

式（4-45）表示，解析信号可以写成与时间相关的衰减信号与指数信号之和，同时如式（4-46）所示。

$$\theta(t)=-\int_{0}^{t}\alpha(t)\mathrm{d}t \tag{4-46}$$

这里 $\alpha(t)$ 表示该 IMF 的瞬时阻尼系数。对式（4-45）求导，可得到

$$\dot{Z}(t)=a(t)\mathrm{e}^{\mathrm{j}\psi(t)}(\mathrm{j}\omega(t))+\mathrm{e}^{\mathrm{j}\psi(t)}\dot{a}(t) \tag{4-47}$$

根据式（4-47）与式（4-45）可以得到

$$\frac{\dot{Z}(t)}{Z(t)}=\left[-\alpha(t)+\frac{\dot{\Lambda}(t)}{\Lambda(t)}+\mathrm{j}\omega(t)\right] \tag{4-48}$$

则瞬时阻尼系数为

$$\alpha(t)=-\frac{\mathrm{d}\theta(t)}{\mathrm{d}t}=-\left[\frac{\dot{a}(t)}{a(t)}-\frac{\dot{\sum}(t)}{\sum(t)}\right] \tag{4-49}$$

至此，该 IMF 分量的频率、相位和阻尼系数等重要参数均已经求得。上述介绍的 EMD 及 Hilbert 谱信号的分析方法统称为 HHT 变换分析法。

### 4.4.4 应用实例

小干扰稳定在线计算从机理上分析得出电网振荡模式信息，需要与实时监测进行比对。

为了验证小干扰稳定在线计算与WAMS低频振荡实时辨识两种小干扰稳定信息的正确性和一致性，应用这两种分析方法对我国实际跨区电网进行小干扰稳定分析，选择不同时间、不同区域和不同联网方式下的小干扰稳定分析结果进行对比。主要关注小干扰在线计算的关键振荡模式是否与WAMS辨识结果一致，其中，考虑到阻尼的动态监测时变性，对阻尼比不进行量化比较，主要比对振荡频率与参与机组情况。

为了保障大型跨区交流同步电网的安全稳定运行，自20世纪90年代后期，我国众多电力科研机构就已经开展广域动态监控技术的研究和开发工作。目前，我国已经建成国家电力调度控制中心，华北、华东、东北电力调控分中心，四川、江苏省电力调控中心等广域动态监测系统的主站。华北、东北和华中区域重要线路和厂站都装设了PMU装置，实时监控跨区互联电网的运行状况。表4-2给出了某跨区互联电网月度主要振荡事件的统计情况（$f<1Hz$），图4-3给出了相应主要振荡模式分布情况（$f<1Hz$），其中横坐标表示振荡模式，纵坐标表示振荡次数。基于WAMS低频振荡在线辨识方法可以实时监测电网主要存在的振荡模式，却不能深入揭示低频振荡发生的本质原因，从而无法提出有效抑制振荡的控制措施。

**表4-2　某跨区互联电网月度低频振荡监测统计表**

| 名称 | 总次数 | 振荡模式（Hz） | 最大振幅持续时间（s） |
|---|---|---|---|
| XL1线有功 | 87 | 0.32 | 33 |
| XL2线有功 | 67 | 0.32 | 27 |
| WS1线有功 | 54 | 0.51 | 13 |
| WS2线有功 | 51 | 0.51 | 14 |
| WL1线有功 | 47 | 0.40 | 14 |
| WL2线有功 | 52 | 0.42 | 12 |
| GG线有功 | 8 | 0.57 | 13 |
| XL线有功 | 258 | 0.73 | 13 |
| SZ1线有功 | 953 | 0.87 | 63 |
| SZ2线有功 | 946 | 0.87 | 66 |

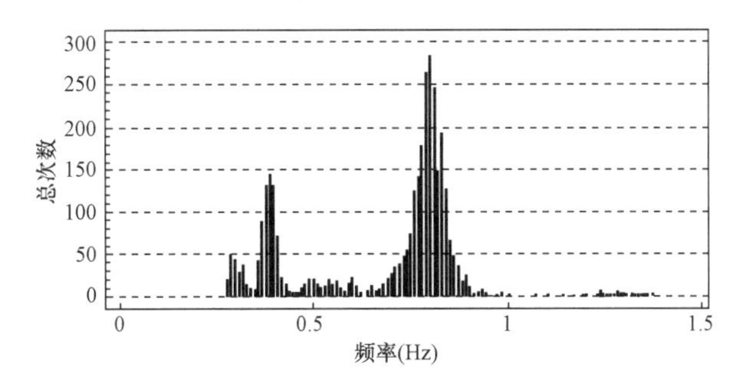


图4-3　某跨区互联电网月度主要振荡模式分布图

（1）HB 区域电网小干扰稳定在线评估。

随着跨区联网的发展，系统的转动惯量加大，系统的频率稳定性得到改善；系统整体的备用容量有所降低，提高了运行方式的灵活性与经济性。本节首先以 HB 孤网运行方式为对象进行在线小干扰稳定计算分析。

HB 电网共有发电机 442 台，负荷 854 个。由于现有的 SCADA/EMS 系统不包含动态参数相关的在线采集（例如 PSS 投退状态），因此所有动态参数均取自原有离线方式计算数据。所有的发电机均采用考虑原动机、励磁和调速系统的详细模型；所有的负荷均采用感应电动机模型，电网在线整合数据的信息见表 4-3。

**表 4-3　HB 电网在线整合数据规模信息**

| 元件类型 | 单位 | 数目 |
|---|---|---|
| 母线 | 条 | 3127 |
| 发电机 | 台 | 442 |
| 负荷 | 个 | 854 |
| 交流线 | 条 | 2249 |
| 直流线 | 条 | 0 |
| 两绕组变压器 | 台 | 1620 |

在线动态安全监测与预警系统接收到 WAMS 振荡预警信息，显示 PMU 监测到 XL 线有功功率存在 0.32Hz 振荡，WS 线存在 0.52Hz 的振荡，XL 线存在 0.75Hz 的振荡。在线动态安全监测与预警系统完成在线整合数据以后，启动小干扰稳定计算，得到系统存在下述 3 个关键振荡模式（$f<1$Hz，$\xi<20$）。

1）频率为 0.37Hz 振荡模式。

表 4-4 列出该振荡模式的主要参与机组及其参与因子。由表 4-4 可以看出，该模式表现为 SD 机组与 MX 机组间的振荡模式，其中 ZX 和 WH 为 SD 代表机组，LD 和 DS 为 MX 代表机组，这些机组处于 HB 电网东、西两端，电气距离较长，容易发生相对振荡。该振荡模式与 LC 站 PMU 监测到的振荡模式基本吻合。

**表 4-4　0.37Hz 振荡模式主要参与机组及参与因子**

| 所属区域 | 机组 | 参与因子 | 所属区域 | 机组 | 参与因子 |
|---|---|---|---|---|---|
| MX | MLD | 0.0212 | SD | LZX | 0.0086 |
| MX | MDS | 0.0113 | SD | LWH | 0.0063 |
| MX | MHX | 0.0110 | SD | LHZ | 0.0054 |
| MX | MHS | 0.0075 | SD | LFX | 0.0053 |
| MX | MWL | 0.0069 | SD | LPL | 0.0032 |
| MX | MDH | 0.0065 | SD | LQD | 0.0031 |
| MX | MED | 0.0054 | SD | LHD | 0.0026 |

2）频率为 0.59Hz 振荡模式。

表 4-5 列出该振荡模式的主要参与机组及其参与因子。从振荡机组列表可以看出，该模式表现为 MX 机组与 SX、HB 机组间的振荡模式，其中 MX 振荡群的代表机组为 LD 和 DS 等，LD 和 YD 为 SX、HB 振荡群代表机组，这与 WS 线路 PMU 监测到的振荡模式基本吻合。

表 4-5　　0.59Hz 振荡模式主要参与机组及参与因子

| 所属区域 | 机组 | 参与因子 | 所属区域 | 机组 | 参与因子 |
|---|---|---|---|---|---|
| MX | MLD | 0.0101 | SX | JLD | 0.0096 |
| MX | MDS | 0.0081 | SX | JYD | 0.0062 |
| MX | MHX | 0.0080 | HB | JCD | 0.0055 |
| MX | MHS | 0.0070 | SX | JFS | 0.0054 |
| MX | MBY | 0.0068 | SX | JWD | 0.0053 |
| MX | MWL | 0.0066 | SX | JHQ | 0.0049 |
| MX | MDH | 0.0054 | SX | JSE | 0.0047 |
| MX | MED | 0.0051 | SX | JTY | 0.0045 |

3）频率为 0.78Hz 振荡模式。

表 4-6 列出该振荡模式的主要参与机组及其参与因子。从主要振荡机组列表可以看出，该模式表现为 SX 机组与 HB 机组之间的相对振荡，LD 和 YD 为 SX 代表机组，TS 和 QH 为 HB 代表机组。该振荡模式与 XL 线路 PMU 监测到的振荡模式基本吻合。

表 4-6　　0.78Hz 振荡模式主要参与机组及参与因子

| 所属区域 | 机组 | 参与因子 | 所属区域 | 机组 | 参与因子 |
|---|---|---|---|---|---|
| SX | JLD | 0.0449 | HB | TTS | 0.0321 |
| SX | JYD | 0.0196 | HB | QQH | 0.0179 |
| SX | JHJ | 0.0076 | HB | TTR | 0.0111 |
| SX | JWD | 0.0064 | HB | TDE | 0.0104 |
| SX | JLL | 0.0061 | HB | TQR | 0.0080 |
| SX | JFS | 0.0060 | HB | TWT | 0.0068 |
| SX | JHZ | 0.0048 | HB | TTX | 0.0064 |
| SX | JTY | 0.0048 | NM | DSD | 0.0052 |

（2）HB-DB 联网区域电网小干扰稳定在线评估。

选择区域电网联网方式为研究对象进行分析。HB-DB 联网区域共有 585 台发电机，1706 个负荷。与前类似，由于 SCADA/EMS 系统不包括动态参数相关的在线采集，因此所有动态参数均取自离线方式计算数据，所有的发电机均采用考虑原动机、励磁和调速系统的详细模型；所有的负荷均采用感应电动机模型，在线整合数据的计算规模见表 4-7。

表 4-7　HB-DB 电网在线整合数据信息

| 元件类型 | 单位 | 数目 |
|---|---|---|
| 母线 | 条 | 4895 |
| 发电机 | 台 | 585 |
| 负荷 | 个 | 1706 |
| 交流线 | 条 | 4389 |
| 直流线 | 条 | 0 |
| 两绕组变压器 | 台 | 2020 |
| 三绕组变压器 | 台 | 603 |

在线动态安全监测与预警系统收到 WAMS 振荡预警信息，显示 PMU 监测到 JT 线存在 0.31Hz 振荡模式，XL 线监测到 0.81Hz 振荡模式。动态预警平台根据监测到的振扬频段信息，启动小干扰稳定计算，得到系统有下述 4 个

关键振荡模式（$f<1$Hz，$\xi<20$）。

1）频率为0.32Hz振荡模式。

表4-8列出该振荡模式的主要参与机组及其参与因子。从振荡机组列表可以看出，该模式表现为SD机组与DB机组间的振荡模式，其中ZX和WH为SD代表机组，YM和HHSB为DB代表机组，这些机组处于区域电网最远的两端，电气距离较长，容易发生相对振荡。该振荡模式为交流联网以后新增的振荡模式，该模式与JT线PMU监测到的振荡模式基本吻合。

**表4-8　0.32Hz振荡模式主要参与机组及参与因子**

| 所属区域 | 机组 | 参与因子 | 所属区域 | 机组 | 参与因子 |
|---|---|---|---|---|---|
| MD | YM | 0.0191 | SD | LWHC | 0.0061 |
| DB | HHSB | 0.0152 | SD | LZXC | 0.0061 |
| DB | HHG | 0.0112 | SD | LHZC | 0.0045 |
| DB | JHQXC | 0.0102 | SD | LHDC | 0.0042 |
| DB | JBS | 0.0092 | SD | LHDC | 0.0039 |
| DB | LDD | 0.0079 | SD | LFXC | 0.0039 |
| DB | HXH | 0.0073 | SD | LHTC | 0.0027 |
| DB | LDLWC | 0.0069 | SD | LRZC | 0.0021 |

2）频率为0.37Hz振荡模式。

表4-9列出该振荡模式的主要参与机组及其参与因子。从振荡机组列表可以看出，该模式表现为MX机组与SD-DB机组的振荡模式，其中YM和WH为SD-DB振荡群的代表机组，LD与DS为MX振荡群的代表机组。该模式是HB孤网运行时就存在的，HB和DB联网以后，该模式的阻尼得到改善，对小干扰稳定是有益的，WAMS统计到振荡次数也降低了。

**表4-9　0.37Hz振荡模式主要参与机组及参与因子**

| 所属区域 | 机组 | 参与因子 | 所属区域 | 机组 | 参与因子 |
|---|---|---|---|---|---|
| MX | MLD | 0.0421 | MD | MDYM | 0.0094 |
| MX | MDS | 0.0173 | DB | HHSBC | 0.0069 |
| MX | MHX | 0.0145 | DB | JHCXC | 0.0052 |
| MX | MDH | 0.0115 | DB | HHG | 0.0048 |
| MX | MHS | 0.0084 | DB | JBS | 0.0033 |
| MX | MBY | 0.0073 | SD | LWHC | 0.0033 |
| MX | MED | 0.0068 | DB | HQTHC | 0.0029 |
| MX | MDQ | 0.0066 | SD | LZXC | 0.0029 |

3）频率为0.6Hz振荡模式。

表4-10列出了关键机组及其参与因子。从振荡机组列表可以看出，该模式为SD、MX机组与HB机组间的振荡模式。该振荡模式在邻近时段的WAMS低频振荡监测没有出现。

表 4-10　0.6Hz 振荡模式主要参与机组及参与因子

| 所属区域 | 机组 | 参与因子 | 所属区域 | 机组 | 参与因子 |
|---|---|---|---|---|---|
| SX | JHQ | 0.0077 | SD | LHDC | 0.0108 |
| HB | JCD | 0.0072 | MX | MDS | 0.0042 |
| SX | JSE | 0.0064 | SD | LFXC | 0.0041 |
| SX | JYD | 0.0063 | SD | LZXC | 0.0039 |
| HB | JDC | 0.0059 | MX | MHX | 0.0039 |
| SX | JWD | 0.0057 | MX | MLD | 0.0039 |
| HB | JXB | 0.0052 | MX | MDH | 0.0030 |
| SX | JTY | 0.0052 | MX | MBY | 0.0029 |

4）频率为 0.88Hz 振荡模式。

表 4-11 列出该振荡模式的主要参与机组及其参与因子。从振荡机组列表可以看出，该模式为 SX 与主网间的振荡模式，其中 FS 和 YD 为 SX 代表机组。由于该模式是局部机组对主网的振荡模式，因此振荡频率较高。该振荡模式与 XL 线 PMU 监测到的振荡模式基本吻合。

表 4-11　0.88Hz 振荡模式主要参与机组及参与因子

| 所属区域 | 机组 | 参与因子 | 所属区域 | 机组 | 参与因子 |
|---|---|---|---|---|---|
| SX | JFS | 0.0400 | HB | TTS | 0.0156 |
| SX | JYD | 0.0164 | HB | TWT | 0.0099 |
| SX | JLL | 0.0149 | MX | MDH | 0.0095 |
| SX | JHJ | 0.0074 | HB | ZSL | 0.0091 |
| SX | JHJ | 0.0071 | HB | QQH | 0.0090 |
| SX | JWJ | 0.0071 | MX | MWS | 0.0075 |
| SX | JZC | 0.0055 | HB | TQR | 0.0073 |
| SX | JTQ | 0.0042 | HB | TDE | 0.0069 |

（3）HZ 区域电网小干扰稳定在线评估。

HZ 区域电网共有 389 台发电机，负荷 853 个。由于 SCADA/EMS 实时采集的数据不包含元件动态参数，因此所有动态参数均取自原有离线方式计算数据，所有的发电机均采用考虑原动机、励磁和调速系统的 5 阶详细模型；所有的负荷均采用感应电动机模型，在线整合数据信息见表 4-12。

表 4-12　HZ 区域电网整合数据信息

| 元件类型 | 单位 | 数目 |
|---|---|---|
| 母线 | 条 | 3419 |
| 发电机 | 台 | 389 |
| 负荷 | 个 | 853 |
| 交流线 | 条 | 2963 |
| 直流线 | 条 | 5 |
| 两绕组变压器 | 台 | 726 |
| 三绕组变压器 | 台 | 843 |

在线动态安全监测与预警系统收到 WAMS 振荡预警信息，显示 PMU 监测到 WL 线存在 0.42Hz 振荡模式，GG 线存在 0.57Hz 振荡模式，SH 线路存在 0.84Hz 振荡模式。动态预警平台根据振荡频段信息启动小干扰稳定计算，得到系统有如下 3 个关键振荡模式（$f<1$Hz，$\xi<20$）。

1）频率为0.46Hz振荡模式。

表4-13列出该振荡模式的主要参与机组及其参与因子。从振荡机组列表可以看出，该模式表现为CY机组相对于HN机组间的振荡模式，其中GA和ET为CY电网的代表机组，DBS和XL为HN电网的代表机组，这些机组处于电网的两端，电气距离较长，容易发生相对振荡。该振荡模式与WL线PMU监测到的振荡模式基本吻合。

**表4-13　　0.46Hz振荡模式主要参与机组及参与因子**

| 所属区域 | 机组 | 参与因子 | 所属区域 | 机组 | 参与因子 |
|---|---|---|---|---|---|
| CY | CTB | 0.0363 | HN | YDBS | 0.0144 |
| CY | CGA | 0.0208 | HN | YXL | 0.0110 |
| CY | CET | 0.0192 | HN | YSH | 0.0109 |
| CY | CJY | 0.0155 | HN | YMS | 0.0091 |
| CY | CGZS | 0.0137 | HN | YHB | 0.0090 |
| CY | CJTC | 0.0114 | HN | YQB | 0.0086 |
| CY | YLH | 0.0095 | HN | YSY | 0.0026 |
| CY | CBZS | 0.0070 | HN | YXH | 0.0025 |

2）频率为0.66Hz振荡模式。

表4-14列出该振荡模式的主要参与机组及其参与因子。从振荡机组列表可以看出，该模式为HN、HB机组相对于HZ其他地区机组的振荡模式，其中SBC和XTC为HN、HB代表机组，TB和DBS为另一振荡群代表机组。该振荡模式与GG线PMU监测到的振荡模式基本吻合。

**表4-14　　0.66Hz振荡模式主要参与机组及参与因子**

| 所属区域 | 机组 | 参与因子 | 所属区域 | 机组 | 参与因子 |
|---|---|---|---|---|---|
| HB | ESBC | 0.0578 | CY | CTB | 0.0298 |
| JX | GFCEQ | 0.0124 | HN | YDBS | 0.0091 |
| SX | ESXY | 0.0108 | HN | YSH | 0.0050 |
| HN | XTC | 0.0093 | HN | YHB | 0.0046 |
| HN | XWZ | 0.0093 | CY | CET | 0.0044 |
| JX | GHJP | 0.0091 | HN | YQB | 0.0041 |
| HN | XJC | 0.0084 | CY | YLH | 0.0041 |
| SX | ESXZ | 0.0072 | HN | YMS | 0.0040 |

3）频率为0.92Hz振荡模式。

表4-15列出该振荡模式的主要参与机组及其参与因子。从振荡机组列表可以看出，该模式为HN省内的振荡模式，其中YXSY和SH等机组处于一个振荡同调群，HB、QB机处于另一个振荡同调群。由于该振荡模式属于局部振荡模式，所以振荡频率较高。由于该振荡模式阻尼较弱，长期以来SZ线PMU一直监测到该振荡模式，应予以重视，可以通过加强主干网或者附加阻尼控制改善该振荡模式的阻尼。

表 4-15 0.92Hz 振荡模式主要参与机组及参与因子

| 所属区域 | 机组 | 参与因子 | 所属区域 | 机组 | 参与因子 |
|---|---|---|---|---|---|
| HN | YSY | 0.379 | HN | YDBS | 0.0433 |
| HN | YSH | 0.0063 | HN | YHB | 0.0035 |
| HN | YHN | 0.0038 | HN | YHY | 0.0026 |
| HN | YMS | 0.0038 | HN | YQB | 0.0024 |
| HN | YHJ | 0.0033 | HN | YPQ | 0.0017 |
| HN | YSA | 0.0026 | HN | YAC | 0.0004 |
| HN | YYC | 0.0021 | HN | YYZ | 0.0003 |
| HN | YRY | 0.0021 | HN | YPR | 0.0003 |

（4）在线评估对比。

选取我国实际跨区电网的小干扰稳定在线计算结果与 WAMS 辨识结果进行对比，对比结果证明了两种在线评估方法的一致性和有效性，最大频率误差不超过 0.09（10%），可以满足实际工程的需求。同时，产生误差的原因分析如下：

1）小干扰在线计算是基于系统在线整合数据的。目前 SCADA/EMS 系统还未实现全系统建模，部分省调 SCADA/EMS 数据暂时还未上传。详细建模只包括 220kV 及以上系统，110kV 及以下系统采用等值负荷代替，因此系统整体的转动惯量偏小。根据固有频率的计算公式 $\omega_n=\sqrt{K_s\omega_0/2H}$ 可以看出[24]，系统的固有振荡频率与转动惯量成反比，因此基于在线整合数据计算的特征值普遍偏大。另外，阻尼比的计算公式为 $\xi=K_D/2\sqrt{2K_sH\omega_0}$，因此基于在线整合数据计算的阻尼比趋于保守。

2）小干扰计算数据是基于不同区域调度 EMS/SCADA 数据整合而成的，由于不同区域的采集装置无法进行精确地时间同步，采集装置本身也存在量测和时延误差[25]，因此在线整合数据的数据源也存在着一定的误差。

3）WAMS 分析结果是基于 PMU 捕捉的系统动态轨迹辨识的，而电力系统状态信号本身就是典型的非线性非平稳信号，系统也时刻存在着不可预测的随机扰动，因此辨识结果本身也会存在一定的误差。另外，从上述在线特征值计算结果可以看出，某些线路可能同时存在多个振荡模式，不同振荡模式之间的耦合也给实时辨识增加了难度。

## 4.5 在线静态安全分析

### 4.5.1 计算内容

静态安全分析用来判断在发生预想事故后系统是否会发生过负荷或电压越限，具体包括线路额定电流越限检查、变压器容量越限检查、稳定断面有功总加越限检查、母线电压越限检查[26]。

静态安全分析具备 $N-1$ 故障分析功能，对电网全部主设备（包括线路、主变压器、母线、机组、开关）进行 $N-1$ 开断扫描，判断故障后系统是否满足短时过负荷能力。交流线路、变压器、发电机、直流线路的扫描都是按设备断开，而开关和母线的扫描仅在会引起特殊拓扑变化的情况下进行。例如在二分之三接线方式下检修边开关，如果另一侧边开关发生

$N-1$ 故障，就会出现设备出串运行的特殊运行方式，这是常规的线路 $N-1$ 或主变压器 $N-1$扫描无法覆盖的故障。再比如 500kV 变电站一条母线检修单母线运行的方式下，如果发生母线故障就会导致该变电站下所有线路、变压器变成出串运行的特殊方式。

静态安全分析具备部分 $N-2$ 故障分析功能，主要是对于同杆并架线路，分析两条线路同时故障退出运行后系统是否会发生过负荷或电压越限。

对于其他特殊的故障和设备组合故障，由自定义故障功能实现，即计算人员根据预想故障情况，采用自定义的方式添加故障设备，由静态安全分析来判断预想故障发生后系统是否会发生过负荷或电压越限。

### 4.5.2 基于 PQ 分解法的快速计算

在线使用中，静态安全分析的计算速度非常重要，如何在保证精度的前提下实现快速计算是重要问题。静态安全分析相当于在基态潮流基础上进行设备开断后的潮流计算，其算法和潮流计算的算法相同，可采用牛顿法、最优因子法、PQ 分解法，以及 PQ 分解转牛顿法和 PQ 分解转最优因子法等。由于开断前后的电网变化拓扑、潮流一般不大或者只在局部范围内有变化，因此静态安全分析可以采用迭代速度较快的算法如 PQ 分解法以及因子化修正技术、局部拓扑等方法来提高计算速度。

#### 4.5.2.1 模型处理

PQ 分解法处理元件模型有交替迭代和联合求解 2 种基本的方式。前者将模型处理成挂在节点的功率源，交替求解模型的功率和全网潮流；后者将模型的 1 阶导数并入 $\boldsymbol{B}'$和 $\boldsymbol{B}''$阵，联合求解该模型和电网的变量。前者的特点是容易实现，当交流系统容量大时算法稳定，当模型端点的系统阻抗较小时，可能发生数值振荡而不收敛；后者的特点是计算速度较快，编程较复杂。但大量的计算实践表明，联合求解有时收敛性好，有时会恶化收敛特性。解释这一现象发生的原因并制定合理的模型处理原则，对提高静态安全分析系统的实用性有重要意义。

由定雅可比矩阵的潮流算法能推演出与 PQ 分解法非常接近的迭代格式[26]。以 XB 型 PQ 分解法为例，二者的区别仅在于有功迭代矩阵 $\widetilde{\boldsymbol{H}}$ 和 $\boldsymbol{B}'$不同，并且在树形网络和所有支路 $r/x$ 比值都相等的环形网络，二者能保持严格一致。$\widetilde{\boldsymbol{H}}$ 的表达式如式（4 - 50）所示。

$$\widetilde{\boldsymbol{H}} = \boldsymbol{H} - \boldsymbol{N}\boldsymbol{L}^{-1}\boldsymbol{M} \tag{4-50}$$

式中：$\boldsymbol{H}$、$\boldsymbol{N}$、$\boldsymbol{M}$、$\boldsymbol{L}$ 分别为定雅可比法迭代矩阵的有功对相角、有功对电压、无功对相角、无功对电压的子矩阵。

由此解释了补偿高压电网 $r/x$ 比值较大支路的电抗能提高 PQ 分解法收敛性的原因，同时也提供了一种保证模型接入后不影响收敛性的方法，即 $\widetilde{\boldsymbol{H}}$ 矩阵和 $\boldsymbol{B}'$矩阵的偏差不会扩大。若模型本身表达成支路参数的形式，则增加该模型的 $\widetilde{\boldsymbol{H}}$ 和 $\boldsymbol{B}'$矩阵是各种可能的表达方式中偏差最小的，由此得第 1 条处理模型的原则：

**原则 1：将模型尽可能用支路参数的形式表达，然后联合求解。**

大部分的灵活交流输电系统元件和备用设备自动投入装置都可表达为支路电抗、电阻或电容的变化。文献［26］中，PV 节点被处理成自导纳为 1p. u.，互导纳为 0 的特殊支路，因而 PV 和 PQ 节点类型相互转化的模型也能在 PQ 分解中进行联合求解，避免导纳阵的维度因此发生变化。

当 $\boldsymbol{B}'$和 $\widetilde{\boldsymbol{H}}$ 矩阵有不可忽略的偏差时，PQ 分解法等效于一种特殊的定雅可比法，即与

PQ 分解法导纳阵对应的雅可比阵不是潮流方程在初始迭代点的 1 阶导数，而是某种近似的表达式。牛顿法、定雅可比法和 PQ 分解法迭代过程的简化示意分别如图 4-4、图 4-5 和图 4-6 所示。

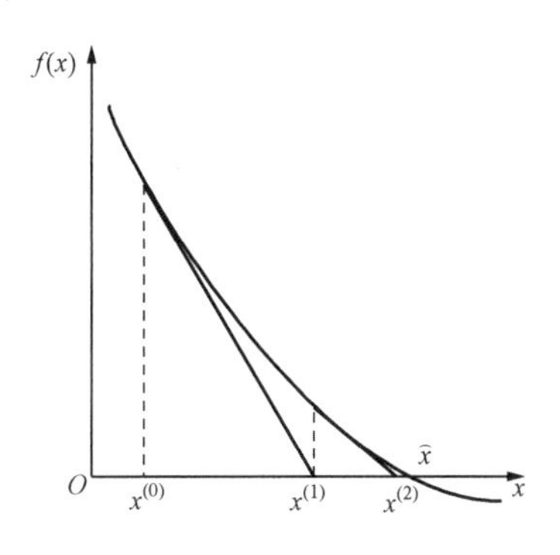


图 4-4 牛顿法迭代过程示意图

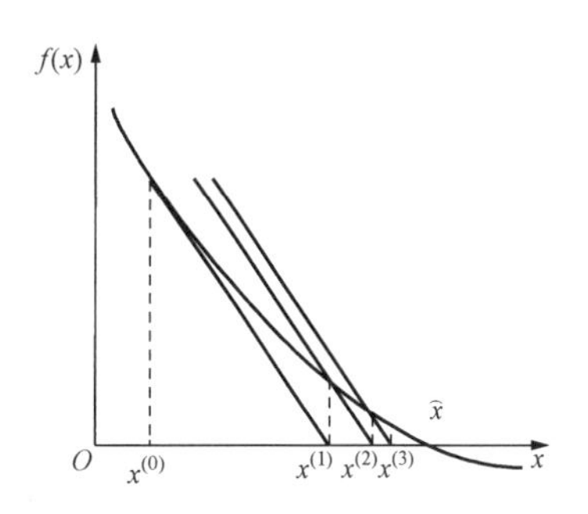


图 4-5 定雅可比法迭代过程示意图

比较可知，PQ 分解法能收敛的前提是在接近真值 $\bar{x}$ 的位置，等效雅可比矩阵对应的斜率与方程的变化率接近，而不一定要与牛顿法和定雅可比法的迭代阵接近，这解释了通常情况下，$\boldsymbol{B}'$ 和 $\widetilde{\boldsymbol{H}}$ 矩阵有较大的偏差但也能收敛的原因。

$\boldsymbol{B}'$ 和 $\boldsymbol{B}''$ 阵的设定方法从物理特性上保证了等效雅可比阵与潮流方程变化率接近。由式（4-50）可知，新的模型加入定雅可比矩阵后，对应的 $\widetilde{\boldsymbol{H}}$ 阵并不是简单的扩充维数，其表达式可能有比较大的变化，特别是模型和电网的接口部分，通常具有非常复杂的形式，很难直接进行简化。现有的联合求解法在接口部分对新加模型和网络矩阵通常进行简单的迭加。实际上由于 $\widetilde{\boldsymbol{H}}$ 阵非常复杂，简单叠加后的等效雅可比阵与潮流方程变化率之间的偏差很难评估，一旦两者的偏差超过一定范围，例如，变化方向相反，则不会收敛，这是不少模型采用联合求解法收敛性不稳定的原因。交替求解法分别计算网络潮流和模型参数，不存在修改等效雅可比阵的问题，交接误差可以通过给一个比较好的计算初值来限制。因而处理模型的另一个原则如下：

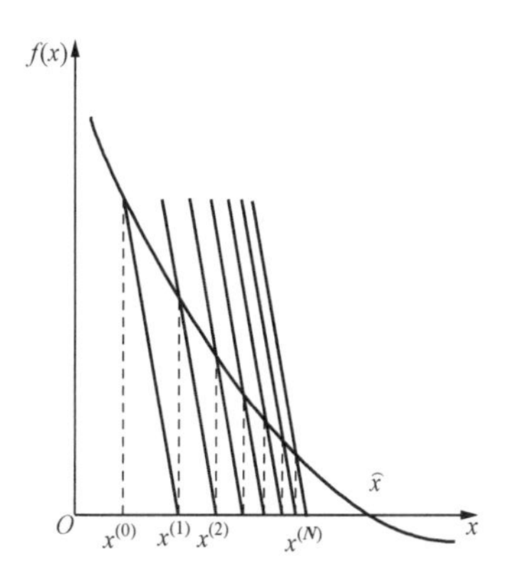


图 4-6 PQ 分解法迭代过程示意图

**原则 2：不能表达成支路的模型用交替求解法处理。**

与原则 2 相配套的是，在静态安全分析中采用基态潮流作为每一个故障计算的初值，减少交接误差，也减小计算的迭代次数。

#### 4.5.2.2 因子表附加链技术

PQ 分解法中可能使用的快速算法有补偿法、秩一修正法和部分因子分解法。补偿法包含前补偿、中补偿和后补偿等 3 种实现方式，3 种实现方式都必须对补偿矩阵求逆。补偿法的补偿矩阵的维数是所有补偿点中最大编号和最小编号之差。可见只有补偿点位置非常接近，求逆的计算量才能限制在较小的范围，而考虑 PV 转 PQ 的元件模型及多个元件的操作时，该条件无法满足。秩一修正法每次只能考虑 1 条支路的参数修改，在需要修正的元件较多时，计算量非常大。

部分因子分解法的主要计算如式（4-51）所示

$$\widetilde{A}_{22} = L_{22}D_{22}U_{22} + \Delta A_{22} = \widetilde{L}_{22}\widetilde{D}_{22}\widetilde{U}_{22} \tag{4-51}$$

式中：$\widetilde{A}_{22}$为发生变化的子矩阵；$\Delta A_{22}$为该矩阵的变化部分；$\widetilde{L}_{22}$、$\widetilde{D}_{22}$、$\widetilde{U}_{22}$分别为$\widetilde{A}_{22}$分解后的下三角、对角和上三角子矩阵；$\widetilde{L}_{22}$、$\widetilde{D}_{22}$、$\widetilde{U}_{22}$为原因子表矩阵中的对应部分。由式（4-51）可见，部分因子分解的主要计算量集中在2部分：计算$\widetilde{L}_{22}\widetilde{D}_{22}\widetilde{U}_{22}$和对$\widetilde{A}_{22}$的因子分解。当$\widetilde{L}_{22}$、$\widetilde{D}_{22}$、$\widetilde{U}_{22}$的元素总数小于变化后导纳阵全部分解产生的因子数的一半时，部分因子分解法主体部分耗时小于全分解。因此，该算法计算量稳定，且通常情况下能产生较高的效率，适用于作为改进静态安全分析系统的基本算法。

部分因子分解后，因元件投入而出现的新元素的位置随故障扰动情况而变，基态潮流计算进行全部因子分解时不可能给这些新元素预留存储位置。能方便地在因子表中插入元素的存储方法是动态链表存储技术。但是，该方法需要维护和使用全体元素的位置链表，比常用的按行存储繁琐[27]。

改进的静态安全分析系统中允许投入元件，但投入元件出现的频度并不高。这种情况下，使用因子表附加链技术可较好地满足快速性和灵活性的要求。

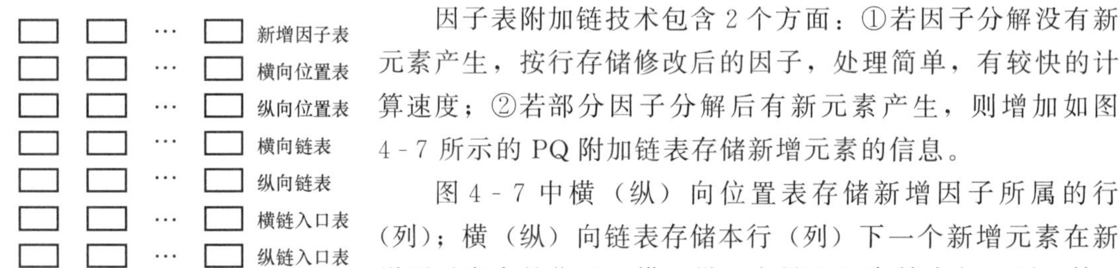


图4-7　因子附加链表

因子表附加链技术包含2个方面：①若因子分解没有新元素产生，按行存储修改后的因子，处理简单，有较快的计算速度；②若部分因子分解后有新元素产生，则增加如图4-7所示的PQ附加链表存储新增元素的信息。

图4-7中横（纵）向位置表存储新增因子所属的行（列）；横（纵）向链表存储本行（列）下一个新增元素在新增因子表中的位置；横（纵）向链入口存储本行（列）第1个新增元素在新增因子表中的位置。解方程处理每一行（列）时，从图4-7中的横（纵）链入口开始，就可以遍历该行（列）的所有附加元素及其位置信息，完成计算。由于前代回代法处理某行（列）时并不需要行（列）元素内部按次序排列，所以生成该链表也不需要按次序排列元素。附加链也能方便地处理因子表中的新增行。

附加链技术以较小的计算代价和存储空间满足了不常见的新增元件的计算需求，有利于保持静态安全分析系统的快速性。

#### 4.5.2.3　动态网络接线分析

支路开断或投入以及电网的拓扑结构发生变化，可能使电气岛的数目发生变化，功率再分配的范围也相应变化，因而网络接线分析对实用的静态安全分析系统必不可少。随着电网规模扩大，一次静态安全分析需要处理的故障数目巨大，相应网络接线分析的次数也增加。减少这部分的用时对提高静态安全分析的总体速度越来越重要。

常用的网络接线分析方法可分为两大类[27]：①基于邻接矩阵和自乘矩阵的方法；②基于图搜索的方法，包括深度优先和广度优先。第1类方法速度较慢，不适于静态安全分析；第2类方法已经发展出只针对包含变化部分的局部电网进行拓扑分析的局部拓扑方法。这些方法在对变化后的网络进行接线分析时，通过限制分析的范围减小计算时间，但是在分析中并没有充分利用变化前的接线分析成果，造成不必要的时间浪费。这里利用基态潮流下建立的拓扑主表和辅助表，只针对故障后电网变化部分进行动态网络接线分析，可以极大地提高了接线分析速度。

对基态潮流进行一次网络接线分析，同时建立拓扑主表。

**定义 1：拓扑主表为按节点号顺序记录各节点在网络接线分析中被搜索到的次序。该次分析采用混合优先搜索，其原则是：①与同一节点关联的节点紧邻着依次搜索；②不同层次的节点按深度优先原则搜索，当某一节点向纵深方向的子节点都搜索完毕，才回到与其位于同一层的其他节点进行搜索；③被搜索的节点若已经搜到过，则不再重复。**

搜索的次序可以看作 1 维化的拓扑树，拓扑主表记录的是各节点在该拓扑树上的位置。

对图 4-8 所示的电网进行拓扑搜索，各节点被搜索到的次序，即拓扑树为 1-4-5-6-7-9-10-8-3-11-12-2。搜索过程是：从节点 1 出发，按原则 1 找到节点 4、5；然后按原则 2 先处理节点 4，找到节点 6、7；再按原则 2 处理节点 6，找到节点 9；按原则 2 回到与节点 6 同层的节点 7，与其相连的节点 5 已搜到过，按原则 3 不再记录，新搜索到节点 10；按原则 2 由节点 10 找到节点 8；由节点 10 找到位于同一层的节点 3、11 和 12；依次搜索节点 3、11 和 12 的下层节点，搜索结果为空，返回节点 5，搜到最后一个节点 2。以节点号为顺序记录各节点在上述搜索过程中出现的次序，即形成拓扑主表如下：1-12-9-2-3-4-5-8-6-7-10-11。

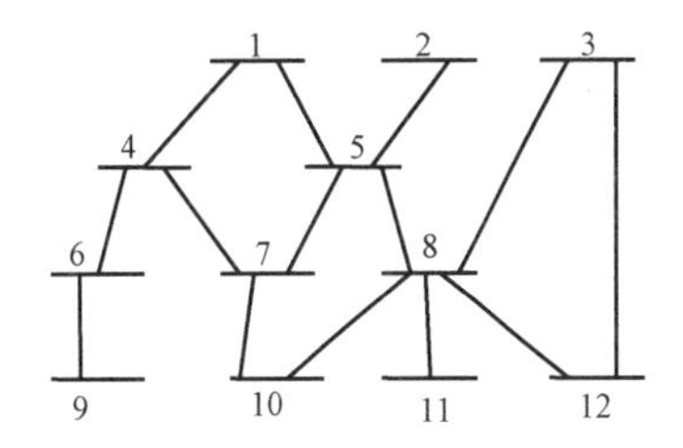

图 4-8 拓扑搜索示意图

根据搜索过程，可以得到树枝和连支的定义：

**定义 2：树枝为用来在搜索过程中扩展新节点的支路，如接在母线 1 和 4 或 7 和 10 之间的支路。**

**定义 3：连枝为除树枝外的其他支路，如接在母线 5 和 8 之间的支路。**

**在拓扑搜索过程中，各节点被搜索出后并不会立即开始搜索它的后代节点，需要借助辅助表保留这一部分信息。**

**定义 4：辅助表为按节点号记录各节点开始搜索其后代节点的位置的表。**

图 4-7 所示电网的辅助表为 2-0-0-4-12-6-7-9-0-8-0-0。该表指明，拓扑树上第 2 个节点（即节点 4）是节点 1 的第 1 个子孙节点；第 4 个节点（即节点 6）是节点 4 的子孙节点。辅助表中节点对应的位置为 0，表示该节点为网络的边缘节点，如节点 9；或与其关联的节点均为父辈或同辈节点，已经在拓扑树较低的位置出现过了，如节点 3。

以下用 $t(\cdot)$ 表示节点在拓扑主表中的值，用 $w(\cdot)$ 表示节点在辅助表中的值，$j(\cdot)$ 表示与节点直接相连的支路数。

辅助表配合拓扑主表，能实现两个重要功能：

（1）识别树枝。若支路 $a$—$b$ 为树枝，且 $b$ 点由 $a$ 点搜索得到，由混合优先搜索原则 1，有式（4-52）成立。

$$w(a) \leqslant t(b) < w(a) + j(a) \tag{4-52}$$

（2）识别不受树枝开断影响的网络。由混合优先搜索原则 2，对任意两节点 $c$、$d$，若 $c$ 点由 $d$ 点搜索得到，必有由 $w(d) \leqslant t(c)$，不满足该条件的节点不是由 $d$ 点开始的搜索增加到拓扑树。因此，满足式（4-53）的节点与根节点的连通也不会受将 $d$ 点引入拓扑树的树枝开断与否的影响。

$$t(c) < w(d) \tag{4-53}$$

网络变化后的分析方法，先考察支路移除的情况，有如下原则：

（1）若切除的支路是连支，不会产生新岛。

（2）若切除的支路是树枝，用如下方法判断拓扑树上被切割下的部分是否仍和原电气岛相连。设断开的树枝端节点为 $a$ 和 $b$，$a$ 点仍和根节点连通。用混合优先搜索原则寻找与 $b$ 点相连的节点，每搜索出一新的节点 $z$，判断在该支路断开前的拓扑树中，是否有 $t(z)<w(b)$。若成立则不会产生新岛，搜索结束；否则继续搜索，直到搜索不到新的节点，搜索出的所有节点和 $b$ 点构成新的电气岛。

若有多条树枝移除，该原则可反复使用。

有支路接入的拓扑分析分两种情况：①支路两端属于同一电气岛，无须处理；②支路两端为不同电气岛，将这两岛合并。

4.5.2.4　$P-V$ 母线转换的潮流分析

在实际系统中，某些故障（特别是发电机故障）可能会造成 $P-V$ 母线维持不住规定电压的局面，这时需将 $P-V$ 母线转换成 $P-Q$ 母线，然后用潮流算法进行分析。

一般处理这类故障的方法可分为：

（1）发电机元件以大接地导纳形式加入到导纳矩阵的对角元素上。此时，$\boldsymbol{B}'$ 矩阵和 $\boldsymbol{B}''$ 矩阵维数相同，但 $\boldsymbol{B}''$ 矩阵中对应 $P-V$ 母线的对角线元素附加一个极大接地导纳。正常状态时无功迭代中 $P-V$ 母线上电压修正量 $U\approx0$；而发电机故障时，去掉这一大的导纳，$P-V$ 母线自动转换为 $P-Q$ 母线。

（2）形成 $\boldsymbol{B}''$ 矩阵时使其与 $\boldsymbol{B}'$ 矩阵维数相同，即将 $P-V$ 母线也加入到 $\boldsymbol{B}''$ 矩阵中，正常状态下 $P-V$ 母线对应的行列不参加迭代，故障时将故障 $P-V$ 母线对应的行和列加入到迭代修正中，自动实现 $P-V$ 母线到 $P-Q$ 母线的转换。

（3）采用渐近式电压逼近方式，即当 $P-V$ 母线维持不了规定电压时，逐步修改规定电压使无功功率恢复正常。

以上三种方式各有优缺点，可根据实际系统的情况选择合适者。

### 4.5.3　故障筛选技术

为了进一步提高在线静态安全分析的计算速度，可采取故障筛选方法。故障筛选是对故障集合中的故障进行预处理，将其分为两大类，一类是无需计算即可确定为不会产生越限的“无害”故障，另一类是需要通过潮流计算才能判断其危险程度的“有害”故障。故障筛选的目的是避免不必要的潮流计算，加快安全分析速度。

故障筛选的目标是用较短的时间尽可能多淘汰“无害”故障，但又不能漏掉一个有害故障。

静态安全分析一般采用快速分解法（Fast Decoupled Load Flow），故障筛选可以用其第1次迭代修正值做近似计算，称为 $1-P$ 和 $1-Q$ 迭代。在快速分解法中，每项因子分解占的计算时间比较长，一次前代回代占的时间很短，因此在故障筛选中如何避免完全重新做因子分解是加快扫描过程的技术关键。在故障筛选中发展起来的避免重新因子分解的技术主要有：利用叠加原理、稀疏向量技术和局部因子表修正技术。

4.5.3.1　叠加原理

对于线性网络可以应用叠加原理，而 $P-\theta$ 迭代基本满足这一条件。

如图 4-9 所示线性网络模型，开断支路 $pq$ 时，相当于在母线 $p$ 和 $q$ 之间增加一条电纳为 $b=-b_{pq}$ 的支路，如图 4-10（a）。

支路 $b=-b_{pq}$ 的增加，将使母线 $p$ 和 $q$ 净注入功率发生变化，变化量是流经新增支路 $b$ 的有功功率。由于安全分析总是从一个收敛的基态潮流解开始，因此图 4-10（b）中网络所示的就是基态潮流解，这是已知的。根据叠加原理，欲求开断支路 $pq$ 后的网络潮流解，只需求出图 4-10（c）中网络潮流解与基态潮流解叠加在一起即可。

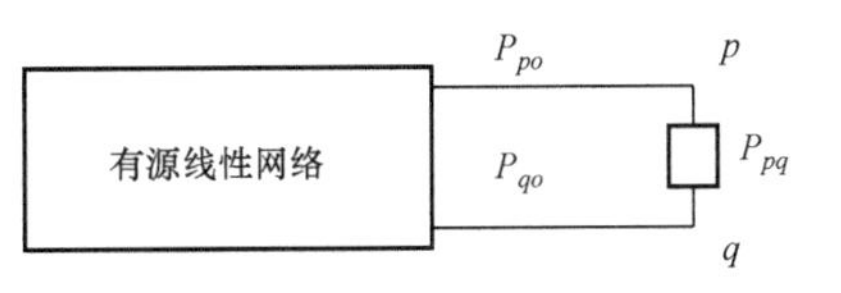


图 4-9　$P-\theta$ 线性网络

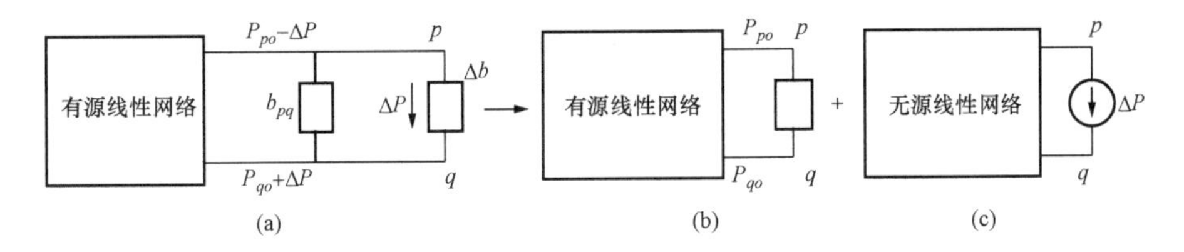


图 4-10　开断支路 $pq$ 时应用叠加原理

求解 $P$ 时需求 $\boldsymbol{B}'$ 的逆矩阵。在安全分析中有多种求 $\boldsymbol{B}'^{-1}$ 的方法，较常见的是预先解基态潮流时求出 $\boldsymbol{B}'^{-1}$ 并存储起来，需用时调出来。对于多重故障来说要处理多个元件开断，对后面几个元件开断 $\boldsymbol{B}'$ 已不是基态潮流状态了，此时虽然可以通过补偿法求解 $\boldsymbol{B}'$ 改变后的逆矩阵，但远不如采用稀疏向量技术和部分因子表修正技术更合适。

总之，利用叠加原理可以大大简化静态安全分析的潮流计算，提高了计算效率。而且与稀疏向量技术和部分因子表修正技术结合，可以使计算更简便和更快速。

4.5.3.2　稀疏向量技术

稀疏向量技术在电网分析中有着广泛的应用，近几年发展起来的稀疏向量法消除了求解代数方程过程中所有不必要的运算。

线性方程组一般为

$$\boldsymbol{Ax}=\boldsymbol{b} \tag{4-54}$$

式中：$\boldsymbol{A}$ 为 $n\times n$ 维非奇异系数矩阵；$\boldsymbol{b}$ 为已知的独立 $n$ 维列向量；$\boldsymbol{x}$ 为 $n$ 维未知列向量。

对 $\boldsymbol{A}$ 进行三角分解，式（4-54）可变换为

$$\boldsymbol{LDUx}=\boldsymbol{b} \tag{4-55}$$

式中：$\boldsymbol{L}$ 为下三角因子矩阵；$\boldsymbol{U}$ 为上三角因子矩阵；$\boldsymbol{D}$ 为对角因子矩阵。

对于分解法潮流来说，有功迭代系数矩阵 $\boldsymbol{A}=\boldsymbol{B}'/\boldsymbol{A}$ 是对称矩阵，因而 $\boldsymbol{L}=\boldsymbol{U}^{\mathrm{T}}$。

未知向量 $\boldsymbol{x}$ 可按式（4-56）运算得到

$$\begin{cases}\boldsymbol{z}=\boldsymbol{L}^{-1}\boldsymbol{b}\\ \boldsymbol{y}=\boldsymbol{D}^{-1}\boldsymbol{z}\\ \boldsymbol{x}=\boldsymbol{U}^{-1}\boldsymbol{y}\end{cases} \tag{4-56}$$

当 $\boldsymbol{b}$ 是稀疏向量时，则矩阵 $\boldsymbol{L}$ 并不是每一列都参加运算，参加运算的只是它的一个列子集，这种只有 $\boldsymbol{L}$ 矩阵列子集参与运算的前代称为快速前代。

同理，尽管解向量 $\boldsymbol{x}$ 一般是不稀疏的，但实际应用中有时却仅对其中一部分元素感兴趣，因此可以将其作为稀疏向量，只用矩阵 $\boldsymbol{U}$ 的某一行子集参与运算，这一过程称为快速回代。

对于快速前代中参与计算的 $\boldsymbol{L}$ 和 $\boldsymbol{D}$ 中列子集的确定，可通过因子化路径方法，该路径实际是一个编号表，用来记录在快速前代时 $\boldsymbol{L}$ 矩阵中参与运算的列号。这一路径与 $\boldsymbol{L}$ 矩阵的结构和自由稀疏向量 $\boldsymbol{b}$ 中非零元素的位置有关。

对于稀疏向量 $\boldsymbol{b}$ 中非零元素，其因子化路径的寻求方法为：

1）将该非零元素的行号 $k$ 作为路径表的第 1 个地址标号。

2）寻找 $\boldsymbol{L}$ 矩阵第 $k$ 列中最小编号的非零非对角元素，将其列号 $k_1$ 作为第 2 地址标号放于路径表中。

3）寻找 $\boldsymbol{L}$ 矩阵中第 $k_1$ 列中最小编号的非零非对角元素，将其列号 $k_2$ 作为第 3 地址标号放于路径表中。

4）以此类推，一直寻找到 $\boldsymbol{L}$ 矩阵的最小一列为止。

若自由向量 $\boldsymbol{b}$ 中含有多个非零元素，总的因子化路径是各元素因子化路径的并集。

对角矩阵 $\boldsymbol{D}$ 的因子化路径与矩阵 $\boldsymbol{L}$ 相同，而矩阵 $\boldsymbol{U}$ 的因子化路径的寻找方法与矩阵 $\boldsymbol{L}$ 相同，可将矩阵 $\boldsymbol{U}$ 的行看成矩阵 $\boldsymbol{L}$ 的列。

有了因子化路径，在迭代运算时仅对有效列（行）进行操作，其他各列（行）可以跳过。

对于故障开断后的有功 $\boldsymbol{P}-\boldsymbol{\theta}$ 迭代，方程如式（4-57）所示

$$\Delta \boldsymbol{P} = \boldsymbol{B}'\boldsymbol{\theta} \tag{4-57}$$

经三角分解后，设 $\boldsymbol{B}'=\boldsymbol{LDL}^{\mathrm{T}}$，上式写为

$$\boldsymbol{LDL}^{\mathrm{T}}\boldsymbol{\theta} = \Delta \boldsymbol{P} \tag{4-58}$$

因为 $\Delta \boldsymbol{P}$ 向量高度稀疏，用稀疏向量技术处理会得到明显的效益。

稀疏向量技术不仅可以应用于迭代中，还可以用于前述求注入功率不平衡向量 $\Delta \boldsymbol{P}$ 的过程。

由式（4-57）和（4-58）知，若求功率不平衡向量 $\Delta \boldsymbol{P}$，首先要计算参数 $c$，为此要用到 $\boldsymbol{B}'^{-1}$。对于多重元件开断，因网络接线变化其导纳矩阵随之改变，显然 $\boldsymbol{B}'^{-1}$ 与基态不相同了。若每次重新形成 $\boldsymbol{B}'$ 并求其逆 $\boldsymbol{B}'^{-1}$ 是非常费时间的，采用稀疏向量技术处理这一过程可以节约大量时间。设 $\boldsymbol{B}'=\boldsymbol{LDL}^{\mathrm{T}}$，则

$$\boldsymbol{M}_{\mathrm{pq}}\boldsymbol{B}'^{-1}\boldsymbol{M}_{\mathrm{pq}}{}^{\mathrm{T}} = \boldsymbol{M}_{\mathrm{pq}}(\boldsymbol{L}^{-1})^{\mathrm{T}}\boldsymbol{D}^{-1}\boldsymbol{L}^{-1}\boldsymbol{M}_{\mathrm{pq}}{}^{\mathrm{T}} \tag{4-59}$$

再设 $\boldsymbol{Y}=\boldsymbol{L}^{-1}\boldsymbol{M}_{\mathrm{pq}}{}^{\mathrm{T}}$，则式（4-59）改写为

$$\boldsymbol{M}_{\mathrm{pq}}\boldsymbol{B}'\boldsymbol{M}_{\mathrm{pq}}{}^{\mathrm{T}} = \boldsymbol{Y}^{\mathrm{T}}\boldsymbol{D}^{-1}\boldsymbol{Y} \tag{4-60}$$

显然，式（4-60）中对角矩阵 $\boldsymbol{D}$ 的逆是非常容易计算的。

而由 $\boldsymbol{Y}=\boldsymbol{L}^{-1}\boldsymbol{M}_{\mathrm{pq}}{}^{\mathrm{T}}$ 可得 $\boldsymbol{LY}=\boldsymbol{M}_{\mathrm{pq}}{}^{\mathrm{T}}$。因为 $\boldsymbol{M}_{\mathrm{pq}}$ 向量高度稀疏，寻找其因子化路径可以方便地用快速前代运算得到未知向量 $\boldsymbol{Y}$，代入式（4-60）即可以计算参数 $c$，由式（4-57）进一步计算出不平衡功率向量 $\Delta \boldsymbol{P}$。

应该指出，由于 $M_{\mathrm{pq}}$ 与 $\Delta \boldsymbol{P}$ 中非零元素位置完全相同，所以两者稀疏路径也完全一致，这样只寻找一次因子化路径就可以了，不必再单独寻找 $\boldsymbol{M}_{\mathrm{pq}}$ 的因子化路径。显然，求解 $\boldsymbol{B}'^{-1}$ 矩阵所需的额外计算量很少，与直接求 $\boldsymbol{B}'^{-1}$ 矩阵相比，计算时间要少很多。而与补偿法相比，由于不用事先计算并保存基态时的 $\boldsymbol{B}'^{-1}$，节约了存储空间，而不会增加运算时间。

实际上，这种方法并没有真正求解 $\boldsymbol{B}'^{-1}$ 矩阵，而是求出 $\boldsymbol{Y}=\boldsymbol{L}^{-1}\boldsymbol{M}_{\mathrm{pq}}$，比直接计算 $\boldsymbol{B}'^{-1}$ 矩阵再求 $\boldsymbol{M}_{\mathrm{pq}}\boldsymbol{B}'^{-1}\boldsymbol{M}_{\mathrm{pq}}{}^{\mathrm{T}}$ 更巧妙。

总之，用稀疏向量技术取不平衡量 $\Delta \boldsymbol{P}$，具有快速而省内存的特点，优越性明显。

在电力系统网络分析中，稀疏向量技术是非常重要的。算例表明，对一般故障因子化路径涉及的有效列（行）数只是全部列（行）数的$\frac{1}{10}$或更少，因而大大提高了运算效率。

4.5.3.3　**部分因子表修正技术**

由于故障时元件开断会引起网络结构发生变化，$\boldsymbol{B}'$矩阵有所变化，随之三角分解后的矩阵 $\boldsymbol{L}$、$\boldsymbol{D}$ 也要变化，因此在进行迭代之前应对因子表进行修正。

因子表修正方法有全部重新因子分解、补偿法修正和部分因子表修正法 3 种。全部重新因子化程序最为简单，但计算量太大而不可取；补偿法利用逆矩阵修改引理（IMML）由原来因子表解出新状态的解，这一方法更适合网络结构仅是暂时性修改，而且修改的多重数较小（小于 5）的情况，其计算速度也不是很快；部分因子表修正法是利用稀疏向量技术仅对基态因子表作部分修改，计算量较小，适合用于故障分析。

从高斯消去过程可以看出，单个元件或少数几个元件的开断只影响到因子表的部分元素，而且需修正的行和列恰巧是因子化路径上的有效行和列。

假设开断线路 $ij$，原来矩阵 $\boldsymbol{B}'_o$修改为 $\boldsymbol{B}'_N$，如式（4-61）所示。

$$\boldsymbol{B}'_N = \boldsymbol{B}'_o + \boldsymbol{M}\Delta \boldsymbol{b}\boldsymbol{N}^{\mathrm{T}} \tag{4-61}$$

式中：$\boldsymbol{M} = [0\cdots0 \quad \underset{i}{\overset{\uparrow}{1}} \quad 0\cdots0 \quad \underset{j}{\overset{\uparrow}{1}} \quad 0\cdots0]^{\mathrm{T}}$；$\boldsymbol{N}^{\mathrm{T}} = [0\cdots0 \quad \underset{i}{\overset{\uparrow}{1}} \quad 0\cdots0 \quad \underset{j}{\overset{\uparrow}{1}} \quad 0\cdots0]^{\mathrm{T}}$；$\boldsymbol{b} = \boldsymbol{Y}_{ij}$ 为纯量。

由原来因子推算新因子的递推公式如式（4-62）所示。

$$\begin{cases} d_{ii} = d_{ii} + B^{(i-1)}M^{(i-1)}(i)N^{(i-1)}(i) \\ l_{ij} = l_{ij} + B^{(i-1)}M^{(i)}(j)N^{(i-1)}(i)/d_{ii} \\ u_{ji} = u_{ji} + B^{(i-1)}M^{(i-1)}(j)N^{(i)}(j)/d_{ii} \end{cases} \tag{4-62}$$

部分因子表修正法流程如图 4-11。

流程图中各符号含义如下：

（1）简单变量。

$p$——循环变量；

$NOPH$——路径中节点总数；

$k$——$\boldsymbol{U}$ 中 $i$ 行首址和有关非零元素地址；

$j$——$\boldsymbol{U}$ 中 $i$ 行各元素列号；

$IM$——网络节点总数；

$FM$——上三角（或下三角）矩阵中非零非对角因子总数；

$B$——$\Delta b$，修改的导纳值。

（2）数组。

$M[1{:}IM]$——存放稀疏关联矩阵 $M$；

$N[1{:}IM]$——存放稀疏关联矩阵 $M$；

$PATH[1{:}NOPH]$——存放单条路径表；

$D[1{:}IM]$——存放对角阵 $D$ 的对角元素；

$IU[1{:}IM+1]$——存放 $U$ 中非零非对角元素每行首址，且有 $IU(IM+1)=IU(IM)$；

$JU[1:FM]$——存放 $U$ 中非零非对角元素的列号；

$U[1:FM]$——存放 $U$ 中非零非对角元素的值；

$L[1:FM]$——存放 $L$ 中非零非对角元素的值；

在图 4-11 的算法中，先根据关联矩阵 **M**、**N** 中非零元素位置，形成单条路径表，即 $PATH[1:NOPH]$，然后对路径表中每个节点的有关因子进行递推运算。而递推公式中的准备运算在［8］、［5］和［12］中执行，当满足［4］的条件时，表明在第 I 行内已不存在非零非对角元素，即到了因子表的最后一行（列），因子表修正完毕。

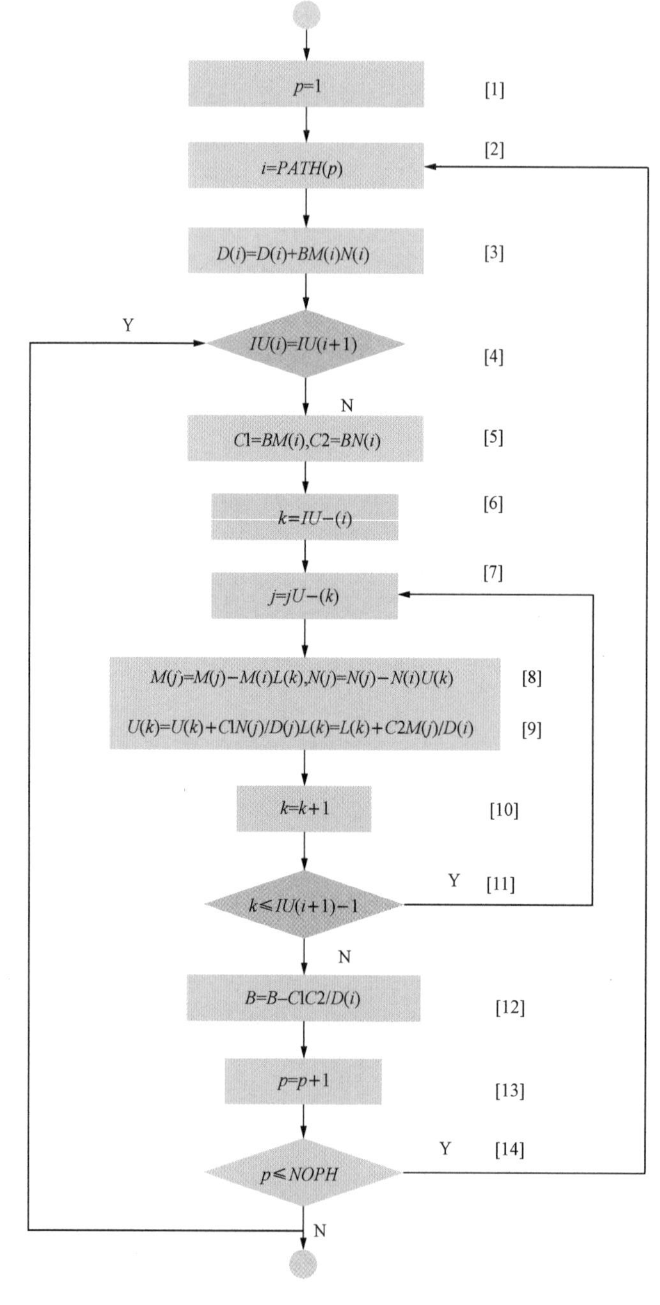


图 4-11　部分因子表修正法流程图

递推公式中 $B^{(i)}$、$M^{(i)}$、$N^{(i)}$ 由式（4-63）递推修正

$$\begin{cases} M^{(i)}(j) = M^{(i-1)}(j) - l_{ji}M^{(i-1)}(i) \\ N^{(i)}(j) = N^{(i-1)}(j) - u_{ji}N^{(i-1)}(i) \\ B^{(i-1)} = B^{(i-2)} - \dfrac{B^{(i-2)}M^{(i-2)}(i-1) \cdot B^{(i-2)}N^{(i-2)}(i-1)}{d_{i-1,i-1}} \end{cases} \tag{4-63}$$

图 4-11 的流程适用于单条“行/列”引起的因子变化，如果引起因子变化的多重度 $m>1$，则可将此算法重复使用 $m$ 次，逐步得到最终的因子表。

实际上，由于故障元件的类型不同，对 $\boldsymbol{B}'$ 和 $\boldsymbol{B}''$ 影响也不相同。图 4-11 只适用对矩阵进行修改，对于其他如变压器参数、线路对地导纳和电容器参数修改等，需根据形成 $\boldsymbol{B}'$ 和 $\boldsymbol{B}''$ 矩阵时的实际算法拟定其因子表修正程序。

## 4.6 在线短路电流分析

### 4.6.1 短路的基本概念

短路是指一切不正常的相与相之间或相与地（对于中性点接地的系统）发生通路的情况。电力系统正常运行的破坏多半是由短路故障引起的。发生短路时，系统从一种状态剧变到另一种状态，并伴随产生复杂的暂态现象。

产生短路的主要原因有：①元件破损，如绝缘材料的自然老化，设计、安装及维护不良所带来的设备缺陷发展成短路。②气象条件恶化，如雷击造成的闪络放电或避雷器动作。③人为事故，如带负荷拉刀闸。④其他，如挖沟损伤电缆，鸟兽跨接在裸露的载流部分。

短路的危害主要有：①短路故障使短路点附近的支路中出现比正常值大许多倍的电流，由于短路电流的电动力效应，导体间将产生很大的机械应力，可能使导体支架破坏而使事故进一步扩大。②短路持续较长时，设备可能过热以致损坏。③短路时系统电压大幅下降，对用户影响很大。④当短路发生点离电源不远而持续时间较长时，并列运行的发电机可能失去同步，造成大片地区停电，这是短路最严重的后果。

短路电流计算就是在某种故障下，求出流过短路点及各支路的故障电流、全网各母线电压的计算。

在电力系统和电气设备的设计和运行中，短路电流计算是解决一系列技术问题所不可缺少的基本计算，主要用于：

（1）选择有足够机械稳定度和热稳定度的电气设备。

（2）配置各种继电保护和自动装置并正确整定其参数。

（3）设计和选择发电厂和电力系统主接线时，为了比较不同方案的接线图，确定是否需要采取限制短路电流的措施。

（4）进行暂态稳定计算时，研究短路对用户工作的影响。

短路电流计算的一般方法是：利用对称分量法实现 ABC 系统与 120 系统参数转换；列出正、负、零序网络方程；推导出故障点的边界条件方程；将网络方程与边界条件方程联立求解，求出短路电流及其他分量。

### 4.6.2 短路电流计算的基本假设

在实际计算中，为了简化计算，采用以下一些简化假设：

（1）短路过程中各发电机之间不发生摇摆，并认为所有发电机的电动势都同相位。对于短路计算而言，计算所得的电流数值稍微偏大。

（2）负荷只作近似估计，或看作恒定阻抗，或看作某种临时附加电源，视具体情况而定。

（3）不计磁路饱和。系统各元件的参数都是恒定的，可以应用叠加原理。

（4）对称三相系统。除不对称故障处出现局部的不对称外，实际的电力系统通常都可视为对称的。

（5）金属性短路。短路处相与相（或地）的接触往往经过一定的电阻，这种电阻通常称为过渡电阻。所谓金属性短路，就是不计过渡电阻的影响，即认为过渡阻抗等于零的短路情况。

### 4.6.3　三相短路计算

#### 4.6.3.1　恒定电势源电路的三相短路

（1）短路全电流。

在图 4-12 所示的对称电路中，当在 $f$ 点发生三相短路时，两侧电路仍是对称的，a 相有微分方程式

$$Ri + L\frac{\mathrm{d}i}{\mathrm{d}t} = E_{\mathrm{m}}\sin(\omega t + \alpha) \tag{4-64}$$

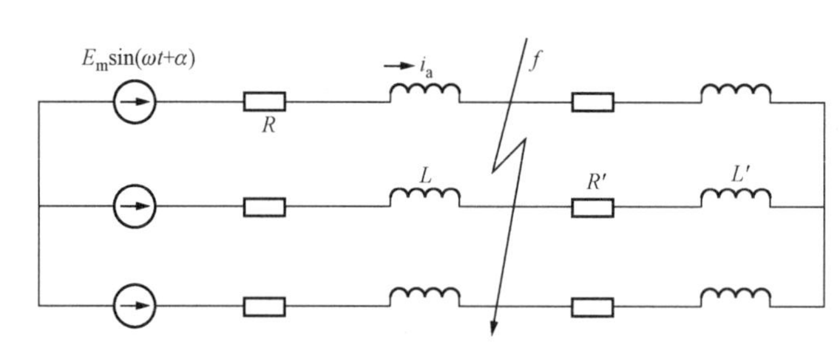


图 4-12　三相电路短路

方程（4-64）的解即为短路的全电流，它由自由分量和强制分量两部分组成

$$i = i_{\mathrm{p}} + i_{\mathrm{ap}} = I_{\mathrm{pm}}\sin(\omega t + \alpha - \varphi) + C\exp(-t/T_{\mathrm{a}}) \tag{4-65}$$

而短路前后电感中电流不能突变，因此

$$I_{\mathrm{m}}\sin(\alpha - \varphi') = I_{\mathrm{pm}}\sin(\alpha - \varphi) + C \tag{4-66}$$

由式（4-64）～式（4-66）得

$$i = I_{\mathrm{pm}}\sin(\omega t + \alpha - \varphi) + [I_{\mathrm{m}}\sin(\alpha - \varphi') - I_{\mathrm{pm}}\sin(\alpha - \varphi)]\exp(-t/T_{\mathrm{a}}) \tag{4-67}$$

（2）短路冲击电流。

短路电流最大可能的瞬时值称为短路冲击电流，其计算公式为

$$i_{\mathrm{im}} = k_{\mathrm{im}} I_{\mathrm{pm}} \tag{4-68}$$

式中：$k_{\mathrm{im}}$为冲击系数，变化范围为 $1 \leqslant k_{\mathrm{im}} \leqslant 2$。在实用计算中，当短路发生在发电机电压母线时，取 $k_{\mathrm{im}}=1.9$；短路发生在发电厂高压母线时，取 $k_{\mathrm{im}}=1.85$；在其他点短路时，取 $k_{\mathrm{im}}=1.8$。

（3）短路电流有效值。

在短路过程中，任一时刻 $t$ 的短路有效值 $\boldsymbol{I}_t$，是指以时刻 $t$ 为中心的一个周期内瞬时电

流的均方根值。

在电力系统中，短路电流周期分量的幅值只有由无限大功率电源供电时才是恒定的，而在一般情况下是衰减的。为简化计算，通常假定非周期电流在以时间 $t$ 为中心的一个周期内恒定不变，周期电流也认为其在所计算的周期内是幅值恒定的，如式（4-69）所示。

$$I_t = \sqrt{I_{pt}^2 + I_{apt}^2} = I_p \sqrt{1 + 2(k_{im} - 1)^2} \tag{4-69}$$

式中：$I_t$，$I_{pt}$ 和 $I_{apt}$ 分别为 $t$ 时刻短路电流、短路电流周期分量和非周期分量的瞬时值。

短路电流的最大有效值出现在短路后的第一个周期，其计算公式为

$$I_{im} = I_p \sqrt{1 + 2(k_{im} - 1)^2} \tag{4-70}$$

当 $k_{im}=1.9$ 时，$I_{im}=1.62I_p$；当 $k_{im}=1.8$ 时，$I_{im}=1.51I_p$。

（4）短路容量。

短路容量为短路电流有效值同短路处的正常工作电压（一般用平均额定电压）的乘积，如式（4-71）所示。

$$S_t = \sqrt{3}U_{av}I_t \tag{4-71}$$

短路容量主要用来校验开关的切断能力。在短路的实际计算中，通常只用周期分量电流的初始有效值来计算短路容量

#### 4.6.3.2 三相短路计算原理及程序框图

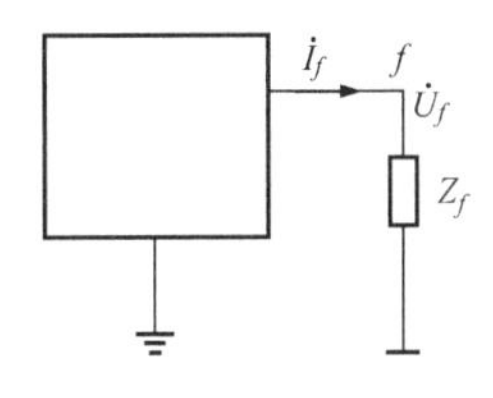

图 4-13 短路电流分析

如图 4-13 所示在发生短路时，故障点 $f$ 处经过渡阻抗矢量 $\boldsymbol{z}_f$ 接地。对正常网络而言，相当于在故障点注入电流 $-\dot{I}_f$，因此网络中任一节点的电压由两项叠加而成，第一项为短路前瞬间正常状态下的节点电压，第二项为网络中所有电流源都断开，电压源都短接时仅由短路电流在节点 $i$ 产生的电压，可表示为式（4-72）。

$$\dot{U}_i = \dot{U}_i^{(0)} - Z_{if}\dot{I}_f = \sum_{j\in G} Z_{ij}\dot{I}_j - Z_{if}\dot{I}_f \tag{4-72}$$

所以故障点 $f$ 处电压如式（4-73）所示。

$$\dot{U}_f = \dot{U}_f^{(0)} - Z_{ff}\dot{I}_f \tag{4-73}$$

故障点的边界条件为

$$\dot{U}_f - z_f\dot{I}_f = 0 \tag{4-74}$$

由式（4-73）和式（4-74）可得

$$\dot{I}_f = \frac{\dot{U}_f^{(0)}}{Z_{ff} + z_f} \tag{4-75}$$

而网络中任一节点的电压如式（4-76）所示。

$$\dot{U}_i = \dot{U}_i^{(0)} - \frac{Z_{if}}{Z_{ff} + z_f}\dot{U}_f^{(0)} \tag{4-76}$$

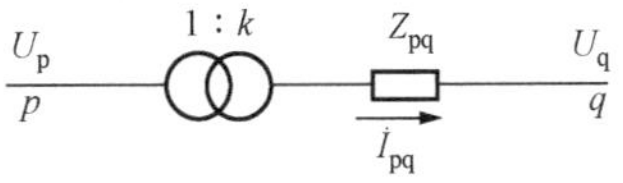

图 4-14 支路电流计算

对于如图 4-14 所示的任一支路有式（4-77）。

$$\dot{I}_{pq} = \frac{k\dot{U}_p - \dot{U}_q}{z_{pq}} \tag{4-77}$$

在不需要精确计算的情况下，可以不计负荷电流的影响。在形成节点导纳矩阵时，所有节点的负荷都略去不计，短路

发生前，网络处于空载状态，各节点电压的正常分量的标幺值都取作 1。这样式（4-74）和式（4-75）便可化简为式（4-78）和式（4-79）。

$$\dot{I}_f = \frac{1}{Z_{ff} + z_f} \tag{4-78}$$

$$\dot{U}_i = 1 - \frac{Z_{if}}{Z_{ff} + z_f} \tag{4-79}$$

短路计算程序框图如图 4-15 所示。

### 4.6.4 不对称短路计算

#### 4.6.4.1 不对称短路计算原理

对称分量法是分析不对称故障的常用方法，可将一组不对称的三相量分解为正序、负序和零序三组对称的三相量。在计算不对称短路时，应设法把故障点的不对称转化为对称，使对称性被短路破坏了的三相电路转化为对称，之后就可以用单相进行计算。

在图 4-16 所示的不对称电路中，通过对称分量法可转化为图 4-17 所示的正序、负序、零序的等值电路图。

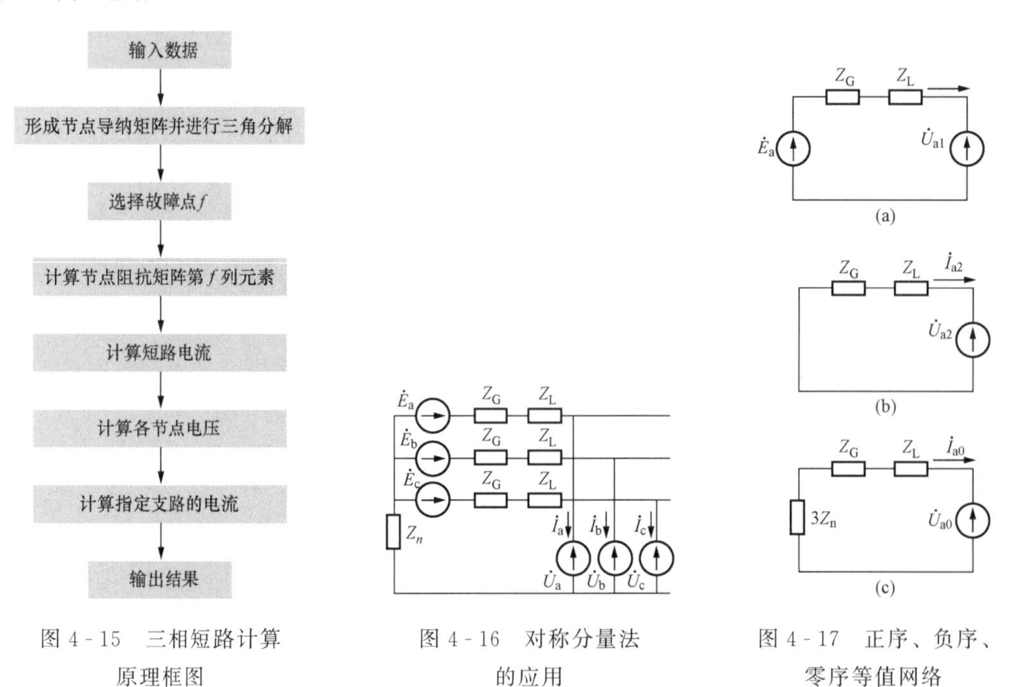


图 4-15 三相短路计算原理框图

图 4-16 对称分量法的应用

图 4-17 正序、负序、零序等值网络

(a) 正序；(b) 负序；(c) 零序

正序等值网络满足式（4-80）。

$$\dot{E}_a - \dot{I}_{a1}(\dot{Z}_{G1} + \dot{Z}_{L1}) = \dot{U}_{a1} \tag{4-80}$$

负序等值网络满足式（4-81）。

$$0 - \dot{I}_{a2}(\dot{Z}_{G2} + \dot{Z}_{L2}) = \dot{U}_{a2} \tag{4-81}$$

零序等值网络满足式（4-82）。

$$0 - \dot{I}_{a0}(\dot{Z}_{G0} + \dot{Z}_{L0}) - 3\dot{I}_{a0}Z_n = \dot{U}_{a0} \tag{4-82}$$

由式（4-80）、式（4-81）、式（4-82）组成的方程组即为序网方程，它对各种不对称

短路都适用，再根据不对称短路类型的边界条件，即可解出短路点电压和电流的各序对称分量。

对于简单不对称短路，其短路电流的正序分量可统一写成

$$\dot{I}_{a1}^{(n)} = \frac{\dot{E}_{\Sigma}}{j(X_{1\Sigma} + X_{\Delta}^{(n)})} \tag{4-83}$$

式中：$X_{\Delta}^{(n)}$ 表示附加电抗，其值随短路类型不同而不同，上角标（$n$）代表短路类型的符号。

此外，短路点故障相短路电流的绝对值与它的正序分量成正比

$$I_f^{(n)} = m^{(n)} I_{a1}^{(n)} \tag{4-84}$$

式中：$m^{(n)}$ 是比例系数，其值视短路类型而异。

各种简单短路时的 $X_{\Delta}^{(n)}$、$m^{(n)}$ 值列于表 4-16。

**表 4-16　　简单短路时的 $X_{\Delta}^{(n)}$ 和 $m^{(n)}$**

| 短路类型 $f^{(n)}$ | 附加电抗 $X_{\Delta}^{(n)}$ | 比例系数 $m^{(n)}$ |
|---|---|---|
| 三相短路 $f^{(3)}$ | 0 | 1 |
| 两相短路接地 $f^{(1,1)}$ | $\frac{X_{2\Sigma}X_{0\Sigma}}{X_{2\Sigma}+X_{0\Sigma}}$ | $\sqrt{3}\sqrt{1-\frac{X_{2\Sigma}X_{0\Sigma}}{(X_{2\Sigma}+X_{0\Sigma})^2}}$ |
| 两相短路 $f^{(2)}$ | $X_{2\Sigma}$ | $\sqrt{3}$ |
| 单相短路 $f^{(1)}$ | $X_{2\Sigma}+X_{0\Sigma}$ | $\sqrt{3}$ |

所以，简单不对称短路电流的计算，应先计算短路点的负序和零序输入阻抗，再根据短路类型组成附加电抗 $X_{\Delta}^{(n)}$，将它接入短路点，然后按三相短路计算方法来计算短路的正序电流。

### 4.6.4.2 不对称短路计算原理及程序框图

无论是横向故障，还是纵向故障，都可以把各序电网看成是某种等值的两端网络，正序网络是有源两端网络，负序和零序是无源两端网络，如图 4-18 所示。

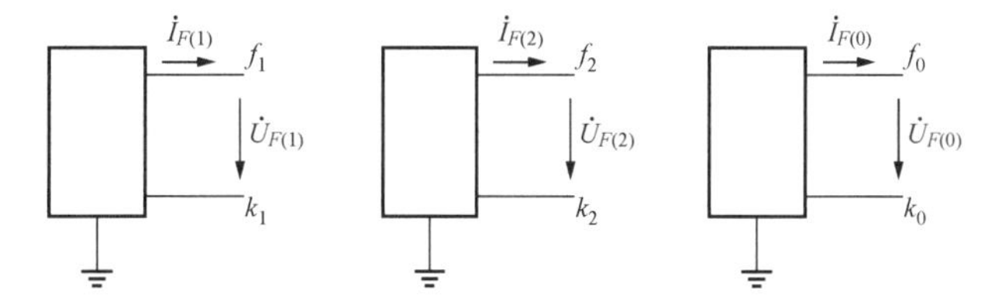


图 4-18　各序电网

对任一节点 $i$ 而言，其正序电压如式（4-85）所示。

$$\dot{U}_{i(1)} = \dot{U}_{i(1)}^{(0)} - Z_{iF(1)}\dot{I}_{F(1)} \tag{4-85}$$

负序电压和零序电压分别如式（4-86）、式（4-87）所示。

$$\dot{U}_{i(2)} = -Z_{iF(2)}\dot{I}_{F(2)} \tag{4-86}$$

$$\dot{U}_{i(0)} = -Z_{iF(0)}\dot{I}_{F(0)} \tag{4-87}$$

所以故障口的负序和零序电压分别如式（4-87）、式（4-89）所示。

$$\dot{U}_{F(2)}=-Z_{FF(2)}\dot{I}_{F(2)} \tag{4-88}$$

$$\dot{U}_{F(0)}=-Z_{FF(0)}\dot{I}_{F(0)} \tag{4-89}$$

对于任一支路 $ij$ 的各序电流如式（4-90）所示。

$$\dot{I}_{ij(q)}=\frac{\dot{U}_{i(q)}-\dot{U}_{j(q)}}{Z_{ij(q)}}(q=1,2,0) \tag{4-90}$$

不论何种简单不对称故障，故障口处的正序、负序、零序电流均分别如式（4-91）～式（4-93）所示。

$$\dot{I}_{F(1)}=\frac{\dot{U}_F^{(0)}}{Z_{FF(1)}+Z_\Delta} \tag{4-91}$$

$$\dot{I}_{F(2)}=k_2\dot{I}_{F(1)} \tag{4-92}$$

$$\dot{I}_{F(0)}=k_0\dot{I}_{F(1)} \tag{4-93}$$

各种不对称故障时的故障附加阻抗 $Z_\Delta$ 和系数 $k_2$、$k_0$ 的取值可参考相关短路书籍。其计算程序框图如图4-19所示。

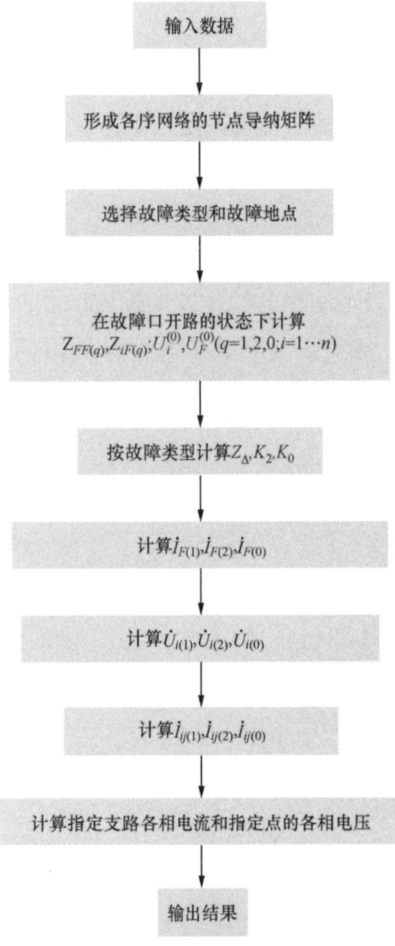

### 4.6.5 在线短路计算程序计算方法

在线短路电流计算程序可以采用基于方案、基于潮流两种不同的计算方法。

（1）基于潮流的短路电流计算。

基于潮流的短路电流计算方法也就是通常所说的叠加法。其理论基础是根据线性电路的叠加原理，将短路后各支路电流、节点电压分解为正常分量与故障分量，正常分量由短路前的网架结构和潮流分布状态决定，故障分量由故障点注入的短路电流等效电流源激励产生。

基于潮流的计算中考虑了负荷电流、线路充电电容、线路高压并联电抗器、低压并联电容器、电抗器等设备的影响，因此对于求解某个特定方式下的短路电流，其准确度比较高，常作为暂态稳定计算的故障求解方法。

在线短路电流计算程序采用等效电压源法，计算由等值点和大地看进去的全系统戴维南等值阻抗，假定发电机内电势 $E''=1.0\angle 0°$，计算得到短路点开路电压，再用开路电压除以等值阻抗得到短路点的短路电流。

基于潮流的短路计算在算法上与暂态稳定计算中的故障计算一致，差别仅在于短路计算程序可处理的负荷模型没有暂态稳定计算丰富，除电动机和恒阻抗负荷外，其他负荷模型均进行了简

输入数据

形成各序网络的节点导纳矩阵

选择故障类型和故障地点

在故障口开路的状态下计算
$Z_{FF(q)},Z_{iF(q)};\dot{U}_i^{(0)},\dot{U}_F^{(0)}(q=1,2,0;i=1\cdots n)$

按故障类型计算 $Z_\Delta,K_2,K_0$

计算 $\dot{I}_{F(1)},\dot{I}_{F(2)},\dot{I}_{F(0)}$

计算 $\dot{U}_{i(1)},\dot{U}_{i(2)},\dot{U}_{i(0)}$

计算 $\dot{I}_{ij(1)},\dot{I}_{ij(2)},\dot{I}_{ij(0)}$

计算指定支路各相电流和指定点的各相电压

输出结果

图4-19 简单不对称故障计算原理框图

化。实际对比证明，基于潮流的短路计算与暂态稳定中故障计算的结果基本一致。

(2) 基于方案的短路电流计算。

基于方案的计算方法是以我国继电保护整定规程中提出的计算方法为依据的，本质上是对短路电流的估算，一般用于方式计算中对断路器遮断容量的校核和继电保护整定。由于系统短路电流随着系统运行方式的变化而变化，并且对于某个具体的故障点而言，其最大（最小）短路电流未必就对应系统最大（最小）运行方式，因此需要采用基于方案计算，通过简化系统，以减少运行方式变化带来的影响。

基于方案的短路计算是一种对短路电流的概略估算，计算条件主要有：

1) 可考虑系统的线路阻抗、线路充电电容（$B/2$）；

2) 可考虑并联电抗和并联电容补偿；

3) 不考虑负荷；

4) 认为发电机电抗后电势为 1.0p.u.，角度为 0，通过计算得到系统内各点的开路电压。

其中，在短路电流的估算中如果考虑系统负荷，则需进一步确认所需的负荷量和负荷模型，这将使得计算更为复杂。同时，估算的结果理论上应可将各种方式变化包含在内，即可脱离发电功率和负荷功率的影响，而不考虑负荷则相当于负荷任意配置，可达成上述目的。

此外，将发电机电抗后电势设置为 1.0p.u.，是对系统正常运行时发电机状态的近似模拟，且当系统中接入 $B/2$ 和并联电容器时，计算出的各母线开路电压将升高，这也符合实际运行中的变化趋势。

需要说明的是，虽然是概略计算，但此种方法在求解三相短路电流时的计算公式为

$$I_f = \frac{U_o}{X_1} \tag{4-94}$$

式中：$I_f$ 为故障点的短路电流；$U_o$ 为故障点的开路电压；$X_1$ 为故障点的系统正序等值阻抗。

上述计算条件只是影响 $U_o$ 和 $X_1$ 的数值。

一般认为基于潮流进行的短路计算是针对某一运行方式的准确结果，下面以基于潮流计算作为对比，讨论基于方案计算的含义和裕度。

在基于潮流计算时，故障点开路电压的计算如下

$$U_o^1 = E - \Delta U + U_C \tag{4-95}$$

式中：$E$ 为系统发电机电抗后电动势的等值电动势；$\Delta U$ 为负荷电流引起的由电压源到故障点的压降；$U_C$ 为各种补偿、线路 $B/2$ 导致的故障点开路电压变动，通常其总效应是容性的，$U_C$ 一般大于 0。

在基于方案计算时，不考虑负荷，此时系统内没有 $\Delta U$，$U_o$ 的计算如下

$$U_o^2 = E + U_C \tag{4-96}$$

$$U_o^1 < U_o^2 \tag{4-97}$$

从小扰动电压稳定角度考虑，当逐步减小系统负荷时，系统电压将沿着电压稳定曲线上移。当负荷减少到 0 时，系统电压将达到理论上最高可能的运行电压。基于方案的方法所得到的 $U_o$ 与其近似。

一般情况下，负荷等值阻抗是感性的，加入负荷等值阻抗可减小 $X_1$。因此，当系统内

有任何负荷时，其 $U'_0$ 一般都将小于基于方案计算时的 $U_0$，其 $X'_1$ 一般也将小于基于方案时的 $X_1$。

由上述分析可见，基于方案的短路电流计算，实际是系统理论上近似最大可能的运行电压与最大可能的系统等值阻抗之比，即无论系统如何运行，其开路电压一般都不会超过基于方案的开路电压，其系统等值阻抗一般都不会大于基于方案的等值阻抗，它们反映了系统自身的性质。

估算短路电流时，若不想受限于具体的运行方式，则可有最大电压/最大阻抗、最小电压/最小阻抗、最大电压/最小阻抗和最小电压/最大阻抗四种求法，其中系统的理论最小电压难以求取，而系统最小阻抗则和负荷量、负荷模型密切相关，负荷量越大、马达比例越大，系统等值阻抗越小，确定起来也比较困难。相较而言，采用最大电压/最大阻抗的方法更为可行。

### 4.6.6 短路计算中的负荷处理问题

负荷对基于潮流的短路电流计算结果有明显的影响。大量的工程计算表明，在负荷中电动机的比例超过30%时，在部分点上基于潮流的短路计算结果可能会超过基于方案的计算结果。

有关领域的专家学者对短路计算中的负荷处理进行了大量研究，结果表明在采用基于潮流的短路计算方法和等效电压源法时，对于非旋转负荷应予以忽略，而对于中压异步电机则应予以考虑。在采用基于方案的短路计算时，可以忽略负荷。

由于基于潮流的短路计算和等效电压源法在初始条件上较为接近，因此在使用前者进行计算时，若没有中压异步电机参数，可考虑负荷取恒阻抗，但计算结果可能偏小。对于关键节点和短路电流较大的节点还需进一步分析。

## 4.7 离线/在线分析一体化

在线动态安全监测与预警系统大量采用了离线计算技术，同时也促进了离线稳定分析的发展和改进。例如：采用在线并行技术的离线分布式计算可以大幅度减少计算时间，提升大电网的安全稳定分析效率；采用在线整合完成的电网数据进行稳定分析可以更加逼近电网的实际运行状况，减少数据准备工作量。

### 4.7.1 在线/离线分布式计算

电网稳定分析计算通常有暂态稳定计算、快速故障筛选、断面极限计算、短路故障扫描计算等。在不同的计算功能中，计算本身也具有的不同的优先级和时间要求。如果按照应用场景区分，则可以分为在线计算和离线计算模式。

在线计算模式通常要求实现连续的自动安全稳定分析计算，具有较高的稳定性和运行效率，同时也具备周期性、连续性、可靠性等特点。离线计算模式提供全面的安全稳定分析计算功能，多数情况是人工修改进行界面操作，提交计算后再进行离线分析、研究和维护等，在时间性上对计算的实时性要求不高。

随着电力系统自动化水平的不断提高，网络规模越来越大，网络结构将变得异常复杂，传统的单机版本的程序进行串行计算的模式和集中数据处理方式必然会遇到硬件计算能力的瓶颈。于是，电力系统计算分析领域出现这样的情形：一次需要计算的任务非常多，程序单

机操作、批量提交、单个执行、“人等机器”效率非常低下。所以分布式计算应用模式成为离线电力计算的必然趋势和方向。将离线计算版本的程序分布并行化，即通过采用局域网或广域网中分散的计算节点来实现大批量稳定计算的数据分布处理和并行计算，从而解决了电力系统中原有的离线单机串行计算模式的瓶颈问题。

在技术开发中，遵循“简单、稳定、可靠”的原则来设计分布式计算平台，实现“一种平台，多种模式”，通过平台的统一开发、统一结构、分别部署，同时支持在线运行模式和离线研究运行模式。

由于在线运行模式具有7×24h数据即来即算的连续运行特性，其具有周期性和稳定性要求，稳定分析过程中故障方式数据更新次数少，因而可以采用预分配的方式，在初始化阶段将故障方式数据预先分配到计算节点上，计算节点在多个周期内针对所分配的故障方式进行连续的在线扫描计算，减少了计算周期过程中数据传输量，简化了任务分配和控制指令交互环节。通过对周期性刷新的潮流数据进行组播下发，计算节点接收到潮流数据后立即触发计算，简化了平台处理流程和架构。

离线研究模式则具有人工同时提交并发性，计算种类多，任务个数多，即使离线安全稳定程序不变，故障方式在每批次的计算中设置都可能有所不同，诸多变化性增加了平台的灵活性要求。所以在离线分布式计算应用中的计算任务调度分配上，需要在预分配的基础上进行动态调整，从而保证对计算资源的高效利用。

离线应用和在线应用的并行计算复用同一平台技术，包括预分配中的组播机制、数据触发计算机制等，在计算调度分配上，离线应用要在离线计算请求和节点提供计算的资源能力上进行合理匹配，从而实现计算能力的高效、集成和共享，满足离线应用非周期性灵活性的计算特点和模式。

### 4.7.2 在线数据共享

离线稳定分析可以通过历史数据管理实现在线数据高效应用，一般安装在应用管理服务器上，采用的技术特征包括：

（1）数据存储：采用文件存储、数据库索引的方式，基于文件方式存储在线运行方式、静态参数、动态参数、计算设置以及结果文件等，基于采集时间与分析结论在数据库中创建索引。

（2）数据提取：能提取出特定时段的数据加入到数据库中，可用于离线分析，或直接用于离线研究平台。

（3）数据查询界面：根据数据采集时间与分析结论查询或者提取相应的数据。

（4）数据维护界面：相应的文件操作与数据库操作功能。

历史数据管理是在线数据整合的一部分，其中数据转移与数据查询提取可以单独运行，或统一集成入相应的维护与管理。历史数据管理在在线运行与离线研究模式之间的应用如图4-20所示。

通过如下模式和方法，历史数据管理实现离线稳定分析的数据共享。

（1）存储各种不同运行方式下的数据：在线运行方式存储通用格式数据文件或者离线定分析格式数据文件；在线研究方式存储通用格式数据文件、离线稳定分析格式数据文件以及完整历史参数库；离线研究方式存储一整套离线稳定分析格式的数据库（包括完整的参数库）。

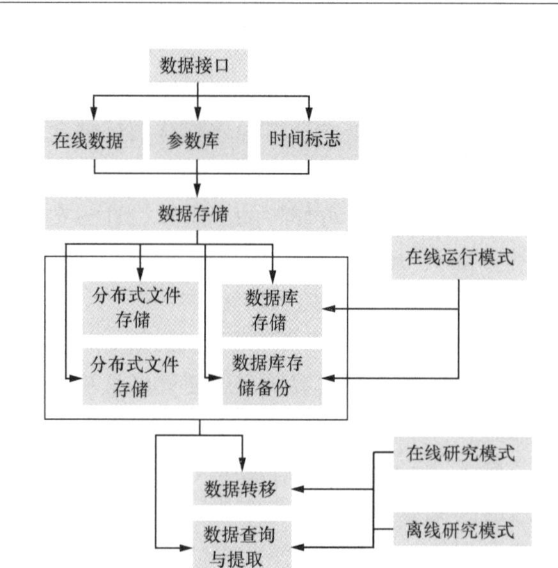


图 4-20　历史数据管理在离线与在线运行模式中的应用

（2）转移与提取在线数据，包括：在线研究方式从在线运行方式中提取数据；离线研究方式从在线运行方式中提取数据；在线研究方式从离线研究方式中提取数据。在线数据通过网络方法实现数据查询与提取功能。在线研究方式与离线研究方式均从数据存储中选取并提取出相应的数据文件。

（3）存储管理在线数据，主要实现数据文件存储与索引关系的建立。数据文件每次从数据接口处取得并存储下来。用数据接口的时间索引建立数据库索引；用在线动态安全监测与预警技术的分析结论建立数据库索引（在线预警计算完成，由在线稳定分析预警从数据接口的时间索引中获取时间索引并建立相应的记录）。数据存储存双份数据，每份数据均为分布式存储，双份存储的每个分布式存储的位置均可以配置。

历史数据管理的数据存储以计算断面数据为基本单元的组织方式，保存运行方式、静态参数、动态参数、计算设置、计算结果、辅助决策与稳定裕度等系列数据，如图 4-21 所示。

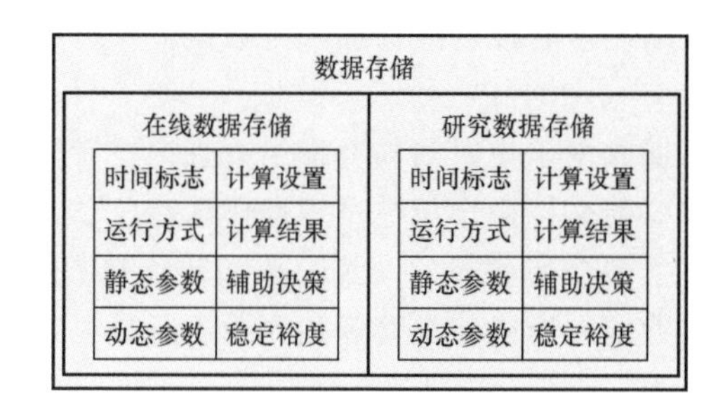


图 4-21　数据存储内容

# 5 输电断面传输裕度评估

电力系统的传输极限（Total Transfer Capability，TTC）是指电力系统在没有违反热过负荷、节点电压越限、电压崩溃或任何如暂态稳定等系统安全约束前提下，指定输电路径上最大的电力输送能力。它是衡量电力系统安全裕度的重要指标，是调度员进行调度决策的重要依据，也是决定可用传输能力（Available Transfer Capability，ATC）的基础[28]。传输极限的计算几乎涉及电力系统所有的稳定约束，包括暂态稳定约束、电压稳定约束、小干扰稳定约束、频率稳定约束和热稳定约束。

将传输极限计算在线化，即为在线传输极限计算。在线传输极限可以避免离线传输极限计算带来的保守性，充分发挥设备的设计容量。在线传输裕度评估计算基于 DSA 系统，在充分利用并行计算平台及其他各个稳定计算结果的基础上，在一定时间约束内完成对已设定断面的裕度计算。

## 5.1 潮流调整算法

计算断面传输极限时，为考察相关断面对被研究断面的影响，必须将相关断面的潮流调整至指定位置。目前可以用来计算多断面功率约束潮流的方法主要包括预分配功率法、最优潮流法[28]、网络拆分法等。本节所介绍的系统潮流调整算法采用基于牛顿法的互联电网多断面潮流控制的模型和算法，称之为多断面控制法。该方法在基本潮流方程中增加断面功率偏差方程，并在承担控制或平衡任务的发电机功率方程中增加功率变化附加项建立控制多断面潮流的模型。该方法基于多级协调控制，并引入分布式平衡机算法，采用发电机或/和负荷控制方法，可以实现对断面有功功率和无功功率的控制。

### 5.1.1 多机协调控制多断面功率模型及其优化

建立多机协调控制多断面功率模型的思路是用指定的机组控制断面有功和无功功率，并且用断面的功率偏差，作为控制调节机调节步长的权重[29~30]。具体为在潮流方程中增加断面功率有功、无功方程，如式（5-1）、式（5-2）所示；在潮流方程的雅可比矩阵中新增断面功率偏差关于断面线路端节点电压实部和虚部的导数，如式（5-3）和式（5-4）所示。

$$\Delta P_{c}(m) = \sum_{k=1}^{N_{m}} P_{line}(k) - P_{des}(m) = 0 \tag{5-1}$$

$$\Delta Q_{c}(m) = \sum_{k=1}^{N_{m}} Q_{line}(k) - Q_{des}(m) = 0 \tag{5-2}$$

$$\cdots \frac{\partial \Delta P_{c}(m)}{\partial U_{Irk}} \quad \frac{\partial \Delta P_{c}(m)}{\partial U_{Iik}} \quad \cdots \quad \frac{\partial \Delta P_{c}(m)}{\partial U_{Jrk}} \quad \frac{\partial \Delta P_{c}(m)}{\partial U_{Jik}} \cdots \tag{5-3}$$

$$\cdots\ \frac{\partial\,\Delta Q_c(m)}{\partial\,U_{Irk}}\quad\frac{\partial\,\Delta Q_c(m)}{\partial\,U_{Iik}}\quad\cdots\quad\frac{\partial\,\Delta Q_c(m)}{\partial\,U_{Jrk}}\quad\frac{\partial\,\Delta Q_c(m)}{\partial\,U_{Jik}}\quad\cdots \tag{5-4}$$

其中，$\sum_{k=1}^{N_m}P_{line}(k)$、$\sum_{k=1}^{N_m}Q_{line}(k)$ 表示 $m$ 断面的有功和无功功率，是构成该断面的 $N_m$ 条线路功率之和。$P_{des}(m)$、$Q_{des}(m)$ 分别表示 $m$ 断面有功和无功功率目标值。$\Delta P_c(m)$、$\Delta Q_c(m)$ 分别表示 $m$ 断面的有功和无功功率偏差，偏微分的分母则分别为断面 $m$ 组成线路 $k$ 端节点 $I$ 侧、$J$ 侧电压实部和虚部。

若有一个断面有两条组成线路的端点相同，则在雅可比矩阵中将断面在这两条线路中对该节点电压的导数相加，作为断面对该节点电压的雅可比元素。

同时，对参与调控的发电机功率方程的雅可比阵做相应修改。若第 $i$ 台机控制 $m$ 断面功率，雅可比矩阵与该发电机对应的两行分别增加与联络线端节点相对应的元素和与控制因子 $\alpha(m)$、$\beta(m)$ 相对应的元素，如式（5－5）、式（5－6）所示。

$$\cdots\ \frac{\partial\,P_G(i)}{\partial\,U_{Irk}}\quad\frac{\partial\,P_G(i)}{\partial\,U_{Iik}}\quad\cdots\quad\frac{\partial\,P_G(i)}{\partial\,U_{Jrk}}\quad\frac{\partial\,P_G(i)}{\partial\,U_{Jik}}\quad\cdots\quad\frac{\partial\,P_G(i)}{\partial\,\alpha(m)} \tag{5-5}$$

$$\cdots\ \frac{\partial\,Q_G(i)}{\partial\,U_{Irk}}\quad\frac{\partial\,Q_G(i)}{\partial\,U_{Iik}}\quad\cdots\quad\frac{\partial\,Q_G(i)}{\partial\,U_{Jrk}}\quad\frac{\partial\,Q_G(i)}{\partial\,U_{Jik}}\quad\cdots\quad\frac{\partial\,Q_G(i)}{\partial\,\beta(m)} \tag{5-6}$$

上两式表示第 $i$ 台机控制的 $m$ 断面包含 $k$ 线路时，对雅可比矩阵进行的相应修改。其中，发电机 $i$ 有功、无功表达式如式（5－7）、式（5－8）所示。

$$P_G(i)=f_p(i)+\alpha(m)\Delta P_c(m)\Delta P_{vail}(i) \tag{5-7}$$

$$Q_G(i)=f_q(i)+\beta(m)\Delta Q_c(m)\Delta Q_{vail}(i) \tag{5-8}$$

其中，$f_p(i)$、$f_q(i)$ 表示发电机节点的拓扑约束，与传统的潮流方程一致。$\alpha(m)$、$\beta(m)$ 为与 $m$ 断面相关的有功和无功功率控制因子。$\Delta P_{vail}(i)$、$\Delta Q_{vail}(i)$ 为带权重的发电机有无功可调出力，如式（5－9）～式（5－12）所示。

$$\Delta P_{vail}(i)=W_p(i)[P_{max}(i)-P_{G0}(i)] \tag{5-9}$$

或

$$\Delta P_{vail}(i)=W_p(i)[P_{G0}(i)-P_{min}(i)] \tag{5-10}$$

以及

$$\Delta Q_{vail}(i)=W_q(i)[Q_{max}(i)-Q_{G0}(i)] \tag{5-11}$$

或

$$\Delta Q_{vail}(i)=W_q(i)[Q_{G0}(i)-Q_{min}(i)] \tag{5-12}$$

$W_p(i)$、$W_q(i)$ 为发电机 $i$ 的有功、无功调节权重，代表发电机承担负荷的快慢，与调速器、励磁调节器的性能有关，在每轮计算前给定。

在实际计算过程中，为提高收敛性，式（5－7）、式（5－8）可优化如式（5－13）、式（5－14）所示。

$$P_G(i)=f_p(i)+\alpha(n)\Delta P_{vail}(i) \tag{5-13}$$

$$Q_G(i)=f_q(i)+\beta(n)\Delta Q_{vail}(i) \tag{5-14}$$

$\alpha(n)$、$\beta(n)$ 为第 $n$ 个机群的有功和无功功率控制因子。相应的，起调控作用机组的雅可比阵只需增加该机附加项对所在调控机群的控制因子的导数。若第 $i$ 台机属于 $n$ 号协调机群，式（5－15）、式（5－16）分别表示 $i$ 机雅可比矩阵有功行新增元素和无功行新增元素。

$$\frac{\partial P_G(i)}{\partial \alpha(n)} \tag{5-15}$$

$$\frac{\partial Q_G(i)}{\partial \beta(n)} \tag{5-16}$$

对于断面功率变化产生的不平衡功率，需要多组机组共同承担。本模型采用分布式平衡机模型处理此种情况，其基本算法是：

对每个电气岛，增加一个相角基准方程（5-17）

$$\theta_i = \theta_{0l} \tag{5-17}$$

式中：$\theta_i$ 为第 $i$ 台机相角；$\theta_{0l}$ 为电气岛 $l$ 设定的基准，通常取为 0。该相角方程在雅可比阵中对应的行如式（5-18）所示，唯一的非零元 1 出现在与式（5-18）中 $\theta_i$ 相应的位置上。

$$0 \quad \cdots \quad 1 \quad \cdots \quad 0 \tag{5-18}$$

用式（5-19）代替承担损耗的机组的有功方程，其雅可比矩阵对应增加的修正元素如式（5-20）所示。

$$P_G(i) = f_p(i) + \alpha(n)\Delta P_{vail}(i) \tag{5-19}$$

$$\frac{\partial P_G(i)}{\partial \alpha(n)} = \Delta P_{vail}(i) \tag{5-20}$$

式（5-19）和式（5-13）有相同的形式，二者可以合并。

解方程之前，通过对换相角基准方程（5-17）和对应发电机功率方程（5-19）的位置等措施，增强对角元素占优程度，提高方程的收敛性。

综上所述，在传统的潮流方程中建立多机协调控制多断面基本模型的步骤如图 5-1 所示。

### 5.1.2 机群的设置

为保证断面可控，控制和平衡机群的设置必须遵守以下两个基本原则：

（1）每个断面两侧必须有控制机群或平衡机群。

（2）每个电气岛中控制机群和平衡机群的总个数比断面个数多 1。

第一个原则保证受控断面两端的发电出力是可调的。只要断面有一侧的功率不能变化，断面的功率是不可控的。第二个原则保证潮流方程中新增方程数目和新增变量数目相同。

不同的断面组合有不同机群设置方法。图 5-2～图 5-4 表示几种基本的断面组合下机群设置方法，其他组合下的设置可依此推出。图中箭头表示断面，圆形为被断面隔开的电网区域，简称区域。区域内的文字表示设置的机群种类。当区域的个数小于或等于断面个数时，可在同一区域内设置多个机群。为避免调节冲突和利于收敛，同一区域的机群应尽量符合如下规则：

（1）同一机群内部各机组间的电气距离应尽可能小于不同机群间机组的电气距离。

（2）各控制和平衡机群应尽量靠近不同的断面。

图 5-5 给出某种复杂断面组合方式下控制机群和平衡机群的设置方法。图中区域数目和断面数目相同，为使潮流方程新增方程个数和新增未知数个数平衡，将环形断面上端区域拆分成左、右两个子区域，并在两个子区域内分别设置控制和平衡机群。两个机群分别靠近不同的断面，以尽量减小调整这两个断面时相互间的干扰。该设置方法并不是唯一的，只要符合上述机群设置的原则，可根据电网具体情况和计算需要设置不同的控制方案。

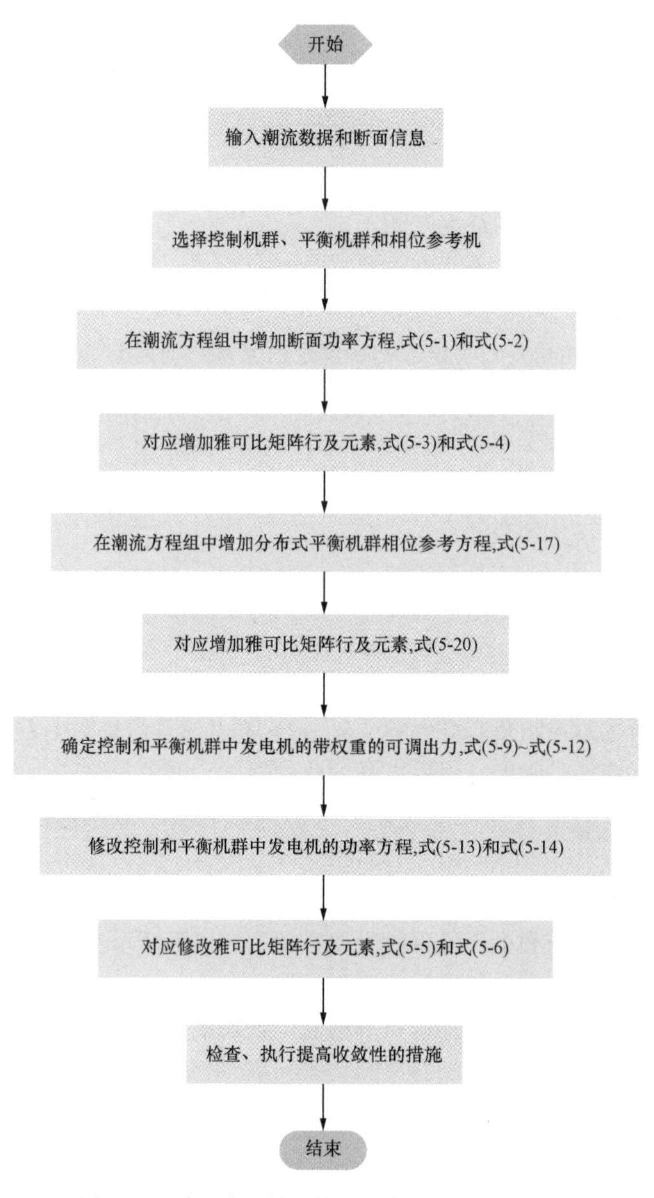


图 5－1　建立多机协调控制多断面基本模型步骤

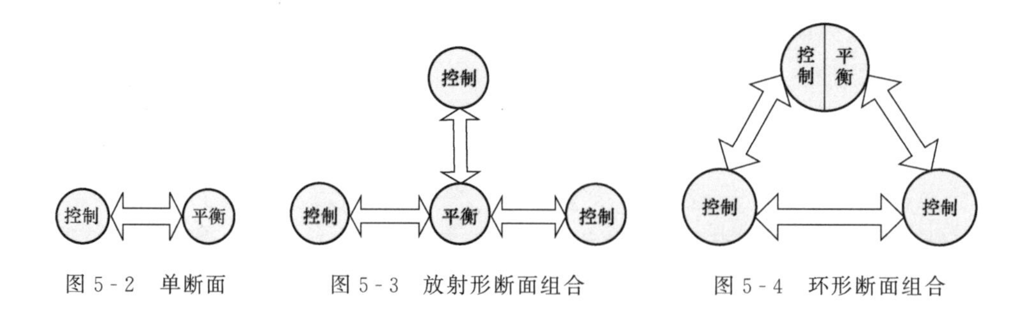


图 5－2　单断面　　图 5－3　放射形断面组合　　图 5－4　环形断面组合

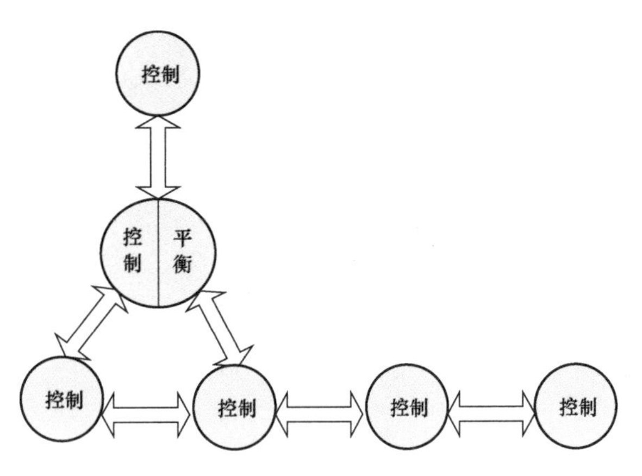


图 5-5 某种复杂的断面组合

### 5.1.3 控制措施

根据断面功率和目标值的偏差大小，可以将控制措施分为单步控制和多步控制。当断面功率和目标值偏差较小时，单步控制将断面功率调节至目标值，计算要点如下：

（1）根据预先给定原则选择控制和平衡机群的机组及台数；

（2）利用对发电机限值约束的处理，使断面功率控制变成连续的发电机启停和自动调整过程，调整过程通过先后调整非调控机组和调控机组实现。

当断面功率和目标值偏差较大时，电网中大量的发电机须参与控制和调整，单步控制可能不会收敛。因而需要采用多步控制，逐渐将断面功率调至目标值。多步控制中的每一步设定一个分步目标，该分步目标逐步逼近断面的目标值。每一分步计算相当于一个单步控制，其步长为分步目标与本步起始值之差。除单步控制中已经使用的方法外，多步连续计算增加的方法主要有：

（1）下一步步长与本步控制中电网电压的最大变化量成反比；

（2）上一步计算的潮流解作为本步初值，使迭代起始点接近真解；

（3）若计算不收敛，步长自动减半，重新本步控制计算；

（4）当步长小于预设的门槛，潮流仍不收敛，则控制失败，结束计算。

## 5.2 稳定校核原则

基于电力系统在线动态安全监测与预警技术的在线传输极限计算，与其他计算模块共享平台的各种并行计算资源，其过程采用并行化计算处理技术，有效缩短计算周期。计算过程中，并行平台中的调度节点负责分配、下发任务，收集和汇总计算结果；计算节点负责潮流计算和稳定校核的执行。其中，稳定校核包括暂稳校核、电压稳定及热稳校核，稳定校核合理性的关键在于确定功率元件调节次序的原则及其实现。

### 5.2.1 合理与保守的功率元件操作原则

功率元件，即发电机和负荷的状况在电网结构已确定的情况下对系统稳定性通常起决定性的作用。在调整断面功率过程中，开启或退出不同的机组，调节不同机组或负荷的功率，可能使后继的稳定校核有截然不同结果。因此，用不同的方式调节传输断面两侧的功率元件，传输断面流过的最大不失稳功率也不相同。以该最大不失稳功率作为制定传输极限的依据，则传输极限值也不相同。在线传输极限计算结果依赖于一次调节断面功率的方式，即功率元件操作方式。因此如何选择有效的功率元件操作原则，将成为在线传输极限算法是否有说服力的关键，也是能用该算法指导生产调度的前提。

在线动态安全监测与预警系统对此采用按照合理而且最容易失稳的原则调节功率元件，称之为合理保守原则。合理性包括：

1）潮流调整满足不同级别调度的安全限制。

2）只考虑发生在断面上或与断面相关的电网薄弱区域的故障，即断面相关故障。

3）电压满足正常运行情况下安全稳定要求。

在满足以上合理性条件的前提下，寻找使系统在所考察的故障下最容易失去稳定的功率元件操作次序，就是本算法决定功率元件调节次序的原则。它既能保证潮流调整过程的合理性，又使由此得到的传输极限有最大可能的保守性。

可执行发电机调节次序表是潮流调整中确定本轮参与调控机组的依据，它由人工经验和不同稳定形式下最容易失去稳定的发电机调节次序综合而成，在每一次潮流调整前重新生成，并且根据当前网架结构下的安全限制进行修正。实现合理保守原则的重点是生成可执行调节次序表，以及体现安全限制的作用。

当没有重点考察的断面失稳形式时，采用均匀排序法生成可执行发电机调节次序表，否则采用重点排序法生成可执行发电机调节次序表。所谓均匀排序法，是指平等地对待各种失稳形式，按由高到低的顺序，排列各种失稳形式下调节次序靠前的发电机。每台发电机在可执行次序表中只出现一次，且以其在各种失稳形式下第一次出现的位置为准。重点排序法是指生成可执行的发电机调节次序表时，将上一时间点决定断面传输极限的失稳形式作为重点考察对象，按照该失稳形式要求的调节次序确定可执行的调节次序，使流过断面的功率能尽可能快地被限制住，保证传输极限有尽可能大的安全性。按各种失稳形式的要求初步生成可执行调节次序表后，还需根据电网的安全限制修正该表才能进行下一时步的潮流调整计算。例如，某负荷中心区域的电厂由于安全需要，不允许其总有功低于某限值。在每一步潮流调整前监视该电厂的出力，当该厂有功功率已降至限值时，在调节次序表中将该厂机组从降出力的备选机组中去除。后续计算中该厂功率一直维持不变。

### 5.2.2 合理与保守的功率元件调节次序的实现

合理性原则需利用电力系统在线动态安全监测与预警技术的在线稳定分析计算结论、本级调度离线计算的安全限值信息、相关调度的离线和在线安全限值信息等三种计算信息。在三种计算结论或信息充分利用的基础上，合理性原则体现在三个方面，包括潮流调整满足不同种类的安全限制，只考虑断面相关故障安全约束以及满足电压要求。

在线传输极限计算模块与其他计算资源的关系如图 5-6 所示。

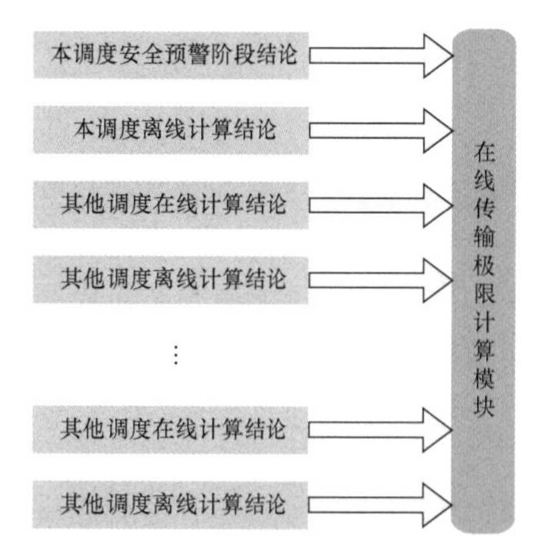


图 5-6 在线传输极限计算模块与其他计算资源的关系

裕度评估系统采用灵敏度法来确定功率元件的调节次序，以保证 $N-1$ 热稳定、电压稳定和暂态稳定校验具有足够的安全性。

对于 $N-1$ 热稳定校验，安全的调节次序是最容易失去 $N-1$ 热稳定的调节次序，即每一轮调整，送受端区域使得热稳定裕度最低线路的电流增长最快从而满足保守性原则要求。而热稳定裕度最低线路必须属于与所考察断面相关的线路集。断面相关线路指组成断面的联络线或对流经断面功率影响较大的线路。如果总体计算流程是所有轮次潮流调整结束后再进行稳定校验，热稳定裕度最低线路由基态潮流的 $N-1$ 热稳定分析结果确定；如果每得到一个潮流点即进行稳定校验，热稳定裕度最低线路由最新的 $N-1$ 热稳定分析结果确定。

线路电流 $I_k$ 对第 $m$ 台发电机的灵敏度为

$$\frac{\partial I_k}{\partial G_m}=\frac{\partial I_k}{\partial U_{kI}}\cdot\Delta U_{kI}(m)+\frac{\partial I_k}{\partial U_{kJ}}\cdot\Delta U_{kJ}(m)+\frac{\partial I_k}{\partial \theta_{kI}}\cdot\Delta\theta_{kI}(m)+\frac{\partial I_k}{\partial \theta_{kJ}}\cdot\Delta\theta_{kJ}(m) \tag{5-21}$$

式中：$U_{kI}$ 为线路 $k$ 的 $I$ 侧电压幅值；$U_{kJ}$ 为 $J$ 侧电压幅值；$\theta_{kI}$ 为 $I$ 侧电压相角；$\theta_{kJ}$ 为 $J$ 侧电压相角。各个节点电压和相角对发电机注入的灵敏度如式（5-22）所示。

$$\begin{bmatrix}\Delta U_1(m)\\ \Delta\theta_1(m)\\ \vdots\\ \Delta U_{kI}(m)\\ \Delta\theta_{kI}(m)\\ \Delta U_{kJ}(m)\\ \Delta\theta_{kJ}(m)\\ \vdots\\ \Delta U_N(m)\\ \Delta\theta_N(m)\end{bmatrix}=[J]^{-1}\begin{bmatrix}0\\0\\ \vdots\\0\\1\\0\\0\\ \vdots\\0\\0\end{bmatrix} \tag{5-22}$$

而线路电流与线路两侧电压和相角的关系如下

$$I_k=\left\{\left[\frac{U_{kI}}{Z}\cos(\theta_{kI}-\theta_Z)-\frac{U_{kJ}}{Z}\cos(\theta_{kJ}-\theta_Z)\right]^2+\left[\frac{U_{kI}}{Z}\sin(\theta_{kI}-\theta_Z)-\frac{U_{kJ}}{Z}\sin(\theta_{kJ}-\theta_Z)+U_{kI}^2B/2\right]^2\right\}^{\frac{1}{2}} \tag{5-23}$$

分别对电压和相角求导，即为电流对线路两侧电压和相角灵敏度表达式，具体不赘述。

这样，求得所有发电机对 $k$ 线路电流对它的灵敏度并将之排序，就可确定 $N-1$ 热稳定下最易失稳的发电机调节次序表。

对于电压稳定，每轮潮流调整后，用模态分析法计算各台发电机对电网接近失稳模态的参与因子，参与因子最大的发电机增加出力，参与因子最小的发电机减小出力，即为最容易导致电压失稳的机组操作次序，方法与经典的电压稳定的模态分析法一致，具体不再累述。

对于暂态稳定，通常的灵敏度算法由于暂稳计算过程本身的高度非线性，使得这些暂态稳定灵敏度信息的有效性只存在于非常接近的两个潮流之间。而本计算的调节过程功率的变化使得很难通过通常的灵敏度计算将稳定程度和发电机投切和调节关系联系起来。另一方面本计算主要考虑从系统网络结构上制约断面传输能力的因数，必须最大限度去除个别元件参数的影响。因此可以采用接近失稳发电机功角对发电机的灵敏度确定系统最容易失去暂态稳定的机组调节次序。为了简化计算，用接近失稳发电机机端相角代替它的功角，使接近失稳发电机相角向失稳方向增加最大的发电机操作次序即为最易失去暂态稳定的发电机调节次序。

具体步骤是，首先在每轮调整前确定系统接近暂态失稳的发电机集合，记录每个断面相关故障暂稳仿真过程中所有机组功角变化的最大值，由此可导出每台机组在所有断面相关故障下功角变化的最大值，记 $i$ 号发电机最大功角变化为 $\Delta\delta_i$。取一门槛值，如 100°，$\Delta\delta_i$ 超过该门槛即认为接近暂态失稳，构成接近暂态失稳发电机集合。之后计算出接近失稳发电机相角对所有发电机注入的灵敏度 $\frac{\partial \theta_h}{\partial P_i}$，并计算每台发电机对接近失稳发电机群的影响因子 $IN_i$，如式（5 - 24）所示

$$IN_i = \sum_{h=1}^{L} \Delta\delta_h \frac{\partial \theta_h}{\partial P_i} \tag{5 - 24}$$

增加 $IN$ 最大的机组的出力、减小 $IN$ 最小的机组的出力将使接近失稳发电机的相角增加最快，最容易失去暂态稳定。最后以所有发电机 $IN$ 大小排序即形成暂态稳定约束下最易失稳的发电机调节次序表。

这样，生成可执行调节次序表的具体流程如图 5 - 7。

## 5.3 并行校核方法

输电断面裕度评估的计算量很大，必须利用并行机制，提高稳定裕度的计算效率，以满足在线分析时效性的要求。

如图 5 - 8 所示，根据稳定裕度的特点，在计算任务分解、枚举分档并行计算及极限校核等计算阶段，采用并行计算方法。在计算任务分解阶段，输电断面裕度评估应根据可调设备的运行状况，结合计算断面的当前潮流、方式计算稳定极限和 $N-1$ 热稳极限，确定断面潮流调节的上限、下限和输电断面潮流的不同挡位值，分解裕度评估的任务；在枚举分档并行计算阶段，按照不同断面不同挡位的断面潮流计算设置，进行潮流分析计算，分别计算出各个挡位的断面潮流情况；在极限校核阶段，对各个断面潮流进行全面的稳定校核计算，获得最终通过校验计算的最高断面功率作为输电断面裕度评估的结果。

图 5 - 9 为稳定裕度并行化过程示意图，根据稳定裕度的计算特点，从 4 个方面采用并行化计算策略：

1）多个传输断面的稳定裕度并行计算，不同的传输断面由不同的计算服务器计算，比如 40 个计算服务器计算 10 个传输断面的稳定裕度时，每 4 个计算服务器计算 1 个传输断面的稳定裕度。

2）每个传输断面的多个分档潮流并行计算，包括分档潮流的计算和针对不同挡位潮流的稳定校核计算都采用并行计算。

3）多种类型的稳定校核计算采用并行计算，即静态安全校核、暂态稳定校核、动态稳定校核以及其他稳定校核采用并行计算，可以由不同的计算服务器进行不同种类的稳定校核计算。

4）针对不同故障的稳定校核计算采用并行计算，采用不同的计算服务器进行并行计算。

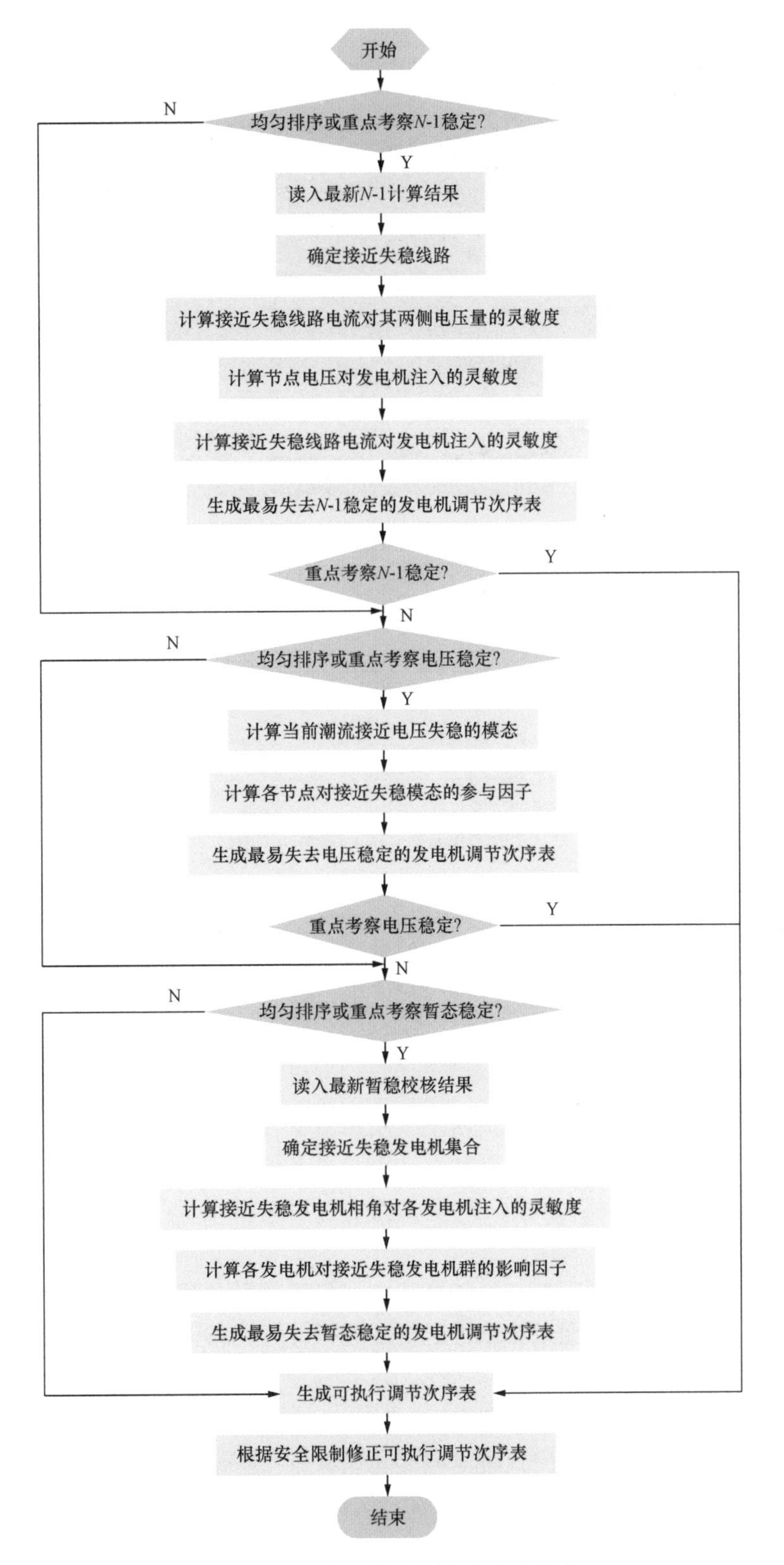


图 5-7 生成可执行调节次序表流程

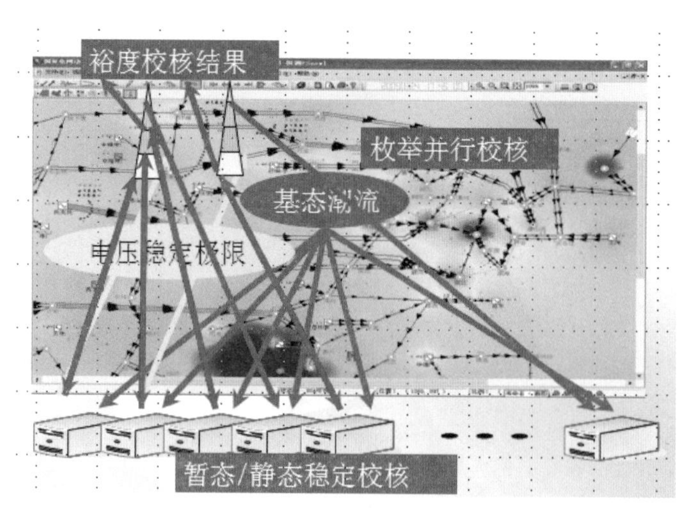

图 5-8　稳定裕度并行化过程示意图

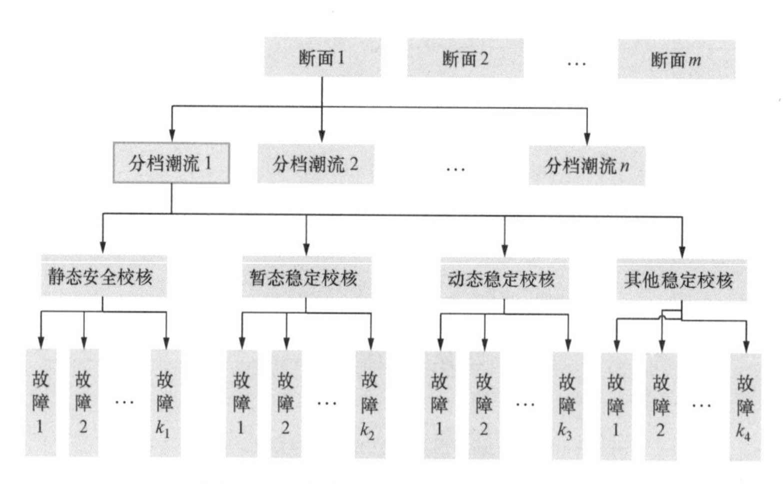

图 5-9　稳定裕度并行化过程示意图

在线系统稳定裕度并行计算功能的实现采用统一平台及外壳封装程序，由一个管理节点和多个计算节点组成，在每个节点上都驻留一个平台通信进程，其中管理节点上还运行一个协调管理和稳定裕度计算控制进程，计算节点上运行计算管理进程。具体交互示意图如图 5-10所示。

稳定裕度功能的实施在管理节点和计算节点上与管理平台都存在信息交互，管理节点和计算节点上各个计算模块执行通过接收平台信号进行计算，具体交互内容如下：

### 5.3.1　管理节点

在管理节点上，具体交互流程如图 5-11 所示。具体分为稳定裕度计算数据准备、稳定裕度计算结果处理 2 个阶段。其中各阶段的交互控制信号和数据流程如下：

（1）第一阶段：稳定裕度计算数据准备。

输入信息：①来自并行计算平台的稳定裕度开始计算信号；②来自并行计算平台的最新在线潮流数据；③传输断面稳定裕度计算配置文件，包括断面组成、断面增长方式设置、断面校核故障集等信息；④并行计算平台的计算节点信息。

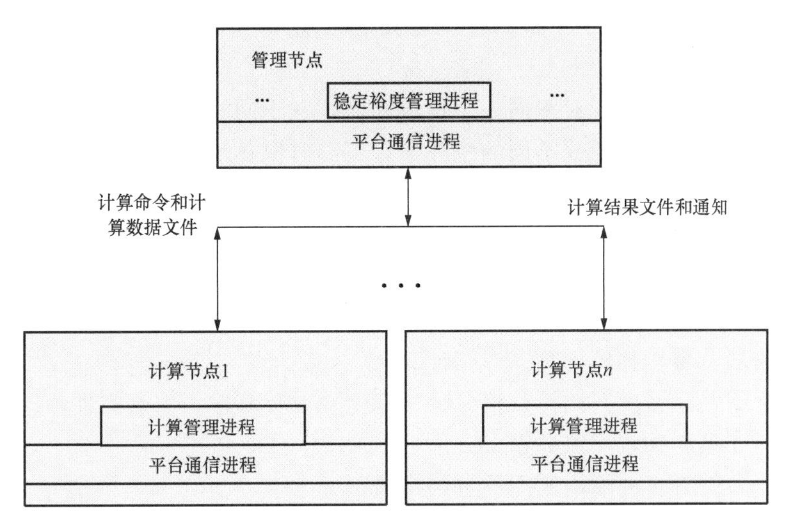


图 5-10 在线系统稳定裕度并行计算体系结构示意图

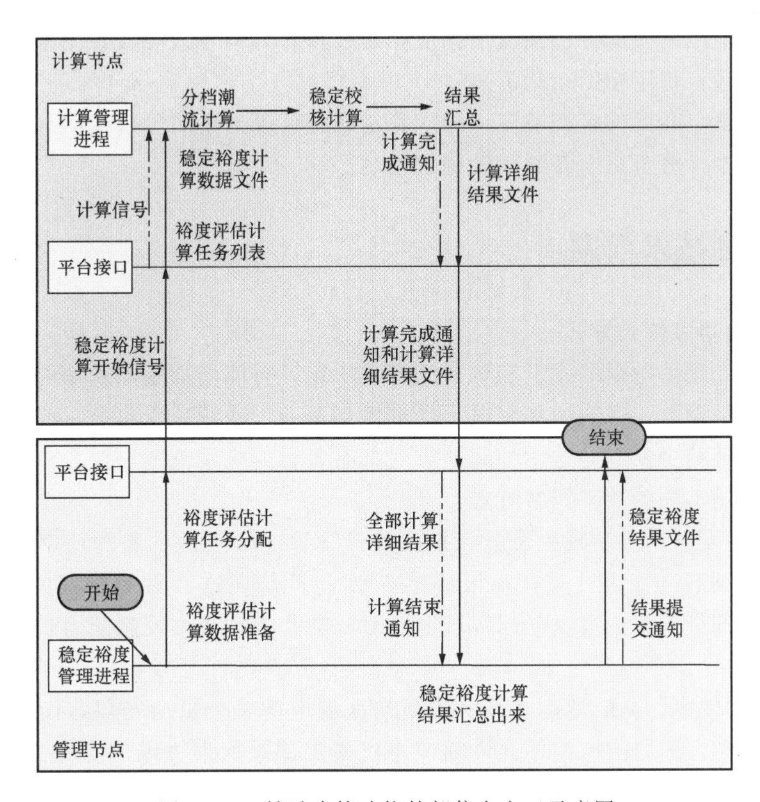


图 5-11 辅助决策功能外部信息交互示意图

输出信息：①稳定裕度计算节点计算通知信号；②稳定裕度计算任务列表分配结果；③稳定裕度相关计算文件。

（2）第二阶段：稳定裕度计算结果汇总整理。

输入信息：①稳定裕度计算节点全部计算结束通知信号；②稳定裕度计算详细结果全集。

输出信息：①发送给并行计算平台的稳定裕度计算完成通知信号；②稳定裕度结果文件。

稳定裕度结果汇总方式：对于同一个传输断面，在不同的计算节点上并行计算，各计算节点计算不同的稳定计算类型或不同的故障集，汇总时取各计算节点上稳定裕度最低的结果作为最终结果。

### 5.3.2 计算节点

在计算节点上，具体交互流程如图 5-11 所示。具体分为分档潮流计算、稳定校核计算、稳定裕度计算结果汇总 3 个阶段。其中的交互控制信号和数据流程如下：

（1）第一阶段：分档潮流计算。

输入信息：①稳定裕度开始计算信号；②稳定裕度计算输入数据文件；③稳定裕度计算任务分配列表；④最新在线潮流数据。

输出信息：负责计算的输电断面的分档潮流。

（2）第二阶段：稳定校核计算。

输入信息：①输电断面的分档潮流；②稳定裕度计算任务分配列表。

输出信息：输电断面的各档潮流下相应稳定校核计算的各故障校核结果。

（3）第三阶段：稳定裕度结果汇总。

输入信息：输电断面的各档潮流下相应稳定校核计算的各故障校核结果。

输出信息：本计算节点上各断面的稳定裕度。

## 5.4 关键技术问题

### 5.4.1 断面功率增长方式

断面功率的变化由送受端发电和负荷的变化决定。可能增加断面功率的方式有：送端增加发电，受端减少发电；送端增加发电，受端增加负荷；送端减少负荷，受端增加负荷；送端减少负荷，受端减少发电。这 4 种调整方式都有各自的应用范围，对具有不同特点的电网或计算目的应采用不同的功率调节方式。

1）送端增加发电，受端减少发电。是在线计算稳定极限最主要的功率调整方式。它的合理性基于如下判断：在线计算 10min 左右一次，负荷在这么短的时间间隔内变化不大，因而并不对负荷进行调整。若送受端区域电网对有功和无功功率控制能力较强，适合于用该方式。

2）送端增加发电，受端增加负荷。当受端区域电网是个负荷密集，而装机容量比较小的受端系统时，它大部分的机组不允许随便停机使局部电网失去电压支撑或相角变化过大，引起断面功率变化的主要原因是受端系统负荷的变化。

3）送端减少负荷，受端增加负荷。若送、受端均处于负荷较大，装机容量偏小的典型受电系统，这种调整方式可能是必需的。因为它的受端区域为保证电压支撑不能减少发电，送端区域长期处于满发状态，不能再增加发电，断面功率的调整只有通过改变负荷实现。

4）送端减少负荷，受端减少发电。用于考察负荷密集区向发电密集区倒送电的能力，在线计算较少使用。

### 5.4.2 送受端区域的选择

断面送受端区域应结合电网实际情况仔细选择，不宜过大也不宜过小。送受端区域太小会使参与调节的元件功率总量过小而限制断面功率。但是，过大的区域并不一定能使稳定极限相对应增大，因为假如断面功率的增加通过功率远距离传送得到，系统的最大相角差会增加太多而大大降低暂态稳定性。在调整断面功率时，若出现这种情况，即使断面功率处于较低的值，也有可能暂稳校验不能通过。因而，确定一个合适的送受端区域，既能使稳定极限尽可能的大，又不会给调度调整留下太多低断面功率失稳的危险，是一件非常困难的事。通过多次离线计算断面传输极限，结合方式计算经验，进行大量的试探和对比可以得出较好的结果。

### 5.4.3 相邻断面对被研究断面的影响

任何相邻断面传输的功率都是相互影响的，一个临近断面的功率变化总是会波及被考察断面。良好的在线传输极限算法也必须能考虑相邻断面功率对本断面功率传输极限的影响。本断面裕度评估系统采用的多断面功率约束的潮流模型和算法，可以在潮流计算过程中同时控制多个断面的功率。在调整相邻断面功率时也必须遵守上述所建立的合理保守原则，按照调整本断面功率需要的功率元件调节次序操作相邻断面送受端区域的功率元件。而相邻断面功率可能取的值可以为日计划值、离线计算的传输极限或者其他调度规定的值，如上升10％等。

### 5.4.4 故障校验的方法

在线传输极限计算有多种方法进行故障校验，不同的校验方法有不同的特点。在实际计算中，一方面没有必要用故障点覆盖整个电网的故障集考察断面功率传输，另一方面有些故障对断面功率传输的限制是决定性的，例如发生在断面所属联络线上短路故障引起的暂态失稳，因此选择比较小的故障集，在每个需要校验的潮流点对故障集内的所有故障进行稳定校验。这样既可以保证稳定校验结果的精确，也可以保证计算时间。具体的断面相关故障可以在离线方式下给定，即可以利用生产现场工程师的经验，或者对故障现象展开分析，判断是否以传输断面为中心构成两群，或者使用灵敏度指标，判断故障对断面组成线路是否有较高的灵敏度。

# 6 调度辅助决策

在线动态安全监测与预警系统服务的对象是电网调度运行，不但需要发现电网运行的主要问题，也需要提出应对该问题的主要解决方案。因此，系统通过在线稳定分析详细全面地解析电网当前运行状态，通过辅助决策计算提出解决电网存在安全问题的措施。

传统分析技术并不存在辅助决策算法，因而需要全新的技术手段来实现，其主要内容包括在线暂态稳定辅助决策、在线电压稳定辅助决策、在线小干扰稳定辅助决策、在线静态安全辅助决策和在线短路电流辅助决策。在线分析的特色之一就是利用大规模可用的计算资源解决工程难题，例如为了在短时间内完成辅助决策计算，通过分区间的并行试探法实现需要迭代或者优化的计算内容，从而大大简化计算流程和难度。

## 6.1 在线暂态稳定辅助决策

暂态稳定辅助决策根据电网暂态稳定分析的计算结论，对危害系统安全的失稳隐患，计算系统的可调量与系统危险量的相关系数，并通过对相关系数的排序得到调整元件的先后及调整幅度，得到保证电网稳定且控制代价最小的调整方式。

暂态稳定性研究传统上是先使用时域仿真得到系统的运动轨迹，再根据经验判断得出稳定性结论。运动轨迹本身缺乏对稳定性的定量度量，动态灵敏度理论能精细刻划动力系统的状态变量对参数的依赖性，可以给出稳定性控制的指导性原则，是暂态稳定辅助决策的理论基础。

电力系统可能发生各种对正常运行造成危害的故障或扰动，为提高系统的稳定性，应采取必要的预防控制措施。预防控制是在危及电力系统安全稳定的扰动发生之前采取的措施，其目的是消除系统运行风险，具体措施包括改变电网结构、调整发电机有功输出等。

调整发电机的有功输出在技术上可行性较强，通常作为预防控制的主要措施，其难点在于确定调整量。针对这一问题，本书以发电机相对功角差作为暂态稳定性能指标，通过轨迹灵敏度仿真计算可得到性能指标对发电机有功出力的梯度，该梯度信息可用于指导发电机有功输出的调整。而且，本书提出了以调整量最小为目标的最优控制方法，借助并行任务分解枚举算法，在两次故障仿真时间内完成整个调度辅助决策计算，解决了跨区电网多故障协调预防控制计算量大、计算时间长的问题。

### 6.1.1 动态灵敏度

动态灵敏度是动态电力系统分析和控制领域中一个十分重要的概念。它研究的是电力系统的一组可调结构参数和/或运行参数的变化对系统动态性能所产生的影响。动态性能可采用指标函数（包括积分型、末值型或者混合型指标函数）描述，因而动态灵敏度的计算问题

可以描述为，如何求解系统的性能指标函数 $J$ 对系统的一组可调参数 $p$ 的梯度向量 $J_p$。

在动态电力系统的研究中，系统的动态性能包括系统在故障后的暂态稳定性、过渡过程中系统关键节点的电压跌落和上升、联络线潮流振荡等内容。动态性能指标 $J$ 的大小反映了电力系统动态安全性特征，并可直接用于动态安全性的数学描述。

动态灵敏度研究的是系统控制参数与动态安全性之间的变化关系，因而可广泛应用于电力系统动态安全性研究的各个领域。在当前的竞争环境下，动态安全调度问题[31~32]和 OTS 问题[33~34]、暂态稳定紧急控制问题[35~36]、系统联络线上功率传输极限问题[37]等已成为电力工业界最为关心的课题。这些问题的求解涉及动态灵敏度的计算。本书重点研究动态灵敏度中的轨迹灵敏度及其应用。

轨迹灵敏度分析通过研究动力系统的动态响应对某些参数或初始条件甚至系统模型的灵敏度来定量分析这些因素对动态品质的影响。Pai M A 等人把轨迹灵敏度分析方法引入电力系统的暂态稳定分析[38~40]，用于计算电力系统状态响应对系统运行变量的动态灵敏度，得到衡量扰动对系统动态特性的影响程度的指标，还可以辨别严重受扰机组等。

轨迹灵敏度分析通过将系统数学模型在系统轨迹的各个点上进行线性化，能够直接确定系统初始条件和参数发生微小变化时系统轨迹的变化[41]。轨迹灵敏度法是以时域仿真法得到的系统轨迹为基础进行计算的，能够方便地应用于微分代数方程组（Differential and Algebraic Equations，DAE）描述的电力系统，在系统元件模型的适应性上有着明显的优势。

电力系统的动态行为一般可以通过式（6-1）和式（6-2）所示微分—代数方程组模型表示。

$$\dot{\boldsymbol{x}} = \boldsymbol{f}(\boldsymbol{x},\boldsymbol{y},\boldsymbol{\alpha}) \quad \boldsymbol{x}(t_0) = \boldsymbol{x}_0 \tag{6-1}$$

$$\boldsymbol{0} = \boldsymbol{g}(\boldsymbol{x},\boldsymbol{y}) \quad \boldsymbol{y}(t_0) = \boldsymbol{y}_0 \tag{6-2}$$

式中：$\boldsymbol{x}$ 表示由发电机及其调节系统等动态元件的状态变量组成的向量；$\boldsymbol{y}$ 表示代数变量向量；$\boldsymbol{\alpha}$ 是系统参数向量；$t_0$ 是初始时刻；$\boldsymbol{x}_0$ 和 $\boldsymbol{y}_0$ 分别是 $\boldsymbol{x}$ 和 $\boldsymbol{y}$ 的初始值。

轨迹灵敏度能反映任意时刻的参数变化对系统稳定性的影响程度，将电力系统 DAE 模型式（6-1）和式（6-2）两边对控制变量求导，得到灵敏度的轨迹方程如式（6-3）～式（6-6）所示。

$$\dot{\boldsymbol{x}}_{\alpha} = \left[\frac{\partial \boldsymbol{f}}{\partial \boldsymbol{x}}\right]\boldsymbol{x}_{\alpha} + \left[\frac{\partial \boldsymbol{f}}{\partial \boldsymbol{y}}\right]\boldsymbol{y}_{\alpha} + \left[\frac{\partial \boldsymbol{f}}{\partial \boldsymbol{\alpha}}\right] \tag{6-3}$$

$$0 = \left[\frac{\partial \boldsymbol{g}}{\partial \boldsymbol{x}}\right]\boldsymbol{x}_{\alpha} + \left[\frac{\partial \boldsymbol{g}}{\partial \boldsymbol{y}}\right]\boldsymbol{y}_{\alpha} + \left[\frac{\partial \boldsymbol{g}}{\partial \boldsymbol{\alpha}}\right] \tag{6-4}$$

$$\boldsymbol{x}_{\alpha}(t_0) = 0 \tag{6-5}$$

$$\boldsymbol{y}_{\alpha}(t_0) = -\frac{\partial \boldsymbol{g}}{\partial \boldsymbol{\alpha}}\left[\frac{\partial \boldsymbol{g}}{\partial \boldsymbol{y}}\right]^{-1}\Bigg|_{t=t_0} \tag{6-6}$$

式中：$\partial \boldsymbol{f}/\partial \boldsymbol{x}$、$\partial \boldsymbol{f}/\partial \boldsymbol{y}$、$\partial \boldsymbol{g}/\partial \boldsymbol{x}$ 和 $\partial \boldsymbol{g}/\partial \boldsymbol{y}$ 是随系统运行轨迹变化的时变矩阵；$\boldsymbol{x}_{\alpha} = \partial \boldsymbol{x}/\partial \boldsymbol{\alpha}$ 和 $\boldsymbol{y}_{\alpha} = \partial \boldsymbol{y}/\partial \boldsymbol{\alpha}$ 分别表示系统状态变量 $\boldsymbol{x}$ 和代数变量 $\boldsymbol{y}$ 对参数向量 $\boldsymbol{\alpha}$ 的轨迹灵敏矩阵。

### 6.1.2 基于网络拓扑分析的控制对象自动确定

原则上系统中的所有发电机和负荷都可作为被控对象，但这样做，一方面不符合实际情况，另一方面也会造成巨大的计算负担。为此必须针对故障点的位置，自动确定切除元件的范围。

6.1.2.1　发电机机群的划分

一般地，被控对象包括切除故障线路的送受端两侧发电机或送端发电机和受端负荷。原则上，为了避免切负荷，调整送受端两侧发电机功率出力是主要的预防控制手段。根据故障后机组摇摆情况，发电机被分为功角超前的临界机群和功角滞后的非临界机群。

故障切除时间记为 $t_{\mathrm{cl}}$，设一观察时间 $t_{\mathrm{s}}$，$t_{\mathrm{s}}>t_{\mathrm{cl}}$，在本文中，时间 $t_{\mathrm{s}}$ 被设定为故障切除后的第 18 个周波。3 种发电机机群划分指标如下。

（1）对每台发电机定义指标 1 如式（6 - 7）所示。

$$AVI_{1i}=\sum_{t=t_0}^{t_s}\left|\delta_{i\_\mathrm{COI}}(t+\Delta t)-\delta_{i\_\mathrm{COI}}(t)\right| \tag{6-7}$$

式中：$\Delta t$ 是积分步长；$\delta_{i\_\mathrm{COI}}$（$t$）是 $t$ 时刻 COI 坐标下发电机的转子角。

（2）指标 2 如式（6 - 8）所示。

$$AVI_{2i}=(\delta_{si}-\delta_{ci})-\sum_{i=1}^{N_{\mathrm{G}}}(\delta_{si}-\delta_{ci})\Big/N_{\mathrm{G}} \tag{6-8}$$

将各取值为正的 $AVI_2$ 值按从大到小进行排序，确定最大的 $AVI_2$ 值间隙，在此间隙之上的发电机构成领前机群 $S_{\mathrm{G}}$，之下的发电机构成余下机群 $A_{\mathrm{G}}$。

$AVI_1$ 和 $AVI_2$ 都属于衡量功角变化的指标，表示在故障切除后的一段时间，相对于功角均值的功角变化量。

（3）指标 3 为指定时刻的各发电机功角。

对上述 3 种指标分别进行从大到小的降序排序，每两个指标值之间构成一个指标值间隙。确定最大的指标间隙。在此间隙之上的发电机构成临界机机群 $S_{\mathrm{G}}$，之下的发电机构成非临界机机群 $A_{\mathrm{G}}$。仿真计算证明，根据上述 3 个指标得到的临界机机群和非临界机群划分结果均一致，可以选用其中任意一个指标即可。

6.1.2.2　发电机的选取

调整对象包括全部的临界发电机和部分非临界机，如式（6 - 9）所示。

$$\alpha=[\underbrace{P_1\cdots P_m}_{\text{所有的临界机}}\ \underbrace{P_{m+1}\cdots P_{m+n}}_{\text{部分非临界机}}]^{\mathrm{T}} \tag{6-9}$$

部分非临界机的选择遵循原则如图 6 - 1 所示。

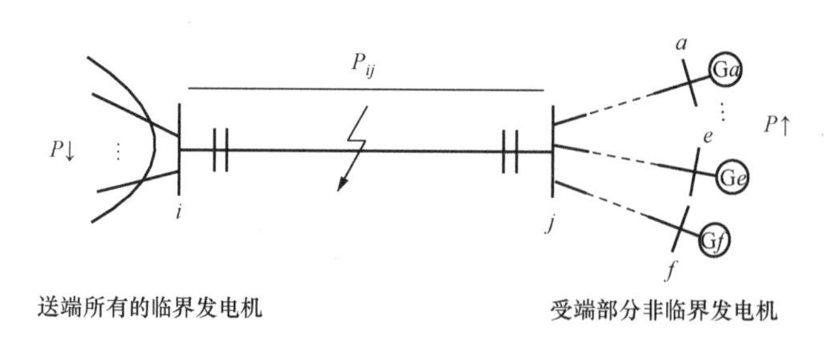


图 6 - 1　发电机选取示意图

$$Z_{ia} < Z_{ib} < \cdots < Z_{ie} < Z_{if} \tag{6-10}$$

$$\sum_{l=a}^{e}(P_{\mathrm{GMax}l} - P_{\mathrm{G}l}) < P_{ij} \tag{6-11}$$

$$\sum_{l=a}^{e}(P_{\mathrm{GMax}l} - P_{\mathrm{G}l}) + (P_{\mathrm{GMax}f} - P_{\mathrm{G}f}) \geqslant P_{ij} \tag{6-12}$$

式中：$Z_{ij}$ 表示节点 $i$、$j$ 之间的阻抗值；$P_{\mathrm{GMax}}$ 表示发电机有功出力上限；$P_{\mathrm{G}}$ 表示发电机实际有功出力；$P_{ij}$ 表示因故障导致线路开断而损失的传输功率；下标 $l$ 表示受端非临界发电机编号变量，其取值 $l=a$，$b$，$c$，…，$f$；下标 $f$ 为具体取值。

如式（6-10）～式（6-12）所示，根据电网络拓扑分析，由近至远，按照电气距离由小至大排序，逐层搜索和故障线路相关的发电机，依此确定待调整发电机，直至待调发电机的可调容量之和等于或略大于因故障切除损失的传输功率。

### 6.1.3 轨迹灵敏度的求解

近年来，广域测量系统的推广使部分电力系统受扰后的实测轨迹能被获取。用系统的实测响应轨迹来计算轨迹灵敏度，可以避免模型和参数不准确所带来的计算偏差，并可以揭示系统受扰轨迹与轨迹灵敏度之间的内在关系，但考虑到广域测量系统覆盖面仍较小，本书利用在线动态安全监测与预警阶段的暂态稳定动态仿真轨迹数据代替实测数据进行轨迹灵敏度计算。

差分化式（6-3）、式（6-4）代入仿真数据，将微分—代数方程转换成非对称线性方程 $\boldsymbol{Ax}=\boldsymbol{b}$ 形式。考虑到问题的规模和稀疏性，采用广义极小残差法（Generalized Minimal Residual algorithm，GMRES）求解，算法[42~43]简要描述如下：

对形如 $\boldsymbol{Ax}=\boldsymbol{b}$ 的问题，$\boldsymbol{A}\in\boldsymbol{R}^{n\times n}$，$\boldsymbol{b}\in\boldsymbol{R}^{n}$，选择重启动步数 $m$，给定迭代初值 $x_0$。

（1）计算 $r_0=b-A\boldsymbol{x}_0$，$q_1=r_0/\|r_0\|_2$，$\beta=\|r_0\|_2$；

（2）Arnoldi 过程，求取 Krylov 子空间 $\{r_0, Ar_0, \cdots, A_{k-1}r_0\}$ 的一组标准正交基，得到 $|q_i|_{i=1}^{m}$ 和 $\overline{\boldsymbol{H}}_m$；

（3）极小化 $\|\boldsymbol{\beta e}_1-\overline{\boldsymbol{H}}_m\boldsymbol{\gamma}\|$，得到 $\boldsymbol{\gamma}_m$，$\boldsymbol{\gamma}\in\boldsymbol{R}^{n}$；

（4）$\boldsymbol{x_m}=\boldsymbol{x}_0+\boldsymbol{Q_m\gamma_m}$；

（5）计算 $\boldsymbol{r}_m=\|\boldsymbol{b}-\boldsymbol{A}x_m\|$。若满足要求，则停止迭代；否则令 $x_0=x_m$，$q_1=r_m/\|r_m\|_2$，返回第（2）步，重新迭代。

计算中的 $\boldsymbol{e}_1=(1, 0, 0, L, 0)^{\mathrm{T}}$ 为单位矢量，$\overline{\boldsymbol{H}}_m$ 为上 Hessenberg 矩阵，$\boldsymbol{Q}_m$ 为 Lanczos 向量矩阵。

### 6.1.4 基于轨迹灵敏度的调度辅助决策

#### 6.1.4.1 调度辅助决策过程

在进行暂态稳定计算时，以发电机相对功角差作为判稳依据。当发电机相对功角差 $>500°$ 时，系统失稳。定义 $\delta_{ml}$ 为系统失稳时刻的最大功角差，$m$ 对应最大功角母线，$l$ 对应最小功角母线。$\delta_{ml}$ 被用来作为衡量系统动态性能的指标，$P_i$ 为各待调发电机的有功出力。通过计算轨迹灵敏度 $\partial\delta_{ml}/\partial P_i$，可以确定和最大功角差变化密切相关的发电机及其相关程度，进而通过调整这些发电机出力，改善系统的稳定性。

当调整对象仅是发电机时，送端和受端发电机分别按照上述方法，确定各自的调整量，调整方向相反，送端发电机向下调，受端发电机向上调。

当调整对象是送端发电机和受端负荷时，送端发电机按照上述方法，确定其向下调整量，受端负荷按照负荷水平确定向下调整量。

由此可见，轨迹灵敏度为明确控制对象和控制量提供了理论依据。调度辅助决策计算流程如图 6-2 所示。

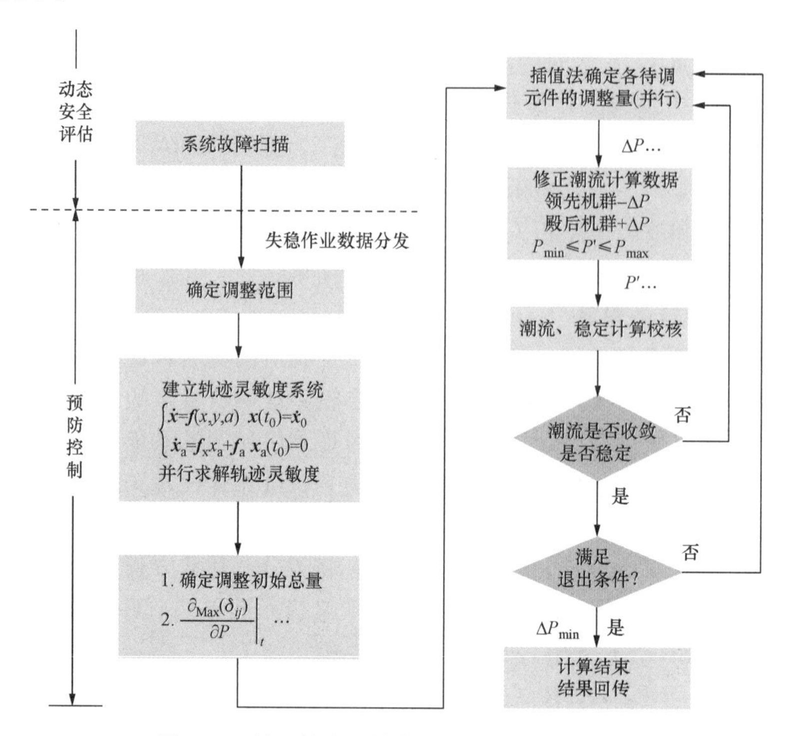


图 6-2　基于轨迹灵敏度的预防控制计算流程

调度辅助决策计算流程说明如下：

**步骤 1**：确定待调对象范围，如发电机、负荷等；

**步骤 2**：确定初始调整总量，以故障造成的线路损失潮流作为调整总量初始值 $\Delta P_{s0}$。

**步骤 3**：根据动态安全评估阶段的计算结果和式（6-1）～式（6-4）计算待调发电机与最大相对功角的轨迹灵敏度。

**步骤 4**：获取各机轨迹灵敏度的最大值，计算各机的调整权重和调整量

$$\alpha_i = \max\left(\frac{\partial \delta_{ml}}{\partial P_i}\right) \Big/ \sum_{k=1}^{p} \max\left(\frac{\partial \delta_{ml}}{\partial P_k}\right) \tag{6-13}$$

$$\Delta P_{ij} = \alpha_i \Delta P_{sj} \quad i = 1,\cdots,p; j = 1,\cdots,m \tag{6-14}$$

当调整对象仅是发电机时，送端和受端发电机分别按照上述方法确定各自的调整量，调整方向相反，送端发电机向下调，受端发电机向上调。

当调整对象是送端发电机和受端负荷时，送端发电机按照上述方法确定其向下调整量，受端负荷按照负荷水平确定向下调整量。

**步骤 5**：针对上述调整结果，进行潮流校核和暂稳计算校核。

**步骤 6**：如果初始调整总量满足上述校核，则按比例逐次减小调解总量

$$\Delta P_{sj} = k_j \Delta P_{s0}, k_j \in (0,1), j = 1,\cdots,m \tag{6-15}$$

**步骤 7**：返回步骤 4，直到找到最小的调整总量和各调整分量为止。

在确定最小调整量的过程中，单机串行执行时，采用了二分法方式，计算过程示意如图 6-3 所示。当调整档位在 100%时，系统稳定，档位在 0%时，系统失稳，所以在 0～100%之间存在稳定解。此后，判断二者之间 50%的稳定性，如果稳定，则最小可行解搜索范围缩小至 1%～50%之间，否则在 50%～100%之间，以此类推，直至找到最小可行解。

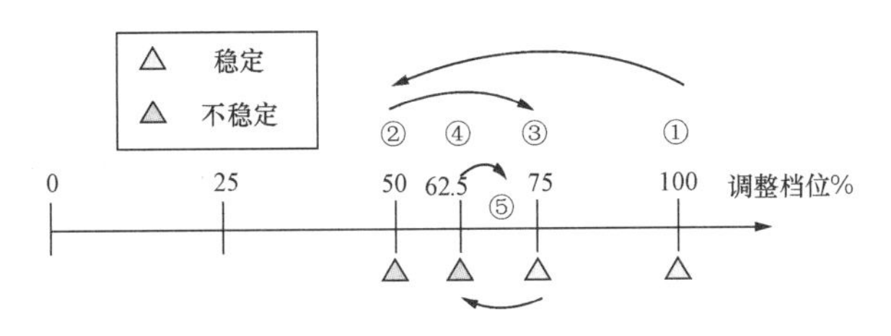


图 6-3　调度辅助决策串行二分计算过程

工程应用中，预防控制在线预决策面向所有预想故障，决策过程中需多次进行暂稳校核。对某一暂稳作业，因为各档位的调整计算相对独立，同时为了充分利用现有计算资源，提高计算效率，更好地满足在线应用的需要，可以充分利用已有的分布式并行计算平台技术。设并行计算所需时间为 $T$，串行计算需迭代 $N$ 次找到最优解，则串行计算所需时间就是 $N\times T$。对万级节点的系统而言，进行一次 10s 全过程暂稳校核，并行的时间约在 20～30s；对串行而言，假设需迭代校核 5 次，所需时间为100～150s。并行计算的效率不言而喻。

6.1.4.2　**调度辅助决策并行化实现**

分布式并行计算平台主要由管理节点和计算节点组成。管理节点负责进行各个计算之间的通信工作与协同工作，计算节点负责完成管理节点分发的计算任务，并将计算结果回传给管理节点。

预防控制并行执行时，对动态安全评估阶段判断为安全裕度不足的算例，由管理节点将其计算结果（包括暂稳计算结果、各等级调整总量和轨迹灵敏度数据）下发给计算节点，在各计算节点上计算调整结果，计算完毕后，结果上传到管理节点。管理节点负责比较各挡位调整结果，输出保证系统稳定的最小调整总量和各发电机具体调整量。调度辅助决策并行化计算过程示意如图 6-4 所示。

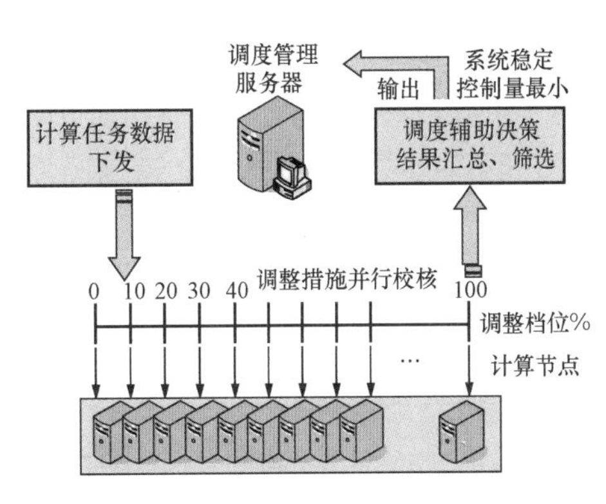


图 6-4　调度辅助决策并行化计算过程

在线系统调度辅助决策并行计算功能的实现也采用统一平台及外壳封装程序，由一个管理节点和多个计算节点组成，在每个节点上都驻留一个平台通信进程，其中管理节点上还运行一个协调管理和调度辅助决策计算控制进程，计算节点上运行计算管理进程。

其中计算节点上各个计算模块执行通过接收平台信号进行计算。

调度辅助决策功能的实施在管理节点和计算节点上与管理平台都存在信息交互，具体交互内容如下：

（1）管理节点。在管理节点上，具体交互流程如图 6-5 所示。具体分为灵敏度计算数据准备、调度辅助决策分步计算数据准备、调度辅助决策分步计算结果处理和调度辅助决策校核计算数据准备、调度辅助决策校核计算结果处理 4 个阶段。其中各阶段需要交互控制信号和数据文件定义如下：

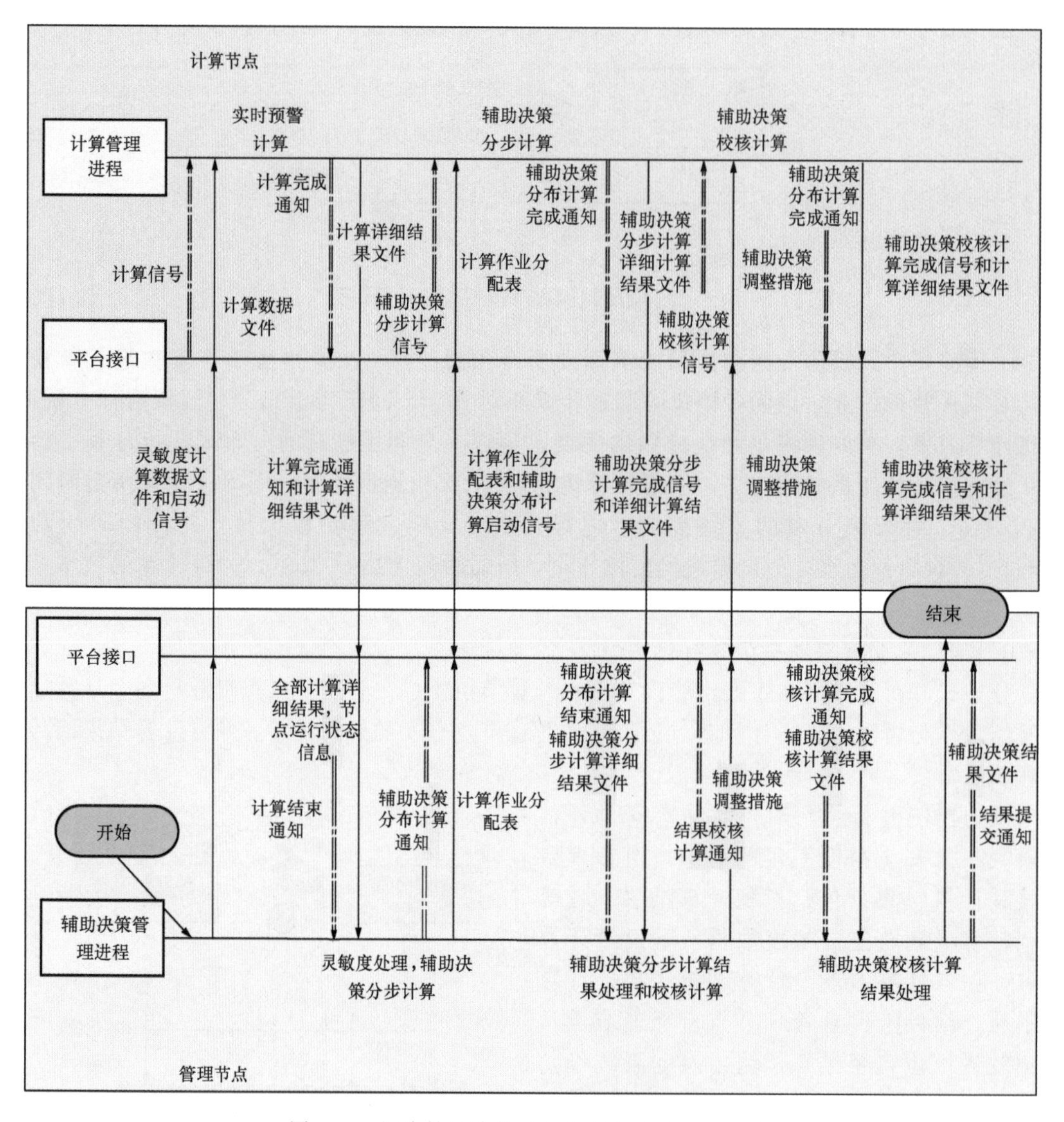


图 6-5　调度辅助决策功能外部信息交互示意图

1）第一阶段：灵敏度计算数据准备。

输入信息：①在线稳定预警计算结束通知信号；②计算节点的运行状态信息。

输出信息：①调度辅助决策灵敏度计算通知信号；②调度辅助决策灵敏度计算数据文件、作业分配信息，需要发送到计算节点。

2）第二阶段：调度辅助决策分步计算数据准备。

输入信息：①灵敏度计算结束通知信号；②计算节点的灵敏度计算结果信息。

输出信息：①调度辅助决策分步计算通知信号；②调度辅助决策分步计算数据文件、分步计算作业分配信息，需要发送到计算节点。

3）第三阶段：调度辅助决策分步计算结果处理和校核计算数据准备。

输入信息：①调度辅助决策分步计算结束通知信号；②计算节点的运行状态信息。

输出信息：①调度辅助决策校核计算通知信号；②调度辅助决策校核计算数据文件，需要发送到计算节点。

4）第四阶段：调度辅助决策校核计算结果处理。

输入信息：①调度辅助决策校核计算结束通知信号；②调度辅助决策校核计算详细结果全集。

输出信息：①调度辅助决策计算完成通知信号；②调度辅助决策结果文件。

（2）计算节点。

在计算节点上，具体交互流程具体分为灵敏度计算、调度辅助决策分步计算、调度辅助决策校核计算3个阶段。其中各阶段需要交互控制信号和数据文件定义如下：

1）第一阶段：灵敏度计算。

输入信息：①灵敏度计算通知信号；②在线稳定预警计算输入数据文件。

输出信息：①灵敏度计算结束通知信号；②灵敏度计算结果输出文件，需要发送到管理节点；③灵敏度计算详细结果输出文件，需要发送到管理节点。

2）第二阶段：调度辅助决策分步计算。

输入信息：①调度辅助决策分步计算通知信号；②调度辅助决策分步计算数据文件。

输出信息：①调度辅助决策分步计算结束通知信号；②调度辅助决策分步计算详细结果输出文件，需要发送到管理节点。

3）第三阶段：调度辅助决策校核计算。

输入信息：①调度辅助决策校核计算通知信号；②调度辅助决策校核计算数据文件。

输出信息：①调度辅助决策校核计算完成通知信号；②调度辅助决策校核计算详细结果输出文件，需要发送到管理节点。

### 6.1.5　算例分析

（1）数据来源。某跨区电网实际运行数据。

（2）故障描述。EYX1线XG侧三相短路故障，YX双回线（0.2s）同时跳开。

（3）故障前潮流。GDJ电厂14台机出力16.53p.u.，GHY500电厂3号、4号发电机出力5.91p.u.，通过GS-SY线和GY线、YX线送往XG地区和SH地区。

（4）故障结果分析。YX双回线故障开断，导致GDJ厂部分出力无法送出，GDJ厂发电机1.27s功角失稳。

（5）调度辅助决策。

根据网络拓扑关系和故障位置，确定待调整的发电机。从预防控制的角度出发，应一方面调节GDJ厂部分发电机出力，另一方面，为平衡功率，增加GEJ厂和GHY01厂等发电机出力。上述待调发电机的确定完全自动进行，包括以下发电机：

GDJ08-21，EGHY500#3、#4，EGEJ01、02、04，EGHY01、02。

各发电机灵敏度计算结果如表6-1所示。

表 6-1　　发电机灵敏度计算结果

| 发电机名称 | 灵敏度 | 所属机群 | 发电机名称 | 灵敏度 | 所属机群 |
|---|---|---|---|---|---|
| EGDJ08 | 30.805344 | 1 | EGDJ20 | 30.335729 | 1 |
| EGDJ09 | 30.805344 | 1 | EGDJ21 | 30.317490 | 1 |
| EGDJ10 | 30.626219 | 1 | EGHY500＃3 | 19.781 | 1 |
| EGDJ11 | 30.626219 | 1 | EGHY500＃4 | 20.3069 | 1 |
| EGDJ12 | 30.527494 | 1 | EGBZ01 | 1.280676 | 2 |
| EGDJ13 | 30.577459 | 1 | EGEJ01 | 1.295204 | 2 |
| EGDJ14 | 30.836242 | 1 | EGEJ02 | 1.233125 | 2 |
| EGDJ15 | 30.677135 | 1 | EGEJ04 | 0.710430 | 2 |
| EGDJ17 | 96.719008 | 1 | EGHY01 | 1.384673 | 2 |
| EGDJ18 | 30.417493 | 1 | EGHY02 | 1.741456 | 2 |
| EGDJ19 | 30.426327 | 1 | | | |

灵敏度计算结果清楚显示了各元件和故障的相关程度，和预警结果相印证，可以用来作为进行下一步精确调节的依据。

故障断线可能造成的功率损失为 3.48p.u.，以此为量，划分若干调节档位，进行稳定校核。结果汇总后，得到方式改变最小的调整调度策略，如表 6-2 所示。

表 6-2　　方式改变最小的调整调度策略

| 发电机名称 | 调节前出力（MW） | 调节后出力（MW） | 调节量（MW） |
|---|---|---|---|
| EGDJ17 | 131.688000 | 70.736550 | −60.951450 |
| EGEJ02 | 149.928000 | 170.000000 | +20.072000 |
| EGEJ01 | 146.212000 | 170.000000 | +23.788000 |
| EGHY01 | 202.235000 | 219.32645 | +17.09145 |

潮流重新调度后，YX 双回线传输功率由 3.48p.u. 降至 3.28p.u.，缺失的功率由 ELQ 经 DL 补充（23.32p.u. 增至 23.5p.u.）。在新的运行方式下，即使出现双回线开断故障，系统也能安然应对。潮流结果表明，当线路传输功率下调后，系统的稳定裕度被放宽，故障失稳的风险也随之降低，这正是预防控制的目的所在。

## 6.2　在线静态电压稳定辅助决策

### 6.2.1　计算目标

DL 755—2001《电力系统安全稳定导则》没有对静态电压稳定单独提出指标性的要求，但是有静态稳定的安全标准。尽管二者在通用的计算方法上存在一定的区别，但从理论上看，静态稳定应该包含静态电压稳定和静态功角稳定。因此，本算法引用 DL 755—2001 的关于静态安全的规定，结合电压稳定计算的特点，设定计算目标如下。

（1）正常运行方式。各电网区域电压稳定功率裕度（$K_p$%）大于 15%或各母线静态电压储备系数（$K_u$%）大于 10%。

（2）$N-1$ 方式。各电网区域电压稳定功率裕度（$K_p\%$）大于10%或各母线静态电压储备系数（$K_u\%$）大于8%。

### 6.2.2 计算方法

基于静态电压稳定分析方法，找出电网电压稳定性比较薄弱的区域。对这些薄弱区域进行电压稳定裕度计算，筛选出电压稳定功率裕度不符合要求的区域，并检查区域内负荷母线的电压储备系数。若这些母线有电压储备系数低于规定值，则利用各区域无功电源进行调整，调整目标是将这些电网区域的电压稳定功率裕度或电压储备系数恢复到规定值。

需要指出的是，在静态电压稳定极限计算过程中不调节无功补偿器，以考察网络本身的坚实程度，并使结论有足够的保守性。

#### 6.2.2.1 确定电压薄弱区域

基于以下原因，本算法以区域而不是母线为分析对象：

（1）无功就地平衡原则。

（2）无功电源的调整对相近地域的母线电压都有影响。

（3）同一区域负荷功率的变化往往呈现比较大的一致性。

电压失稳主要发生在次级输电网络，区域的划分着眼于将各地区电网独立开来分别研究。按以下原则确定电网区域：

（1）去掉电网最高电压等级的元件。

（2）在保留下的网络中将电压等级最高的长距离联络线路去掉。

剩余多个互不相连的网络形成电压稳定研究的对象区域。无功在这些区域间的流动性较差，相互支援的能力较弱。

筛选电压薄弱区域的方法比较多，有模态分析法、灵敏度法等。为与电压储备系数的分析目标契合，本书采用电网在接近电压稳定极限下的功率—电压灵敏度$\left(\dfrac{\mathrm{d}U}{\mathrm{d}\sum P_{\mathrm{L}}}\ \dfrac{\mathrm{d}U}{\mathrm{d}\sum Q_{\mathrm{L}}}\right)$，具体方法如下。

（1）用连续潮流法计算电压稳定极限。设定全网除厂用电、站用电负荷外所有负荷功率恒功率因素均匀增长，发电机出力在自身功率限制范围内均匀增加，给各区域电网均等的施加压力。

（2）在电压稳定极限点计算母线电压对功率的灵敏度，灵敏度大的母线意味着该母线功率继续增加，将导致电压有较大的跌落。

（3）任意母线电压灵敏度较大的区域即为需要检查储备系数的电压薄弱区域。需要检查的区域个数可以根据各电网具体情况和在线系统的计算能力确定。如果电网的网架整体不坚强，且计算节点足够，可以将全部区域都校验。

#### 6.2.2.2 确定需要调整的对象

用连续潮流法并行计算薄弱区域电压稳定裕度，获得调整对象信息，主要步骤如下。

（1）对选定区域进行基态和 $N-1$ 故障后的连续潮流计算，设置本区域除厂用电、站用电负荷外各母线负荷恒功率因素均匀增长，全网发电厂在自身旋转备用范围内提供有功支援。

（2）到达电压稳定极限后，用式（6-16）计算各区域在基态和 $N-1$ 后的功率裕度

$$K_p\% = \frac{P_0 - P_C}{P_0} \times 100 \tag{6-16}$$

式中：$P_0$ 为在初始运行点的负荷功率；$P_C$ 为电压稳定临界点的负荷功率。功率裕度满足要求的区域不进行后续处理。

（3）当某方式下区域功率裕度低于规定要求，用式（6-17）计算该方式下各负荷母线的电压储备系数

$$K_u\% = \frac{U_0 - U_C}{U_0} \times 100 \tag{6-17}$$

式中：$U_0$ 指母线在初始运行点的电压，$U_C$ 指母线在电压稳定临界点的电压。

（4）任一负荷母线电压储备系数小于规定值则该区域需要采取电压辅助决策措施。

6.2.2.3　提高电压稳定性

对筛选出的电压区域进行无功调整，将这些区域的电压稳定裕度恢复到规程允许值。调整过程涉及以下方面问题。

（1）目标元件。选择两类母线作为调整的目标元件，电压储备系数不符合要求的母线和发生电压崩溃的母线，即接近电压失稳时功率—电压灵敏度最大的母线。

（2）调整依据。作为预防控制，调整措施改变的是电网初始的运行状态。因此将从电压初始运行点的潮流雅可比矩阵导出的目标母线电压幅值对区域内各无功源的灵敏度作为调整依据。无功源包括补偿电容、补偿电抗、发电机、调相器等。调整所用的灵敏度系数与寻找薄弱区域和确定调节对象采用的功率—电压灵敏度的区别在于：前者是无功源功率对目标母线电压的灵敏度，后者是负荷功率对负荷端母线电压的灵敏度。

（3）调整量。采用如下步骤计算各无功源的调整量。

1）计算各母线电压调整需求。对电压崩溃母线，如式（6-18）所示。

$$\Delta U_i = (K_{ps} - K_p) P_{li} S_{pi} / 100 \tag{6-18}$$

式中：$\Delta U_i$ 为崩溃母线电压的调整量，$K_{ps}$ 为规定的功率裕度标准，$K_p$ 为功率裕度，$P_{li}$ 为该母线在初始运行点的有功。由于功率—电压灵敏度在接近崩溃点有较大的变化，不能代表正常情况下功率变化对该母线电压的影响。故 $S_{pi}$ 为崩溃母线的功率—电压灵敏度的线性近似均值，该值是初始运行点到临界点的电压变化线和功率变化线的夹角的正切，即如式（6-19）所示。

$$Spi = \frac{U_{0i} - U_{Ci}}{P_{0i} - P_{Ci}} \tag{6-19}$$

式中：$U_{0i}$、$P_{0i}$、$U_{Ci}$、$P_{Ci}$ 分别为电压崩溃母线在初始运行点和临界点的电压和有功。

对电压储备系数不足的母线，其调整量如式（6-20）所示

$$\Delta U_j = (K_{us} - K_{uj}) U_{0j} / 100 \tag{6-20}$$

式中：$\Delta U_j$ 为储备系数不足的母线 $j$ 的电压调整量；$K_{us}$ 为规定的电压储备系数标准，$K_{uj}$ 为 $j$ 母线的电压储备系数。

2）计算模型。将区域电网内所有母线的电压上下限限制增加为调节的约束条件。常规无功补偿器分组投入，将分组式补偿器调节次数最少和连续式无功源调整量最小作为调节目标。忽略其他区域电网无功调整对本区域网的影响，得如式（6-21）所示混合整数优化模型。

$$obj = \min\left(\alpha \sum_{k=1}^{n} \boldsymbol{Ma}_{kk} + \beta \sum_{k=1}^{r} \Delta \boldsymbol{Q}_{k}\right) \tag{6-21}$$

s. t.

$$\boldsymbol{S}_{qv} \cdot (\boldsymbol{T} \cdot \boldsymbol{Ma} \cdot \boldsymbol{C} + \boldsymbol{Mb} \cdot \boldsymbol{\Delta Q}) > \Delta \boldsymbol{U} \tag{6-22}$$

$$\boldsymbol{U} = \boldsymbol{U}_{0} + \boldsymbol{\Delta U} \tag{6-23}$$

$$\boldsymbol{U}_{low} \leqslant \boldsymbol{U} \leqslant \boldsymbol{U}_{up} \tag{6-24}$$

$$\boldsymbol{Q} = \boldsymbol{Q}_{0} + \boldsymbol{Mb} \cdot \boldsymbol{\Delta Q} \tag{6-25}$$

$$\boldsymbol{Q}_{low} \leqslant \boldsymbol{Q} \leqslant \boldsymbol{Q}_{up} \tag{6-26}$$

上述各式中，$\boldsymbol{T}$ 为各无功补偿器与母线的关联矩阵，如式（6-27）所示。

$$\boldsymbol{T} = \begin{bmatrix} 1 & 1 & \cdots & 0 \\ 0 & 0 & \cdots & 0 \\ \vdots & \vdots & \vdots & \vdots \\ 0 & 0 & \cdots & 1 \\ 0 & 0 & \cdots & 0 \end{bmatrix} \tag{6-27}$$

矩阵的行数为接有无功电源的母线个数 $r$，列数为投切式无功补偿器的组数 $n$。若第 $i$ 个无功源母线上接有第 $j$ 个补偿器，则 $\boldsymbol{T}_{ij}=1$，否则 $\boldsymbol{T}_{ij}=0$。一个母线可能接有多个补偿器，因而每列只有一个元素为 1，每行可多个非 0 元。$\boldsymbol{Ma}$ 为投切式补偿器动作矩阵，是行数、列数均为投切式补偿器组数 $n$ 的对角阵。第 $i$ 个补偿器动作，则 $\boldsymbol{Ma}_{ii}=1$，否则为 0。$\boldsymbol{Mb}$ 为连续式无功源动作矩阵，是行数、列数均为无功电源的母线个数 $r$ 的对角阵。第 $i$ 个母线的无功源增加感性无功输出，则 $\boldsymbol{Mb}_{i}=1$；减小感性无功输出，则 $\boldsymbol{Mb}_{i}=-1$；没有连续式无功源或连续式无功源不动作，则 $\boldsymbol{Mb}_{i}=0$。$C$ 为各补偿器动作后无功改变量组成的列向量，其维度为补偿器总个数 $n$。补偿器的无功取为初始运行点电压平方与导纳的乘积。若补偿器已投入，其动作后果是切除自身提供的无功，反之，动作后果为投入自身能提供的无功。$\Delta Q$ 为连续式无功源的无功变化绝对值列向量，维度为 $r$。可能存在部分母线既有连续式无功源，也有分组的补偿器。$Q$、$Q_{low}$ 和 $Q_{up}$ 分别为连续式无功源的调整后值、下限和上限列向量，维度同样为 $r$。$\Delta U$ 为本地区电网母线电压变化列向量，维度为本地区母线数 $z$。$U$、$U_{low}$ 和 $U_{up}$ 分别为母线电压的调整后值，下限和上限列向量，维度为 $z$。$S_{qv}$ 为区域电网母线电压幅值对无功注入的灵敏度，其维度为 $z\times r$。$\alpha$、$\beta$ 分别为分组式补偿器和连续式无功源的权重。解上述优化方程，便可得各无功补偿的调整量。

#### 6.2.2.4 调整无功无解后调整发电机有功

当上述计算无解，则增加发电机有功作为调节手段，式（6-21）改为式（6-28），式（6-22）改为式（6-29）

$$obj = \min\left(\alpha \sum_{k=1}^{n} \boldsymbol{Ma}_{kk} + \beta \sum_{k=1}^{r} \Delta \boldsymbol{Q}_{k} + \gamma \sum_{k=1}^{w} \Delta \boldsymbol{P}_{k}\right) \tag{6-28}$$

$$\boldsymbol{S}_{qv} \cdot (\boldsymbol{T} \cdot \boldsymbol{Ma} \cdot \boldsymbol{C} + \boldsymbol{Mb} \cdot \Delta \boldsymbol{Q}) + \boldsymbol{S}pv \cdot \boldsymbol{Mc} \cdot \Delta \boldsymbol{P} > \Delta U \tag{6-29}$$

式中：$\Delta \boldsymbol{P}$ 为发电机有功改变量绝对值列向量，维度为发电机个数 $w$。$\boldsymbol{M}c$ 为发电机有功动作矩阵，是行数、列数均为 $w$ 的对角阵。第 $i$ 个发电机增加有功输出，则 $\boldsymbol{M}c_{i}=1$；减小有功输出，则 $\boldsymbol{M}c_{i}=-1$；发电机有功调节不动作，则 $\boldsymbol{M}c_{i}=0$。$Spv$ 为区域电网母线电压幅值对发电机有功注入的灵敏度，其维度为 $z\times w$。$\gamma$ 为发电机有功调整的权重，为保证优先进行无功电源和无功补偿器的调整，该值应远小于 $\alpha$ 和 $\beta$。

增加如下发电机有功约束

$$\boldsymbol{P}=\boldsymbol{P}_0+\boldsymbol{Mc}\cdot\Delta\boldsymbol{P} \tag{6-30}$$

$$\boldsymbol{P}_{\mathrm{low}}\leqslant\boldsymbol{P}\leqslant\boldsymbol{P}_{\mathrm{up}} \tag{6-31}$$

式中：$\boldsymbol{P}$、$\boldsymbol{P}_{\mathrm{low}}$ 和 $\boldsymbol{P}_{\mathrm{up}}$ 分别为发电机有功的调整后值、下限和上限列向量，维度同样为 $w$。

#### 6.2.2.5 调整发电机和无功补偿均无解后切负荷

当调整发电机和无功补偿器均无解，则采用切负荷措施。式（6-28）、（6-29）分别改为式（6-32）、式（6-33）。

$$obj=\min\left(\alpha\sum_{k=1}^{n}\boldsymbol{Ma}_{kk}+\boldsymbol{\beta}\sum_{k=1}^{r}\Delta\boldsymbol{Q}_k+\gamma\sum_{k=1}^{w}\Delta\boldsymbol{P}_k+\eta\sum_{k=1}^{h}(\boldsymbol{d}\cdot\boldsymbol{PL}_k)\right) \tag{6-32}$$

$$S_{\mathrm{qv}}\cdot(\boldsymbol{T}\cdot\boldsymbol{Ma}\cdot\boldsymbol{C}+\boldsymbol{Mb}\cdot\Delta\boldsymbol{Q})+\boldsymbol{S}_{pv}\cdot\boldsymbol{Mc}\cdot\Delta\boldsymbol{P}+\boldsymbol{S}plv\cdot\boldsymbol{d}\cdot\boldsymbol{PL}+\boldsymbol{S}qlv\cdot\boldsymbol{d}\cdot\boldsymbol{QL}>\Delta U \tag{6-33}$$

式中：$PL$、$QL$ 分别为区域电网的负荷有功和无功列向量，维度为区域负荷个数 $h$。$\boldsymbol{d}$ 为切负荷比例矩阵，为行数和列数均为 $h$ 的对角矩阵。$\boldsymbol{S}plv$、$\boldsymbol{S}qlv$ 分别为区域电网母线电压幅值对负荷有功、无功注入的灵敏度矩阵，其维度为 $z\times h$。$\eta$ 为切负荷的权重因子，为保障最后采用切负荷手段，$\eta$ 应远小于 $\gamma$。由于采用等功率因素切负荷，目标函数（6-32）中不需要考虑最小切负荷无功量的项。

增加如下约束

$$\boldsymbol{0}\leqslant\boldsymbol{d}\leqslant\boldsymbol{1} \tag{6-34}$$

式中：0、1 分别为维度为 $h$ 的全 0 和全 1 向量。

#### 6.2.2.6 校验

根据辅助决策措施，调整本区域电网的无功分配，重新计算电压稳定功率裕度和母线的电压储备系数。

## 6.3 在线小干扰稳定辅助决策

随着电力系统规模的不断扩大，低频振荡问题日益突出[44],[47]。近年来，我国跨区特高压交直流混合输电网架逐步形成，低频振荡带来的电网事故风险和振荡控制难度随之不断增大。低频振荡对供电设备构成很大威胁，甚至可能诱发连锁故障，造成大面积停电、系统解列等灾难性后果。因此，研究辅助特高压交直流电网在线运行的、增强系统阻尼特性的小干扰稳定控制方法具有重要的现实意义。

常用的抑制低频振荡的控制措施主要有三类[48]：改变电网结构、增强控制设备和调整运行方式。改变电网结构需要增建线路、变电站等一次设备，投资大、周期长。增强控制设备是抑制低频振荡中重要的一类措施，主要包括电力系统稳定器（PSS）、可控串补（TCSC）、静止无功补偿器（SVC）和在直流控制中附加直流调制。调整运行方式的措施是通过敏感机组出力调整，改变重要输电断面的潮流和电压来提高振荡模式阻尼。但从电力系统运行的观点看，在一定时期一定条件下，前两种控制措施，尚不足以完全消除区间振荡，这是因为[49],[50]：

（1）增强控制设备的实施通常需要经历长时间的设计、制造、安装和投运过程，不能解决近期运行研究中所发现和可能出现的问题。

（2）联络线功率交换受小干扰稳定性限制的情况常常只在短时间内出现，增加新的控制器并不是减轻这一问题的最有效途径。

（3）即使配置了合适的控制设备，但总有一些运行条件会超出控制器的设计范围，需要附加一些补救措施以适应这些运行条件。

已有的在线小干扰稳定辅助决策，以特征值计算直接给出的参与因子作为机组出力调整性能指标[51]。但实际上，电力系统小干扰稳定与系统运行方式之间的关系更为直接[52]。对在小干扰稳定分析中发现的弱阻尼低频振荡模式，如果能求出这一模式阻尼对各个发电机输出功率的灵敏度，掌握振荡模式随运行方式变化的规律和特性，就可以根据灵敏度信息来改变系统运行方式。这是解决弱阻尼低频振荡问题的有效途径之一。

电力调控中心给出的调度策略主要是逻辑性离散的操作指令。电力系统离散稳定控制的核心理论问题是如何定义系统的稳定量化指标并寻求所定义稳定量化指标对控制变量的梯度。小干扰稳定控制的稳定量化指标是低频振荡模态对应的阻尼比，稳定量化指标对控制变量的梯度即是低频振荡模态阻尼比和运行方式之间的量化关系。

基于阻尼比对运行方式灵敏度计算的运行方式调整策略在线计算方法，实现针对在线运行状态的小干扰稳定控制。常用的控制措施包括调整发电机组出力、控制母线电压和改变区域负荷。考虑到控制措施的可操作性，本节重点研究通过调整发电机出力提高低频振荡模态阻尼的控制策略。本节提出的运行方式调整策略在提高电力系统运行阻尼的同时，能有效兼顾控制代价的经济性，同时满足调度运行的实用性和可操作性要求。

### 6.3.1 被控发电机组的选取

原则上，对于弱阻尼低频振荡问题，电力系统中所有参与运行的元件都可作为被控对象，但在线评估计算周期一般要求小于15min。若控制策略涉及所有元件，不仅不符合实际情况，而且会造成巨大的计算负担。因此，实际参加功率调整的发电机组仅是其中一部分。以下结合模态特征向量空间分布特性和参与因子指标，进行参调发电机组的初步确定。

（1）同调机组分群。为避免仅按参与因子指标选取的发电机来自于同一个同调机群，在筛选之前，先根据振荡模态，获取振荡机组分群信息。对弱阻尼低频振荡模式及其对应的特征向量（振荡模态），依据相位和幅值，利用模糊聚类方法，进行调整发电机同调分群。

聚类是把物理或抽象的数据对象按照相似性分成若干类别的过程，目的是使属于同一类别的个体之间的距离尽可能小，而属于不同类别的个体间的距离尽可能的大。模糊聚类问题可表示为一个迭代寻优问题，如式（6-35）所示。

$$\min\left\{F(u_{hj})=\sum_{j=1}^{n}\sum_{h=1}^{c}[u_{hj}\|w_i(r_{ij}-s_{ih})\|]^2\right\} \tag{6-35}$$

s. t.

$$0\leqslant u_{hj}\leqslant 1$$

$$\sum_{h=1}^{c}u_{hj}=1$$

$$\sum_{j=1}^{n}u_{hj}>0$$

$$\sum_{i=1}^{m}w_i=1$$

式中：样本集 $\boldsymbol{R}=\{r_{ij}\}$，模糊聚类矩阵 $\boldsymbol{U}=\{u_{hj}\}$，模糊聚类中心矩阵 $\boldsymbol{S}=\{s_{ih}\}$，权重向量 $\boldsymbol{W}=(w_1, \cdots, w_m)^{\mathrm{T}}$，$i=1, \cdots, m$，$j=1, \cdots, n$，$h=1, \cdots, c$，$n$ 为样本数，$m$ 为特征变量数，$c$ 为聚类数。

上述目标函数的含义为，聚类样本集对于全体类别的加权广义欧氏权距离平方和最小。在小干扰稳定问题中，低频振荡模式主要为两群，因此聚类数 $c=2$；样本数是机电振荡模态维度，即 $n=$发电机数$-1$；特征变量包含特征向量幅值和相角，因此 $m=2$。构造拉格朗日函数，可以得到 $\boldsymbol{U}$ 阵和 $\boldsymbol{S}$ 阵的迭代表达式如式（6-36）、式（6-37）所示

$$u_{hj}=\frac{1}{\sum_{k=1}^{c}\frac{\sum_{i=1}^{m}[w_i(r_{ij}-s_{ih})]^2}{\sum_{i=1}^{m}[w_i(r_{ij}-s_{ik})]^2}} \tag{6-36}$$

$$s_{ih}=\frac{\sum_{j=1}^{n}u_{hj}^2 w_i^2 r_{ij}}{\sum_{j=1}^{n}u_{hj}^2 w_i^2} \tag{6-37}$$

同 $\boldsymbol{U}$ 阵和 $\boldsymbol{S}$ 阵的迭代表达式相比，权重 $\boldsymbol{W}$ 一般是人为给定的，计算结果往往会受到主观因素的影响。本节给出 $\boldsymbol{W}$ 阵的迭代表达式。设已知模糊聚类矩阵 $\boldsymbol{U}$ 和模糊聚类中心矩阵 $\boldsymbol{S}$，求解最优指标权重 $\boldsymbol{W}$，此时目标函数可写为式（6-38）。

$$\min\{F(w_i)\}=\sum_{j=1}^{n}\min\sum_{h=1}^{c}\left\{u_{hj}^2\sum_{i=1}^{m}[w_i(r_{ij}-s_{ih})]^2]\right\}$$

$$\text{s.t.}\sum_{i=1}^{m}w_i=1 \tag{6-38}$$

构造拉格朗日函数，解得式（6-39）。

$$w_i=\frac{1}{\sum_{k=1}^{m}\frac{\sum_{j=1}^{n}\sum_{h=1}^{c}[u_{hj}(r_{ij}-s_{ih})]^2}{\sum_{j}^{n}\sum_{h=1}^{c}[u_{hj}(r_{ij}-s_{kh})]^2}} \tag{6-39}$$

经过聚类分析可将同低频振荡模式对应的运行机组分成同调的两群，即 $R_G=R_{G1}\cup R_{G2}$，如图 6-6 所示。这两群对应的聚类中心相角差大致在 120°～180°之间。

（2）参调发电机选取。虽然参与因子不能精确表达给定运行方式下表征稳定性程度的模式阻尼和机组的参与程度，但能反映状态变量与特征根之间的关联程度，且可由小干扰稳定特征值计算直接给出，因此可被用来做参调发电机的筛选指标。本节在每个同调群中分别选取参与因子$>\varepsilon$（$\varepsilon$ 为自定义参数）的发电机，形成参加功率调控的发电机集合 $R'_G=R'_{G1}\cup R'_{G2}$。

### 6.3.2 特征值对运行方式的灵敏度计算

对选定的 $R'_{G1}$ 和 $R'_{G2}$ 中的发电机，计算振荡阻尼对于有功功率的灵敏度，即在某运行方式下，振荡模式阻尼对系统中发电机有功功率的灵敏度。该灵敏度反映了阻尼对于运行方式变化的敏感度，计算公式如下所述。

设系统在运行点处线性化后的状态方程如式（6-40）所示。

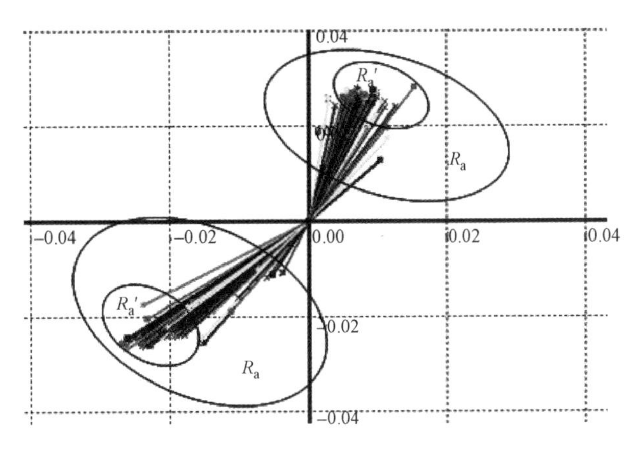


图 6-6 被控发电机选取示例

$$\begin{bmatrix} \Delta \dot{\boldsymbol{X}} \\ 0 \end{bmatrix} = \begin{bmatrix} \boldsymbol{J}_A & \boldsymbol{J}_B \\ \boldsymbol{J}_C & \boldsymbol{J}_D \end{bmatrix} \begin{bmatrix} \Delta \boldsymbol{X} \\ \Delta \boldsymbol{Y} \end{bmatrix} = \boldsymbol{J} \begin{bmatrix} \Delta \boldsymbol{X} \\ \Delta \boldsymbol{Y} \end{bmatrix} \tag{6-40}$$

式中：$\boldsymbol{J}=\begin{bmatrix} \boldsymbol{J}_A & \boldsymbol{J}_B \\ \boldsymbol{J}_C & \boldsymbol{J}_D \end{bmatrix}$为系统线性化后的增广雅可比矩阵。$\boldsymbol{X}$ 为状态变量，$\boldsymbol{Y}$ 为输出变量。

设该运行点处，系统的特征值、左右特征向量分别为 $\boldsymbol{\lambda}$、$\boldsymbol{u}$ 和 $\boldsymbol{v}$，且

$$\boldsymbol{v}_a = -\boldsymbol{J}_D^{-1} \boldsymbol{J}_C v \tag{6-41}$$

$$\boldsymbol{u}_a^{\mathrm{T}} = -\boldsymbol{u}^{\mathrm{T}} \boldsymbol{J}_B \boldsymbol{J}_D^{-1} \tag{6-42}$$

可推得特征值对于发电机功率的灵敏度的公式为

$$\frac{\mathrm{d}\lambda}{\mathrm{d}p} = \frac{[\boldsymbol{u}_a \quad \boldsymbol{u}_a^{\mathrm{T}}] \begin{bmatrix} \frac{\mathrm{d}\boldsymbol{J}_A}{\mathrm{d}p} & \frac{\mathrm{d}\boldsymbol{J}_B}{\mathrm{d}p} \\ \frac{\mathrm{d}\boldsymbol{J}_C}{\mathrm{d}p} & \frac{\mathrm{d}\boldsymbol{J}_D}{\mathrm{d}p} \end{bmatrix} \begin{bmatrix} \boldsymbol{v} \\ \boldsymbol{v}_a \end{bmatrix}}{\boldsymbol{u}^{\mathrm{T}} \boldsymbol{v}} \tag{6-43}$$

可以进一步定义阻尼对于运行方式的灵敏度，简称阻尼灵敏度，如式（6-44）所示。

$$\frac{\partial \xi}{\partial p} = \frac{1}{\sqrt{(\alpha^2+\beta^2)}} \frac{-\beta^2}{(\alpha^2+\beta^2)} \frac{\partial \alpha}{\partial p} + \frac{1}{\sqrt{(\alpha^2+\beta^2)}} \frac{\alpha\beta}{(\alpha^2+\beta^2)} \frac{\partial \beta}{\partial p} \tag{6-44}$$

特征值灵敏度实部为负，阻尼灵敏度为正，表示增大机组出力会增大系统阻尼；反之，特征值灵敏度实部为正，阻尼灵敏度为负，表示降低机组出力会增大系统阻尼。因此，阻尼灵敏度的正负可以用来确定发电机功率调整方向。在此，按照阻尼灵敏度数值符号及对应的功率调整方向，参调发电机集合 $\boldsymbol{R}'_{\mathrm{G}}$（$\boldsymbol{R}'_{\mathrm{G}}=\boldsymbol{R}'_{\mathrm{G1}} \cup \boldsymbol{R}'_{\mathrm{G2}}$）可被重新定义为功率上调机群和功率下调机群。功率上调机群记为 $\boldsymbol{R}$，功率下调机群记为 $\boldsymbol{S}$。特征值对各元件运行方式的灵敏度计算方法详见文献 [53]。

### 6.3.3 发电机功率调整量确定

阻尼灵敏度的数值符号给出了参数调整的方向，阻尼灵敏度的数值大小则能指导发电出力调整。常用的方法是对给定的功率调整量，以阻尼灵敏度数值大小作为调整权重，分配调整功率。但会导致所有确定的参调发电机都参加运行方式调整，易造成发电机调整后功率越限。因此，这种方法不具操作性。对实际调度生产而言，希望以最小的调整代价（动作元件

少、调整量小）实现系统稳定。为此，本节提出如下发电机功率调整量确定方法。

6.3.3.1 确定功率调整总量

（1）分别计算功率下调机群和功率上调机群的功率调整限值。

1）功率下调机群功率调整限值 $\Delta P_{SG}$

$$\Delta P_{SG} = \sum_{i \in S} [P_{SG}(i) - P_{SGmin}(i)] \tag{6-45}$$

式中：$P_{SG}(i)$表示下调机群中第 $i$ 台发电机的有功出力，$P_{SGmin}(i)$ 表示下调机群中第 $i$ 台发电机的有功出力下限值。

2）功率上调机群功率调整限值 $\Delta P_{RG}$

$$\Delta P_{RG} = \sum_{i \in R} [P_{RGmax}(i) - P_{RG}(i)] \tag{6-46}$$

式中：$P_{RG}(i)$ 表示上调机群中第 $i$ 台发电机的有功出力，$P_{RGmax}(i)$ 表示上调机群中第 $i$ 台发电机的有功出力上限值。

（2）比较 $\Delta P_{SG}$和 $\Delta P_{RG}$的大小，选择较小值作为总的功率调整范围限值 $\Delta P_0$。这样，消除低频振荡所需的功率调整范围定义为 $(0，\Delta P_0]$。一般的，增强模式阻尼所需付出的发电机功率调整总量 $\Delta P_G \leqslant \Delta P_0$。为了找到合适的 $\Delta P_G$，将功率调整上限 $\Delta P_0$ 按比例 $\boldsymbol{K}$ 分为若干调整量挡位，$\boldsymbol{K}$ 满足式（6-47）。

$$\begin{gathered} \boldsymbol{K} = (K_1, K_2, \cdots, K_m) \\ \text{s.t.} \quad K_1 < K_2 < \cdots < K_m \\ K_1, K_2, \cdots, K_{m-1} \in (0,1) \\ K_m = 1 \end{gathered} \tag{6-47}$$

形成相应的功率调整总量挡位，形如式（6-48）。

$$\boldsymbol{P}_{\Sigma} = (P_{\Sigma 1}, \cdots, P_{\Sigma j}, \cdots, P_{\Sigma m}) = (K_1 \Delta P_0, \cdots, K_j \Delta P_0, \cdots, K_m \Delta P_0) \tag{6-48}$$

6.3.3.2 确定参调发电机数量

对应于每一挡功率调整总量 $P_{\Sigma j}(j=1，\cdots，m)$，对两群中的发电机分别按阻尼灵敏度进行降序排序。

（1）设功率下调机群 $\boldsymbol{S}$ 中包含的发电机数为 $n_S$，则参加功率调整的发电机满足式（6-49）～式（6-51）。

$$\sum_{i=1}^{b_S|_{P_{\Sigma j}}} (P_{SG}(i) - P_{SGmin}(i)) < P_{\Sigma j} \quad b_S|_{P_{\Sigma j}} < n_S \tag{6-49}$$

$$\begin{aligned} &\sum_{i=1}^{b_S|_{P_{\Sigma j}}} (P_{SG}(i) - P_{SGmin}(i)) + [P_{SG}(b_S|_{P_{\Sigma j}} + 1) - \\ &P_{SGmin}(b_S|_{P_{\Sigma j}} + 1)] \geqslant P_{\Sigma_j}, b_S|_{P_{\Sigma j}} + 1 \leqslant n_S \end{aligned} \tag{6-50}$$

$$\frac{d\xi'}{dP_{SG}(1)} > \cdots > \frac{d\xi'}{dP_{SG}(i)} > \cdots > \frac{d\xi'}{dP_{SG}(n_S)} \tag{6-51}$$

功率下调机群 $\boldsymbol{S}$ 中参加功率调整的发电机为按阻尼灵敏度降序排序的前$b_S|_{P_{\Sigma j}}+1$ 台发电机。式中$b_S|_{P_{\Sigma j}}$ 表示对应于给定调整量 $P_{\Sigma j}$的下调机群中满足式（6-49）的参调发电机数目，$d\xi'/dP_{SG}(i)$ 表示弱阻尼 $\xi'$ 相对下调机群中第 $i$ 台发电机有功功率 $P_{SG}(i)$ 的阻尼灵敏度。

（2）设功率上调机群 **R** 中包含的发电机数为 $n_R$，则参加功率调整的发电机满足

$$\sum_{i=1}^{b_R|P_{\Sigma j}} [P_{\text{RGmax}}(i) - P_{\text{RG}}(i)] < P_{\Sigma j} \quad b_R|P_{\Sigma j} < n_R \tag{6-52}$$

$$\begin{aligned}&\sum_{i=1}^{b_R|P_{\Sigma j}} [P_{\text{RGmax}}(i) - P_{\text{RG}}(i)] + [P_{\text{RGmax}}(b_R|_{P_{\Sigma j}}+1) - \\ &\quad P_{\text{RG}}(b_R|_{P_{\Sigma j}}+1)] \geqslant P_{\Sigma j}, b_R|_{P_{\Sigma j}}+1 \leqslant n_R\end{aligned} \tag{6-53}$$

$$\frac{\mathrm{d}\xi'}{\mathrm{d}P_{\text{RG}}(1)} > \cdots > \frac{\mathrm{d}\xi'}{\mathrm{d}P_{\text{RG}}(i)} > \cdots > \frac{\mathrm{d}\xi'}{\mathrm{d}P_{\text{RG}}(n_R)} \tag{6-54}$$

功率上调机群 **R** 中参加功率调整的发电机为按阻尼灵敏度降序排序的前 $b_R|_{P_{\Sigma j}}+1$ 台发电机。式中，$b_R|_{P_{\Sigma j}}$ 表示对应于给定调整量 $P_{\Sigma j}$ 的上调机群中满足式（6-52）的参调发电机数目，$\mathrm{d}\xi'/\mathrm{d}P_{\text{RG}}(i)$ 表示弱阻尼 $\xi'$ 相对上调机群中第 $i$ 台发电机有功出力 $P_{\text{RG}}(i)$ 的阻尼灵敏度。

6.3.3.3 确定参调的发电机功率调整量

发电机功率调整量确定的原则是，依据阻尼灵敏度降序排序，将调整功率 $P_{\Sigma j}$（$j=1$，…，$m$）在参调发电机中依次分配，每台发电机功率调整量以达到其功率限值为目标。这样做，可以避免简单利用灵敏度作为调整权重计算调整量时导致的发电机功率越限问题。同时，当调整功率分配完后，剩余的发电机不需要参加调整，保证控制策略具有可操作性。

1）对功率下调机群 **S** 中的发电机，前 $b_S|_{P_{\Sigma j}}$ 台发电机，每台发电机的功率下调量如式（6-55）所示。

$$\Delta P_{\text{SG}}|_{P_{\Sigma j}}(i) = P_{\text{SG}}(i) - P_{\text{SGmin}}(i) \quad i \in (1, b_S|_{P_{\Sigma j}}] \tag{6-55}$$

第 $b_S|_{P_{\Sigma j}}+1$ 台发电机的功率下调量如式（6-56）所示。

$$\begin{aligned}\Delta P_{\text{SG}}|_{P_{\Sigma j}}[b_S(P_{\Sigma j})+1] &= P_{\Sigma j} - \sum_{i=1}^{b_S|P_{\Sigma j}} \Delta P_{\text{SG}}(i) \\ &= P_{\Sigma j} - \sum_{i=1}^{b_S|P_{\Sigma j}} (P_{\text{SG}}(i) - P_{\text{SGmin}}(i))\end{aligned} \tag{6-56}$$

2）对功率上调机群 **R** 中的发电机，前 $b_R|_{P_{\Sigma j}}$ 台发电机，每台发电机的功率上调量如式（6-57）所示。

$$\Delta P_{\text{RG}}|_{P_{\Sigma j}}(i) = P_{\text{SGmax}}(i) - P_{\text{SG}}(i) \quad i \in (1, b_R|_{P_{\Sigma j}}] \tag{6-57}$$

第 $b_R|_{P_{\Sigma j}}+1$ 台发电机的功率上调量如式（6-58）所示。

$$\begin{aligned}\Delta P_{\text{RG}}|_{P_{\Sigma j}}(b_R|_{P_{\Sigma j}}+1) &= P_{\Sigma j} - \sum_{i=1}^{b_R|P_{\Sigma j}} \Delta P_{\text{RG}}(i) \\ &= P_{\Sigma j} - \sum_{i=1}^{b_R|P_{\Sigma j}} [P_{\text{RGmax}}(i) - P_{\text{RG}}(i)]\end{aligned} \tag{6-58}$$

### 6.3.4 算法步骤

通过计算阻尼比对系统运行方式的灵敏度，实现低频振荡模式与发电机功率变化的相关性量化分析，指导运行方式的调整，提高系统阻尼，具体步骤如下。

（1）读取在线小干扰稳定计算数据和结果数据。

（2）对弱阻尼低频振荡模式，根据特征向量分布特性，利用模糊聚类方法进行同调分群。

（3）在各同调机群中，按参与因子大小进行降序排序，选取参与因子大于 $\varepsilon$ 的发电机作为参与控制的发电机，$\varepsilon$ 是参与因子阈值。

（4）计算低频振荡模式对应的特征值及阻尼对各参调发电机输出功率的灵敏度。因为阻尼对于各发电机输出功率的灵敏度计算彼此独立，可以通过并行计算方式完成。

（5）确定功率调整范围限值 $\Delta P_0$。

（6）将功率调整范围 $(0, \Delta P_0]$ 分为若干挡位 $P_\Sigma=(P_{\Sigma 1}, \cdots, P_{\Sigma j}, \cdots, P_{\Sigma m})$，求取同各调整挡位对应的发电机功率调整方案。

（7）根据功率调整量 $P_{\Sigma j}(j=1, \cdots, m)$ 及其对应的各发电机出力调整量，调整相关发电机出力，形成新的运行方式。

（8）对上述同若干功率调整挡位对应的新的运行方式，利用并行计算，进行潮流校核。

（9）小干扰稳定校核，确定新的运行方式下的特征值、频率和阻尼比。

运行方式改变后，特征值会发生变化，但跟特征值相关的机组变化不会太大。可以通过比较运行方式变化前后特征值的相关机组是否一致来追踪特征值。

本节在进行小干扰校核时，以同 $P_{\Sigma j}(j=1, \cdots, m)$ 对应的调整后的运行方式作为初始计算条件，以改变前特征值对应频率作为初始搜索频率，进行小干扰分析输入设置和计算，求该频率附近 3 个特征值。比较 3 个特征值和改变前特征值的相关机组，相关机组相差最小的特征值认为是改变后的特征值。

（10）选取并输出功率调整后阻尼比满足设定条件，同时参调发电机数最少的功率调整策略。功率调整策略包括功率调整总量 $\Delta P_G(\Delta P_G=P_{\Sigma j})$ 及其发电机功率调整量 $\Delta P_{SG}|_{P_{\Sigma j}}$ 和 $\Delta P_{RG}|_{P_{\Sigma j}}(j\in[1, m])$。

本节提出的小干扰稳定控制方法可应用于电网正常不安全运行状态下的预防控制和电网紧急运行状态下的实时控制[54],[55]。这两种控制决策都需要量化的稳定指标。前者的关键是基于 5～15min 的超短期潮流预测及稳定评估技术[56]，对可能出现的弱阻尼低频振荡，给出运行方式调整策略，在稳定问题出现之前，将处于警戒状态的运行点引入安全状态，消除可能出现的不安全因素。后者是在检测到低频振荡已经发生后，由事件触发，在实测主导模式与小干扰稳定分析模式匹配[57]的基础上实施的反馈控制。相对于暂态失稳而言，低频振荡失稳时间长，因此决策时间要求相对较低，结合并行计算技术，可以实现实时决策。

### 6.3.5 仿真分析

本节选取两华某年夏天运行方式进行分析。在该运行方式之下，华中电网通过直流线路与华东、西北和南方电网联网，电网功率传输示意图及电网数据分别如图 6-7 和表 6-3 所示。

**表 6-3　华中电网数据规模**

| 元件类型 | 母线 | 发电机 | 负荷 | 交流线 |
|---|---|---|---|---|
| 数目 | 14115 | 1033 | 3035 | 11279 |
| 元件类型 | — | 两绕组变压器 | 三绕组变压器 | 直流线 |
| 数目 | — | 3106 | 2911 | 10 |

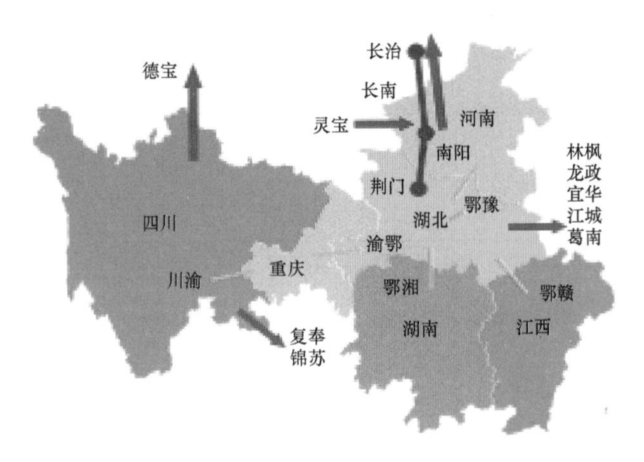


图 6-7　华中电网功率传输示意图

小干扰稳定计算结果中有一个弱阻尼模式（见表 6-4），振荡模态分布信息如图 6-8 所示。从模态图可看出，该模式为 SC 机组对 YEX 机组振荡模式。

表 6-4　　小干扰稳定分析结果

| 特征值 | 阻尼比（%） | 频率（Hz） | 模态群 1 参与因子最大 3 台发电机 | 模态群 2 参与因子最大 3 台发电机 |
|---|---|---|---|---|
| −0.047027+j2.222810 | 2.1152 | 0.35377 | CPBG＃01<br>CPBG＃02<br>CPBG＃03 | YLG3G<br>YDBS1G<br>YLR6G |

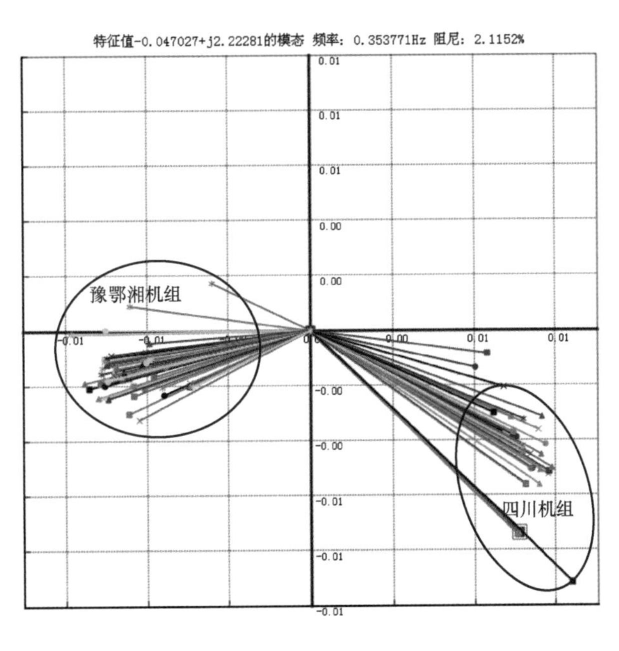


图 6-8　0.35Hz 振荡模态图

根据第 4 节所述步骤，对算例中的 1033 台发电机，按照振荡模态在模态图上的分布，进行振荡相关发电机聚类振荡分群，划分群数为 2。在每群中，根据参与因子大小进行筛选，参与因子阈值 ε 取 0.002。满足条件的发电机共有 22 台。计算选取发电机的阻尼灵敏度，计算结果见表 6－5。

**表 6－5　　0.35Hz 振荡模式主要参与机组参与因子及阻尼灵敏度**

| 序号 | 发电机名称 | 阻尼灵敏度 | 参与因子 | 序号 | 发电机名称 | 阻尼灵敏度 | 参与因子 |
|---|---|---|---|---|---|---|---|
| 四川振荡机组 | | | | 豫湘振荡机组 | | | |
| 1 | CPBG＃01 | －0.01321 | 0.01324 | 1 | YLR5G | 0.00461 | 0.00463 |
| 2 | CPBG＃02 | －0.01321 | 0.01324 | 2 | YLR6G | 0.00461 | 0.00466 |
| 3 | CPBG＃03 | －0.01321 | 0.01324 | 3 | YDBS1G | 0.00445 | 0.00512 |
| 4 | CPBG＃04 | －0.01324 | 0.01307 | 4 | YLY2G | 0.00439 | 0.00386 |
| 5 | CPBG＃05 | －0.01324 | 0.01307 | 5 | YQB1G | 0.00438 | 0.00329 |
| 6 | CPBG＃06 | －0.01324 | 0.01307 | 6 | YQB2G | 0.00437 | 0.00352 |
| 7 | CET＃01 | －0.01342 | 0.00752 | 7 | YLG3G | 0.00436 | 0.00524 |
| 8 | CET＃02 | －0.01342 | 0.00752 | 8 | XCS01 | 0.00434 | 0.00482 |
| 9 | CET＃03 | －0.01342 | 0.00752 | 9 | YMS1G | 0.00430 | 0.00318 |
| 10 | CET＃04 | －0.01342 | 0.00752 | 10 | XXTB03 | 0.00429 | 0.00587 |
| 11 | CET＃05 | －0.01342 | 0.00752 | 11 | YYY1G | 0.00429 | 0.00334 |

本算例采用的是川电外送方式，功率送端机组是四川水电机组，功率受端机组是湘豫机组。发电机阻尼灵敏度数值为负，发电机功率下调；反之，功率上调。功率上、下调机组确定后，就可进行功率的重新分配。根据灵敏度顺序增大上调机群发电机功率输出，减少下调机群的发电机功率输出，以提高系统阻尼。此例中，调整策略选取目标为阻尼比大于 3％。

**表 6－6　　HB 机组阻尼灵敏度计算结果**

| 序号 | 发电机名称 | 调整前出力(p.u.) | 调整后出力(p.u.) | 出力调整量(p.u.) | 调整前频率(Hz) | 调整后频率(Hz) | 调整前阻尼比(％) | 调整后阻尼比(％) |
|---|---|---|---|---|---|---|---|---|
| 1 | CET＃01 | 5.500000 | 2.200000 | －3.300000 | 0.353771 | 0.370561 | 2.115182 | 3.647565 |
| 2 | CET＃02 | 5.500000 | 4.276000 | －1.224000 | | | | |
| 3 | YLR5G | 3.100000 | 3.7200000 | ＋0.620000 | | | | |
| 4 | YLR6G | 3.100000 | 3.7200000 | ＋0.620000 | | | | |
| 5 | YDBS1G | 6.600000 | 7.920000 | ＋1.320000 | | | | |
| 6 | YLY2G | 10.00000 | 11.96400 | ＋1.964000 | | | | |

从表 6－6 可以看出，降低送端 CET 机组有功出力，同时增加受端 HN 机组功率，保证功率平衡，可以改善系统阻尼。

在电力系统在线动态安全监测与预警系统仿真试验平台上进行算例测试，计算时间见表 6－7。在线应用计算时间包括计算数据和模型的生成时间、计算任务调度和计算时间。表 6－7中，第 2～4 项时间计及了在并行计算平台上形成计算任务、计算任务下发计算节点

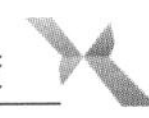

计算及计算结果返回调度服务器形成最终计算结果的时间。由表 6-7 可见，整体计算能在 5min 的在线评估计算周期内完成，满足小干扰稳定性在线分析的要求。

表 6-7　　　小干扰辅助决策计算时间统计

| 序号 | 计算模块 | 计算时间（s） |
|---|---|---|
| 1 | 计算数据和模型生成 | 1.5 |
| 2 | 同调机群辨识及筛选 | 0.1 |
| 3 | 特征值/阻尼灵敏度计算 | 64 |
| 4 | 发电功率重新调度计算 | 8 |
| 合计 | | 72 |

上述算例计算结果说明：

1）高的参与因子是机组功率调整措施有效提高模式阻尼的必要条件，但参与因子无法精确表达模式阻尼对机组功率的直接相关性。

2）阻尼灵敏度可以更精确地描述系统运行方式与系统模式阻尼之间的相关量化关系。

3）对系统可能出现的低频振荡，结合并行技术，计算特征值对运行方式的灵敏度，可实现机组出力快速合理调整，可以提高系统阻尼，避免低频振荡的发生。

## 6.4　在线静态安全辅助决策

静态安全辅助决策针对静态安全分析发现的基态有功潮流越限和 $N-1$ 后有功潮流越限，通过发电机、负荷功率调整等预先指定的可选调整措施，计算可选调整设备针对越限设备的灵敏度信息，在保证全系统发电—负荷整体平衡的前提下，确定静态安全辅助决策调整方案，以消除或减轻系统的越限和重载问题，提高系统的静态安全性，如图 6-9 所示。

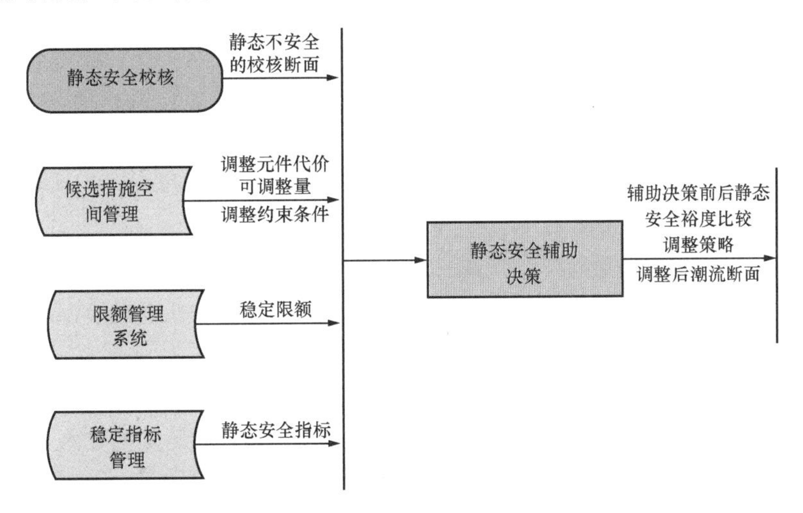


图 6-9　静态安全辅助决策

### 6.4.1　计算方法

静态安全辅助决策是一个安全约束调度问题，其实质是以各种安全限额为约束的多目标最优潮流。优化目标是控制量最小，约束条件包括发电机组的上下限、支路的运行限额，可调设备有发电机有功控制和负荷切除[26],[58]。

处于正常运行状态的电力系统，应满足下列两种约束条件。

（1）等式约束（载荷约束）。表示为

$$\boldsymbol{g}(\boldsymbol{x},\boldsymbol{u},\boldsymbol{p})=0 \tag{6-59}$$

式中，$\boldsymbol{u}$ 表示自变量或可控制变量的向量，如发电机的有功功率；$\boldsymbol{x}$ 表示应变量或状态变量的向量，如各节点的电压、相角；$\boldsymbol{p}$ 表示参数变量或不可控变量的向量，如网络的电导、电纳等。等式约束描述的是系统中各变量存在的等式关系，如基尔霍夫定律确定的功率平衡约束。

（2）不等式约束（运行约束）可表示为

$$\boldsymbol{h}(\boldsymbol{x},\boldsymbol{u},\boldsymbol{p})\leqslant 0 \tag{6-60}$$

式中：$\boldsymbol{u}$ 表示自变量或可控制变量的向量，如发电机的有功功率；$\boldsymbol{x}$ 表示应变量或状态变量的向量，如各节点的电压、相角；$\boldsymbol{p}$ 表示参数变量或不可控变量的向量，如网络的电导、电纳等。不等式约束描述的是系统中各变量存在的不等式关系，如发电机有功功率的上、下限等。

在静态安全辅助决策中，还有第三种约束条件，安全约束或预想事故约束。它们是由包含在预想事故一览表中各预想事故的载荷约束和运行约束所组成的全部约束条件。这种约束条件如式（6-61）和式（6-62）所示。

$$\boldsymbol{g}^j(\boldsymbol{x}^j,\boldsymbol{u},\boldsymbol{p}^j)=\boldsymbol{0} \tag{6-61}$$

$$\boldsymbol{h}^j(\boldsymbol{x}^j,\boldsymbol{u},\boldsymbol{p}^j)\leqslant 0 \tag{6-62}$$

式（6-61）、式（6-62）中，$j=1,2,3,\cdots,J$，表示一系列的线路开断预想事故。式（6-61）表示预想事故 $j$ 发生后系统的功率平衡关系，式（6-62）表示预想事故 $j$ 发生后系统的控制目标（如潮流不越限）。

当某些预想故障后系统出现越限，即式（6-62）不能满足时，就需要进行静态安全辅助决策计算。静态安全辅助决策就是在保证式（6-59）和式（6-60）确定的系统基本约束的前提下，找到合适的调整策略，通过调整 $\boldsymbol{u}$（可控制变量，如发电机的有功功率），使得能够满足式（6-62）[26]。

一般来说，针对支路有功越限的调整措施主要是调整发电机有功和负荷有功，优先调整发电机有功功率，主要计算步骤如下。

首先进行灵敏度分析，确定控制变量（节点有功功率，包括发电机有功功率、负荷有功功率）和控制目标（支路有功功率）间的灵敏度关系。采用 $P-\theta$ 解耦模型求解灵敏度，某支路的有功功率潮流调整公式如式（6-63）所示。

$$\Delta P_{ij}=B_{ij}\Delta\theta_i-B_{ij}\Delta\theta_j \tag{6-63}$$

式中：$\Delta P_{ij}$ 为支路有功的调整量；$B_{ij}$ 为根据 $P-\theta$ 解耦模型建立的支路导纳矩阵中的元素；$\Delta\theta_i$ 为状态变量节点相角的变化量。

根据 $P-\theta$ 解耦模型，节点注入有功功率和节点相角如式（6-64）。

$$\Delta\boldsymbol{P}=\boldsymbol{B}'\Delta\boldsymbol{\theta} \tag{6-64}$$

式中：$\Delta\boldsymbol{P}$ 为节点有功调整量向量；$\boldsymbol{B}'$ 为根据 $P-\theta$ 解耦模型建立的支路导纳矩阵；$\Delta\theta$ 为节点相角调整量向量。

由式（6-63）和式（6-64）得到式（6-65），即节点有功功率和支路有功功率间的灵敏度关系。

$$\Delta P_{ij} = HB'^{-1}\Delta P \tag{6-65}$$

式中：$\Delta P_{ij}$ 为节点有功调整量向量；$B'$ 为根据 $P-\theta$ 解耦模型建立的支路导纳矩阵；$H$ 为根据式（6-63）建立起来的稀疏矩阵；$\Delta \boldsymbol{P}$ 为节点有功调整量向量。

然后通过优化计算获得调整措施。取目标函数为调整量最小如式（6-66），通过对发电和负荷给定不同的权重使得优先调整发电机。

$$\min F(\boldsymbol{x},\boldsymbol{u}) \leqslant 0 \tag{6-66}$$

根据式（6-65）和式（6-66）进行优化求解得到静态安全辅助决策的调整措施。

### 6.4.2 计算流程

图 6-10 为静态安全辅助决策的计算流程图，具体步骤如下：

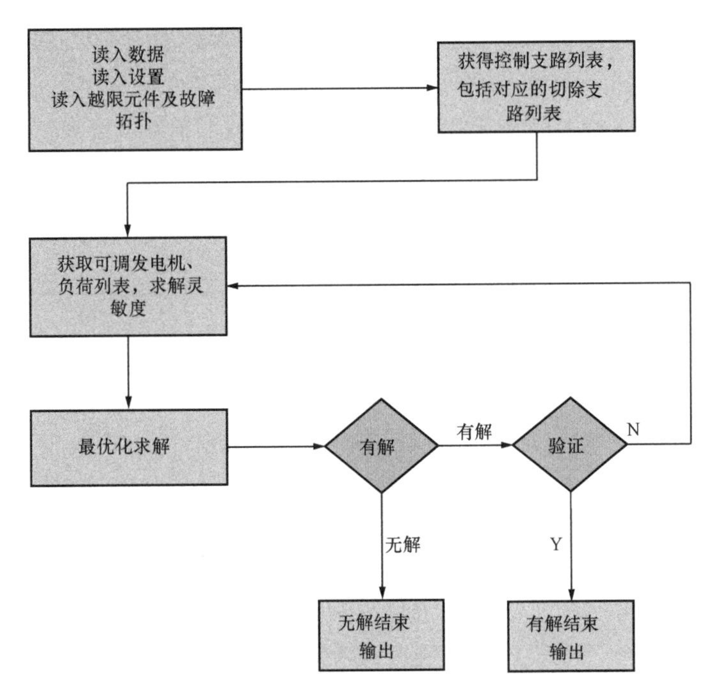


图 6-10 静态安全辅助决策计算流程

（1）读取静态安全分析的计算结果得到基态越限重载信息和预想故障后的越限信息，包括线路越限和变压器越限。得到需要调整有功功率的支路列表和对应的预想故障信息。

（2）根据预先设定的调整范围得到可调发电机和负荷列表，求解灵敏度，得到可调发电机和负荷的有功功率与控制支路有功功率间的灵敏度关系。

（3）根据可选调整措施对电网静态安全的灵敏度，按照调整量最小原则，确定调整方案。

（4）对该调整方案进行安全校核，若线路和变压器的负载率满足要求不再越限，则作为辅助决策建议输出。否则返回步骤（2），扩大可调设备范围，重新进行求解。

图 6-11 为 HZ 电网局部接线图，静态安全分析发现了事故隐患：“HZ. MS1”发生 $N-1$ 故障会引起“HZ. MS2”越限 5%。

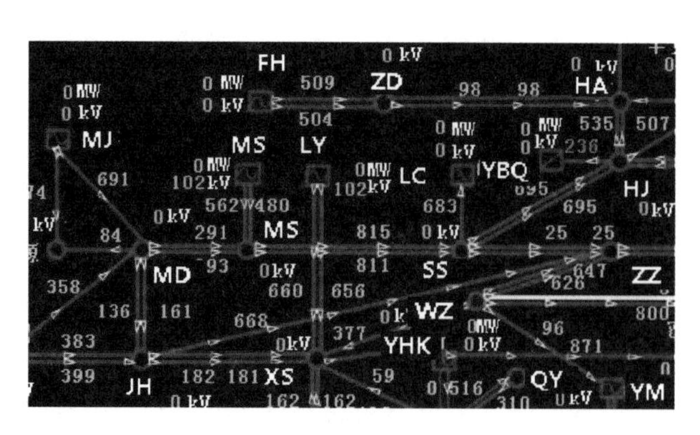

图 6-11　静态安全辅助决策算例示意图

按照静态安全辅助决策计算步骤进行计算：

（1）根据静态安全分析的计算结果，确定调整目标是降低“HZ. MS1”和“HZ. MS2”的功率，使得“HZ. MS1”发生 $N-1$ 故障不会引起“HZ. MS2”越限。

（2）根据预先设定的调整范围进行灵敏度求解，得到可调发电机和负荷与控制支路有功功率间的灵敏度关系见表 6-8。表中第一行表示发电机“HZ. MSH/20kV. ＃1 机”对越限支路“HZ. MS2”的灵敏度是 0.24。

**表 6-8　　静态安全辅助决策灵敏度列表**

| 切除线路 | 越限线路 | 可调设备名称 | 类型 | 灵敏度 |
| --- | --- | --- | --- | --- |
| HZ. MS1 | HZ. MS2 | HZ. MSH/20kV. ＃1 机 | 发电机 | 0.24 |
| HZ. MS1 | HZ. MS2 | HZ. MSH/20kV. ＃2 机 | 发电机 | 0.24 |
| HZ. MS1 | HZ. MS2 | HZ. MJ/20kV. ＃1G | 发电机 | 0.17 |
| HZ. MS1 | HZ. MS2 | HZ. MJ/20kV. ＃2G | 发电机 | 0.17 |
| HZ. MS1 | HZ. MS2 | HZ. HY 厂/13.8kV. ＃1 机 | 发电机 | 0.16 |
| HZ. MS1 | HZ. MS2 | HZ. HY 厂/13.8kV. ＃2 机 | 发电机 | 0.16 |
| HZ. MS1 | HZ. MS2 | HZ. XLD 水厂/18kV. ＃4 机 | 发电机 | 0.16 |
| HZ. MS1 | HZ. MS2 | HZ. XLD 水厂/18kV. ＃6 机 | 发电机 | 0.16 |
| HZ. MS1 | HZ. MS2 | HZ. AY 厂/18kV. ＃1 机 | 发电机 | －0.11 |
| HZ. MS1 | HZ. MS2 | HZ. AY 厂/20kV. ＃10 机 | 发电机 | －0.11 |
| HZ. MS1 | HZ. MS2 | HZ. AY 厂/18kV. ＃9 机 | 发电机 | －0.11 |
| HZ. MS1 | HZ. MS2 | HZ. SHT 厂/20kV. ＃1 机 | 发电机 | －0.11 |
| HZ. MS1 | HZ. MS2 | HZ. SHT 厂/20kV. ＃2 机 | 发电机 | －0.11 |
| HZ. MS1 | HZ. MS2 | HZ. FH 电厂/20kV. ＃2 机 | 发电机 | －0.11 |
| HZ. MS1 | HZ. MS2 | HZ. FH 电厂/20kV. ＃1 机 | 发电机 | －0.11 |

（3）根据可选调整措施对电网静态安全的灵敏度，按照优先调整发电机且调量最小原则进行求解，确定调整方案见表 6-9，结果表明优化算法会优先调整灵敏度大的可调设备并优先调整发电机。

表 6-9 静态安全辅助决策调整措施

| 调整发电机 | 调整前功率（MW） | 调整后功率（MW） | 调整量（MW） |
|---|---|---|---|
| HZ. MSH/20kV. ＃1 机 | 406 | 279 | －127 |
| HZ. FH 电厂/20kV. ＃1 机 | 375 | 502 | 127 |

(4) 对该调整方案进行校核，计算调整后的系统潮流并进行 $N-1$ 计算，计算后发现按照辅助决策措施调整后“HZ. MS1”再发生 $N-1$ 故障“HZ. MS2”不越限，表明辅助决策措施计算正确，输出辅助决策建议。

### 6.4.3 多故障协调辅助决策

电网运行中经常会出现多个故障引起越限，这时就需要进行静态安全分析多故障协调辅助决策。多故障引起越限可分为三种情况：①不同故障越限相互独立，即针对单个故障越限对其可调设备进行功率调整不影响其他故障越限；②不同故障越限对部分可调设备的调整需求方向一致，即针对某故障越限对其可调设备进行功率调整会引起其他故障的越限减轻；③不同故障越限的调整措施存在冲突，即针对某故障越限对其可调设备进行功率调整，会引起其他故障的越限加重。

静态安全分析多故障辅助决策是一个多目标优化问题，即式（6-63）由多个不等式组成。对于控制变量向量 $\boldsymbol{u}$，需要明确每个控制变量的调整方向，这是静态安全分析多故障辅助决策的关键点。对于多故障引起越限的前两种情况，其可调设备即控制变量不存在冲突，所以其调整方向容易确定；对于第三种情况其可调设备存在冲突，需要根据一定的原则确定调整方向：

(1) 首先针对每个故障越限 $j$，将其可调设备 $\boldsymbol{u}_j$ 分为两部分 $[\boldsymbol{u}_j^1]$ 和 $[\boldsymbol{u}_j^2]$，分别为不存在冲突的可调设备和存在冲突的可调设备；

(2) 然后评估故障越限 $j$ 的可调充裕度 $C_j=\dfrac{\sum \boldsymbol{L}_j \cdot \Delta \boldsymbol{u}_j^1}{\Delta P_j}$，$\Delta P_j$ 是消除故障越限 $j$ 所需的调整量，$\Delta \boldsymbol{u}_j^1$ 是不冲突可调设备的最大可调整量，$\boldsymbol{L}_j$ 是越限设备和可调设备之间的灵敏度关系矩阵，可调充裕度 $\boldsymbol{C}_j$ 越大表示其可选择的调整设备越充足，$\boldsymbol{C}_j$ 大于 1 表示仅调整不冲突可调设备就能消除故障越限 $j$，$\boldsymbol{C}_j$ 小于 1 表示仅调整不冲突可调设备不能消除故障越限 $j$，需要调整冲突的可调设备才有可能消除越限；

(3) 对于存在调整冲突的可调设备，优先分配给可调充裕度低的故障越限，如对于故障越限 $j$ 和故障越限 $i$ 的冲突可调设备 $\boldsymbol{u}$，如果故障越限 $j$、$i$ 的可调充裕度都大于 1 则不需要调整冲突的可调设备，如果故障越限 $j$ 的可调充裕度大于 1 而故障越限 $i$ 的可调充裕度小于 1，则根据故障越限 $i$ 的调整需求确定冲突可调设备 $\boldsymbol{u}$ 的调整方向，如果故障越限 $j$、$i$ 的可调充裕度都小于 1 则必然有 1 个故障越限无法达到调整目标，需要增大可调设备的可调范围或扩大可调设备对象集合。

明确每个控制变量的调整方向后进行优化求解，得到静态安全分析多故障的辅助决策结果。

多故障静态安全辅助决策的具体计算步骤如下：

(1) 读取静态安全分析的计算结果得到基态越限重载信息和预想故障后的越限信息，得到需要调整有功功率的支路列表和对应的预想故障信息。

(2) 根据预先设定的调整范围得到可调发电机和负荷列表，进行灵敏度求解，得到可调发电机和负荷的有功功率与控制支路有功功率间的灵敏度关系。

(3) 查找各故障越限的可调设备中是否存在冲突，如果存在冲突则根据可调充裕度确定冲突设备的调整方向。

(4) 根据可调设备对各故障越限的灵敏度，按照调整量最小原则，求解最优调整方案。

(5) 对该调整方案进行安全校核，若越限设备的负载率满足要求不再越限，则作为辅助决策建议输出。否则返回步骤 (2)，扩大可调设备范围，重新求解。

图 6-12 为 2012 年夏季运行方式的 SX 近区电网局部接线图，其中 SX 水电接近满发，SX 近区线路负荷较重。静态安全分析发现了越限问题：基态潮流下“JX1、2 回线”断面越限 5%，“YX-YY 断面”越限 10%。

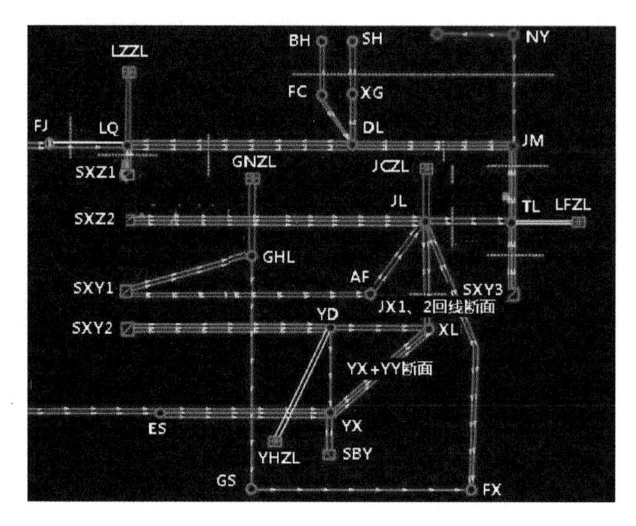


图 6-12 静态安全多故障辅助决策算例示意图

“JX1、2 回线”潮流方向为“JL 站”到“XL 站”，“YX-YY 断面”潮流方向为“YD 站”到“XL 站”和“YX 站”。“JX1、2 回线”的越限原因主要为“SX 左岸电厂”出力较大、“SX 右岸电厂”出力较少，“YX-YY 断面”的越限原因主要为“SX 右岸电厂”出力过大。这是一个可调设备存在冲突的多故障辅助决策问题。

单独针对“JX1、2 回线”越限的辅助决策计算如下：

(1) 根据静态安全分析的计算结果见表 6-10，确定调整目标是降低“JX1、2 回线”的功率。

**表 6-10　　静态安全辅助决策越限信息表**

| 越限设备 | 限值（MW） | 断面潮流（MW） | 越限百分比 |
|---|---|---|---|
| JX1、2 回线 | 2000 | 2100 | 5% |

(2) 根据预先设定的调整范围进行灵敏度求解，得到可调发电机与控制支路有功功率间的灵敏度关系见表 6-11。

**表 6-11　　静态安全辅助决策灵敏度列表**

| 越限设备 | 可调设备名称 | 灵敏度 |
|---|---|---|
| JX1、2 回线 | GD. SX 右岸厂/20kV. 21＃机组 | －0.42 |
| JX1、2 回线 | GD. SX 右岸厂/20kV. 22＃机组 | －0.42 |
| JX1、2 回线 | GD. SX 右岸厂/20kV. 23＃机组 | －0.42 |
| JX1、2 回线 | GD. SX 右岸厂/20kV. 24＃机组 | －0.42 |
| JX1、2 回线 | GD. SX 右岸厂/20kV. 25＃机组 | －0.42 |
| JX1、2 回线 | GD. SX 右岸厂/20kV. 26＃机组 | －0.42 |
| JX1、2 回线 | GD. SX 左岸厂/20kV. 9＃机组 | 0.30 |
| JX1、2 回线 | GD. SX 左岸厂/20kV. 10＃机组 | 0.30 |
| JX1、2 回线 | GD. SX 左岸厂/20kV. 11＃机组 | 0.30 |
| JX1、2 回线 | GD. SX 左岸厂/20kV. 12＃机组 | 0.30 |
| JX1、2 回线 | GD. SX 左岸厂/20kV. 13＃机组 | 0.30 |
| JX1、2 回线 | GD. SX 左岸厂/20kV. 14＃机组 | 0.30 |
| JX1、2 回线 | GD. SX 右岸厂/20kV. 15＃机组 | 0.30 |
| JX1、2 回线 | GD. SX 右岸厂/20kV. 16＃机组 | 0.30 |
| JX1、2 回线 | GD. SX 右岸厂/20kV. 17＃机组 | 0.30 |
| JX1、2 回线 | GD. SX 右岸厂/20kV. 18＃机组 | 0.30 |
| JX1、2 回线 | GD. SX 右岸厂/20kV. 19＃机组 | 0.30 |
| JX1、2 回线 | GD. SX 右岸厂/20kV. 20＃机组 | 0.30 |
| JX1、2 回线 | GD. SX 右三电厂/20kV. 27＃机组 | 0.19 |
| JX1、2 回线 | GD. SX 右三电厂/20kV. 28＃机组 | 0.19 |
| JX1、2 回线 | GD. SX 右三电厂/20kV. 29＃机组 | 0.19 |
| JX1、2 回线 | GD. SX 右三电厂/20kV. 30＃机组 | 0.19 |
| JX1、2 回线 | GD. SX 右三电厂/20kV. 31＃机组 | 0.19 |
| JX1、2 回线 | GD. SX 右三电厂/20kV. 32＃机组 | 0.19 |
| JX1、2 回线 | GD. GD 电厂/20kV. ＃1 机 | －0.17 |
| JX1、2 回线 | GD. GD 电厂/20kV. ＃2 机 | －0.17 |
| JX1、2 回线 | GD. XJB 右岸电厂/20kV. 7＃机组 | －0.17 |
| JX1、2 回线 | GD. XJB 右岸电厂/20kV. 8＃机组 | －0.17 |
| JX1、2 回线 | GD. SX 左岸厂/20kV. 1＃机组 | 0.10 |
| JX1、2 回线 | GD. SX 左岸厂/20kV. 2＃机组 | 0.10 |
| JX1、2 回线 | GD. SX 左岸厂/20kV. 3＃机组 | 0.10 |
| JX1、2 回线 | GD. SX 左岸厂/20kV. 4＃机组 | 0.10 |
| JX1、2 回线 | GD. SX 左岸厂/20kV. 5＃机组 | 0.10 |
| JX1、2 回线 | GD. SX 左岸厂/20kV. 6＃机组 | 0.10 |
| JX1、2 回线 | GD. SX 左岸厂/20kV. 7＃机组 | 0.10 |
| JX1、2 回线 | GD. SX 左岸厂/20kV. 8＃机组 | 0.10 |

（3）根据可选调整措施对电网静态安全的灵敏度，按照优先调整发电机且调量最小原则进行求解，确定调整方案见表6-12，调整建议为降低“SX左岸电厂”出力、增加“SX右岸电厂”出力。

**表6-12　　静态安全辅助决策调整措施**

| 调整发电机 | 调整前功率（MW） | 调整后功率（MW） | 调整量（MW） |
| --- | --- | --- | --- |
| GD. SX左岸厂/20kV. 9＃机组 | 695 | 417 | −278 |
| GD. SX右岸厂/20kV. 21＃机组 | 697 | 760 | 63 |
| GD. SX右岸厂/20kV. 22＃机组 | 697 | 760 | 63 |
| GD. SX右岸厂/20kV. 23＃机组 | 697 | 760 | 63 |
| GD. SX右岸厂/20kV. 24＃机组 | 697 | 760 | 63 |
| GD. SX右岸厂/20kV. 25＃机组 | 697 | 721 | 25 |

单独针对“YX-YY断面”越限的辅助决策计算如下：

（1）根据静态安全分析的计算结果见表6-13，确定调整目标是降低“YX-YY断面”的功率。

**表6-13　　静态安全辅助决策越限信息表**

| 越限设备 | 限值（MW） | 断面潮流（MW） | 越限百分比 |
| --- | --- | --- | --- |
| YX-YY断面 | 2200 | 2420 | 10% |

（2）根据预先设定的调整范围进行灵敏度求解，得到可调发电机与控制支路有功功率间的灵敏度关系见表6-14，其中SX右岸机组对“YX-YY断面”的灵敏度很大，SX左岸机组对“YX-YY断面”的灵敏度很小。

**表6-14　　静态安全辅助决策灵敏度列表**

| 越限设备 | 可调设备名称 | 灵敏度 |
| --- | --- | --- |
| YX-YY断面 | GD. SX右岸厂/20kV. 21＃机组 | 0.97 |
| YX-YY断面 | GD. SX右岸厂/20kV. 22＃机组 | 0.97 |
| YX-YY断面 | GD. SX右岸厂/20kV. 23＃机组 | 0.97 |
| YX-YY断面 | GD. SX右岸厂/20kV. 24＃机组 | 0.97 |
| YX-YY断面 | GD. SX右岸厂/20kV. 25＃机组 | 0.97 |
| YX-YY断面 | GD. SX右岸厂/20kV. 26＃机组 | 0.97 |
| YX-YY断面 | GD. SX左岸厂/20kV. 1＃机组 | 0.00 |

（3）根据可选调整措施对电网静态安全的灵敏度，按照优先调整发电机且调量最小原则进行求解，确定调整方案如表6-15，调整建议为增加“SX左岸电厂”出力、降低“SX右

岸电厂”出力，其中增加SX左岸机组的目的是为了维持功率平衡。

**表 6-15　　静态安全辅助决策调整措施**

| 调整发电机 | 调整前功率（MW） | 调整后功率（MW） | 调整量（MW） |
|---|---|---|---|
| GD. SX 左岸厂/20kV. 1＃机组 | 695 | 760 | 65 |
| GD. SX 左岸厂/20kV. 2＃机组 | 695 | 760 | 65 |
| GD. SX 左岸厂/20kV. 3＃机组 | 695 | 760 | 65 |
| GD. SX 左岸厂/20kV. 4＃机组 | 695 | 760 | 65 |
| GD. SX 左岸厂/20kV. 5＃机组 | 695 | 760 | 65 |
| GD. SX 左岸厂/20kV. 6＃机组 | 695 | 700 | 5 |
| GD. SX 右岸厂/20kV. 21＃机组 | 697 | 367 | −330 |

由表6-12和表6-15可以看出，“YX-YY断面”越限和“JX1、2回线”越限的可调设备相互冲突，它们对SX右岸电厂出力所需的调整方向矛盾。根据冲突设备的调整方向确定原则，首先评估各故障越限的可调充裕度，对于“YX-YY断面”越限，只有下调SX右岸电厂功率才能有效降低“YX-YY断面”的潮流，除去冲突的可调设备外，其可调充裕度接近为0，因此优先根据“YX-YY断面”越限调整的需求确定冲突设备的调整方向，即SX右岸电厂功率向下调整。针对表6-16的多故障越限，求解辅助决策的结果见表6-17，调整后的断面潮流见表6-16。

**表 6-16　　静态安全多故障辅助决策越限信息表**

| 越限设备 | 限值（MW） | 断面潮流（MW） | 越限百分比 | 调整后断面潮流（MW） |
|---|---|---|---|---|
| YX-YY 断面 | 2200 | 2420 | 10% | 2100 |
| JX1、2回线 | 2000 | 2100 | 5% | 1900 |

**表 6-17　　多故障静态安全辅助决策调整措施**

| 调整发电机 | 调整前功率（MW） | 调整后功率（MW） | 调整量（MW） |
|---|---|---|---|
| GD. SX 左岸厂/20kV. 9＃机组 | 695 | 303 | −392 |
| GD. SX 右岸厂/20kV. 21＃机组 | 697 | 367 | −330 |
| GD. GD 电厂/20kV. ＃1机 | 563 | 600 | 37 |
| GD. GD 电厂/20kV. ＃2机 | 151 | 600 | 449 |
| GD. XJB 右岸电厂/20kV. 7＃机组 | 583 | 700 | 117 |
| GD. XJB 右岸电厂/20kV. 8＃机组 | 580 | 700 | 120 |

## 6.5 短路电流限制辅助决策

随着电网规模不断扩大，许多区域电网特别是发达地区电网的短路电流水平已经逼近甚至超过断路器的最大遮断容量，需采取有效抑制措施。实际运行中，由于新设备投产、电压水平变化等原因，在规划或者设计时小于极限的母线和线路的短路电流也可能会超过断路器的额定遮断容量。离线分析按照最大短路电流计算原则，校核不同方式下各点的短路电流，发现超标时，通过运行方式人员的经验人工改变电网结构，调整设备功率来限制短路电流，多种运行方式中筛选出几种可行方案。这种人工设置电网运行方式的工作耗时、耗力而且不能考虑全部的可行方案。在线动态安全监测与预警系统将部分人工经验和灵敏度分析相结合筛选出限制短路电流的措施，根据生成的限流措施自动生成电网的运行方式，并进行潮流和短路电流校核最终确定有效的限流措施。

离线短路电流计算的数据均与当前电网实际运行方式是不同，无法分析当前电网的运行工况。把在线数据导出为离线计算数据格式，采用基于在线数据的短路电流及辅助决策分析具有重要的应用价值。

### 6.5.1 常用的短路电流限制措施

电网短路电流超标问题已成为各地区电网近年来运行最突出的问题之一，尤其是220kV以上电网的短路电流超标问题[59]~[68]。电网短路电流水平超标问题不但威胁系统的安全、稳定运行，而且直接影响电网运行的经济性[69]。解决短路电流问题有两个方向，一是直接更换或增加一次设备，二是采取限制短路电流的措施。更换或者增加一次设备适用于局部短路电流过大的情况，当整个系统短路电流水平过高时，更换一次设备的费用很大，这时应尽量考虑采取改变电网结构限制短路电流的措施。

#### 6.5.1.1 更换或增加一次设备的限流措施

(1) 采用高阻抗变压器。500kV变电站采用普通三绕组变压器或高阻抗的自耦变压器。普通三绕组变压器高中阻抗较自耦变压器大，可以有效地限制220kV侧的三相短路电流和单相短路电流，但变压器的造价较高。采用高阻抗自耦变压器也可以减小220kV侧短路电流。高阻抗变压器对系统无功电压、损耗、电压稳定和暂态稳定有不利影响，因此在选择是否采用高阻抗变压器时，需要综合考虑系统的短路电流、无功电压和系统稳定问题。

(2) 加装普通限流电抗器。普通串联电抗器将一个固定阻值的电抗器串联入电网，是一种传统的限流技术，运行方式简单、安全可靠，串联电抗器一般安装于母线联络处或线路接入处。但影响电力系统的潮流分布且增加了无功损耗，对系统的稳定性也有一定影响。在国内不可控串联电抗器较多应用于中低压电网，超高压电网中尚无应用其限制短路电流的实例，但在国外如巴西、美国、南非的超高压电网中已有一些成功的应用实例。

(3) 加装短路电流限制器。随着科技的发展，国外出现了新的应用超导与电力电子技术开发的短路电流限制技术：故障电流限制器。超导故障电流限制器和固态故障电流限制器具有独特的限流特性，可以提高输电线路和输电网运行的整体控制能力，是最具有发展前景的短路电流控制技术。2008年，上海电网在泗泾—南桥500kV双回输电线路中串接了高压电抗器以限制短路电流。

(4) 主变压器中性点装设小电抗。在变压器中性点加装小电抗，施工便利、投资较小，该阻抗值在零序网络中将放大 3 倍，在正序网络中为 0 因此在单相短路电流过大而三相短路电流相对较小的场合很有效。小电抗阻抗值的选取要考虑其自身的通流容量与主变压器中性点过电压水平，不宜太小也不宜太大，一般为 5～20Ω。在 500kV 变电站中性点加装小电抗，对于限制 500kV 站 220kV 侧的单相短路电流有效，但对限制 500kV 侧的单相短路电流作用不大。

6.5.1.2 改变电网结构的限流措施

(1) 电网分层分区运行。在电力系统的主网联系加强后，将次级电网解环运行，实现电网分层分区运行，这是控制短路电流的主要措施。电网发展历史从某方面说也是通过不断提升电压等级、对低电压等级进行合理分区的过程。特高压电网形成坚强网架后，为 500kV 电网优化结构、分区运行创造了条件，将对限制 500kV 电网的短路电流起到十分重要的作用。从 500kV 主网加强后，220kV 电网采取分区运行，降低了 220kV 电网的短路电流的经验来看，这种方法十分有效。

(2) 拉停线路。在不严重影响系统可靠性的前提下，拉停某些线路，可以增大电网的等值阻抗，是抑制短路电流较为便捷的手段。

(3) 母线分裂运行。打开母线分段开关，使变压器分裂运行，可以增大系统阻抗，有效降低短路电流水平，该措施实施方便。

(4) 500kV 线路出串运行。当厂站 500kV 侧采用一台半断路器的接线方式时，可采用出串运行以降低 500kV 母线的短路电流水平。

(5) 停运发电机。发电机提供短路电流的大小取决于其机端电压和其对短路点的转移阻抗。停运发电机，尤其是停运短路点附近的发电机，可以降低短路电流水平。

6.5.2 灵敏度分析

电网短路电流分析的主要对象为带电设备对地之间的短路，因此，短路电流可表示为短路前瞬间短路点节点电压与短路点自阻抗的比值，如式 (6-67) 所示。

$$\dot{I}_{\mathrm{f}}=\frac{\dot{U}_{\mathrm{f}}^{(0)}}{Z_{\mathrm{f}}} \tag{6-67}$$

式中：$\dot{I}_{\mathrm{f}}$ 为短路电流；$\dot{U}_{\mathrm{f}}^{(0)}$ 为短路前瞬间短路点的节点电压；$Z_{\mathrm{f}}$ 为短路点的自阻抗。6.5.1 节描述的现有短路电流措施，无论是更换或者增加一次设备还是改变电网结构，均是通过增大短路阻抗来有效降低短路电流水平。

对于超过万节点的大规模电网，局部的电网结构变化不大的情况下，$\dot{U}_{\mathrm{f}}^{(0)}$ 基本不变，因此网架结构变化后超标站点的自阻抗变化完全反映了短路电流的变化情况。因此本节内容从节点阻抗矩阵入手分析，定义网架结构变化前后自阻抗幅值的变化量与网架结构变化前自阻抗幅值的比值作为节点阻抗灵敏度，如式 (6-68) 所示。

$$\lambda_{ii}=(|Z'_{ii}|-|Z_{ii}|)/|Z_{ii}| \tag{6-68}$$

式中：$\lambda_{ii}$ 为调整网架后短路电流超标点的节点阻抗灵敏度；$Z_{ii}$ 为网架结构调整前超标点的自阻抗；$Z'_{ii}$ 为网架结构调整后的后的超标点的自阻抗。

$\lambda_{ii}$ 越大，表示网架结构调整后超标点的短路电流减少的越多。

本节实现的短路电流限流辅助决策的思路是首先计算出同一策略对多个超标点短路电流

的影响程度；进而按影响程度对各限流策略进行排序，对灵敏度较高的限流策略进行详细短路电流计算校核，最终确定合理有效的短路电流调整策略。

### 6.5.3 节点阻抗矩阵的计算

#### 6.5.3.1 节点阻抗矩阵

在电力系统计算中，使用比较多的是节点电压方程，假设网络有 $n$ 个节点，节点电压方程可以写成式（6-69）。

$$\boldsymbol{YU} = \boldsymbol{I} \tag{6-69}$$

式中：$\boldsymbol{Y}$ 为节点导纳矩阵；$\boldsymbol{U}$ 为节点电压；$\boldsymbol{I}$ 为节点注入电流。

节点电压方程也可写成阻抗矩阵形式

$$\boldsymbol{ZI} = \boldsymbol{U} \tag{6-70}$$

式中：$\boldsymbol{Z}=\boldsymbol{Y}^{-1}$，为节点阻抗矩阵；$\boldsymbol{U}$ 为节点电压；$\boldsymbol{I}$ 为节点注入电流。方程式（6-70）可展开写成

$$\begin{bmatrix} Z_{11} & Z_{12} & \cdots & Z_{1i} & \cdots & Z_{1n} \\ Z_{21} & Z_{22} & \cdots & Z_{2i} & \cdots & Z_{2n} \\ \vdots & \vdots & \ddots & \vdots & \cdots & \vdots \\ Z_{i1} & Z_{i2} & \cdots & Z_{ii} & \cdots & Z_{in} \\ \vdots & \vdots & \cdots & \vdots & \ddots & \vdots \\ Z_{n1} & Z_{n2} & \cdots & Z_{ni} & \cdots & Z_{nn} \end{bmatrix} \begin{bmatrix} \dot{I}_1 \\ \dot{I}_2 \\ \vdots \\ \dot{I}_i \\ \vdots \\ \dot{I}_n \end{bmatrix} = \begin{bmatrix} \dot{U}_1 \\ \dot{U}_2 \\ \vdots \\ \dot{U}_i \\ \vdots \\ \dot{U}_n \end{bmatrix} \tag{6-71}$$

也可写成

$$\sum_{j=1}^{n} Z_{ij} \dot{I}_j = \dot{U}_j (i = 1,2,\cdots,n) \tag{6-72}$$

节点阻抗矩阵 $\boldsymbol{Z}$ 的对角线元素 $Z_{ii}$ 称为节点 $i$ 的自阻抗或者输入阻抗，非对角元素 $Z_{ij}$ 称为节点 $i$ 和节点 $j$ 之间的互阻抗或者转移阻抗。本书对节点阻抗矩阵的对角线元素和非对角线元素分别称作自阻抗和互阻抗。自阻抗的物理含义为：当在节点 $i$ 注入单位电流，而所有其他节点的注入电流都等于零时，节点 $i$ 产生的电压则为节点 $i$ 的自阻抗；互阻抗的物理含义为：当在节点 $i$ 注入单位电流，而所有其他节点的注入电流都等于零时，任意节点（节点 $i$ 除外）上产生的电压则为该节点与节点 $i$ 之间的互阻抗。

#### 6.5.3.2 节点阻抗矩阵的计算

常用的求取阻抗矩阵的方法主要有两种：①从节点导纳矩阵求逆；②支路追加法。在线短路电流辅助决策是对正在运行的电网进行局部调整，只需要先对正在运行的电网生成节点阻抗矩阵，然后根据调整的电网设备对节点阻抗矩阵的元素进行修正，因此本书使用支路追加法进行节点阻抗矩阵的计算。

支路追加法是根据电力系统的电网拓扑图，从某一个与地相连的支路开始，逐步追加支路，扩大阻抗矩阵的阶数，最后形成整个系统的节点阻抗矩阵。电网拓扑图是支路追加法计算节点阻抗矩阵的基础，下面先对图论或者电路理论中介绍过的图、连通图、树、树支和连支等概念作一简略回顾。图是由点和连接这些点的边构成的。当图的任意两个节点之间至少存在一条路径时，该图就称为连通图。树为包含图的全部节点且不包含任何回路的连通子图。树中包含的支路称为该树的树支。树支以外的支路则称为该树的连支。因此，在计算节

点阻抗矩阵的逐步增加支路、组成网络的过程中，如果增加的是树支，将增加节点数而不增加回路数；相反，如果增加的是连支，将增加回路数而不增加节点数。下面分别按照不同的情况，讨论支路追加过程中节点阻抗矩阵的各元素的计算公式，设已用支路追加法构成了 $m$ 个节点的部分网络，如图 6 - 13 追加 $m$ 个节点后的网络图所示。

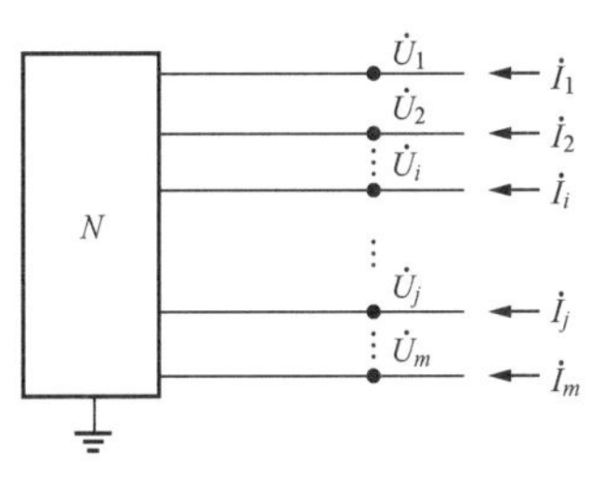

图 6 - 13 追加 $m$ 个节点后的网络图

已形成与图 6 - 1 对应的 $m$ 阶的节点阻抗矩阵 $Z_m$ 如式 (6 - 73) 所示。

$$\boldsymbol{Z}_m = \begin{bmatrix} Z_{11} & Z_{12} & \cdots & Z_{1i} & \cdots & Z_{1m} \\ Z_{21} & Z_{22} & \cdots & Z_{2i} & \cdots & Z_{2m} \\ \vdots & \vdots & \ddots & \vdots & \cdots & \vdots \\ Z_{i1} & Z_{i2} & \cdots & Z_{ii} & \cdots & Z_{im} \\ \vdots & \vdots & \cdots & \vdots & \ddots & \vdots \\ Z_{m1} & Z_{m2} & \cdots & Z_{mi} & \cdots & Z_{mm} \end{bmatrix} \tag{6 - 73}$$

(1) 追加树支

1) 追加线路为树支。在图 6 - 13 追加 $m$ 个节点后所示的网络图上的节点 $i$ 接上一条阻抗为 $Z_{ik}$ 的支路，新节点为 $k$，如图 6 - 14 所示。

增加新节点 $k$ 后阻抗矩阵阶数增加为 $m+1$，假设追加树支后的矩阵如式 (6 - 74) 所示。

$$\boldsymbol{Z}_{m+1} = \begin{bmatrix} Z'_{11} & Z'_{12} & \cdots & Z'_{1i} & \cdots & Z'_{1m} & Z_{1k} \\ Z'_{21} & Z'_{22} & \cdots & Z'_{2i} & \cdots & Z'_{2m} & Z_{2k} \\ \vdots & \vdots & \ddots & \vdots & \cdots & \vdots & \vdots \\ Z'_{i1} & Z'_{i2} & \cdots & Z'_{ii} & \cdots & Z'_{im} & Z_{ik} \\ \vdots & \vdots & \cdots & \vdots & \ddots & \vdots & \vdots \\ Z'_{m1} & Z'_{m2} & \cdots & Z'_{mi} & \cdots & Z'_{mm} & Z_{mk} \\ Z_{k1} & Z_{k2} & \cdots & Z_{ki} & \cdots & Z_{\mathrm{km}} & Z_{kk} \end{bmatrix} \tag{6 - 74}$$

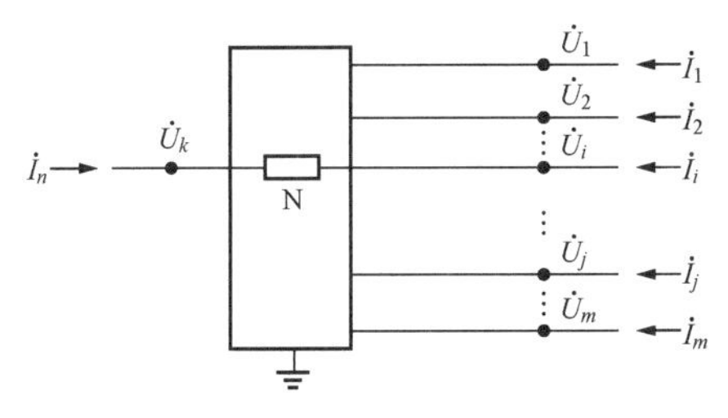

图 6 - 14 追加线路为树支的网络示意图

按照互阻抗的物理含义，在图 6 - 14 所示网络中任一节点（$k$ 除外）注入单位电流，而其余节点均不注入电流，此时图 6 - 14 所示网络中所有节点的电压与没有新增节点 $k$ 时的电压相同，也就是说追加支路 $Z_{ik}$ 对节点阻抗矩阵 $\boldsymbol{Z}_{m+1}$ 的 $k$ 行和 $k$ 列以外的元素没有影响，则有

$$Z'_{ij} = Z_{ij}(i = 1,2,\cdots,m;j = 1,2,\cdots,m) \tag{6 - 75}$$

下面分析新增加节点 $k$ 与其他节点的互阻抗。在节点 $k$ 处注入单位电流，其余节点均不注入电流，此时图 6 - 15 所示网络中所有节点的电压则为节点 $k$ 与其他节点的互阻抗，从图 6 - 15 可以看出，在节点 $k$ 处注入单位电流也就等同于在节点 $i$ 处注入单位电流，那么节点 $k$ 与任意节点 $l$ 的互阻抗与节点 $i$ 与任意节点 $l$ 的互阻抗相同，即

$$Z_{kl} = Z'_{il} = Z_{il}(l = 1,2,\cdots,m) \tag{6-76}$$

对于节点 $k$ 的自阻抗 $Z_{kk}$，在节点 $k$ 处注入单位电流，其余节点均不注入电流，节点 $k$ 的电压为

$$U_k = \dot{I}_k Z_{kk} = \dot{I}_k z_{ki} + \dot{U}_i \tag{6-77}$$

此时，节点 $i$ 的电压与在节点 $i$ 处注入单位电流的电压相同，即

$$\dot{U}_i = \dot{I}_k Z_{ii} \tag{6-78}$$

将式（6 - 78）代入式（6 - 77）可得

$$\dot{U}_k = \dot{I}_k Z_{kk} = \dot{I}_k Z_{ki} + \dot{I}_k Z_{ii} \tag{6-79}$$

那么，节点 $k$ 的自阻抗为

$$Z_{kk} = Z_{ki} + Z_{ii} \tag{6-80}$$

至此，完成了追加线路为树支的节点阻抗矩阵的推导，追加树支后的节点阻抗矩阵 $\boldsymbol{Z}_{m+1}$ 为：

$$\boldsymbol{Z}_{m+1} = \begin{bmatrix} Z_{11} & Z_{12} & \cdots & Z_{1i} & \cdots & Z_{1m} & Z_{1i} \\ Z_{21} & Z_{22} & \cdots & Z_{2i} & \cdots & Z_{2m} & Z_{2i} \\ \vdots & \vdots & \ddots & \vdots & \cdots & \vdots & \vdots \\ Z_{i1} & Z_{i2} & \cdots & Z_{ii} & \cdots & Z_{im} & Z_{ii} \\ \vdots & \vdots & \cdots & \vdots & \ddots & \vdots & \vdots \\ Z_{m1} & Z_{m2} & \cdots & Z_{mi} & \cdots & Z_{mm} & Z_{mi} \\ Z_{i1} & Z_{i2} & \cdots & Z_{ii} & \cdots & Z_{im} & Z_{ii} + z_{ki} \end{bmatrix} \tag{6-81}$$

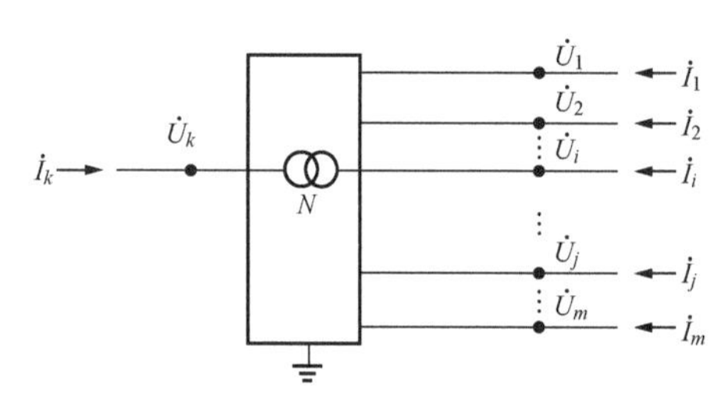


图 6 - 15　追加变压器为树支的网络示意图

2）追加变压器为树支。在图 6 - 15 所示的网络图上的节点 $i$ 接上一个变比为 $K_t$，阻抗为 $z_{ki}$ 的变压器，新节点为 $k$，如图 6 - 16 所示。

增加新节点 $k$ 后阻抗矩阵阶数增加为 $m+1$，假设追加树支后的矩阵仍为式（6 - 74）所示。

按照互阻抗的物理含义，在图 6 - 15 所示网络中任一节点（$k$ 除外）注入单位电流，而其余节点均不注入电流，此时图 6 - 15 所示网络中所有节点的电压与没有新增节点 $k$ 时的电压相同，也就是说追加变压器支路对节点阻抗矩阵 $\boldsymbol{Z}_{m+1}$ 的 $k$ 行和 $k$ 列以外的元素没有影响，如式（6 - 75）所示。

下面分析新增加节点 $k$ 与其他节点的互阻抗，在节点 $k$ 处注入单位电流，其余节点均不注入电流，此时图 6 - 15 所示网络中所有节点的电压则为节点 $k$ 与其他节点的互阻抗，从图 6 - 15 可以看出，在节点 $k$ 处注入单位电流 $I$，那么向节点 $i$ 处注入的电流为

$$\dot{I}_i = K_t \dot{I}_k \tag{6-82}$$

那么节点 $k$ 与任意节点 $l$ 的互阻抗为

$$Z_{kl} = K_t Z'_{il} = K_t Z_{il}(l = 1,2,\cdots,m) \tag{6-83}$$

对于节点 $k$ 的自阻抗 $Z_{kk}$，在节点 $k$ 处注入单位电流，其余节点均不注入电流，节点 $k$ 的电压为

$$\dot{U}_k = K_t \dot{U}'_i = K_t(\dot{U}_i + \dot{I}_i z_{ki}) \tag{6-84}$$

此时，节点 $i$ 的电压为

$$\dot{U}_i = K_t \dot{I}_k Z_{ii} \tag{6-85}$$

将式（6-82）和式（6-85）代入式（6-84）可得

$$\dot{U}_k = K_t(K_t \dot{I}_k Z_{ii} + K_t \dot{I}_k z_{ki}) = K_t^2(Z_{ii} + z_{ki}) \dot{I}_k \tag{6-86}$$

那么，节点 $k$ 的自阻抗为

$$Z_{kk} = K_t^2(Z_{ii} + z_{ki}) \tag{6-87}$$

至此，完成了追加变压器为树支的节点阻抗矩阵的推导，追加变压器树支后的节点阻抗矩阵 $\boldsymbol{Z}_{m+1}$ 为

$$\boldsymbol{Z}_{m+1} = \begin{bmatrix} Z_{11} & Z_{12} & \cdots & Z_{1i} & \cdots & Z_{1m} & K_t Z_{1i} \\ Z_{21} & Z_{22} & \cdots & Z_{2i} & \cdots & Z_{2m} & K_t Z_{2i} \\ \vdots & \vdots & \ddots & \vdots & \cdots & \vdots & \vdots \\ Z_{i1} & Z_{i2} & \cdots & Z_{ii} & \cdots & Z_{im} & K_t Z_{ii} \\ \vdots & \vdots & \cdots & \vdots & \ddots & \vdots & \vdots \\ Z_{m1} & Z_{m2} & \cdots & Z_{mi} & \cdots & Z_{mm} & K_t Z_{mi} \\ K_t Z_{i1} & K_t Z_{i2} & \cdots & K_t Z_{ii} & \cdots & K_t Z_{im} & K_t^2(Z_{ii} + z_{ki}) \end{bmatrix} \tag{6-88}$$

（2）追加连支

1）追加线路为连支。在图 6-13 所示的网络中的节点 $i$ 和节点 $j$ 中增加一条阻抗为 $z_{ij}$ 的支路，新网络的节点阻抗矩阵的阶数不变，如图 6-16 所示。

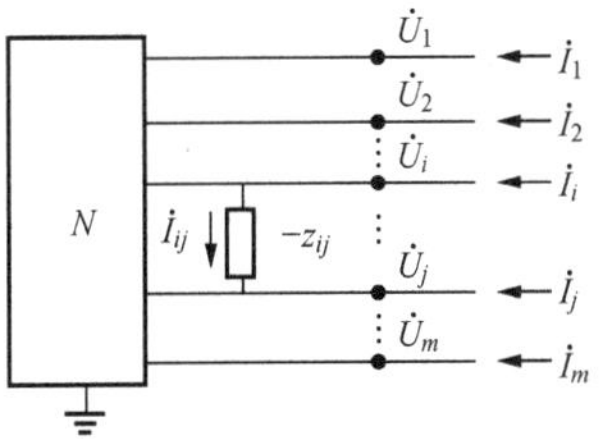

图 6-16　追加线路为连支的网络示意图

设图 6-16 所示网络的节点注入电流列向量为 $\boldsymbol{I}'$，节点电压列向量为 $\boldsymbol{U}'$，节点阻抗矩阵为 $\boldsymbol{Z}'_m$，则有

$$\boldsymbol{U}' = \boldsymbol{Z}'_m \boldsymbol{I}' \tag{6-89}$$

下面利用接入支路 $z_{ij}$ 之前的节点阻抗矩阵 $\boldsymbol{Z}_m$ 求解接入支路 $z_{ij}$ 之后的节点阻抗矩阵 $\boldsymbol{Z}'_m$，设流经支路 $z_{ij}$ 的电流为 $I_{ij}$，从图 6-16 所示网络可以看出，接入支路 $z_{ij}$ 前后的节点注入电流列向量存在如下关系

$$\boldsymbol{I} = \boldsymbol{I}' + \begin{bmatrix} 0 \\ \vdots \\ -\dot{I}_{ij} \\ 0 \\ \vdots \\ \dot{I}_{ij} \\ 0 \\ \vdots \\ 0 \end{bmatrix} \tag{6-90}$$

图 6-16 中节点电压可以用接入支路 $z_{ij}$ 之前的节点阻抗矩阵和节点注入电流列向量 $\boldsymbol{I}$ 计算得出

$$\boldsymbol{U}' = \boldsymbol{Z}_m \left( I' + \begin{bmatrix} 0 \\ \vdots \\ -\dot{I}_{ij} \\ 0 \\ \vdots \\ \dot{I}_{ij} \\ 0 \\ \vdots \\ 0 \end{bmatrix} \right) \tag{6-91}$$

将式（6 - 91）展开可得

$$\dot{U}'_k = \sum_{l=1}^{m} Z_{kl} \dot{I}'_l + (Z_{kj} - Z_{ki}) \dot{I}_{ij} \tag{6-92}$$

式（6 - 92）适用于网络中的任意节点，节点 $i$ 和节点 $j$ 的电压分别为

$$\dot{U}'_i = \sum_{l=1}^{m} Z_{il} \dot{I}'_l + (Z_{ij} - Z_{ii}) \dot{I}_{ij} \tag{6-93}$$

$$\dot{U}'_j = \sum_{l=1}^{m} Z_{jl} \dot{I}'_l + (Z_{jj} - Z_{ji}) \dot{I}_{ij} \tag{6-94}$$

支路 $z_{ij}$ 的电压和电流具有如下关系

$$\dot{U}'_i - \dot{U}'_j = z_{ij} \dot{I}_{ij} \tag{6-95}$$

将式（6 - 93）和式（6 - 94）代入式（6 - 95），并整理可得

$$\dot{I}_{ij} = \frac{\sum_{l=1}^{m} (Z_{il} - Z_{jl}) \dot{I}'_l}{z_{ij} + Z_{ii} + Z_{jj} - 2Z_{ij}} \tag{6-96}$$

将式（6 - 96）代入式（6 - 92）可得

$$\dot{U}'_k = \sum_{l=1}^{m} \left( Z_{kl} + \frac{(Z_{kj} - Z_{ki})(Z_{il} - Z_{jl})}{z_{ij} + Z_{ii} + Z_{jj} - 2Z_{ij}} \right) \dot{I}'_l \tag{6-97}$$

那么节点阻抗矩阵的元素 $Z'_{kl}$ 为

$$Z'_{kl} = Z_{kl} + \frac{(Z_{kj} - Z_{ki})(Z_{il} - Z_{jl})}{z_{ij} + Z_{ii} + Z_{jj} - 2Z_{ij}} (k = 1,2,\cdots,m; l = 1,2,\cdots,m) \tag{6-98}$$

如果连支的 $j$ 端为接地点，则该支路为接地连支，设接地连支阻抗为 $z_{i0}$，那么

$$Z'_{kl} = Z_{kl} - \frac{Z_{ki} Z_{il}}{z_{i0} + Z_{ii}} (k = 1,2,\cdots,m; l = 1,2,\cdots,m) \tag{6-99}$$

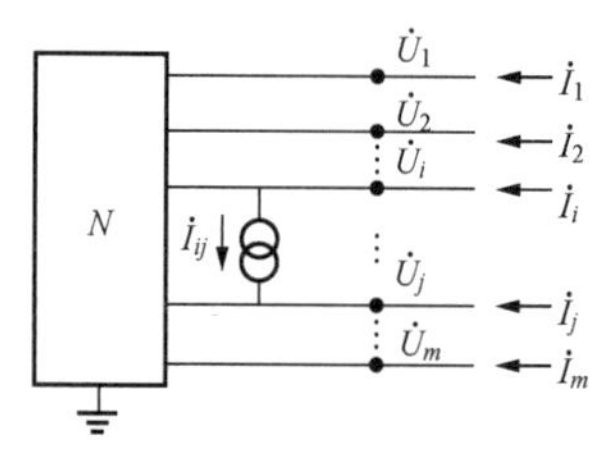


图 6 - 17　追加变压器为连支的网络示意图

2）追加变压器为连支。在图 6 - 13 所示的网络中的节点 $i$ 和节点 $j$ 中增加一条阻抗为 $z_{ij}$，变比为 $K_t$ 的变压器支路，新网络的节点阻抗矩阵的阶数不变，如图 6 - 17 所示。

设图 6 - 17 所示网络节点电压方程同式（6 - 88），下面利用接入支路 $z_{ij}$ 之前的节点阻抗矩阵 $\boldsymbol{Z}_m$ 求解接入支路 $z_{ij}$ 之后的节点阻抗矩阵 $\boldsymbol{Z}'_m$，设流经变压器支路的电流为 $I_{ij}$，从图 6 - 17 所示网络可以看出，接入支路 $z_{ij}$ 前后的节

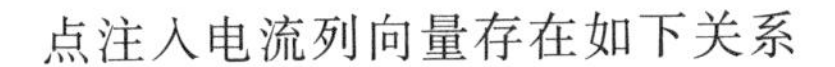
点注入电流列向量存在如下关系

$$I = I' + \begin{bmatrix} 0 \\ \vdots \\ -\dot{I}_{ij} \\ 0 \\ \vdots \\ \dfrac{\dot{I}_{ij}}{K_t} \\ 0 \\ \vdots \\ 0 \end{bmatrix} \tag{6 - 100}$$

图 6 - 17 中节点电压可以用接入支路 $z_{ij}$ 之前的节点阻抗矩阵和节点注入电流列向量 $I$ 计算得出

$$U' = Z_m \left( I' + \begin{bmatrix} 0 \\ \vdots \\ -\dot{I}_{ij} \\ 0 \\ \vdots \\ \dfrac{\dot{I}_{ij}}{K_t} \\ 0 \\ \vdots \\ 0 \end{bmatrix} \right) \tag{6 - 101}$$

将式（6 - 101）展开可得

$$\dot{U}'_k = \sum_{l=1}^{m} Z_{kl}\dot{I}'_l + \left(\frac{Z_{kj}}{K_t} - Z_{ki}\right)\dot{I}_{ij} \tag{6 - 102}$$

式（6 - 102）适用于网络中的任意节点，节点 $i$ 和节点 $j$ 的电压分别为

$$\dot{U}'_i = \sum_{l=1}^{m} Z_{il}\dot{I}'_l + \left(\frac{Z_{ij}}{K_t} - Z_{ii}\right)\dot{I}_{ij} \tag{6 - 103}$$

$$\dot{U}'_j = \sum_{l=1}^{m} Z_{jl}\dot{I}'_l + \left(\frac{Z_{jj}}{K_t} - Z_{ji}\right)\dot{I}_{ij} \tag{6 - 104}$$

支路 $z_{ij}$ 的电压和电流具有如下关系

$$\dot{U}'_i - \frac{\dot{U}'_j}{K_t} = z_{ij}\dot{I}_{ij} \tag{6 - 105}$$

将式（6 - 103）和式（6 - 104）代入式（6 - 105），并整理可得

$$\dot{I}_{ij} = \frac{\sum_{l=1}^{m}\left(Z_{il} - \dfrac{Z_{jl}}{K_t}\right)\dot{I}'_l}{z_{ij} + Z_{ii} + \dfrac{Z_{jj}}{K_t^2} - 2\dfrac{Z_{ij}}{K_t}} \tag{6 - 106}$$

将式（6 - 106）代入式（6 - 102）可得

$$\dot{U}'_k = \sum_{l=1}^{m}\left[Z_{kl} + \frac{(K_t Z_{kj} - Z_{ki})(K_t Z_{il} - Z_{jl})}{K_t^2(z_{ij} + Z_{ii}) + Z_{jj} - 2K_t Z_{ij}}\right]\dot{I}'_l \tag{6 - 107}$$

那么节点阻抗矩阵的元素 $Z'_{kl}$ 为

$$Z'_{kl} = Z_{kl} + \frac{(K_t Z_{kj} - Z_{ki})(K_t Z_{il} - Z_{jl})}{K_t^2(z_{ij} + Z_{ii}) + Z_{jj} - 2K_t Z_{ij}}(k = 1,2,\cdots,m; l = 1,2,\cdots,m) \tag{6 - 108}$$

至此完成节点阻抗矩阵的计算。从上面的推导过程可以看出，追加连支的运算量要远大于追加树支的运算量，因此，在进行节点阻抗矩阵的形成和修改时，应该合理安排追加支路的先后顺序，减少运算量，提高计算速度。

### 6.5.4 短路电流辅助决策计算框架

短路电流辅助决策是在已有的电网结构上进行少量设备的投退调整来改变超标短路点的等值阻抗，追加法计算节点阻抗矩阵也是针对新增设备对节点阻抗矩阵的元素进行修改（对于停运设备可以在停运设备连接节点间接一个负阻抗进行抵消）。采用这种方法只需要根据调整的设备对节点阻抗矩阵进行局部调整，避免重新生成节点阻抗矩阵，可以减少计算量，适用于短路电流辅助决策的计算。

在线短路电流辅助决策计算基于 EMS 状态估计给出的实时运行方式，对母线或线路进行短路电流分析，如果存在短路电流超标问题则启动短路电流辅助决策计算。该功能保证运行方式不断变化时，发现潜在的短路电流超标问题并向电网调度人员及时提供辅助决策建议。这要求短路电流辅助决策在线计算速度快，给出的决策信息简便可行，不会带来其他的安全稳定问题。更换或者增加一次设备的限制短路电流措施不适合在线使用，电网的分层分区限流运行需要进行大量优化工作，会带来很多稳定问题，更适合在电网规划阶段采用。

本节提出的短路电流辅助决策基于改变电网结构的限流措施实现，主要包括停运发电机、拉停线路、母线分裂运行和 500kV 厂站线路出串运行。系统获取当前运行方式下发电机、线路的投停状态以及厂站的接线方式，在设备投停不影响系统安全稳定性的前提下，形成辅助决策候选措施空间。生成限制短路电流辅助决策候选措施空间主要包括如下两种方法：

（1）考虑到减少计算量，并使调整的结果更加合理，优先使用用户指定的限制短路电流措施，用户可指定每个站点出现短路电流越限情况后的调整策略，根据调整策略的优先级，给出每种或者几种调整策略的短路电流情况。

（2）如果用户不能提供具体的调整策略，则采用常用的限制短路电流措施（仅限于调整网络结构），如停运发电机、拉停线路、母线分裂运行（超标厂站的母线分裂）、500kV 厂站线路出串运行，并确定限制措施的优先级。

针对已生成的辅助决策候选措施，计算其网络结构改变对节点阻抗的灵敏度，从而筛选出有效的控制措施，给出调整建议。短路电流辅助决策的流程如下：

（1）每个计算周期针对在线数据进行短路电流计算，如果存在短路电流超标的情况，则启动短路电流辅助决策计算。

（2）读取用户预先设定的限流措施，然后进行灵敏度分析和排序，根据节点阻抗灵敏度对所有限流措施进行筛选。

（3）针对筛选出的限流措施进行校验并给出调整建议。

（4）如果没有预先设定限流措施或者预先设定的限流措施不能有效地限制短路电流，系统则根据在线数据自动生成限制短路电流措施，然后进行灵敏度分析和排序，根据节点阻抗灵敏度对所有限流措施进行筛选。

（5）针对筛选出的限流措施进行校验并给出调整建议。

短路电流辅助决策在线计算流程图如图 6-18 所示。

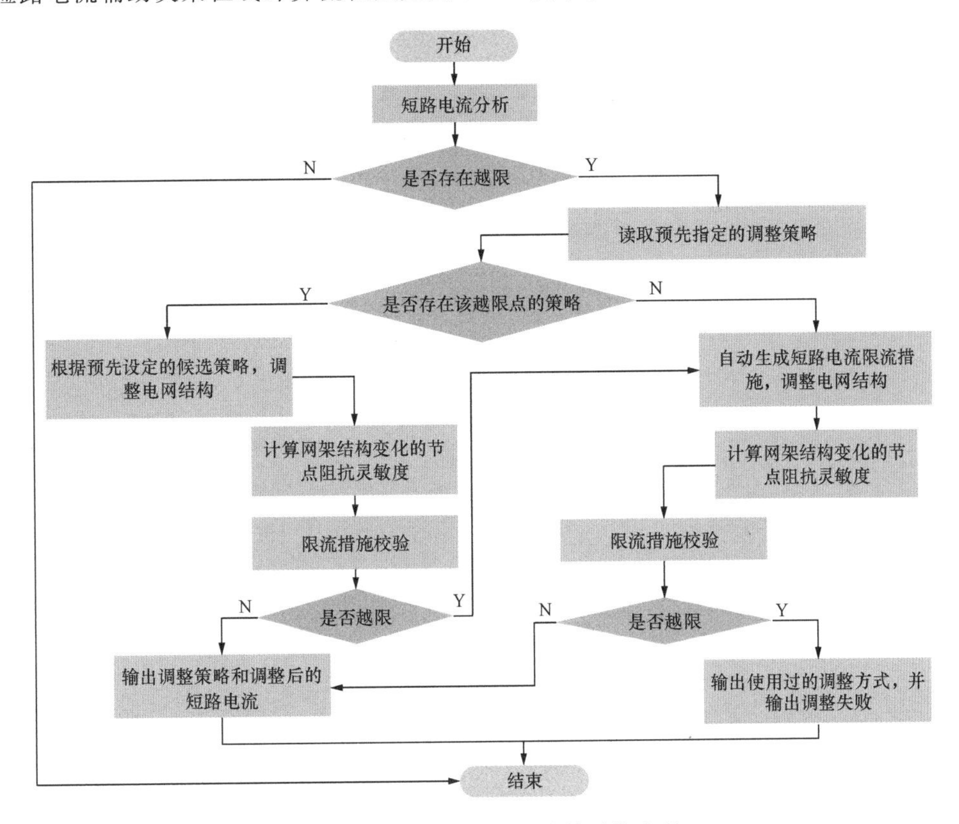


图 6-18　短路电流辅助决策计算流程

结合运行实际，在线动态安全监测与预警系统中短路电流辅助决策的具体调整策略为：

（1）切除发电机。短路电流超标时，切除接入短路点所在电压等级的发电机，减少对短路点的短路电流注入。分别计算切除不同发电机对短路点自阻抗的灵敏度，切除发电机的范围为：所有接入短路点所在电压等级的发电机或者人工指定的发电机。

（2）拉停线路。拉停短路点所在母线相连的联络线路，增大短路点的等值阻抗来减少短路点的短路电流。分别计算开断不同联络线路对短路点自阻抗的灵敏度，拉停厂站联络线路的范围为短路点所在电压等级的厂站联络线路和人工设定联络线路。

（3）母线分裂运行。针对短路电流超标的厂站母线，检查该厂站是否存在合母运行情况，如果高压侧短路电流超标，则将高压侧母线分裂运行，以减少短路电流；如果低压侧短路电流超标，则将低压侧母线分裂运行，如果短路电流没有达到安全标准，再将高压侧母线分裂运行，以减少短路电流。母线分裂运行范围为短路点所在厂站。

### 6.5.5 算例分析

以 HZ 电网某一时段的实时运行方式为例，在线计算发现 YX 变电站 220kV 母线三相短路电流为 50.2078kA，超过 220kV 断路器的遮断电流 50kA，此时短路电流辅助决策在线计算功能向调度员发出预警，并且触发辅助决策功能。

YX 变电站附近的 220kV 电网接线如图 6-19 所示，直接与 YX220 相连 220kV 变电站有 MSH、DLK、GXL、HW 和 GDS，YX 与各变电站均为双回线连接，其中 MSH 为分母运行，其他变电站为合母运行。

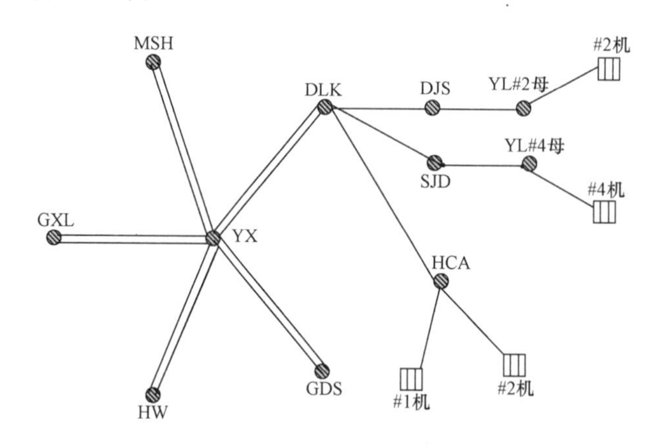


图 6-19　YX 站附近的电网接线图

系统根据 YX 站附近的接线情况，自动生成可以限制短路电流的措施，并计算出各个措施的灵敏度，见表 6-18。表中列出的措施包括：华中 . YX. 220. ＃4 母线分裂运行、开断双回联络线的一回和停运附近的发电机，由于 MSH 站 220kV 母线为分母运行，所以策略表中没有退运 HB. YM 一 _ ac 的策略。

**表 6-18　　限 流 措 施 列 表**

| 超标母线 | 调整元件 | 措施类型 | 灵敏度 |
|---|---|---|---|
| HZ. YX. 220. ＃4 母线 | HZ. YX. ＃2 变 _ 3w2；HB. YD 二 _ ac；HB. YG 一 _ ac；HB. YH 一 _ ac；HB. YM 二 _ ac；HB. YX 一 _ ac | 分母 | 0.207907 |
| HZ. YX. 220. ＃4 母线 | HZ. YX. ＃1 变 _ 3w2；HB. YD 一 _ ac；HB. YG 二 _ ac；HB. YH 二 _ ac；HB. YM 一 _ ac；HB. YX 二 _ ac | 分母 | 0.166325 |
| HZ. YX. 220. ＃4 母线 | HB. YD 一 _ ac | 退运 | 0.045565 |
| HZ. YX. 220. ＃4 母线 | HB. YH 一 _ ac | 退运 | 0.035907 |
| HZ. YX. 220. ＃4 母线 | HB. YL 厂 . ＃4 机 | 退运 | 0.023503 |
| HZ. YX. 220. ＃4 母线 | HB. HCA 厂 . ＃1 机 | 退运 | 0.02248 |
| HZ. YX. 220. ＃4 母线 | HB. HCA 厂 . ＃2 机 | 退运 | 0.02248 |
| HZ. YX. 220. ＃4 母线 | HB. YX 一 _ ac | 退运 | 0.021374 |
| HZ. YX. 220. ＃4 母线 | HB. YL 厂 . ＃2 机 | 退运 | 0.017157 |
| HZ. YX. 220. ＃4 母线 | HB. YG 一 _ ac | 退运 | 0.010982 |

辅助决策功能将采用灵敏度最大的限制短路电流措施进行短路电流校核，校核通过后作为有效的辅助决策输出。从表 6-19 中的灵敏度可以看出，对超标母线采取分母运行对限制短路电流的灵敏度最高，该分母策略为将 HZ. YX. ＃2 变 _ 3w2、HB. YD 二 _ ac、HB. YG

一 _ ac、HB. YH 一 _ ac、HB. YM 二 _ ac 和 HB. YX 一 _ ac 六个设备分裂出来运行。通过校验，该限流措施有效的将 HZ. YX. 220. ♯4 母线的短路电流限制在遮断电流以下，见表 6 - 19。

**表 6 - 19　　限制短路电流运行建议**

| 超标母线 | 运行建议 | 调整设备 | 分裂运行后的短路电流（kA） |
|---|---|---|---|
| HZ. YX. 220. ♯4 母线 | HZ. YX. 220. ♯4 母线分裂运行 | HZ. YX. ♯2 变 _ 3w2、HB. YD 二 _ ac、HB. YG 一 _ ac、HB. YH 一 _ ac、HB. YM 二 _ ac 和 HB. YX 一 _ ac | 42.4265 |

图 6 - 20 为 YX 站的 220kV 侧厂站接线图，该厂站采用双母线分段带旁路的接线方式，有一个分段断路器将 2 段母线连在一起，♯1 变压器连接在♯1 母线、♯2 变压器连接在 2♯ 母线。按照表 6 - 19 的运行建议，将图 6 - 20 中的分段断路器断开，同时将 HZ. YX. ♯2 变 _ 3w2、HB. YD 二 _ ac、HB. YG 一 _ ac、HB. YH 一 _ ac、HB. YM 二 _ ac 和 HB. YX 一 _ ac 六个设备连接至♯2 母线，可以实现 YX 站的 220kV 侧母线分裂运行。

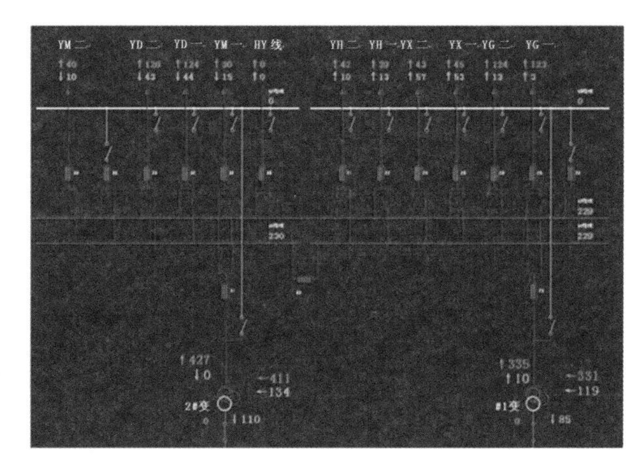


图 6 - 20　YX 站 220kV 接线图

# 7 在线运行与在线研究

## 7.1 在线运行态与在线研究态的定义

在线动态安全监测与预警系统从功能上可以划分为在线运行态和在线研究态两种主要工作模式。

(1) 在线运行态：基于当前电网实际运行方式，对电网进行快速全面的安全稳定分析扫描，发现稳定问题，评估运行裕度，提出优化方案，并为人工分析提供数据和计算支撑，又名在线安全预警。

(2) 在线研究态：基于在线数据，对电力系统的某种运行方式进行分析研究，功能包括数据质量检查、运行状态调整、各类稳定分析等，主要用于对过去运行方式进行回溯或对未来运行方式进行指导。

在线运行态与在线研究态可通过表 7-1 加以区分。

**表 7-1　在线运行态与在线研究态比较**

| 项目 | 在线运行态 | 在线研究态 |
|---|---|---|
| 数据来源 | 在线数据 | 在线数据 |
| 分析对象 | 当前运行方式 | 任意运行方式（过去或未来可能出现的所有情况） |
| 潮流调整 | 不允许 | 允许 |
| 模型参数修改 | 不允许 | 不允许，可以浏览或检查 |
| 稳定任务设置 | 允许 | 允许 |
| 分析过程 | 自动完成 | 允许用户参与 |
| 计算能力 | 极强。一般采用大规模的并行计算机群 | 较强。采用单机并行计算或小规模的计算机群 |

## 7.2 在线运行态

从整体上看，我国电网不同程度的存在稳定问题，电网分属不同的调度机构运行和管理，网络联系日渐紧密，运行方式的安排和管理复杂，长过程的相继故障（或开断）诱发大面积停电事故的风险始终存在，电网的低频振荡事件也有发生，需要利用多种计算分析软件和手段实现电网稳定的综合预警功能。

在线动态安全监测与预警系统的在线运行态，依靠并行计算的高速计算能力和开放的集成性能，完全可以实现基于在线数据的全部稳定分析计算，整个分析计算可在分钟级完成。

全面快速的安全预警功能，改变了传统的基于典型方式进行离线稳定分析的模式，分析结果更全面客观，解决了电力系统长过程相继故障（或开断）情况下的安全分析的速度、全面性和可信度的问题，为提升大电网安全稳定性的监测与预警能力，应对电网的大面积停电事故提供宝贵的技术手段。

电力调控运行人员日常需密切监视在线运行态的分析结果，同时结合综合智能告警、WAMS 系统等信息，对各类告警信息进行分析。告警信息仅涉及本调度机构管辖电网的，应在确认辅助决策的正确性后，对出现的告警信息及时处理；涉及其他调度机构的，应及时协调处理。

### 7.2.1 计算流程

在线运行态为计算平台运行的通常状态。从接收在线数据开始计算，到界面展示结果完成整个评估过程，期间一般经历以下几个步骤，计算流程如图 7-1 所示。

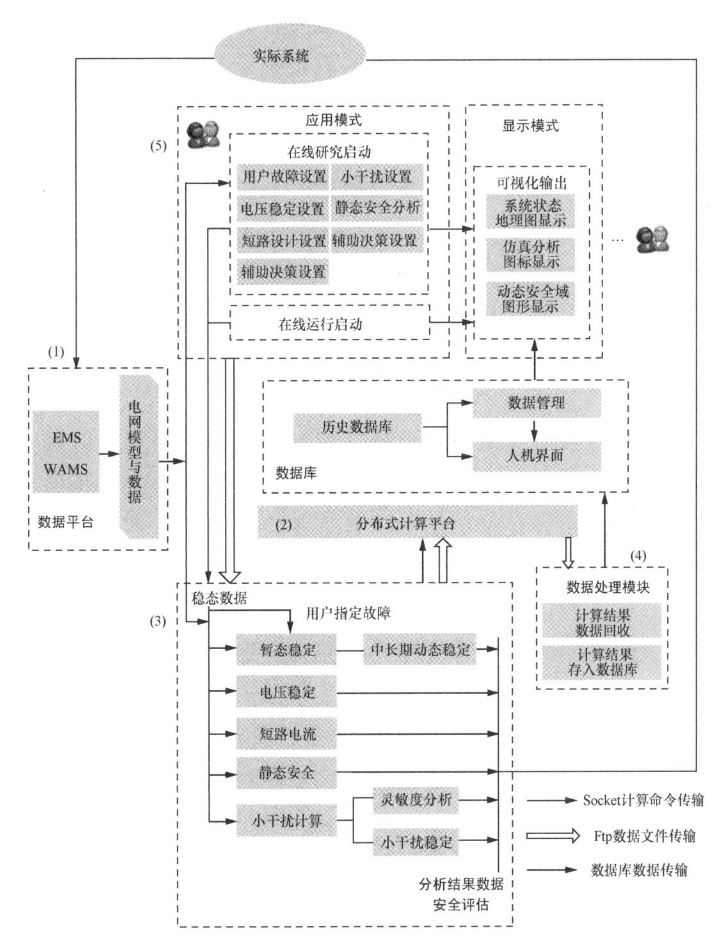


图 7-1 在线运行态计算流程

（1）数据整合。接收在线潮流断面进行数据整合，为安全评估提供计算数据。

（2）计算平台。收到计算数据后，把数据广播给个计算服务器和历史服务器，启动新一轮的评估计算；待各类仿真计算完成后，负责结果的回收和汇总。

（3）仿真计算。接收平台的启动计算命令，根据预分配任务启动仿真计算，计算结束后上传结果信息。

（4）历史存储。接收平台转发的计算数据，进行历史数据保存，同时增加数据库的存储记录。

（5）人机界面。稳定分析结果汇总后，人机界面会在第一时间进行展示，给出各类安全隐患的预警信息。

### 7.2.2 触发方式

触发在线运行态启动计算的方式一般包括三种类型：周期触发、事件触发、人工触发。

（1）周期触发，周期性对电网当前运行状态进行安全评估，一般触发周期不大于15min。

（2）事件触发，当电网中重要设备出现运行状态变化或发生故障时，立刻获取变化后的电网运行状态数据，启动新一轮的安全评估。其中重要设备可由用户进行指定。

（3）人工触发，由用户通过人机界面操作来触发计算。

三种触发类型的优先级从高到低排序依次为人工触发、事件触发、周期触发。其中，周期触发为在线运行态通常情况下的触发状态；人工触发可由用户控制，最为灵活；事件触发为基于“智能电网调度技术支持系统”研发的触发模式，它可以有效跟踪电网运行状态的变化，把复杂的多重连锁故障分解为若干个简单的 $N-1$ 故障，对系统抵御连锁故障起到关键作用，是周期触发模式的重要补充。

### 7.2.3 在线稳态分析方法

根据在线安全稳定分析需求，在线动态安全监测与预警系统需支持包括暂态稳定分析、小干扰稳定分析、电压稳定分析、静态安全分析、短路电流分析和稳定裕度分析在内的六大类稳定分析功能。

（1）暂态稳定分析一般采用时域仿真算法。通过暂态稳定计算可以判别系统的暂态功角稳定性、暂态电压稳定性和暂态频率稳定性。常见的在线暂态稳定分析任务包括线路三永故障、线路单相故障重合闸成功、线路单相故障重合闸失败、变压器故障、直流闭锁、机组跳机、母线 $N-1$ 故障等。

（2）小干扰稳定分析一般采用特征根分析法。常见的在线小干扰稳定分析主要采用分频段进行特征根搜索的方法，同时可结合 WAMS 功率振荡监测情况，来引入指定搜索频段的计算任务。

（3）电压稳定分析采用连续潮流法，不断增加系统的发电和负荷，来求解极限运行状态，属于小干扰电压稳定分析的范畴。常见的在线电压稳定分析任务为本调度区域发电和负荷增长模式下的电压稳定分析。

（4）静态安全分析依据是否发生故障的情况，分为基态分析和故障分析两种类型。常见的在线静态安全分析任务包括母线 $N-1$ 故障、线路 $N-1$ 故障、变压器 $N-1$ 故障、机组 $N-1$ 故障，以及双回线 $N-2$ 故障和同一厂站内两台主变压器 $N-2$ 故障等。

（5）短路计算是在指定故障下，求出流过短路点及各支路的故障电流以及全网各母线电压的计算。常见的在线短路电流分析任务包括母线三相短路、母线单相短路等。

（6）稳定裕度分析采用与实际方式安排类似的发电调整方式，考虑系统电压水平、开机方式安排、负荷分布和负荷水平等因素，利用并行计算技术，在线计算电网各主要输电断面稳定裕度。常见的在线稳定裕度分析任务一般为本调度机构管辖范围内关键断面的稳定裕度

分析，通常不超过20个关键断面。

为了全面地获得电力系统稳定性分析结果，各级调度一般采用分级设定计算任务、分析结果共享的方法。以国家电网系统为例，各级调度负责的计算内容和结果分析应用可参考表7-2和表7-3。

**表7-2　　　　在线分析计算内容表**

| 事件类型 | 国调 | 分中心 | 省调 |
|---|---|---|---|
| 静态安全分析 | 扫描故障为直调系统范围内1000kV＋500kV交流线、变压器$N-1$故障和双回线、站内两台主变压器$N-2$故障；关注范围为直调系统范围内交流线电流越限、变压器容量越限和中枢点母线电压越限情况 | 扫描故障为直调系统范围和区域电网内500kV交流线、变压器$N-1$故障和双回线、站内两台主变压器$N-2$故障；关注范围为区域电网范围内交流线电流越限、变压器容量越限和中枢点母线电压越限情况 | 扫描故障为区域电网和省级电网内500kV＋220kV交流线、变压器$N-1$故障和双回线、站内两台主变压器$N-2$故障；关注范围为省级电网范围内交流线电流越限、变压器容量越限和中枢点母线电压越限情况 |
| 暂态稳定分析 | 扫描故障集为公共故障集＋1000kV电压等级设备以上故障＋三峡近区等直调范围内的500kV电压等级以上设备，分析对象为跨区域电网稳定情况，监视对象为跨区域机组功角差情况和中枢点母线电压 | 扫描故障集为公共故障集＋区域内省间联络线故障＋调控电厂500kV出线故障，分析对象为跨区域电网，监视对象为区域内跨省机组功角差情况和区域内中枢点母线电压 | 扫描故障集为公共故障集＋省调故障集，分析对象为省级电网，监视对象为省内机组功角差情况和中枢点母线电压 |
| 短路电流分析 | 扫描故障为国调直调系统范围内设备，关注范围为直调系统范围短路电流 | 扫描故障为区域电网范围区域内设备，关注范围为区域电网内设备短路电流 | 扫描故障为省级电网范围省内设备，关注范围为省级电网范围设备短路电流 |
| 电压稳定分析 | 调节发电负荷范围为全网，重点查看特高压断面、中枢节点的电压灵敏度指标 | 调节发电负荷范围为区域电网，重点查看特高压断面、区域内跨省断面、区内重要节点的电压灵敏度指标 | 调节发电负荷范围为省内，重点查看区内相关重要节点和省内关键节点的电压灵敏度指标 |
| 小干扰稳定分析 | 扫描频段为区域间振荡模式的频率（0.1～0.3Hz）＋直调系统地区振荡模式，关注低频低阻尼跨区振荡情况 | 扫描频段为区域内省间振荡模式的频率（0.3～1Hz）＋区域内地区振荡模式，关注区域电网内低阻尼跨省振荡和地区振荡情况 | 扫描频段为省内振荡模式的频率（1Hz以上）＋省内地区振荡模式，关注省级电网范围内低阻尼振荡情况 |
| 断面稳定裕度 | 计算断面为直调范围内跨区断面＋三峡近区断面，校验故障包括断面及断面相关元件故障，关注跨区断面和重要区内断面裕度 | 计算断面为区域内跨省断面，校验故障包括断面及断面相关元件故障，关注跨区断面和跨省断面裕度 | 计算断面为省内断面，校验故障包括断面及断面相关元件故障，关注相关区域内断面和省内断面裕度 |

表 7-3　　在线计算结果分析及应用表

| 事件类型 | 国调 | 分中心 | 省调 |
|---|---|---|---|
| 静态 $N-1$：潮流越限、暂态失稳、短路电流超标、电压失稳、低频低阻尼振荡、断面功率越限或功率极限值偏低 | 若调度管辖范围内的设备出现静态 $N-1$ 潮流越限：<br>会同运行方式专业进行分析，确认在线分析结果，并结合辅助决策措施进行调整。如需分中心或省调配合，应由国调运行方式专业会同分中心或省调运行方式专业进行分析，确定处理措施。如不需其他单位配合，则由运行方式专业直接确定处理措施 | 若调度管辖范围内的设备出现静态 $N-1$ 潮流越限：<br>会同运行方式专业进行分析，确认分析结果，并结合辅助决策措施进行调整。如需涉及国调直调设备，应向国调提出申请，并和国调运行方式专业进行分析，确定处理措施；如需省调配合，应会同省调运行方式专业进行分析，确定处理措施。如不需其他单位配合，则由分中心运行方式专业直接确定处理措施 | 若调度管辖范围内的设备出现静态 $N-1$ 潮流越限：<br>会同运行方式专业进行分析，确认分析结果，并结合辅助决策措施进行调整。如涉及上级调度管辖设备，应向上级调度提出申请，并和上级调度运行方式专业进行分析，确定处理措施；如不需其他单位配合，则由省调运行方式专业直接确定处理措施 |

### 7.2.4　人机界面

在线运行态人机界面主要用于展示分析结果、潮流分布、变化趋势，以及系统运行状态等情况，包括以下主要界面。

#### 7.2.4.1　主界面

主界面如图 7-2 所示，分为五个主要的功能块。

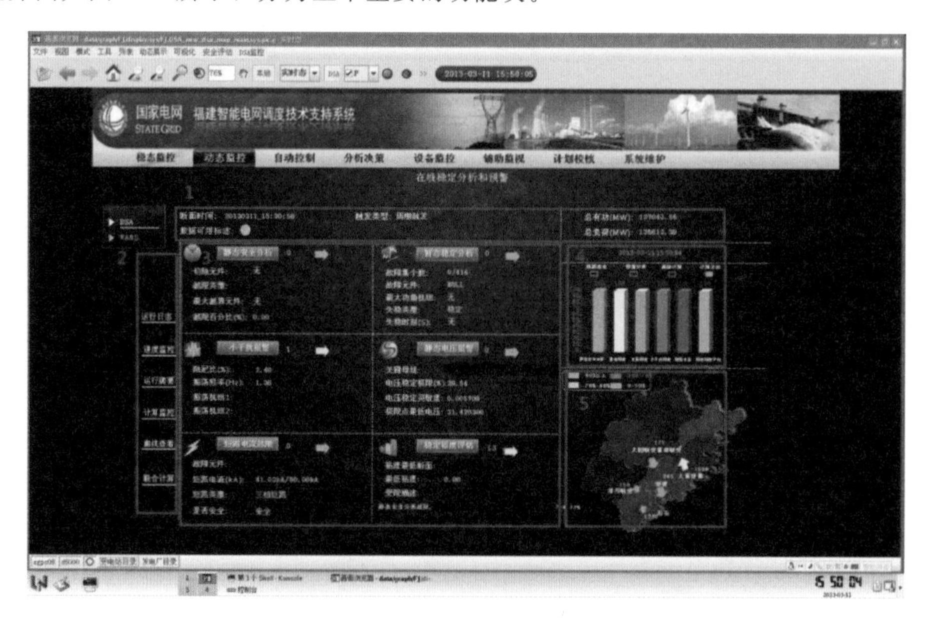


图 7-2　在线运行态人机主界面

（1）系统信息栏。位于主界面正上方，用于显示系统主要信息，包括当前断面时间、计算触发类型、总发电和总负荷信息等。

（2）二级界面索引栏。位于主界面左侧，包含了各类二级界面的索引链接。

（3）稳定结果摘要。位于主界面的正中位置，集中展示了六大类稳定分析的摘要结果，包括系统稳定性、安全隐患的数量、与上一周期的变化对比、最严重隐患的信息等。

（4）计算进度。位于主界面的右侧，显示六大类稳定分析的计算进度。

（5）断面裕度结果。位于主界面右下方，以图示的方式显示关键断面的稳定裕度结果。其中，每个箭头代表一个断面结果，箭头方向代表潮流方向，箭头大小代表断面功率大小，箭头颜色代表断面重载程度。

#### 7.2.4.2 潮流展示

在线运行态人机潮流展示如图 7 - 3 所示。

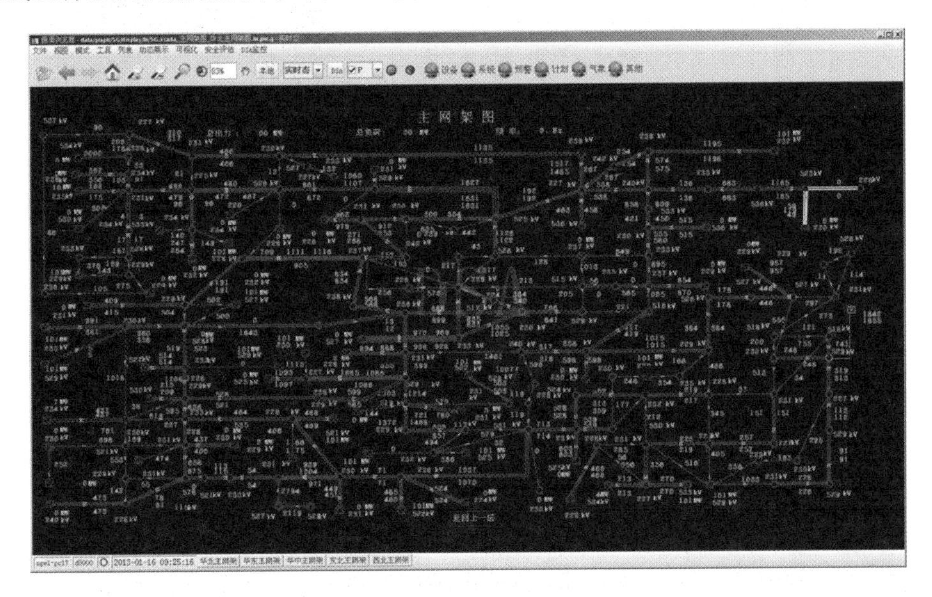


图 7 - 3 在线运行态人机潮流展示

在线动态安全监测与预警依托 EMS 系统的图形化功能，把分析断面的潮流数据以地理图或厂站图的形式进行展示。

#### 7.2.4.3 稳定分析结果及变化趋势

在线运行态稳定分析结果及变化趋势如图 7 - 4 所示。

每类稳定分析都有一个与之对应的界面，用于展示稳定性在一天内的变化情况。

（1）变化趋势曲线。位于界面的左上方，为一天至当前时间的一些关键稳定性指标（可以多个）的变化走势，把它与潮流变化走势进行对比，可以更加清晰地进行分析研究，有助于掌握系统未来的变化趋势。

（2）最严重隐患信息。位于界面的右上方，用于显示当天最危险安全隐患的摘要信息。

（3）当前断面结果。位于界面的下方，显示当前断面的稳定分析结果。

#### 7.2.4.4 数据检查界面

提供数据检查结果分类展示的界面功能，如图 7 - 5 所示。显示内容主要包括错误等级、元件名称、类型以及详细的错误描述。用户可根据数据检查结果，了解数据质量情况，对仿真结果准确度进行评估，并可用于指导数据质量的提升。

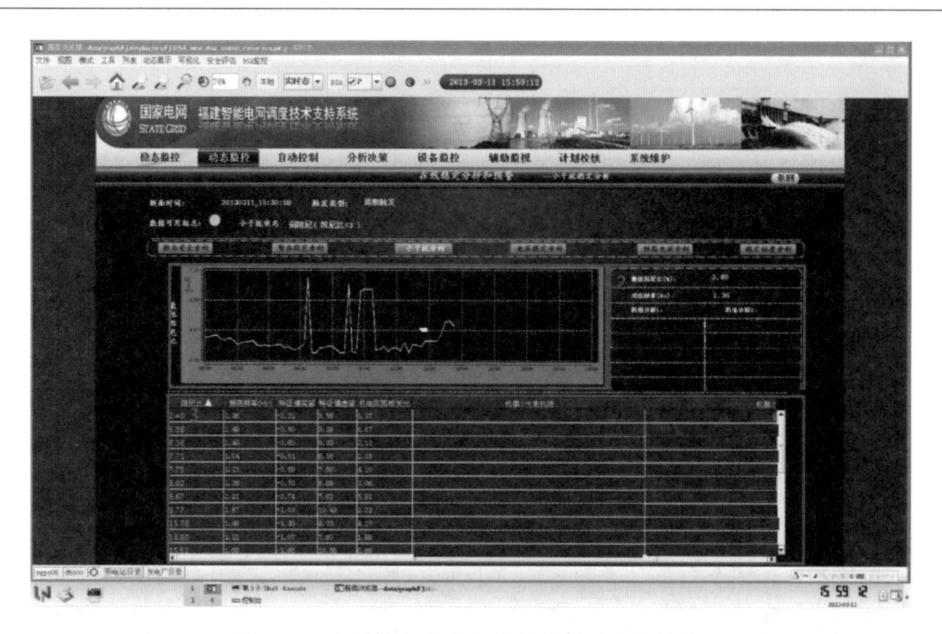


图 7-4　在线运行态稳定分析结果及变化趋势

图 7-5　在线运行态数据检查

## 7.3　在线研究态

离线分析是传统电力系统稳定分析的主要方式，其工具也已被广泛应用，如 PSASP 和 BPA 等。离线分析有很多优势，包括丰富的分析算法、成熟的应用界面，以及大量的模型、数据方面的积累。但是，当进行电网实际问题分析时，离线分析只能靠手工方法来调整电网运行方式，去接近实际电网状态，这种做法既费时费力，又很难真正地做到与实际情况完全一致。

在线研究态可以基于当前实时数据或历史断面数据进行全面的稳定分析；同时，为了保证计算数据和结果的准确性，在线研究态也提供大量数据质量检查的工具。在线研究态的研究对象是电力系统运行点，即某个运行状态下系统是否稳定，存在哪些安全隐患，因此在线研究态也需要提供丰富的潮流调整和展示的工具。此外，在线研究态需要采用与离线分析相同的核心算法，保证分析结果的一致和可信。

在线研究态从功能上主要划分为数据质量检查、独立计算分析和联合计算分析三个模块，同时可根据各地不同需求研发针对性的分析工具。

### 7.3.1 数据准备及检查

运行数据是电力系统各类稳定分析的基础，数据内容的真实性和合理性直接决定着分析结果的可信度。电力系统运行中，如何有效地利用离线和在线数据进行在线研究成为调度部门关心的核心问题之一。在线研究态支持 E 语言格式、PSASP 等多种电力系统常用的数据格式，并允许用户对数据进行导入和导出操作。

数据质量的检查是保证计算结果合理性的重要措施。在线研究态提供了潮流数据检查、静态模型参数、动态模型参数等多种数据质量检查工具，同时基于上述检查功能建立了完善的评分机制，可为用户全面掌握数据质量提供技术支持。

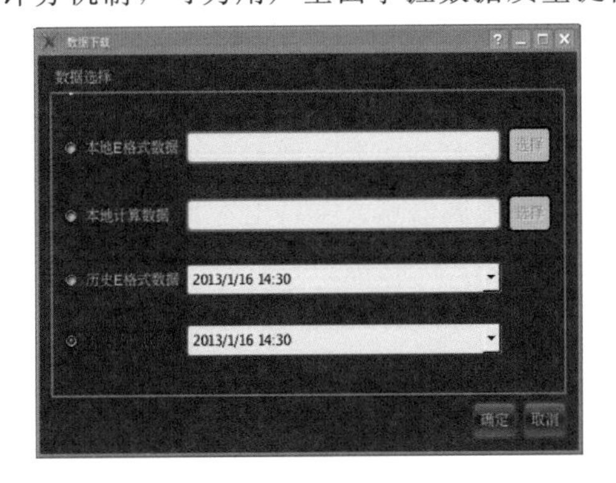


图 7-6　在线研究态数据加载

#### 7.3.1.1 数据读入与保存

在线研究态系统支持 E 语言格式数据、PSASP 格式数据读入。数据读入成功后，主界面程序会显示当前数据来源，以及本套数据的信息统计。如图 7-6 所示。

在加载数据完成后，可以进行独立计算分析工作，用户可以进行潮流调整和稳定分析。独立计算分析完成后，用户可以根据需要来确定是否需要保存潮流调整完成后的数据，如图 7-7 所示。

图 7-7　在线研究态数据信息统计

#### 7.3.1.2 数据检查

1. 主要功能

数据检查层的主要功能是对电网中的数据进行检查，判定数据是否正确或满足计算要求。数据检查结果输出信息有错误和警告两类，其中错误为无法自动修正的内容，警告可自动修正。

2. 分类

数据检查分为潮流检查和质量检查两部分功能。潮流检查可以对两套不同断面或者两套不同类型的数据进行分析，检查数据中的差异。质量检查是对单套数据进行数据分析，比较此数据中的潮流数据与 SCADA 数据的差异，比较静态参数数据（电阻、电抗、限值）与离线方式数据的差异。

（1）潮流检查包括：母线电压越界；变压器变比和分接头是否合理；发电机功率越界；发电机机端电压和无功合理性；平衡机、平衡负荷数量和功率；电气岛数据及合理性；直流线补偿无功容量是否为正值，且不超过直流线有功。

（2）质量检查包括：多套数据间的元件映射；元件动态模型参数检查，例如，某些时间常量不允许过大或过小；同一母线是否接多台发电机；功率为负的发电机，其模型是否为恒阻抗模型；功率超过额定值的发电机，其模型是否为二阶模型；发电机额定容量是否过大。

数据质量检查模块以评分的形式给出质量评价，分数越高，说明数据越真实合理。同时，针对每个具体问题，本模块以分类列表的形式给出错误描述、正确数据参考区间、引发错误可能原因、主要影响的稳定分析类型，以及改正建议等信息，并针对简单错误提供一键修复的功能。

#### 7.3.1.3 操作及界面展示

（1）潮流检查。潮流检查是指针对不同断面数据进行潮流数据比较，分析得出两套不同潮流数据的主要差异，如图 7-8 所示。潮流对比功能支持综稳格式数据（PSASP 数据）和状态估计数据（E 格式数据）两种数据类型。

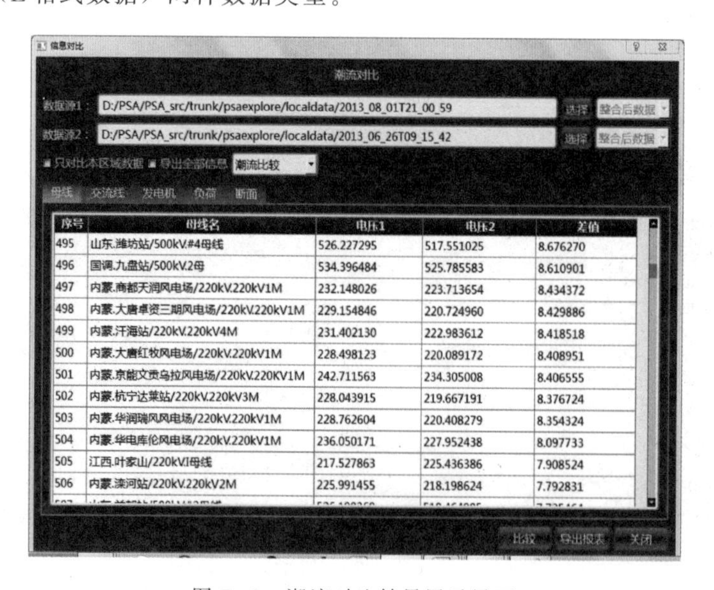


图 7-8 潮流对比结果展示界面

（2）质量检查。质量检查是指针对某个断面数据进行全面分析检查，包括潮流数据和静态参数数据检查。一般认为在线 SCADA 数据为准确数据，整合后数据与 SCADA 数据差异较大的为有问题数据。参数检查是指状态估计数据（E 格式数据）中的电阻、电抗、限值等静态参数与离线方式数据的比较，其中认定离线方式静态参数为准确值，如图 7-9 所示。

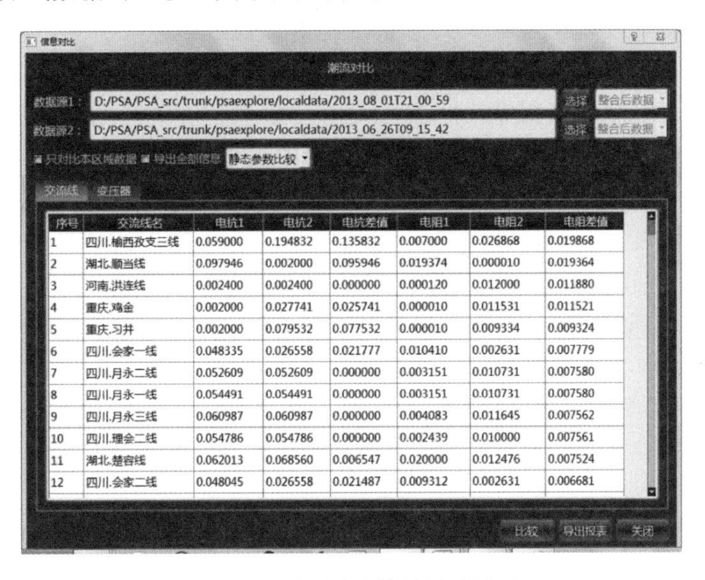


图 7-9　质量检查结果展示界面

### 7.3.2　独立计算分析

独立计算分析指单一调度机构独立开展的计算分析，形成计算边界条件时，不需要其他调度机构配合。独立计算分析从功能上可划分为潮流调整和稳定分析两大类。

#### 7.3.2.1　潮流调整

进行在线研究时，首先要确定系统运行方式。潮流调整即是根据用户需求来调整运行方式的功能模块。潮流调整是在线研究的基础，支持图形化展示和操作，支持多种潮流调整方式，包括按照区域调整发电负荷、按元件调整潮流、计划数据直接导入等，使得潮流调整工作直观、便捷。

（1）按区域调整发电负荷。区域修改发电负荷提供按照区域整体调整发电及负荷。可以单独操作一个区域，也可多个区域同时修改。可以直接输入要调整的发电、负荷值，也可通过滑棒分别调整发电、负荷值。

（2）按单个元件修改潮流。潮流修改以表格形式显示交流线、两绕组变压器、三绕组变压器、发电机、负荷、直流线、并联电容电抗器、串联电容电抗器的各个参数。可在表格内直接对参数进行修改。

1）交流线可修改：线路状态、电阻、电抗、对地电纳参数。

2）两绕组变压器可修改：状态、电阻、电抗、变比。

3）三绕组变压器可修改：状态、电阻、电抗、变比。

4）发电机可修改：状态、类型、有功、无功、状态、相角、有功上限、有功下限、无功上限、无功下限。

5）负荷可修改：状态、类型、负荷有功、负荷无功、状态、相角、负荷有功上限、负荷有功下限、负荷无功上限、负荷无功下限。

6）直流线可修改：状态、运行方式、额定电流、额定电压、整流侧单极容量、逆流侧单极容量。

7）并联电容电抗器可修改：状态、电阻、电抗、对地电纳参数。

（3）计划数据导入功能。在线研究态系统提供计划数据导入功能，可以将日前发电计划、省际联络线计划、联络线交易计划、设备状态计划、负荷预测计划导入到当前潮流数据中，并进行潮流计算、稳定分析等计算。

可按照计划类型选择某一时间点的计划批量导入，也可选择某一元件某一时间点的数据进行单个导入。

（4）修改记录功能。修改记录功能，可以将分析人员对数据的修改逐一记录下来，并提供执行和撤销功能。

（5）潮流计算功能。对修改后的数据进行潮流计算，来确定数据的收敛性。

（6）潮流结果展示。潮流结果展示功能包括表格潮流结果展示、地理图方式潮流展示。

1）潮流结果表格展示。潮流结果以表格形式显示交流线、两绕组变压器、三绕组变压器、发电机、负荷、直流线、并联电容电抗器、串联电容电抗器、关键断面的计算结果。

• 母线：电压、相角；

• 交流线：状态、线路负载率、首端有功、首端无功、末端有功、末端无功、首端充电功率、末端充电功率；

• 两绕组变压器：状态、负载率、高压侧有功、高压侧无功、低压侧有功、低压侧无功；

• 三绕组变压器：高压侧状态、中压侧状态、低压侧状态、高压侧负载率、中压侧负载率、低压侧负载率、高压侧有功、高压侧无功、中压侧有功、中压侧无功、低压侧有功、低压侧无功；

• 发电机：状态、电压、相角、有功出力、无功出力；

• 负荷：状态、电压、相角、负荷有功、符合无功；

• 并联电容电抗器：状态、有功、无功；

• 关键断面：关键断面潮流流向、断面有功、断面有功上限、断面有功下限；断面包含线路的流向、有功、有功上限、有功下限。

2）潮流结果地理图展示。以地理图方式展示当前数据的潮流计算结果，电压、有功、无功、潮流流向均可在地理图上直观显示。

7.3.2.2 稳定分析

稳定分析是指电网运行方式确定后进行的各类安全稳定分析，具体包括暂态稳定分析、小干扰稳定分析、静态电压稳定分析、静态安全分析、短路电流分析和稳定裕度分析等。

（1）暂态稳定分析。暂态稳定是指电力系统受到大干扰后，各同步发电机保持同步运行并过渡到新的或恢复到原来稳态运行方式的能力。通过暂态稳定计算可以判别系统的暂态功角稳定性、暂态电压稳定性和暂态频率稳定性。在线研究态暂态稳定支持如下功能：

1）通过故障模板来设置故障。模板即各种典型故障类型的故障动作组合，用户可以定制每个故障动作的具体参数，例如故障类型（三相或相间故障等）、故障切除时间等信息。同时，基于故障模板，用户通过指定电压等级或区域的方式，一次性批量生成预想故障任

务，减少人工录入工作。支持单瞬重合闸成功、单瞬重合闸失败、三相永久故障、变压器故障、母线故障以及用户自定义故障设置。

2）支持连锁故障分析。

3）危险故障自动识别。根据当前潮流分布情况，可给出可能存在安全隐患的元件或区域例如针对重载的线路或变压器元件等，程序自动分析给出故障设置的建议，建议的故障设置既可以包括用户指定的故障模板，也可以包括一些复杂的连锁故障等。

4）支持稳控策略校核。

5）支持功角功率曲线的 Prony 分析。

（2）小干扰分析。小干扰稳定的定义是指系统受到小干扰后，不发生自发振荡或非周期性失步，自动恢复到起始运行状态的能力。当前用于研究复杂电力系统小干扰稳定的方法主要是基于李雅普诺夫一次近似法的小干扰法，计算矩阵全部特征值。支持 QR 法和部分特征根法，具有良好的数值稳定性和较快的收敛速度。在线研究态小干扰分析支持：振荡模式自动识别和典型振荡机组自动筛选。

（3）静态电压稳定计算。电压稳定评估属于小干扰电压稳定分析的范畴，静态电压稳定涉及电压稳定性的判别和电压稳定极限计算电压稳定性往往表现为一种局部现象，电压失稳总是从系统电压稳定性最薄弱的节点开始引发，并逐渐向周围比较薄弱的节点（区域）蔓延，严重时才会引发整个系统的电压崩溃。由电压稳定极限可得出系统的稳定裕度，并且稳定裕度包括全局和局部指标，得出合理的关键节点和关键区域。

在线研究态静态电压计算支持如下功能：按照区域设置发电及负荷调整范围；子区域电压稳定极限自动分析。

（4）静态安全分析。静态安全分析是根据给定的电网结构、参数和发电机、负荷等元件的运行条件及给定的切除方案，确定切除某些元件是否危及系统的安全（即系统中所有母线电压是否在允许的范围内，系统中所有发电机的出力是否在允许的范围内，系统中所有线路、变压器是否过载等）。

（5）短路电流分析。短路电流计算就是在某种故障下，求出流过短路点的故障电流、电压及其分布的计算。电力系统短路的类型主要有三相短路、两相短路、单相接地短路和两相接地短路。

（6）稳定裕度分析。稳定裕度分析是针对指定断面组成的条件下，不断调整发电和负荷的功率，使得断面输送功率不断变化，并最终达到极限值或用户指定数值。调整过程中系统会自动记录系统从初值到终值整个变化的详细过程。同时，支持送端区域/受端区域、开机方式等用户的定义功能。

在线研究态稳定裕度分析支持功能为：

1）断面添加、编辑功能。支持自定义断面，包括线路组成选择，送受端区域设定，可调区域设置。

2）自动断面识别。在当前电网状态下，程序通过拓扑分析和潮流分析，自动识别出功率传输方向一致、功率负载率较高的线路或变压器组成输电断面，提示用户进行针对性的分析。

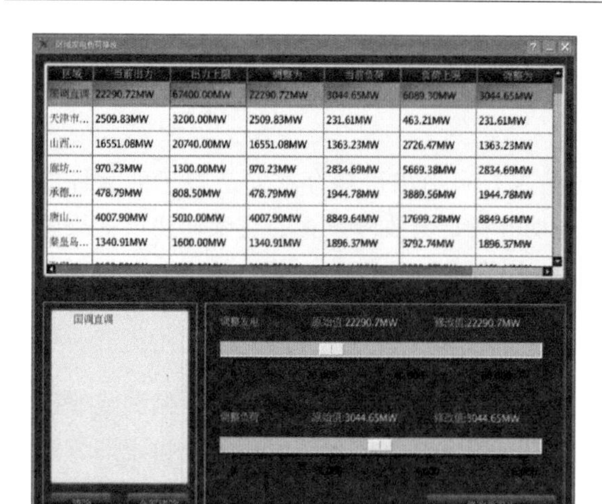

图 7-10　潮流修改—按区域调整发电负荷

#### 7.3.2.3　独立计算操作及展示

（1）潮流调整及展示。在线研究态潮流调整包括按照区域调整发电负荷、单个元件潮流调整和潮流结果展示。按区域调整发电和负荷可以按照数据的分区自动整合数据，对单个分区数据的发电和负荷整体调整。其中发电调整时按照当前区域各个发电机的剩余出力裕度平均分配调整值，负荷调整将整个区域的各个负荷整体增长，如图 7-10 所示。

单个元件潮流调整可以提供更为详细的潮流数据调整功能，它将数据分为母线表、交流线表、发电机表、变压器表、负荷表、直流线表和电容电抗器表，可以对各个表中的数据进行修改，并且提供元件模糊查找功能，如图 7-11 所示。

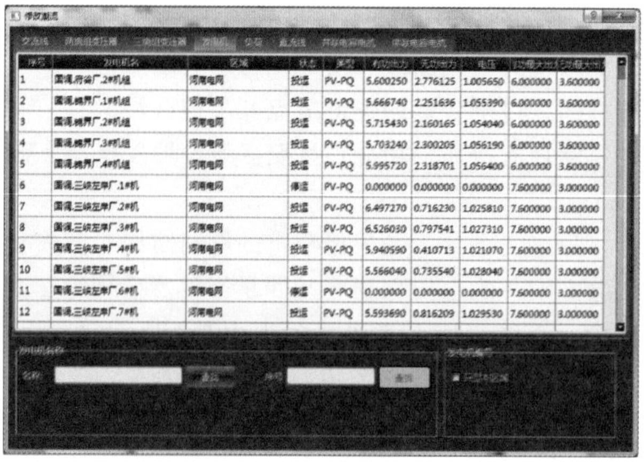

图 7-11　潮流修改—单个元件潮流调整

潮流结果展示可以展示潮流修改完成后的潮流结果，提供标幺值到有名值自动转换和模糊查找功能，如图 7-12 所示。

（2）稳定分析。在线研究态稳定分析包含暂态稳定分析、小干扰稳定分析、电压稳定分析、静态安全分析、短路电流计算及输电断面裕度评估 6 个主要计算功能。以上计算功能都是建立在数据加载完成，并且潮流收敛的基础上再进行的。

暂态稳定分析包含设置任务、删除任务、保存、编辑、暂稳计算设置、计算结果曲线设置、稳控结果展示、暂稳曲线展示、prony 曲线分析等功能，如图 7-13 所示。

小干扰稳定分析包含设置任务、删除任务、保存、编辑、结果展示、曲线展示功能。如图 7-14 所示。

电压稳定分析计算包含设置任务、删除任务、保存、结果展示、P-V 曲线展示功能。如图 7-15 所示。

短路电流分析计算包含设置任务、删除任务、保存、结果展示功能，如图 7-16 所示。

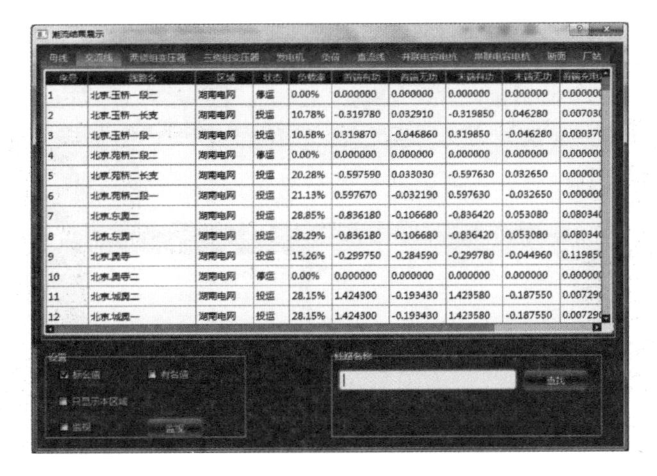


| 序号 | 线路名 | 区域 | 状态 | 负载率 | 首端有功 | 首端无功 | 末端有功 | 末端无功 | 首端充电 |
|---|---|---|---|---|---|---|---|---|---|
| 1 | 北京.玉桥一段二 | 湖南电网 | 停运 | 0.00% | 0.000000 | 0.000000 | 0.000000 | 0.000000 | 0.00000 |
| 2 | 北京.玉桥一长支 | 湖南电网 | 投运 | 10.78% | -0.319780 | 0.032910 | -0.319850 | 0.046280 | 0.00703 |
| 3 | 北京.玉桥一段一 | 湖南电网 | 投运 | 10.58% | 0.319870 | -0.046860 | 0.319850 | -0.046280 | 0.00037 |
| 4 | 北京.苑桥二段二 | 湖南电网 | 停运 | 0.00% | 0.000000 | 0.000000 | 0.000000 | 0.000000 | 0.00000 |
| 5 | 北京.苑桥二长支 | 湖南电网 | 投运 | 20.28% | -0.597590 | 0.033030 | -0.597630 | 0.032650 | 0.00000 |
| 6 | 北京.苑桥二段一 | 湖南电网 | 投运 | 21.13% | 0.597670 | -0.032190 | 0.597630 | -0.032650 | 0.00000 |
| 7 | 北京.东奥二 | 湖南电网 | 投运 | 28.85% | -0.836180 | -0.106680 | -0.836420 | 0.053080 | 0.08034 |
| 8 | 北京.东奥一 | 湖南电网 | 投运 | 28.29% | -0.836180 | -0.106680 | -0.836420 | 0.053080 | 0.08034 |
| 9 | 北京.奥寺一 | 湖南电网 | 投运 | 15.26% | -0.299750 | -0.284590 | -0.299780 | -0.044960 | 0.11985 |
| 10 | 北京.奥寺二 | 湖南电网 | 停运 | 0.00% | 0.000000 | 0.000000 | 0.000000 | 0.000000 | 0.00000 |
| 11 | 北京.城奥二 | 湖南电网 | 投运 | 28.15% | 1.424300 | -0.193430 | 1.423580 | -0.187550 | 0.00729 |
| 12 | 北京.城奥一 | 湖南电网 | 投运 | 28.15% | 1.424300 | -0.193430 | 1.423580 | -0.187550 | 0.00729 |

图 7-12　潮流修改—潮流结果展示

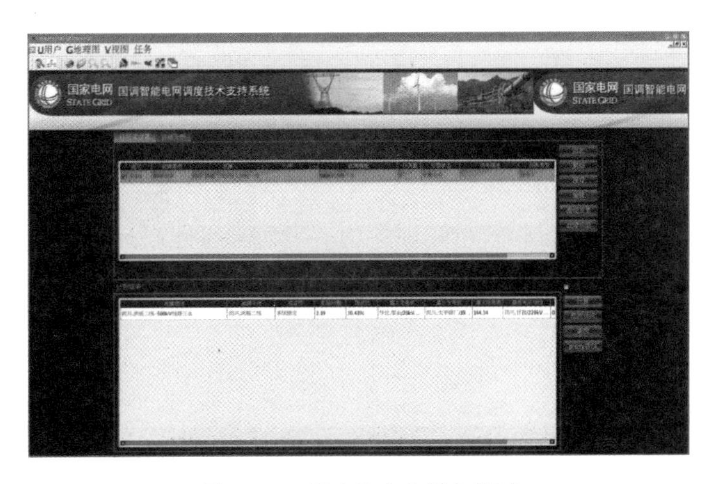


图 7-13　暂态稳定分析主界面

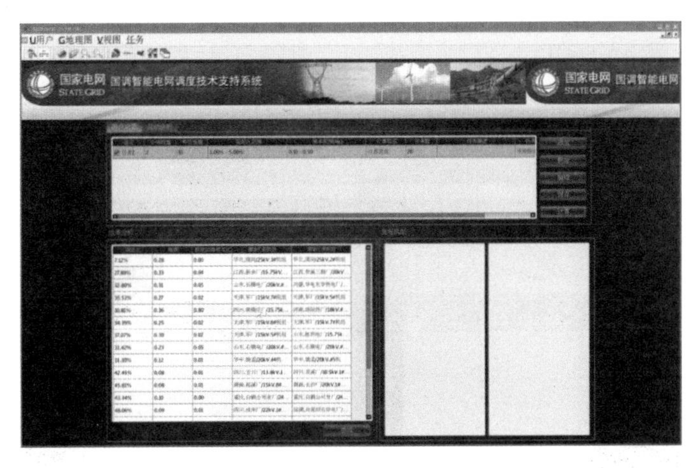


图 7-14　小干扰分析主界面

图 7-15 电压稳定分析主界面

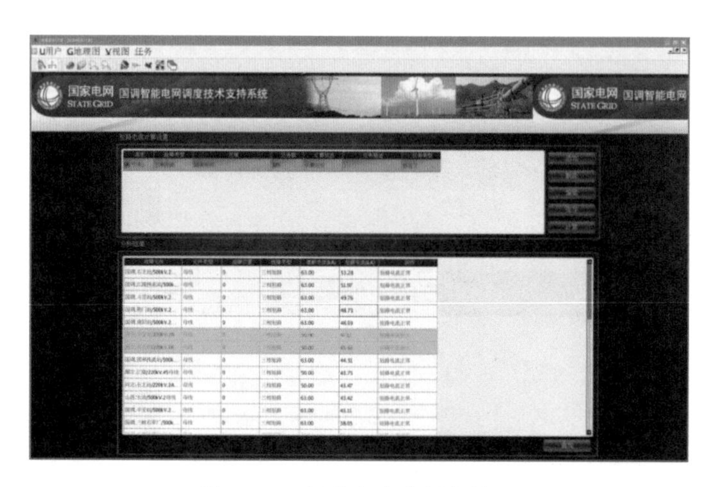


图 7-16 短路电流分析主界面

静态安全分析计算包含：设置任务、删除任务、保存、结果展示、稳控自动策略自动匹配执行功能，如图 7-17 所示。

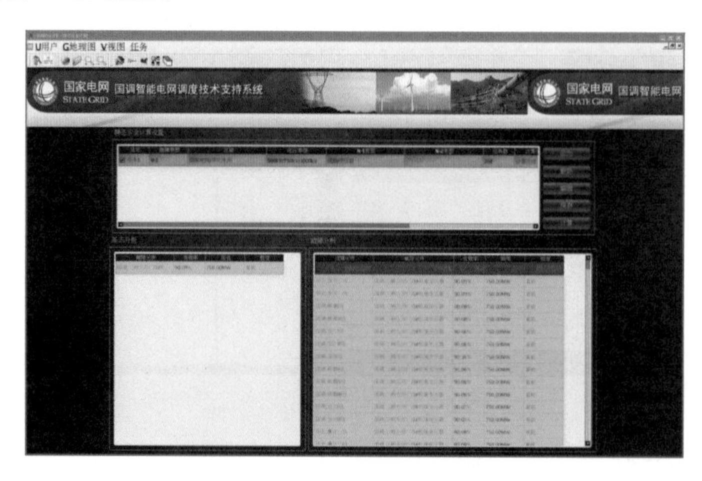


图 7-17 静态安全分析主界面

稳定裕度分析计算包含：断面设置、断面裕度评估、潮流分析、稳定校核、结算结果展示功能，如图 7-18 所示。

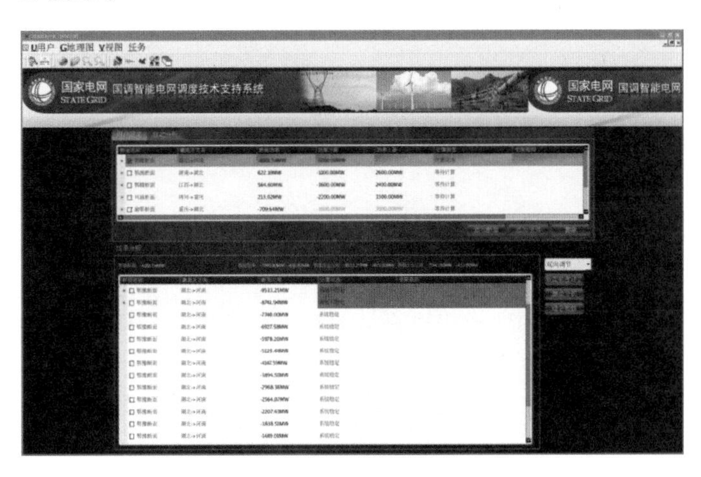


图 7-18　稳定裕度分析主界面

### 7.3.3　联合计算分析

联合计算分析是指由参与计算的最高一级调度机构统一协调，参与调度机构应协同完成联合计算分析任务，形成联合计算分析报告。联合计算分析过程中，最高一级调度机构负责整体联合计算任务的数据选择、任务制定、潮流调整结果汇总、稳定分析结果汇总、联合计算分析报告生成。参与联合计算的其他调度机构负责接收联合计算任务，完成上级调度机构下发的潮流调整任务，完成上级调度机构下发的稳定分析任务。

#### 7.3.3.1　启动条件

（1）进行特高压联络线、跨区跨省输电通道在线分析，尤其是可能引起功率或电压波动超过规定范围的情况。

（2）进行重要输电断面在线分析，对特高压联络线或跨区跨省输电通道运行有较大影响的情况。

（3）电网实时分析中，存在调度管辖电网以外的影响到本电网安全稳定的故障。

（4）预想方式分析中，对其他调度管辖电网的设备状态不明或需其他调度机构配合进行计算分析的故障。

（5）对区域间小干扰稳定进行分析。

（6）其他需进行联合计算分析的任务。

#### 7.3.3.2　工作流程

（1）申请：下级调度机构在需要进行联合计算分析时，可向上级调度机构提出联合计算申请，并及时通知上级调度机构。上级调度机构应及时答复下级调度机构的申请。

（2）启动和确认：上级调度机构可直接启动联合计算分析，并及时通知下级调度开始进行计算。

（3）初始数据准备：申请启动联合计算分析的调度机构负责根据上级调度机构下发的计算数据，经修改形成预想方式分析初始潮流数据，并设定预想方式故障集，逐级上报至参与联合计算分析的最高一级调度机构。

（4）计算数据形成：若涉及多个调度机构数据，参与数据准备的调度机构逐个采用“串行修改、统一下发”方式对计算数据进行修改。区域内省（市）调由调控分中心负责组织协调，调控分中心由国调负责组织协调。参与联合计算分析的最高一级调度机构负责全网计算数据的下发。

（5）联合计算和分析：联合计算分析由申请启动的调度机构牵头组织，所有参与的调度机构同步完成，计算结果逐级上报。上级调度机构汇总所有参与调度机构的计算结果后下发。

各级调度联合计算的整体流程如图 7-19 所示。

#### 7.3.3.3 工作要求

（1）参与联合计算分析的调度机构进行计算数据准备时，应确保潮流收敛、本网数据准确及合理。计算数据应包含预想方式对应的故障集。

（2）参与联合计算分析的下级调度机构应在联合计算分析批准后 30min 内完成计算数据准备并上报。

（3）参与联合计算的最高一级调度机构应在收集计算数据后 30min 内下发全网计算数据。

（4）发起联合计算分析的机构应明确计算分析目的，详细描述本网运行方式变化及薄弱环节，确定计算分析手段（如静态安全分析、暂态稳定分析、小干扰稳定分析等）。

（5）联合计算分析中，应重点做好特高压联络线运行稳定性分析，并关注其他重要联络线及输电断面。

（6）联合计算分析应有明确的评估和辅助决策结论，并给出详细解释说明，辅助决策手段应切实可行。

（7）参与联合计算分析的调度机构应在计算完成后 30min 内将结果逐级上报，参与联合计算的最高一级调度机构应在收集计算结果后 30min 内完成汇总并下发。

（8）参与联合计算分析的调度机构应做好调度管辖电网内的分析结果同实际运行情况比对。

（9）联合计算分析中，工作交流可采用视频方式。

#### 7.3.3.4 操作及界面展示

多级联合计算操作主要包含：任务申请、任务创建、任务处理、任务提交、任务完成等功能。

（1）任务申请。当下级单位需要上级单位配合进行联合计算时，下级单位（分调或者省调）可以向上级单位申请联合计算任务，在弹出联合计算申请对话框内输入相应内容。设置完成后，系统会自动发送联合计算申请到上级单位，如图 7-20 所示。

（2）任务创建。上级单位（国调或分调）可以直接创建联合计算任务，也可以在收到下级单位（分调或者省调）的联合计算申请后创建联合计算任务。通过在线研究态编制联合计算任务书后下发到下级单位，然后制定联合计算任务，包括潮流调整计划、稳定分析任务、报告整理任务，制定完成后系统自动下发到下级单位，联合计算任务创建完成，开始联合计算任务处理，如图 7-21 和图 7-22 所示。

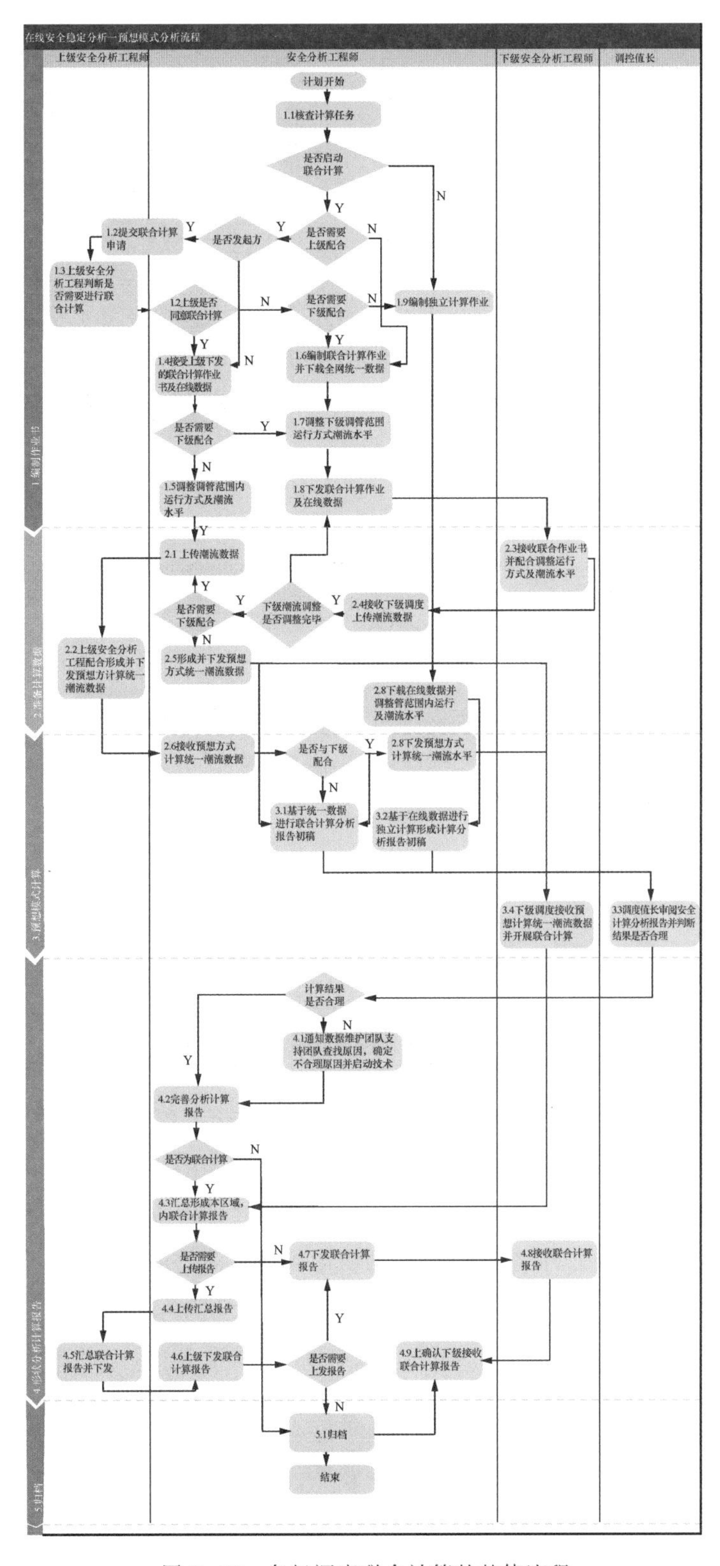

图 7-19 各级调度联合计算的整体流程

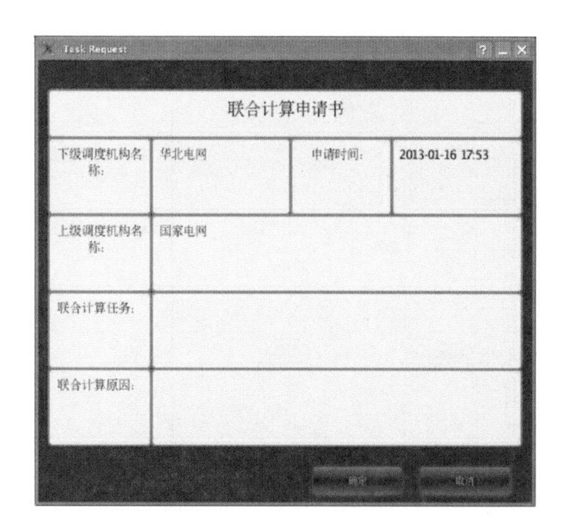


图 7-20　申请输入界面

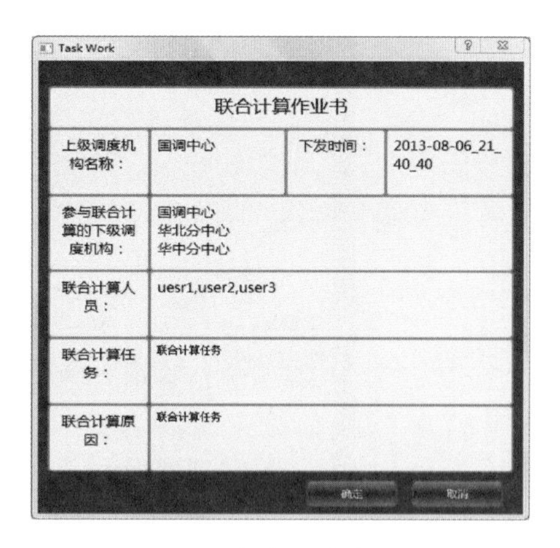


图 7-21　任务创建输入界面

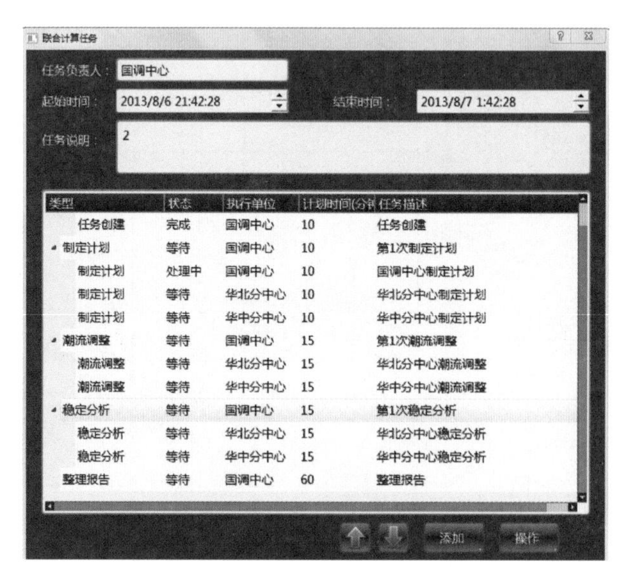


图 7-22　任务制定界面

(3) 任务处理。联合计算任务制定完成后，各级单位开始依次处理自己单位的联合计算任务，包括潮流调整任务、稳定分析任务、报告整理。其中潮流调整任务依次进行处理，稳定分析任务可以并行处理，报告整理任务由创建任务的单位负责处理，如图 7-23 所示。

潮流调整任务和稳定分析任务处理均采用在线研究态系统独立计算分析里提供的功能模块。

(4) 任务提交。联合计算任务处理完成后，下级单位需要提交任务处理结果至上级单位，上级单位确认任务处理正确无误后，下级单位才可以进行后续任务处理。上级单位自己的任务不需要提交，处理完成后直接确认则完成该任务，如图 7-24 所示。

(5) 任务完成。上级单位和下级单位各自的任务都处理完成后，由上级单位来负责整理联合计算分析结果报表，整理完成后上级单位可结束此次联合计算任务，联合计算任务处理完成。

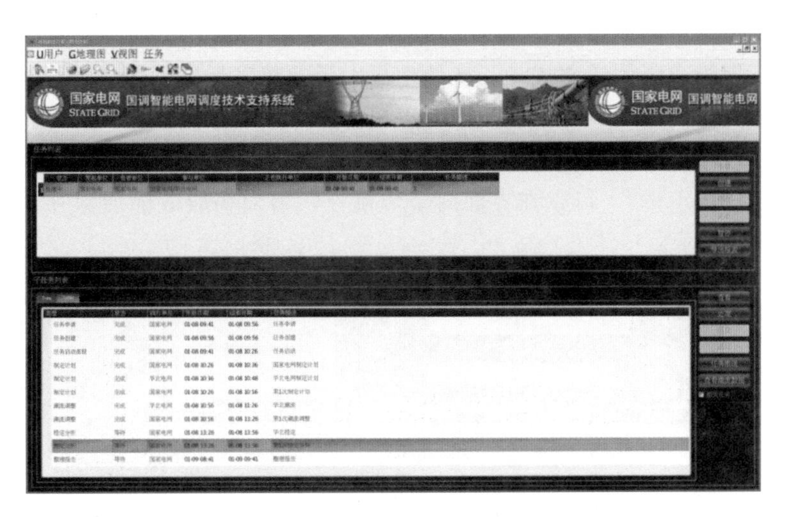


图 7-23 联合计算—任务处理界面

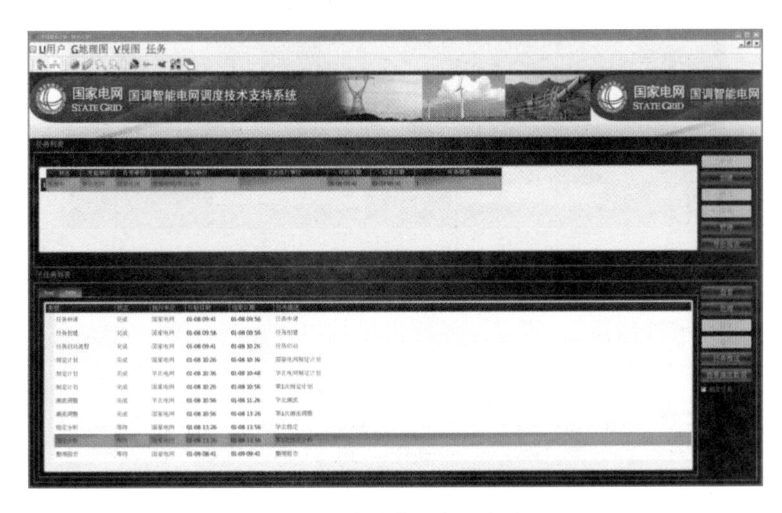


图 7-24 联合计算—任务提交界面

### 7.3.4 其他功能

#### 7.3.4.1 线路电压分布

在线研究态提供线路电压分布计算功能，可以查看重点投运线路的线路各部分电压分布情况。在线路电压分布对话框内，输入需要分析的线路名称，将线路添加到待分析列表中，设置分段数（2～20 段），然后计算。计算完成后，会在对话框内输出线路的沿线分布电压及曲线，如图 7-25 所示。

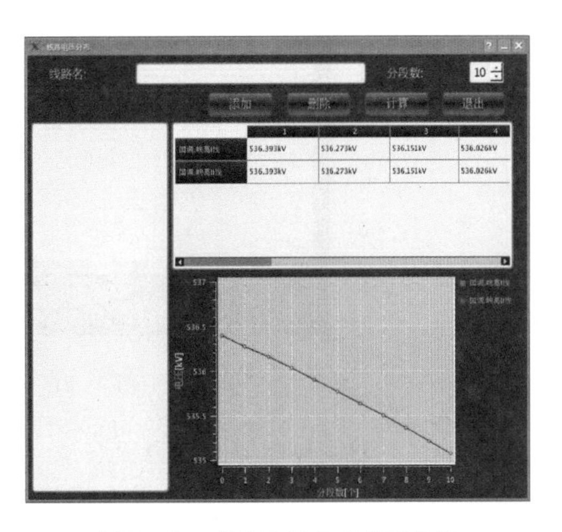


图 7-25 线路电压分布展示界面

#### 7.3.4.2 故障模板编辑

故障模板即各种典型故障类型的故障动作组合，用户可以定制每个故障动作的具体参数，例如故障类型（三相或相间故障等）、故障切除时间等信息。同时，基于故障模板，用户通过指定电压等级或区域的方式，一次性生成大量的故障任务，减少了录入工作。

在线研究态支持模板编辑功能，用户可以根据实际问题设定特定的故障模板用来进行研究分析。用户可以添加单一故障模板及复杂连锁动作模板。

点击“故障模板编辑”，可以在界面内新增模板，增加相应故障后保存及完成故障模板编辑，如图 7-26 所示。

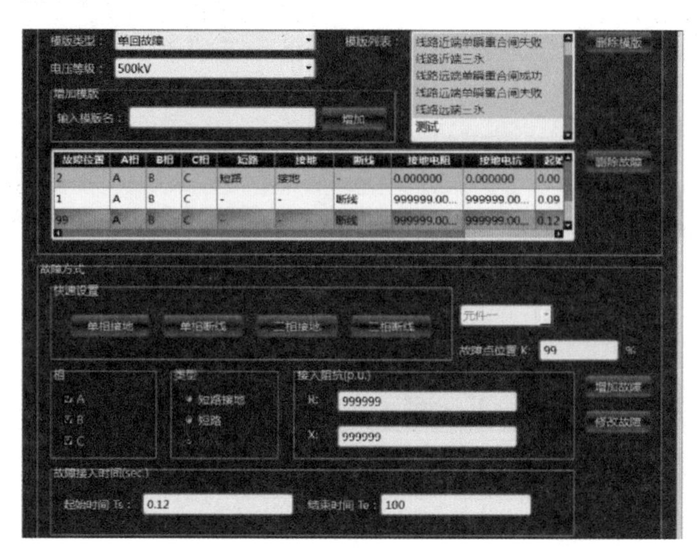


图 7-26　故障模板编辑界面

点击“连锁故障模板编辑”，可以在界面内增加时序故障动作，增加完成后确定，如图 7-27 所示。

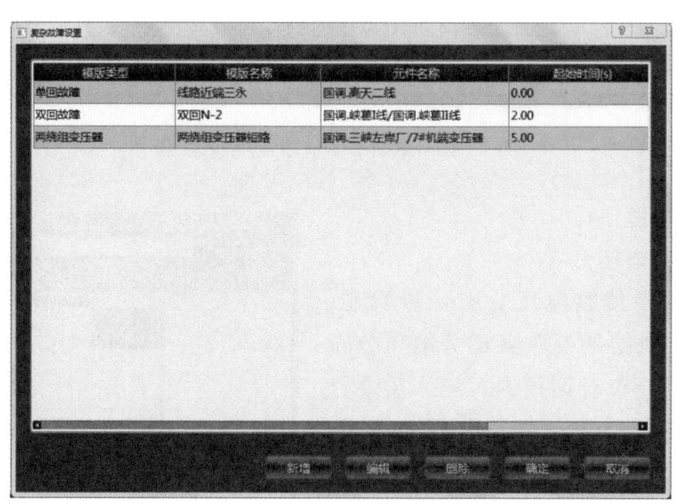


图 7-27　连锁故障编辑界面

#### 7.3.4.3　稳控策略录入及界面展示

在线研究态支持稳控策略的录入及在计算时根据运行方式自动匹配策略并仿真。稳控策略录入功能是根据方式离线策略表和在线运行数据，通过专门的简化程序语言录入，生成稳

定分析中可以识别的策略文件。

可以根据具体策略、数据的运行方式、暂态稳定故障类型、静态安全故障元件的情况去自动匹配策略，找到满足动作条件的策略并展示。在暂态稳定分析和静态安全分析计算中会根据相应故障，自动执行满足动作条件的稳控策略，如图 7－28 和图 7－29 所示。

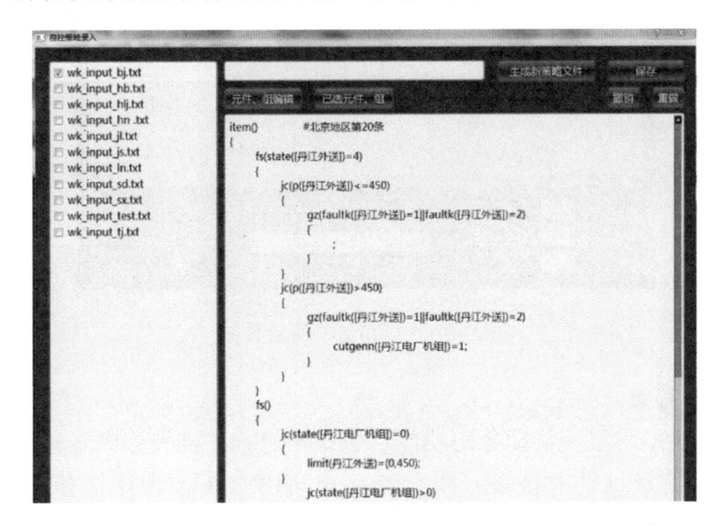


图 7－28　稳控策略编辑界面

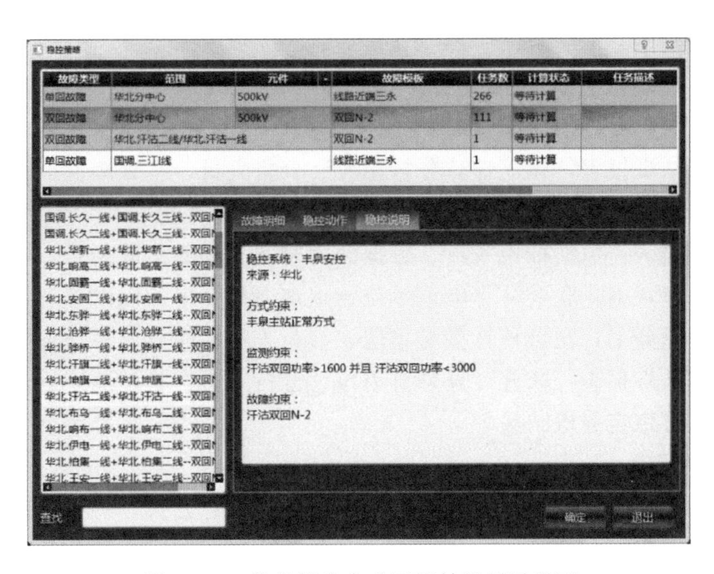


图 7－29　稳控策略自动匹配结果展示界面

#### 7.3.4.4　计算结果记录

在线研究态可以自动记录用户的预想方式分析、应急方式分析、联合计算分析、数据检查评分的详细操作记录。具体包括分析人员、分析时间、分析原因、数据断面时间、生成报告名称。

在线研究态提供查询界面，用来查询用户的详细操作记录。操作监控界面可以按照时间和调度单位来查询用户的详细操作记录，并可以导出相应结果报表，如图 7－30 所示。

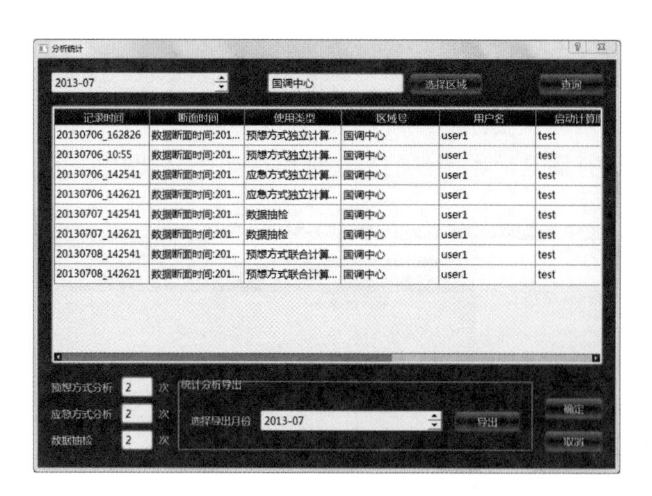


图 7-30 结算结果展示界面

7.3.4.5 结果报表

在线研究态提供多种报表自动导出功能，包括预想方式报表、应急计算方式报表、独立计算结果报表、数据对比结果报表、联合计算申请书、联合计算任务书、联合计算结果报表。

(1) 预想方式报表：预想方式分析中的分析单位、分析人员、分析数据运行方式、预想运行方式等。

(2) 应急方式报表：应急方式分析中的分析单位、分析人员、启动应急方式分析原因等。

(3) 独立计算结果报表：独立计算分析单位、分析人员、基础潮流运行方式、潮流调整记录、稳定分析结果等。

(4) 数据检查报表：数据抽检人员、数据断面时间、潮流比较结果、参数比较结果等。

(5) 联合计算申请书：联合计算申请单位、申请人员、申请原因等。

(6) 联合计算任务书：联合计算参与单位、参与人员、联合计算任务等。

(7) 联合计算结果报表：联合计算分析单位、分析人员、基础潮流运行方式、各单位潮流调整记录、各单位稳定分析结果等。

7.3.5 应用场景

从应用场景上，在线研究态可分为针对未来状态的预想方式分析和针对紧急状态的应急方式分析。

7.3.5.1 预想方式分析

电网预想方式分析是指电网将发生较大方式变化（例如重大倒闸操作、负荷变化、计划调整）情况下，由调控运行人员主导进行的在线研究态分析。

电网预想方式分析的具体操作是针对当前断面数据或者特定断面数据，进行预想方式调整（例如重大倒闸操作、负荷变化、计划调整等），调整完成后进行稳定分析计算，根据分析结果来确定预想方式调整的可行性，最后导出相关报表，形成书面性预想方式调整的可行性分析，对日常电力调度提供技术支撑，辅助日常电力调度操作。

预想方式分析启动条件：

（1）电网将发生较大方式变化（例如重大倒闸操作、负荷变化、计划调整）情况下的安全稳定分析。

（2）日常运行中，如电网出现特殊负荷日、特殊检修日、特殊气象日等特殊方式，应进行电网预想方式分析。

电网预想方式分析也可以分为独立计算分析和联合计算分析两种分析方法，在进行预想方式分析时边界条件不需要调整，并且对重要跨区跨省联络线及输电断面影响不大时，只需要独立计算分析即可。

当进行电网预想方式分析时，若发现对特高压联络线、跨区跨省联络线及输电断面存在较大影响，应启动联合计算分析。

7.3.5.2　应急方式分析

电网应急方式分析是指当系统运行方式遭到严重破坏（如 $N-3$ 以上连锁故障），电网处于应急状态，无相应的调控策略时，应利用研究态功能启动紧急控制措施情形下的在线安全稳定分析。在应急方式下，应重点分析解决设备严重过载、提高系统稳定性的措施，视情况确定计算内容，计算完成后形成应急方式分析报告。

电网应急方式分析的具体操作是针对当前断面数据，进行故障后应急方式调整操作，调整完成后进行稳定分析计算，重点分析解决设备严重过载、提高系统稳定性的措施。根据分析结果来确定应急方案的可行性，最后导出相关报表，形成书面性应急方式分析报告。应急方式分析结束后，应妥善保存计算数据，以供开展事故分析评估、形成事故评估分析报告。

电网应急方式分析由调控运行人员主导开展针对电网紧急状态的计算工作。由应急方式分析所得到辅助控制措施，供运行方式专业参考，经运行方式专业确认后可作为临时控制措施。电网稳定运行后，调控运行人员及时形成电网应急状态下的计算分析报告，并会同运行方式专业进行控制措施可行性分析，形成可行性分析报告。

应急方式分析启动条件：电网处于应急状态（运行方式遭到严重破坏时），应采取紧急控制措施情形下的在线分析。

电网运行方式严重破坏后没有相关稳定控制依据的，应进行电网应急状态分析，并及时会同运行方式专业提出控制措施建议。电网应急状态分析提出的控制措施建议，经运行方式专业确认后可作为临时控制措施，若电网恢复或运行方式专业给出新的控制措施，需及时进行更新。

电网应急状态涉及多个调度机构时，可根据实际情况启动联合计算分析。

# 8 在线动态安全监测与预警系统展示与人机交互

在线动态安全监测与预警的特性决定了其必须实现可视化，通过计算机技术把大量的分析结论进行提炼，用直观的手段展示其抽象的数据。由于电力系统本身固有的特性复杂，需要采用一体化的方法，把相关信息集中放在一起，帮助运行人员全面深入了解电力系统运行特性。

## 8.1 在线动态安全监测与预警系统展示

### 8.1.1 展示手段

在线动态安全监测与预警系统的人机交互部分用于潮流数据、动态安全分析结果等信息的图形显示。一般要求界面以简洁明确的方式将界面其他各元素组织起来，整体布局清晰合理，便于用户使用操作。

而在工程实现上，人机交互的需求往往与电网实际特性情况密切相关，一般要对调度运行关心的信息突出强调展示，因而从项目实际实施效果的角度看，在线动态安全监测与预警系统的人机界面不尽相同。但是从技术角度出发，其展示的手段不外乎如下几项，或者是其中几项的结合：

（1）电网拓扑图形展示：地理图展示（二维图或者三维图）；厂站图展示。

（2）分析结论可视化展示：列表；曲线；图表（饼图、柱图、着色图等）。

（3）综合信息展示：导航；信息窗。

随着智能电网调度自动化技术的发展，标准化、集成化成为技术发展的潮流。由于在线动态安全监测与预警技术是自动化领域的高级应用，其输出信息数据量大而繁杂。需要通过一体化技术有效组织起输出体系，实现有序、有层次的信息展示，把稳定分析与电网状态联合进行展示；通过可视化技术实现抽象数据的形象展示，相关数据的有效提炼，才能实现良好的人机展示与互动。

### 8.1.2 展示信息内容

传统电力系统自动化展示主要集中于静态的潮流展示，在线动态安全监测与预警系统除此之外，需要对各类稳定分析结论、辅助决策、裕度评估等信息进行展示。而各个稳定分析面对的问题不同，需要展示的内容也不相同，各类稳定分析结论的主要展示内容及其常见展示方式见表 8-1～表 8-7。

表 8 - 1　　暂态稳定展示内容

| 显示内容 | 显示方式 | 显示类型 |
| --- | --- | --- |
| 暂稳计算失稳摘要信息 | 表格/图示 | 综合信息 |
| 故障隐患位置 | 特殊符号闪烁，鼠标悬停在故障隐患位置时，以提示形式显示故障信息 | 电网拓扑图形 |
| 自动分析曲线：功角包络线，最低电压曲线，最低频率曲线 | 曲线 | 分析结论可视化 |
| 用户设定的输出曲线 | 曲线 | 分析结论可视化 |
| 功角摆动超过一定程度的严重机组信息 | 表格、对话框 | 分析结论可视化 |
| 比现有判稳条件稍不严格的曲线，比如电压低于 0.8 持续时间超过 0.5 秒的母线的电压曲线 | 曲线 | 分析结论可视化 |

表 8 - 2　　小干扰稳定展示内容

| 显示内容 | 显示方式 | 显示类型 |
| --- | --- | --- |
| 小干扰计算摘要信息 | 表格 | 综合信息 |
| 小干扰的特征值分布 | 特征值分布图 | 分析结论可视化 |
| 小干扰的特征值 | 列表 | 分析结论可视化 |
| 特征值的模态图 | 特征值模态图 | 分析结论可视化 |
| 小干扰稳定的发电机分群信息 | 两组不同的机群用不同的符号或颜色标志 | 电网拓扑图形 |

表 8 - 3　　电压稳定展示内容

| 显示内容 | 显示方式 | 显示类型 |
| --- | --- | --- |
| 电压稳定计算摘要信息 | 表格 | 综合信息 |
| 电压稳定计算详细信息 | 表格 | 分析结论可视化 |
| 电压稳定 PV、QV 图 | 曲线 | 分析结论可视化 |

表 8 - 4　　静态安全展示内容

| 显示内容 | 显示方式 | 显示类型 |
| --- | --- | --- |
| 引起静态安全问题的切除方案摘要信息 | 表格 | 综合信息 |
| 引起静态安全问题的切除方案详细信息 | 表格 | 分析结论可视化 |
| 对应某个切除方案的越限元件的信息 | 表格 | 分析结论可视化 |
| 引起静态安全稳定的元件 | 用特殊符号闪烁的方式显示 | 电网拓扑图形 |
| 对应某个切除方案的越限元件 | 图上高亮显示 | 电网拓扑图形 |
| 热稳定（针对某一故障的情况下的 $N-1$ 扫描分析）结果 | 表格 | 分析结论可视化 |

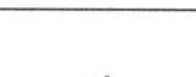

表 8-5　　短路电流展示内容

| 显示内容 | 显示方式 | 显示类型 |
| --- | --- | --- |
| 短路电流计算摘要信息 | 表格 | 综合信息 |
| 接近越限/越限的短路母线 | 图上高亮显示 | 电网拓卦图形 |
| 短路电流计算值与对应遮断电流 | 表格 | 分析结论可视化 |

表 8-6　　辅助决策展示内容

| 显示内容 | 显示方式 | 显示类型 |
| --- | --- | --- |
| 针对某一失稳故障的辅助决策信息 | 表格 | 分析结论可视化 |
| 辅助决策方案对应的故障位置 | 用特殊符号闪烁的方式显示故障位置 | 电网拓扑图形 |
| 发电机灵敏度结果 | 表格 | 分析结论可视化 |
| 发电机灵敏度结果 | 灵敏度着色图 | 电网拓扑图形 |
| 发电机调整结果 | 表格 | 分析结论可视化 |
| 发电机调整结果 | 柱状图 | 分析结论可视化 |
| 负荷调整结果 | 表格 | 分析结论可视化 |
| 负荷调整结果 | 柱状图 | 分析结论可视化 |

表 8-7　　裕度评估展示内容

| 显示内容 | 显示方式 | 显示位置 |
| --- | --- | --- |
| 断面潮流信息 | 表格 | 分析结论可视化 |
| 断面极限信息 | 表格 | 分析结论可视化 |
| 断面潮流和极限的对比图 | 柱状图 | 分析结论可视化 |
| 历史断面极限的信息 | 离散点曲线 | 分析结论可视化 |
| 功角摆动严重的机组所在的断面的功率 | 表格 | 分析结论可视化 |

## 8.2　电网拓扑图形

电网拓扑图形包括地理图和厂站图。

### 8.2.1　地理图

地理图主要功能是显示电网地理图并实现绘制功能。一般采用二维展示，对于某些特殊情况，可以使用三维技术，并具有导入背景图和经纬度等功能。可绘制的地理图元件有节点（发电厂、变电站、母线），注释元件（文本、矩形、线段等），潮流断面，连线，负荷，接地支路和图例。展示手段包括：

（1）箭头：用以显示线路潮流方向以及大小，箭头方向代表潮流方向，箭头大小代表潮流大小，可以考虑加入动画显示。箭头显示可以与渲染图结合使用，箭头可以由用户来选择显示还是不显示。

（2）饼图：用以显示线路负载率等信息。饼图可以与渲染图结合使用；饼图可以由用户来选择显示还是不显示；可以只显示用户指定线路、负载率高的线路、重要线路、危险线路，过载时需要特别提示（闪烁或者弹出对话框等）；确定饼图的最大、最小半径，避免出现过大或过小的情况，并与像素数直接挂钩、不随着缩放变化；饼图三种显示要素：颜色、大小、动作均可以代表不同信息；饼图半径可以用来显示潮流大小或者负载率的大小；不同颜色可以代表危险程度；闪烁等动作可以实现特别提示。

（3）状态图：用以显示元件状态，如停运或危险等；状态图可以与渲染图结合使用。状态图可以由用户来选择显示还是不显示；可以只显示指定线路、重要线路、危险线路等，可以结合闪烁等特别方式；大小需要一样，符号以外部分宜透明显示。

（4）渲染图：用颜色的差别来显示数据的大小；所有节点和线路信息都可以作为输入来进行渲染，如节点电压、功角，节点注入功率、灵敏度，线路裕量绝对值、百分比、显示故障危险等；以功角为输入进行渲染时，0°和360°应该为同一颜色；渲染图需要显示图例，即显示颜色与对应的数值的对应关系。潮流信息同样可以用渲染图的方式显示。

（5）故障设置：选中元件时候需要显示元件参数，元件停运时使用颜色加以区别。故障列表编辑包括暂态稳定、$N-1$ 静态分析的元件选择。应支持图形选择元件后弹出编辑暂态稳定、静态分析的菜单，自动编辑故障卡中的故障元件；图上能找到的元件则可以设置相应的故障，例如交流线故障；而在图上找不到的元件则不允许用户进行设置，如没有画出的电厂内母线，多条线路的组合线路等。

地理图还能显示发电厂和变电站内的元件接线结构，以及运行状态和潮流状态；提供修改元件参数和设置元件故障的功能。

### 8.2.2 厂站图

厂站图主要功能是显示厂站内部接线并实现绘制功能。厂站图大部分功能与地理图类似，一般采用二维展示。其特殊的展示手段包括：

（1）详细展示厂站内开关刀闸、潮流数据等详细电气量，包括：线路两侧有功无功、电流、电压、I/J 侧开关状态；变压器各侧有功无功、电流、电压、I/J 侧开关状态、抽头位置；发电机有功无功、机端电压、最大/最小有功、最大/最小无功、输出电流；负荷有功无功、电压、电流、最大/最小有功、最大/最小无功；直流线有功，电流、电压；其他各类无功装置的有功无功、电压、电流；开关、刀闸状态。

（2）实现厂站内的人机交互，包括：

1）潮流调整，调整潮流的功率调整时，支持区域和厂站按照比例调整；

2）查看和修改参数，包括交流线正序阻抗 $R_1$、$X_1$、$B_{1/2}$、零序阻抗 $R_0$、$X_0$、$B_{0/2}$；两绕组/三绕组变压器：正序阻抗 $R_1$、$X_1$、零序阻抗 $R_0$、$X_0$；发电机：同步机模型/参数、调压器模型/参数、调速器模型/参数、PSS 模型/参数、$X_{dp}$、$X_{dpp}$、$X_2$、$T_j$；负荷：负荷模型/参数、阻抗百分比等。

3）图形故障列表编辑，包括暂态稳定、$N-1$ 静态分析的元件选择等。

示例如图 8-1 所示。

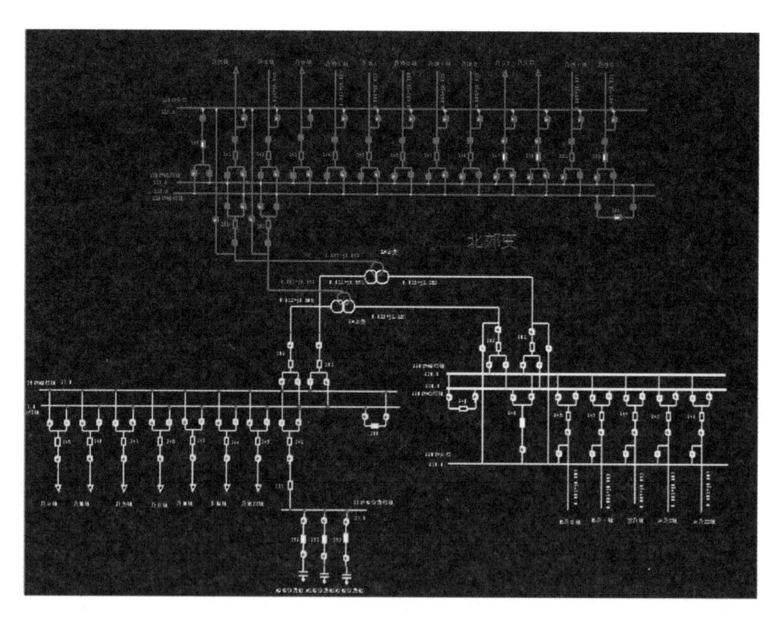


图 8-1　厂站图示例

## 8.3 分析结论可视化

分析结论可视化展示包括列表、曲线和图表等形式。

### 8.3.1 列表方式

列表是最简单直观的计算分析结果展示方式。列表中显示数据的表名和列名，一般均从数据库的字典表读入，由程序自动生成显示界面。列表展示的计算分析结果列表的内容来源于实时库或者关系数据库，如图 8-2 所示。

危险故障当前表 | 计算失败故障表 | 数据挖掘危险故障表 | 危险故障历史表

| | 故障ID | 故障描述 | 系统稳定性 | 系统失稳（最大功 | 扫描计算时间 | 数据相对路径 | 潮流ID |
|---|---|---|---|---|---|---|---|
| 151 | 118 | 500kV石坪2台主变 | 电压失稳 | 失稳时刻:1.01 | 2006年08月08日10点31分 | 2006年08月08日10点31分 | Unknown |
| 152 | | | | | 2006年08月08日10点34分 | 2006年08月08日10点34分 | |
| 153 | 17 | 龙王220kV母线K3 | 电压失稳 | 失稳时刻:1.01 | 2006年08月08日10点34分 | 2006年08月08日10点34分 | Unknown |
| 154 | 57 | 二曾双回　一回K3 | 功角失稳 | 失稳时刻:1.2 | 2006年08月08日10点34分 | 2006年08月08日10点34分 | Unknown |
| 155 | 90 | 90 曾洪双回 一回 | 电压失稳 | 失稳时刻:1.91 | 2006年08月08日10点34分 | 2006年08月08日10点34分 | Unknown |
| 156 | 87 | 二曾双回　一回K3 | 功角失稳 | 失稳时刻:1.34 | 2006年08月08日10点34分 | 2006年08月08日10点34分 | Unknown |
| 157 | 114 | 500kV万县1台主变 | 功角失稳 | 失稳时刻:0.74 | 2006年08月08日10点34分 | 2006年08月08日10点34分 | Unknown |
| 158 | 118 | 500kV石坪2台主变 | 电压失稳 | 失稳时刻:1.01 | 2006年08月08日10点34分 | 2006年08月08日10点34分 | Unknown |
| 159 | 134 | 500kV万县1台主变 | 功角失稳 | 失稳时刻:0.77 | 2006年08月08日10点34分 | 2006年08月08日10点34分 | Unknown |
| 160 | 138 | 500kV石坪2台主变 | 电压失稳 | 失稳时刻:1.01 | 2006年08月08日10点34分 | 2006年08月08日10点34分 | Unknown |
| 161 | | | | | 2006年08月08日10点41分 | 2006年08月08日10点41分 | |
| 162 | | | | | 2006年08月08日10点45分 | 2006年08月08日10点45分 | |
| 163 | | | | | 2006年08月08日10点48分 | 2006年08月08日10点48分 | |
| 164 | | | | | 2006年08月08日10点51分 | 2006年08月08日10点51分 | |
| 165 | 134 | 500kV万县1台主变 | 功角失稳 | 失稳时刻:0.77 | 2006年08月08日10点51分 | 2006年08月08日10点51分 | Unknown |
| 166 | 413 | 江复线复侧 | 电压失稳 | 失稳时刻:1.01 | 2006年08月08日10点51分 | 2006年08月08日10点51分 | Unknown |
| 167 | | | | | 2006年08月08日11点06分 | 2006年08月08日11点06分 | |
| 168 | | | | | 2006年08月08日11点07分 | 2006年08月08日11点07分 | |
| 169 | | | | | 2006年08月08日11点11分 | 2006年08月08日11点11分 | |
| 170 | | | | | 2006年08月08日11点27分 | 2006年08月08日11点27分 | |
| 171 | | | | | 2006年08月08日11点34分 | 2006年08月08日11点34分 | |
| 172 | | | | | 2006年08月08日11点37分 | 2006年08月08日11点37分 | |
| 173 | | | | | 2006年08月08日11点39分 | 2006年08月08日11点39分 | |
| 174 | | | | | 2006年08月08日11点42分 | 2006年08月08日11点42分 | |
| 175 | | | | | 2006年08月08日11点44分 | 2006年08月08日11点44分 | |
| 176 | | | | | 2006年08月08日11点46分 | 2006年08月08日11点46分 | |
| 177 | | | | | 2006年08月08日11点48分 | 2006年08月08日11点48分 | |

图 8-2　列表展示窗口

### 8.3.2 曲线方式

曲线用于展示属于某几个系列的大量数据，包括仿真结果曲线、小干扰模态图、电压PV曲线、裕度时间变化曲线等，如图8-3～图8-7所示。曲线展示可以首先选定要显示曲线内容，并在主框架内新开一子窗口显示。

特别需要提出的是，曲线数据比较庞大，一般是以文件的形式保存在服务器的相应目录下的，显示前需要以ftp等传输方式下载到本地显示。如何高效存储、索引曲线文件是可视化的关键技术之一。

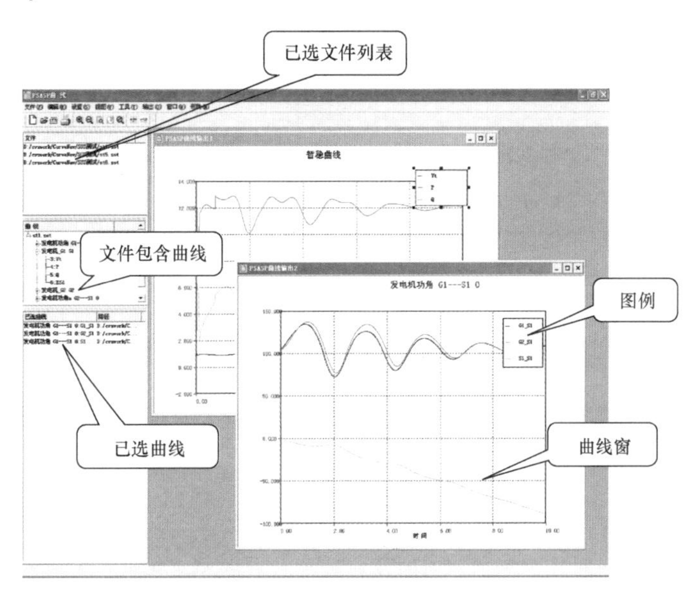


图8-3 电力系统时域仿真曲线

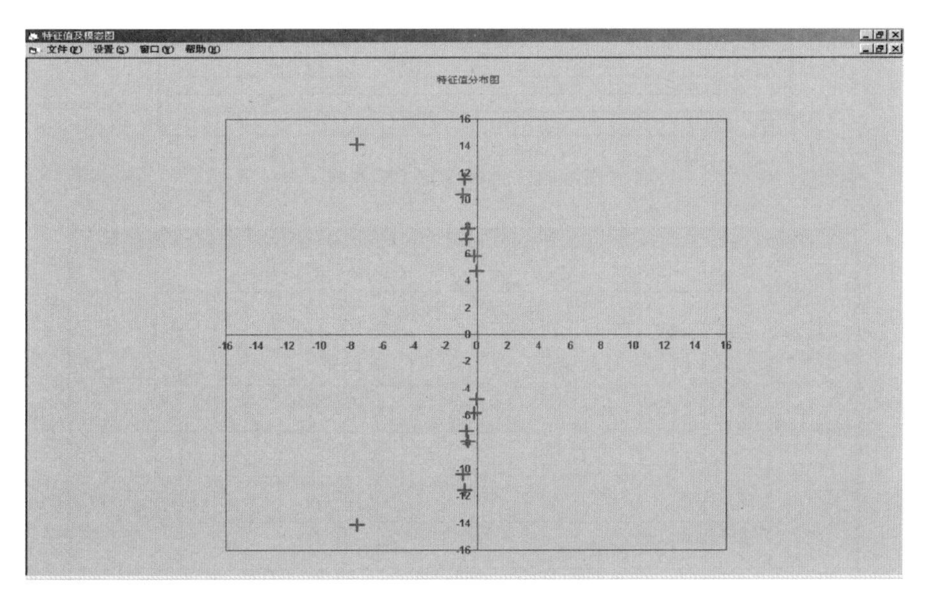


图8-4 小干扰特征值分布图

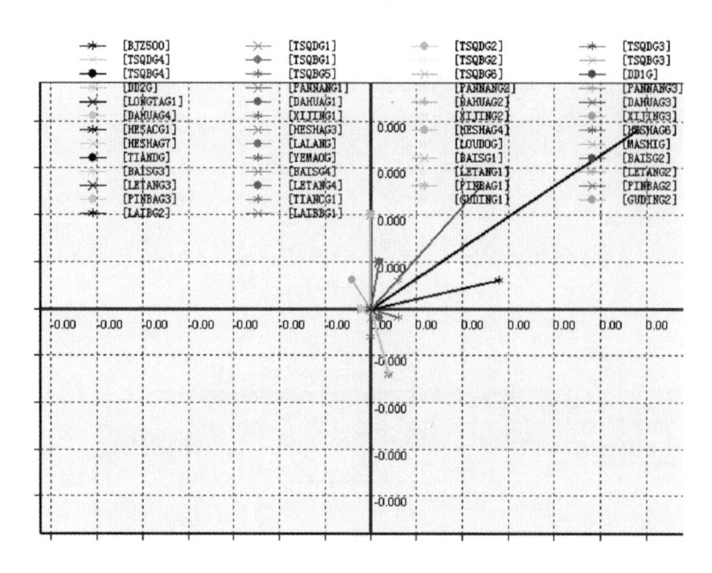


图 8-5　小干扰特征值对应的模态图

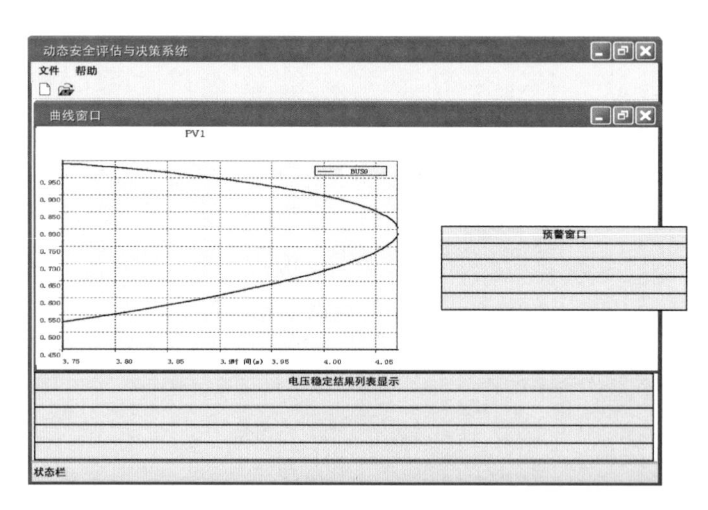


图 8-6　电压稳定 PV 曲线

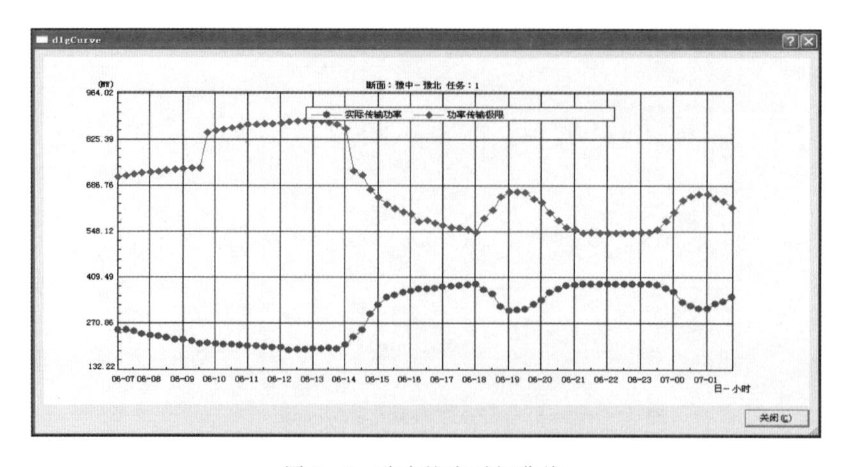


图 8-7　稳定裕度时间曲线

### 8.3.3 图表方式

图表用于展示属于某几个系列的少量数据，尤其是需要对比或强调的数据。与其他展示方式相比，图表的最重要的特征是灵活性，如图 8-8、图 8-9 所示，主要体现在以下几方面：

(1) 图表形式灵活。图表以直观简洁为宜。例如可以随意应用柱状图、扇形图等图表工具灵活显示线路功率极限与现有功率的关系等数据统计和数据对比。

(2) 图表自定义。图表是否显示图例、坐标、各项数值、说明文字，均可由用户配置；图表内各部分颜色和坐标大小等参数可以由程序自动判断生成。同一图表窗口内可以同时显示多个图表，多个图表按用户指定位置排列在窗口内。在图表个数显示范围之内，可在已有的图表图中添加/删除图表。

(3) 图表与其他展示的组合。图表可以以简略形式（不显示图例和坐标）、半透明的形式，显示在地理图的指定位置上。例如以地理图作为平面基础，在指定位置绘制三维柱状图：图上所有发电厂都绘制两个三维柱，第一个代表当前发电量，都用绿色柱，第二个代表最大发电量，用红色。同时多个三维柱的排列顺序也相同。

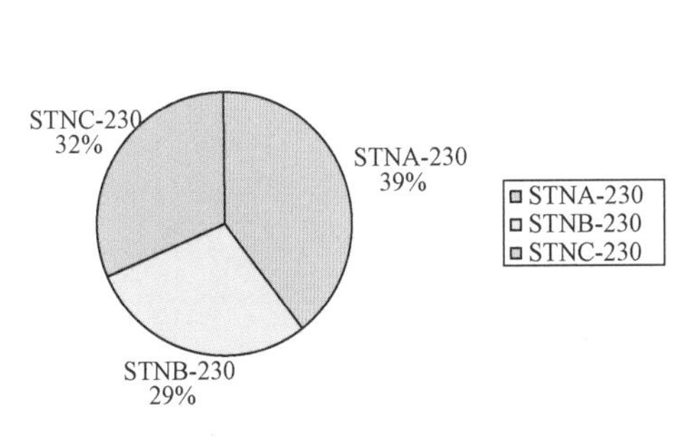


图 8-8 自定义饼状图

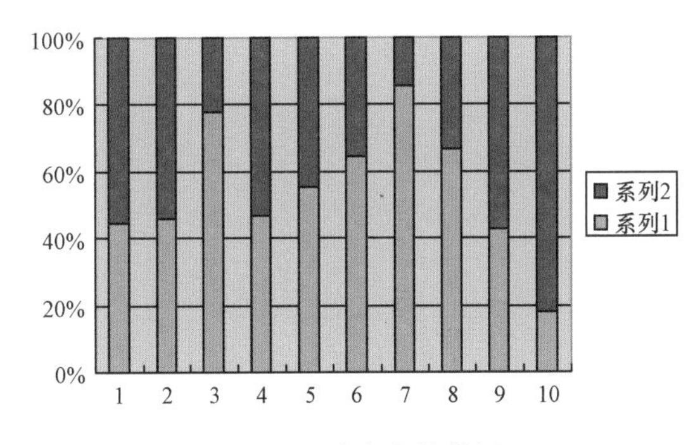


图 8-9 自定义柱状图

## 8.4 综合信息

综合信息展示包括导航和信息窗。导航是主画面的缩减展示方式，用于地理图太大或者多张图形之间关系太复杂的情况。导航画面一般为独立窗口。信息窗是在线动态安全监测与预警系统的所有报警信息的集中展示。由于稳定分析的方面很多，包含多类稳定分析、辅助决策和裕度评估等计算类型，需要信息窗把所有稳定分析的情况进行摘要显示。信息窗典型结构见表 8-8 和图 8-10。

**表 8-8** **信息窗典型结构**

| 第 1 列 | 分析方法类型（例如暂稳、小干扰等） |
|---|---|
| 第 2 列 | 任务编号 |
| 第 3 列 | 任务描述 |
| 第 4 列 | 结果摘要信息 |

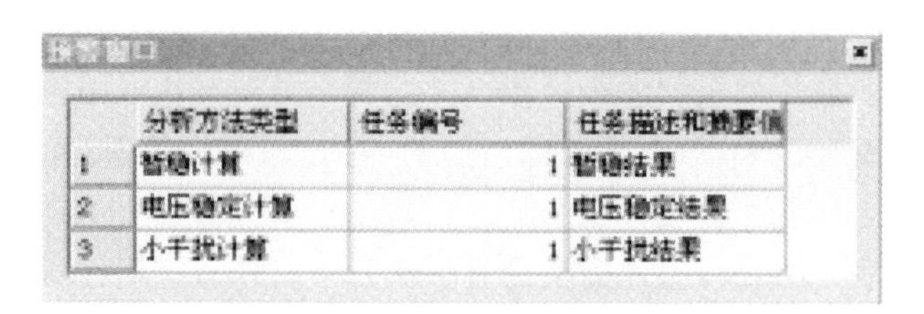


图 8 - 10　信息窗示例图

# 9 工程实施

## 9.1 工程实施条件

在线动态安全监测与预警系统从功能上可以划分为在线运行态和在线研究态两个主要工作模式。由于两个模式的运行方式不尽相同，在线运行态依赖于并行计算平台，而在线研究态通常采用单独工作站。因此，这两种模式的实施方法也有不同，以下进行分别介绍。

### 9.1.1 在线运行态

#### 9.1.1.1 硬件环境

在线运行态主体是并行计算平台，硬件环境包括调度服务器、数据接口服务器、历史服务器，以及若干计算节点，网络环境通常采用主备冗余的网络连接方式，可增加 KVM 模块便于运行管理。典型硬件架构如图 9-1 所示。

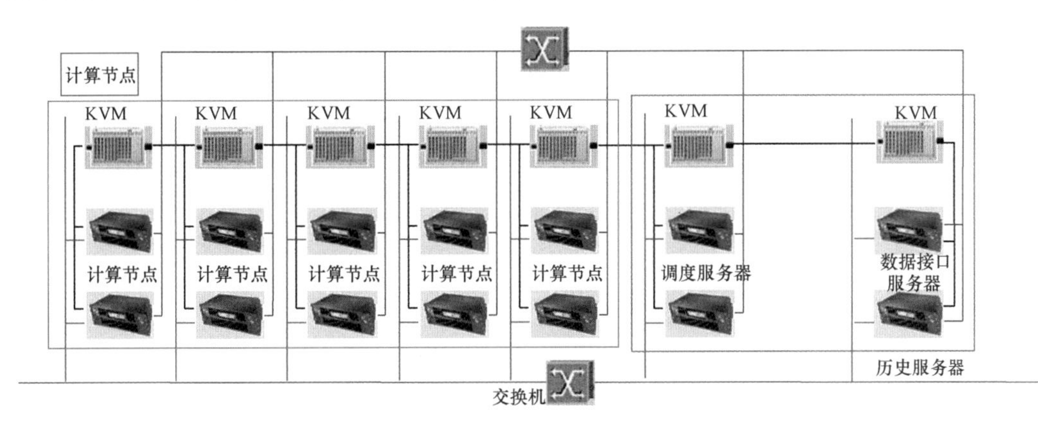


图 9-1 在线运行态典型硬件架构

各类服务器功能和硬件配置见表 9-1。

表 9-1 在线运行态服务器功能和硬件配置

| 设备 | 功能 | 类型 | 主备冗余 |
| --- | --- | --- | --- |
| 调度服务器 | 并行计算平台的核心，连接其他各类服务器，负责平台管理、任务调度及结果汇总等功能 | 机架服务器 | 可选 |
| 数据接口服务器 | 其他系统或应用的接口，获取在线潮流数据，进行数据整合，同时把分析结果转发给其他系统 | 机架服务器 | 是 |
| 历史服务器 | 保存每个历史断面，为在线研究态提供数据支持 | 机架服务器 | 可选 |
| 计算节点 | 负责实际的计算工作，接收调度服务器下发计算数据，根据预分配进行相应计算，完成后把结果返回调度服务器 | 刀片服务器 | 否 |

在线运行态的网络环境通常包括两个部分：并行平台内部网络和系统外联网络。内部网络用于并行计算平台内部数据交互的网络通信处理，主要连接各关键服务器和计算节点，一般采用 UDP 组播的通信模式，如下图的 80.10.11.＊网段；外联网络用于系统与外部应用进行通信的处理，主要连接数据接口服务器和其他应用服务器（网络分析、WAMS 等），如图 9－2 中的 192.168.101.＊。在线运行态典型网络连接如图 9－2 所示。

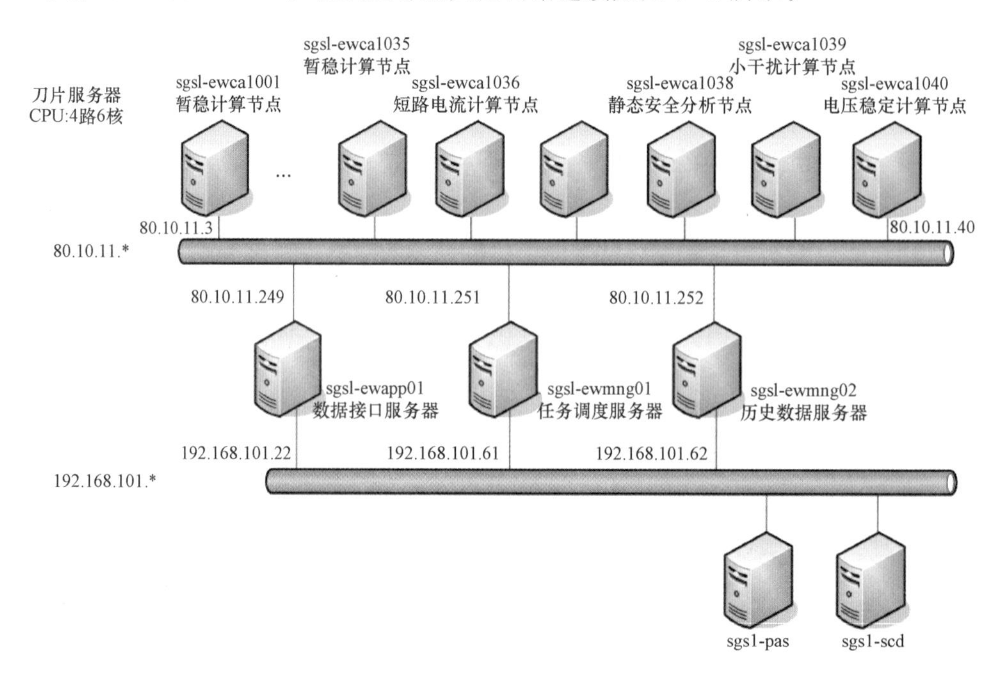


图 9－2　典型网络连接图

#### 9.1.1.2　软件环境

在线运行态全部服务器均在 Linux 环境运行下，推荐采用凝思、麒麟等国产安全 Linux 操作系统。要求有一台服务器具备编译环境，其余服务器只具备运行环境即可。典型要求见表 9－2。

表 9－2　在线运行态编译和运行环境要求

| 操作系统 | 版　　本 | 部署位置 |
|---|---|---|
| Linux | 国产安全操作系统 | 全部 |
| gcc | 4.4 及以上 | 全部 |
| Qt | 3.3 及以上 | 全部 |
| mysql | 5.0 及以上 | 历史服务器 |
| vsftp | 2.0 及以上 | 历史服务器 |

### 9.1.2　在线研究态

#### 9.1.2.1　硬件环境

在线研究态通常部署在电力调控中心安全Ⅰ区或Ⅲ区的工作站上，工作站间相对独立，允许多人同时开展研究工作。

在线研究态的硬件环境要求主要集中在服务器的选型和网络类型的确定。首先，服务器要满足电力系统仿真对硬件计算能力的要求，应拥有足够多的计算单元；其次，电力系统在线联合分析需要依靠网络传递数据和计算结果；另外还应统筹考虑系统计算能力的扩展和造价问题。基于以上考虑，在线研究态要求使用基于千兆网互连的多核服务器。

另外考虑到系统界面展示的友好性和系统生成的数据及报表等结果文件的存储问题，在线研究态建议使用1280×960及以上分辨率和存储空间大于500G的硬件系统。典型硬件要求见表9-3。

**表9-3　在线研究态硬件要求**

| 序号 | 设备类型 | 最低规格 | 建议规格 |
|---|---|---|---|
| 1 | 内核 | 4核 | 8核及以上 |
| 2 | 网卡 | 千兆网卡 | 千兆网卡 |
| 3 | 显卡分辨率 | 1280×960 | 1280×960及以上 |
| 4 | 硬盘 | 500G | 500G及以上 |
| 5 | 内存 | 8G | 16G及以上 |

#### 9.1.2.2　软件环境

在线研究态的软件环境要求主要是操作系统的选定和系统展示的友好性。首先，在线研究态面向的用户为调控人员，而调控人员的日常工作系统是Linux系统，因此在线研究态操作系统要求为Linux系统；其次，考虑到系统运行在Linux操作系统上和系统的界面展示问题，在线研究态系统需要Qt的运行环境；另外基于对在线研究态内核运行的需求，要求软件环境必须具备gcc4.4.1及以上版本。

以上是在线研究态对软件环境的必须要求，另外考虑到方便用户浏览系统导出的结果报表，建议软件环境具备在Linux上打开word、excel的功能。软件要求见表9-4。

**表9-4　在线研究态软件要求**

| 序号 | 软件名称 | 是否必须 | 版本要求 | 推荐版本 |
|---|---|---|---|---|
| 1 | 操作系统 | 是 | Linux | 凝思、麒麟 |
| 2 | gcc版本 | 是 | 4.4.1 | 4.4.1（及以上） |
| 3 | Qt版本 | 是 | 4.5.2 | 4.5.2（及以上） |
| 4 | Linux环境下Office工具 | 否 | — | — |

## 9.2　工程实施关键问题

### 9.2.1　在线数据

数据整合程序接受并处理在线数据，当电网运行数据交换文件不完整时，可利用离线数据进行补充，形成全网电网模型和运行数据。根据全网电网模型和运行数据进行整合潮流计算，得到结构完整的全网实时运行方式，为在线运行态和在线研究态提供初始潮流断面。数据整合程序支持以下四种在线数据模式：

(1) 单一 CIM/E 模型数据文件：仅使用单一 CIM/E 文件进行整合。

(2) 内外网合并：同时采用外网 CIM/E 数据文件和内网 CIM/E 数据文件，内外网合并成一套完整全网电网模型。通常内网 CIM/E 数据是对外网 CIM/E 数据中部分数据的精细化描述。

(3) CIM 模型数据文件、SE 量测数据文件：CIM 模型数据文件具有一定通用性和继承性，不随电网建设变化而变化；SE 量测数据为电网实时数据。

(4) PSASP 文件：PSASP 数据文件，必须包含 LF、LP 文件，ST 文件可选，同时 LF. L1 中必须包含“厂站名”列。

用户可以根据需求进行选择。工程经验表明：国调、分中心一般选择方式 1；省调可以选择方式 1 或方式 2，随着上级调度建模的完善，最终过渡到方式 1，并达到预期的分析效果；方式专业或电科院单位，为了保持与原有数据的连续性，可以考虑采用方式 3 或方式 4。

### 9.2.2 自动错误处理

#### 9.2.2.1 在线数据错误检查

为确保在线潮流数据可用，在线动态安全监测与预警系统会自动对在线数据进行检查，检查包括文件格式检查和数据内容检查。

(1) 文件格式检查

1) CIM/E 标准化。CIM/E 文件标准化处理用于对不同的 CIM/E 文件进行前置标准化处理，以兼容多样化的 CIM/E 数据文件内容，并确保 CIM/E 导入模块仅需面对标准化表、列，简化其处理流程。

标准化处理的配置文件是由以<Standardize>为根节点，以一项或多项<Table>为子节点组成的 . xml 格式的文本文件，用于 CIM/E 数据文件的标准化处理。每个<Table>节点定义 CIM/E 中一个表的名称标准化。“name” 属性定义 CIM/E 文件中的原始表名，必须指定；“to” 属性则为程序中使用的标准化表名，如果与 “name” 相同可以不指定。

<Table>节点包含一个或多个<Column>子节点，每个<Column>子节点定义对应表中一列的标准化，“name” 属性定义 CIM/E 文件中的原始列名，“to” 属性则为程序中使用的标准化列名，两者均需指定。

标准化文件实例如下：

```
<Standardize>
  <Table name=" Compensator _ P" >
      <Column name=" Q _ rate" to=" Qr" />
      <Column name=" V _ rate" to=" Vr" />
  </Table>
  <Table name=" Compensator _ S" >
      <Column name=" Q _ rate" to=" Qr" />
      <Column name=" V _ rate" to=" Vr" />
  </Table>
  ……
</Standardize>
```

2) CIM/E 完备性。用于检查 CIM/E 数据文件的完备性，确保 CIM/E 数据文件包含后

续功能所必需的表和列。完备性检查的配置文件是由以<Essential>为根节点，以一项或多项<Table>为子节点组成的 xml 格式的文本文件，用于定义 CIM/E 数据文件中必须包含表和列。每个<Table>节点对应 CIM/E 文件的一个表，"name" 属性定义表名，"require" 属性定义该表是否必须包含。<Table>节点包含一个或多个<Column>子节点，每个<Column>子节点定义该表的一个必备列，"name" 属性指定该列列名。

```
<Essential>
  <Table name=" BaseValue" require=" true" >
      <Column name=" name" />
      <Column name=" value" />
      <Column name=" unit" />
  </Table>
  <Table name=" Substation" require=" true" >
      <Column name=" name" />
      <Column name=" volt" />
      <Column name=" type" />
      <Column name=" config" />
      <Column name=" nodes" />
      <Column name=" islands" />
      <Column name=" island" />
  </Table>
  ……
</Essential>
```

（2）数据内容检查。

1）电网结构检查。电网结构校验对常规网络接线关系以及参数错误进行检查。电网结构校验具有如下功能：

检查电压等级基准值、最大值、最小值的关系及合理性。

检查物理母线所设限值与所属电压等级的一致性和合理性。

检查开关和隔离开关两侧节点所属电压等级与开关初始填写电压等级的一致性。

检查物理母线、交流线、直流线等元件设备结点所属电压等级与所填电压等级的一致性。

检查交流线元件两侧电压等级基准值是否一致。

检查电容电抗等设备参数的合理性和一致性。

检查系统中是否存在孤立节点、孤立支路等设备。

2）基础数据检查。

厂站/母线/节点：厂站所属分区是否存在，母线所属厂站是否存在，母线是否有对应节点，同一电压等级母线基准电压是否一致，母线电压幅值/相角与所在节点是否一致，母线电压是否越界。

交流线：两端母线是否存在，两端母线电压等级是否一致，正序零序阻抗及充电电纳是否过大或过小，220kV 以上交流线电抗值是否大于电阻值，潮流计算值与原值偏差是否越限。

两绕组变压器：两端母线是否存在，两端母线电压等级是否不同，正序零序阻抗是否过大或过小，电抗值是否大于电阻值，变比是否越下界，潮流计算值与原值偏差是否越限，有功功率是否大于额定容量。

三绕组变压器：三端母线是否存在，三端母线电压等级是否不同，正序零序阻抗是否过大或过小，电抗值是否大于电阻值，变比是否越下界，潮流计算值与原值偏差是否越限，有功功率是否大于额定容量。

发电机：所在母线是否存在，有功/无功功率是否越界。

负荷：所在母线是否存在，有功功率是否为负数。

电容电抗器：相连母线是否存在，正序零序阻抗值是否过小，线路高抗连接是否正确。

其他：计算母线 PQ 是否平衡，每个电气岛是否包含功率为正的发电机。

#### 9.2.2.2 并行平台错误处理

为满足在线系统稳定性和实时性的要求，并行计算平台已具备良好的错误处理机制。包括如下功能：

(1) 主备冗余。对于并行计算平台的主要部件，建议都采用主备冗余方案，包括关键服务器主备冗余、交换机及网络主备冗余等，平台系统会进行自动监测。主备冗余的部件均采用相同配置，当一个部件出现问题后，与之对应的部件会马上投入工作，保证平台正常运行。

需要说明的是，由于计算节点数量较多，因此计算节点本身一般不进行冗余处理。但平台也会对计算节点的状态进行监视，当某一计算节点出现故障时，平台会自动把该节点负责的计算任务合理地分配至其他正常节点，避免出现稳定任务长时间漏算的情况。

(2) 进程守护。所有服务器及计算节点上运行的常驻进程，平台都会监视其运行状态。当有进程异常退出时，平台会自动尝试重新启动该进程。

(3) 超时处理机制。对于个别任务计算异常的情况，平台也会进行处理。在进行任务预分配的时候，平台为每个任务设定了计算超时时间，如果有任务在规定时间内没有完成计算，则会强制停止该任务，把计算资源分配给其他任务，保证整体评估过程在指定时间内完成。

(4) 运行报警和日志系统。平台对于各模块或计算程序都建立了日志系统，可以随时方便地查看到任意模块的错误信息。对于出现问题的模块，平台也会及时地在界面上给出报警，提示用户进行处理。

### 9.2.3 结果正确性

由于在线运行态的自动化程度较高，对于分析结果中存在的安全隐患，系统会马上报警并在屏幕上进行展示，中间没有人为参与的过程，因此可能会存在误报的情况。尤其是在系统的试运行阶段，随时可能出现因数据质量引起的误报，误报可以通过在线研究态进一步分析，并分类型进行处理。随时系统实用化水平的提升，误报情况会逐渐减少甚至消除，之后系统进入正式运行阶段。常见的误报统计见表 9-5 所示。

**表 9-5　　在线运行态常见误报统计**

| 计算类型 | 误报说明 | 可能原因 |
| --- | --- | --- |
| 暂态稳定 | $N-2$ 故障失稳 | 该 $N-2$ 故障存在稳控装置，而对应的稳控策略未录入或录入错误 |
|  | 小机组对主网失稳 | 机组模型参数有误 |

续表

| 计算类型 | 误报说明 | 可能原因 |
|---|---|---|
| 静态安全分析 | 基态越界 | 越界元件限值错误 |
| | N－1越界 | 越界元件限值错误或存在安自装置 |
| | N－1不收敛情况较多 | 数据收敛性较差，可选择牛顿法重新尝试计算 |
| 小干扰稳定 | 单机对主网振荡或厂内振荡存在弱阻尼 | 机组模型参数有误。由于此类振荡对主网影响较小，可暂时忽略 |
| 短路电流 | 同一母线三相短路正常，但单相短路越界 | 该母线附近元件的零序参数有误 |
| 稳定裕度 | 断面当前功率与EMS存在较大偏差 | 断面组成或正方向设置有误 |
| | 断面裕度较低，但无暂稳或热稳受限问题 | 断面功率增长方式设置有误 |
| | 断面裕度较低，存在暂稳或热稳受限问题 | 部分机组参数或元件限值有误 |

### 9.2.4 各级调度间通信

在线运行态和在线研究态均需要采用各调度机构间的通信服务来完成部分模块功能。其中，在线运行态需要实现计算数据的下发和计算结果的上报，在线研究态需要实现多级联合计算和计算分析统计及参数检查结果的上报。截至2013年，在线运行态系统和在线研究态系统的调度间通信均采用智能电网调度控制（D5000）系统基础平台提供的文件传输服务。

文件传输服务可以提供国、分、省三级调度机构之间的文件互传，由D5000基础平台的data _ srv服务器负责传输任务。文件传输服务只负责将要传送的内容传送到目标机构的data _ srv服务器上，将文件从data _ src服务器传送到最终目标地址上需要各个应用自己实现。文件传输服务具有较高的稳定性和运行效率，通常可以在几秒钟内完成几十兆数据的通信工作，完全可以满足在线运行态和在线研究态的通信需求。

## 9.3 工程实施步骤

### 9.3.1 数据整合

#### 9.3.1.1 部署方法

数据处理系统的配置采用统一处理的方式，不建议分散部署和维护。数据处理系统的部署由以下两部分数据处理程序组成。

（1）数据处理系统程序包。包含数据处理系统程序和库文件，其中bin目录存储可执行文件及其配置，lib目录存储库文件。解压缩至数据接口服务器用户主目录。解压缩之后其下有2个目录，bin和lib。lib所在目录需要设置为系统库文件搜索路径，同时修改bin下的data _ integrate _ daemon. ini、data _ integrate. ini、CIMEVerify. ini、CIMVerify. ini、LS-Verify. ini等配置文件指向项目部署地的相应配置。

（2）离线数据包。包含离线典型方式数据和配置信息，解压缩至上述bin目录下。复制以项目部署地所在国调、分中心或省调缩写为结尾的“NAME. INC. *”文件至“NAME. INC”，例如：cp NAME. INC. GD NAME. INC。确保潮流程序指向正确的参数库，运行ldd命令查看所链接的潮流计算库是否正确。

数据整合程序主要配置文件见表9-6。

表 9-6　　数据整合主要配置文件

| 配置文件 | 说　　明 |
| --- | --- |
| data _ integrate. xml | 数据整合基本配置文件，不同类型的整合方式会有不同配置文件与之对应 |
| data _ integrate. QS | 数据整合扩展配置文件，保存数据整合过程中各处理功能的具体参数，文件为 CIM/E 格式 |
| Merge. QS | 内外网合并配置文件，设置合并时内外网分别需要移除的区域、分区、厂站，合并后的联络线的连接位置以及参数来源 |
| 元件映射 | 元件映射配置文件，保存于 automap 目录下，同类型映射名称为类型缩写，异类型映射为在线类型缩写＋"_"＋离线类型缩写 |

#### 9.3.1.2　调用方法

调用命令：data _ integrate method 其他参数，说明见表 9-7。

其中，method 可以取 0、1、2、3，分别对应四种在线数据模式，其他参数根据 method 指定：

（1）method＝0　flag　"PathToCIM/E""PathToLS"["PathToConfigure. xml"]

（2）method＝1"PathToPrimaryCIM/E""PathToSecondaryCIM/E""PathToLS"["PathToConfigure. xml"]

（3）method＝2"PathToCIM""PathToSE""PathToLS"["PathToConfigure. xml"]

（4）method＝3"PathToPSASP""PathToLS"["PathToConfigure. xml"]

表 9-7　　数据整合参数说明

| 参数 | 说　　明 |
| --- | --- |
| method | 数据整合的四种模式之一，取值 0、1、2、3。 |
| flag | 控制使用配置文件中的<CIME>或<CIME2>作为单一 CIM/E 数据文件导入时的配置。<br>1－<CIME><br>2－<CIME2> |
| PathToCIM/E | 参与整合的电网运行数据交换文件，格式为 CIM/E |
| PathToPrimaryCIM/E | 参与整合的外网运行数据文件，格式为 CIM/E |
| PathToSecondaryCIM/E | 参与整合的内网运行数据文件，格式为 CIM/E |
| PathToCIM | 参与整合的 CIM 模型数据文件，格式为 XML |
| PathToSE | 参与整合的 SE 量测数据文件，格式为 CIM/E |
| PathToPSASP | 参与整合的在线 PSASP 数据文件目录 |
| PathToLS | 参与整合的离线 PSASP 数据文件目录 |
| PathToConfigure. xml | XML 格式的配置文件。<br>可省略，此时 data _ integrate 会查找与其同目录的 data _ integrate. ini 文件，从中获取缺省的配置文件 |

### 9.3.2　在线运行态

#### 9.3.2.1　平台配置

平台配置具体内容见表 9-8 和表 9-9。

表 9-8　　计算节点配置文件（HostTask.conf）说明

| 列名 | 类型 | 说　　明 |
|---|---|---|
| id | 整数 | id 编号 |
| name | 字符串 | 计算节点名 |
| ip | 字符串 | 计算节点 IP |
| timeout | 整数 | 节点超时时间 |

表 9-9　　任务预分配配置文件（LocalTask_*.conf）说明

| 列名 | 类型 | 说　　明 |
|---|---|---|
| id | 整数 | id 编号 |
| name | 字符串 | 任务名称 |
| thnum | 整数 | 线程数 |
| calname | 字符串 | 计算进程名称 |
| stage | 整数 | 计算阶段数 |
| input | 字符串 | 输入文件名 |
| output | 字符串 | 输出文件名 |
| timeout | 整数 | 超时时间 |

#### 9.3.2.2　目录配置

目录配置具体内容见表 9-10。

表 9-10　　工程实施目录配置

| 目　　录 | 说　　明 |
|---|---|
| /home/dsa/data | 存储计算数据 |
| /home/dsa/para | 存储与计算相关的设置文件，如动态模型库文件等 |
| /home/dsa/conf | 存储平台配置文件，如预分配任务配置等 |
| /home/dsa/task | 计算目录 |
| /home/dsa/result | 结果目录 |
| /home/dsa/log | 日志目录 |

#### 9.3.2.3　常驻进程列表

常驻进程列表具体内容见表 9-11。

表 9-11　　工程实施典型配置常驻进程

| 进程名 | 运行服务器 | 说　　明 |
|---|---|---|
| DistComp | 调度服务器<br>历史服务器<br>计算节点 | 并行平台调度进程 |
| netinit | 全部节点 | 通信中间件 |

续表

| 进程名 | 运行服务器 | 说明 |
| --- | --- | --- |
| RECV. exe | 调度服务器 | 结果汇总进程 |
| data_integrate | 数据接口服务器 | 数据整合进程 |
| D5000PccpAdapter | 数据接口服务器 | 接口处理进程，负责与外部应用进行数据交互 |
| PSASP_ATC_master. exe | 调度服务器 | 稳定裕度计算控制进程 |
| PSASP_TSENE_master. exe | 调度服务器 | 辅助决策计算控制进程 |
| PSASP_ST. exe | 计算节点 | 暂态稳定计算进程 |
| PSASP_SST. exe | 计算节点 | 小干扰计算进程 |
| PSASP_VS. exe | 计算节点 | 电压稳定计算进程 |
| PSASP_SA. exe | 计算节点 | 静态安全分析计算进程 |
| PSASP_SCC. exe | 计算节点 | 短路电流计算进程 |
| PSASP_ATC. exe | 计算节点 | 稳定裕度计算进程 |
| PSASP_TSENSE. exe | 计算节点 | 辅助决策计算进程 |

#### 9.3.2.4 启停方法

为了方便系统运行维护，需要建立全系统启停命令。一般要求用户登录至调度服务器，启动平台脚本命令为startonlineplatformd，停止平台脚本命令为stoponlineplatformd。平台启动后，可用checkonlineplatformd脚本检查平台运行状态，或登录至服务器，手工检查各常驻进程的状态。

### 9.3.3 在线研究态

在线研究态为单机运行系统，再部署时需要对安装目标机器的环境进行配置，并配置在线研究态本身配置。

#### 9.3.3.1 环境配置

环境配置主要包括数据读取、文件传输、office工具部署等，系统配置主要包括程序部署相关配置、数据服务器相关配置文件配置、计算设置相关配置、报表展示相关配置等。

数据采集配置：在线研究态需要读取一区状态估计应用生成的CIM/E格式数据文件和在线运行态生成的PSASP格式的历史计算数据。在系统建设之前，需要先配置操作系统环境，将部署机器和状态估计CIM/E格式数据存储pas机器之间的无密钥传输服务配置完成，还要将部署机器的历史数据服务器客户端系统部署完成。

文件传输服务配置：在线研究态在进行联合计算时，联合计算各单位需要通过网络通信交互联合计算任务、数据、结果。由于系统的数据传输采用D5000基础平台提供的文件传输服务，所以要求在线研究态系统的部署机器上必须具备D5000基础平台和其文件传输服务。

Office工具：为了方便用户浏览系统导出的结果报表，系统部署机器上最好具备支持Linux系统的office浏览工具。

#### 9.3.3.2 系统部署及配置

将在线研究态安装包解压，运行setup. sh，系统会自动解压到部署机器的psaexplore文件夹下面。然后运行configure. sh命令，自动运行系统相关环境变量，完成后系统安装完

成，会在部署机器的桌面上生成“在线联合计算”快捷启动方式，点击该快捷方式系统可以正常启动，系统安装完成。后续需要针对安装用户的具体数据及具体环境配置在线研究态系统配置文件。

（1）数据服务配置：数据服务配置包含两方面配置，①系统数据下载服务配置，②联合计算数据传输服务配置。

1）数据下载服务配置需要设置 psaexplore/conf/目录下面 PDSADataManager. ini 配置文件，配置在线运行态生成的 PSASP 格式历史数据的服务器 ip、用户名和密码，还需要设置状态估计生成的 CIM/E 格式在线数据的服务器的 ip。

2）联合计算数据传输配置需要配置 psaexplore/conf/calc _ conf 目录下面 Calc. xml 配置文件，配置 D5000 平台文件传输服务的工作路径，工作组等。

（2）计算设置配置：计算设置配置主要是对使用单位的具体数据及需求进行配置，主要需要配置以下内容：

1）psaexplore/conf/userlogin. ini：配置用户登录区域及登录名。

2）psaexplore/conf/areaconfig. xml：具体数据分区配置。

3）psaexplore/conf/ConfigForCurve. ini：曲线调阅配置。

4）psaexplore/conf/FaultModel. xml：暂稳计算故障模板设置。

5）psaexplore/conf/table _ conf/tables. xml：界面展示配置。

6）psaexplore/conf/bsp _ conf/bsp. ini：处理状态估计 CIM/E 格式数据时数据整合相关配置。

7）psaexplore/para/：在线研究态六类主要计算相关计算配置。

（3）报表输出配置：在线研究态系统提供多种分析结果报表，所有系统输出报表均可通过 psaexplore/conf/report. ini 文件进行配置，包括输出报表名称、输出目录、输出内容等。

#### 9.3.3.3 程序及目录列表

在线研究态的所有内容都部署在 psaexplore 目录下面，包括可执行程序、系统调用库文件、系统配置文件、计算配置文件、用户自定义设置配置文件、计算结果报表目录、系统计算目录等，具体内容见表 9-12 所示。

**表 9-12　在线研究态主要目录配置**

| 分类 | 路径名 | 功能描述 |
|---|---|---|
| 程序目录 | psaexplore/bin | 系统主程序及相关程序存储目录 |
| 库文件目录 | psaexplore/lib64 | 系统主要库文件存储目录 |
| 系统配置目录 | psaexplore/conf | 系统相关配置文件存储目录 |
| 计算配置目录 | psaexplore/para | 系统六类主要计算所需配置文件存储目录 |
| 用户自定义配置目录 | psaexplore/set | 用于存储用户常用的计算设置配置文件 |
| 系统计算目录 | psaexplore/task<br>psaexplore/sutask | 独立计算数据和结果数据存储目录<br>联合计算数据和结果数据存储目录 |
| 结算结果报表目录 | psaexplore/report | 各类用户导出报表存储目录 |

系统程序目录位于 psaexplore/bin 目录下面，具体内容见表 9-13。

表 9-13　系统主要程序

| 名称 | 功能描述 |
|---|---|
| psaexplore | 系统主程序 |
| prony/call _ prony. exe | Prony 曲线分析程序 |
| psa2db | 计算结果入库程序 |
| lf2rt | 潮流结果展示程序 |
| filetrans. exe | 数据传输服务调用程序 |
| Wmlf. exe | 潮流计算程序 |
| PSAwmsa | 静态安全分析计算程序 |
| PSAwmud | 暂态稳定分析计算程序 |
| PSAwmscc | 短路电流计算程序 |
| PSAwmvs | 电压稳定计算程序 |
| PSAwmsst _ model | 小干扰模型转换计算程序 |
| PSAwmsst | 小干扰分析计算程序 |
| PSAwmvs _ atc | 稳定裕度连续潮流计算程序 |
| PSAwmud _ atc | 稳定裕度暂态稳定计算程序 |
| PSAwmsa _ atc | 稳定裕度静态安全分析计算程序 |

系统库文件目录位于 psaexplore/lib64 目录下面，具体内容见表 9-14。

表 9-14　系统主要库文件

| 名称 | 功能描述 |
|---|---|
| libAutoMap. so<br>libCIM2Grid. so<br>libCIME2Grid. so<br>libFileSnippet. so<br>libLS2Grid. so<br>libPGCheck. so<br>libPGDS. so<br>libPSASPDb2Grid. so<br>libRapidCIME. so<br>libTextSnippet. so | 系统处理状态估计 CIM/E 格式数据时所需的数据整合计算库文件 |
| libWMLFRTMsg. so | 潮流计算程序库文件 |
| libwmsa. so | 静态安全分析计算程序库文件 |
| Libwmuddp70. so | 暂态稳定分析计算程序库文件 |
| libwmscc. so | 短路电流计算程序库文件 |
| libwmvs. so | 电压稳定计算程序库文件 |
| libwmpara32. so | 小干扰模型转换计算程序库文件 |
| libwmsstdp70. so | 小干扰分析计算程序库文件 |
| libgdvsdp. so | 稳定裕度计算程序库文件 |

系统配置目录位于 psaexplore/conf 目录下面，具体内容见表 9-15。

表 9 - 15　　系统主要配置文件

| 名　　称 | 功　能　描　述 |
| --- | --- |
| areaconfig. xml | 数据区域划分配置文件 |
| ConfigForCurve. ini | 曲线调阅配置文件 |
| FaultModel. xml | 暂稳故障模板配置文件 |
| GradeAreano. xml | 参数评分配置文件 |
| PDSADataManager. ini | 数据下载配置文件 |
| report. ini | 报表输出设置配置文件 |
| userlogin. ini | 用户登录配置文件 |
| bsp_conf/bsp. ini | 数据整合相关配置文件 |
| Calc_conf/Calc. xml | 计算界面展示、数据传输配置文件 |
| table_conf/tables. xml | 界面展示配置文件 |

系统计算配置目录位于 psaexplore/para 目录下面，具体内容见表 9 - 16。

表 9 - 16　　系统主要计算配置文件

| 名　　称 | 功　能　描　述 |
| --- | --- |
| ATC | 稳定裕度计算配置文件夹 |
| SA/ST. SSA | 静态安全分析计算配置文件 |
| SST/SMPARA. DEF<br>SST/sstmodel. txt | 小干扰分析计算配置文件 |
| ST/ST. S0<br>ST/ST. SME<br>ST/STCRIT. DAT | 暂态稳定分析计算配置文件 |
| VS/LF. VME | 电压稳定计算 PV 曲线输出配置文件 |
| DATALIB. DAT<br>SYSMODEL. DST<br>SYSMODEL. INT<br>UDLIB. DST | 计算模型库文件 |
| wk_test. txt | 稳控策略文件 |

用户自定义设置存储于 psaexplore/set 目录下面，具体内容见表 9 - 17。

表 9 - 17　　用户自定义设置

| 名　　称 | 功　能　描　述 |
| --- | --- |
| SA/tasksa. xml | 用户静态安全分析计算配置存储文件 |
| SCC/taskscc. xml | 用户静态安全分析计算配置存储文件 |
| VS/taskvs. xml | 用户电压稳定计算配置存储文件 |
| ST/taskst. xml | 用户暂态稳定分析计算配置存储文件 |
| SST/tasksst. xml | 用户小干扰分析计算配置存储文件 |

### 9.3.4 工程实施阶段

系统开始建设到最终正式运行，通常可以分为以下几个阶段。

（1）基本环境准备。采购系统建设所需硬件和软件，在工厂或现场进行安装。要求各服务器运转正常，网络通信能力测试通过；操作系统和其他所需软件完成部署，配置正确。本阶段工作主要由硬件和软件厂商负责完成。

（2）数据整合配置。在进行基本环境准备的同时，可以先与用户进行沟通，获取典型年度方式和在线潮流数据，提前开始数据整合配置工作。本阶段主要完成数据整合的配置及元件映射，要求整合后计算数据潮流收敛，各类稳定分析的简单计算任务可以完成计算，暂态稳定计算的无故障任务功率、电压等主要曲线无波动。本阶段通常需要 2 周时间。

（3）系统部署。部署在线运行态和在线研究态的各功能模块，根据用户要求录入各类稳定分析任务，完成任务预分配，完成关键断面和稳控策略的配置。要求本阶段完成后，各模块能够正常运行，系统可基于固定数据完成 24h 连续运行，具备工厂验收条件。本阶段通常需要 1～2 周时间。

（4）实用化阶段。系统部署至运行环境，并与实际在线潮流数据相连接，进行各类稳定分析结果正确性检查和实用化工作。要求系统与其他各应用可以正常交互，各类稳定分析无明显误报情况，完成 168h 测试，具备正式验收条件。本阶段通常需要 1～2 月时间。

（5）正式运行阶段。系统完成正式验收后，交付用户使用，进入正式运行。工程实施工作完成，进入系统维护阶段。

## 9.4 典型问题

### 9.4.1 在线运行态

在线运行态典型问题见表 9-18。

**表 9-18　　在线运行态典型问题**

| 问题描述 | 解决办法 |
| --- | --- |
| 在线数据服务器（网络分析应用）上生成了新的数据，但数据接口服务器没有接收到新的 CIM/E 数据 | （1）查看数据接口服务器的磁盘空间有没有满，若磁盘已满，则需进行清理<br>（2）在数据接口服务器上查看接口处理进程是否运行，若已停止，则需重新启动 |
| 数据接口服务器下发数据路径下的 gd. QS 文件时间没有更新 | （1）检查 EMS 在线数据文件是否更新<br>（2）检查在线潮流是否收敛（LF. CAL）<br>（3）检查接口处理进程是否运行<br>（4）配合在线数据接口人员进行排查 |
| 计算数据未下发至调度服务器 | 检查中间件（netinit）和平台程序（DistComp）是否存活 |
| 各类稳定计算 | 在计算节点调试方法如下：<br>（1）检查计算目录（/home/dsa/task/PSASP _ * . exe _ * ）是否生成，其中潮流文件是否齐备，主要包括 LF. L * 、LF. LP * 、ST. S *<br>（2）各类计算设置文件是否齐备，若不完整则检查相应计算进程是否启动<br>a）暂态稳定：ST. S11、ST. SME、STCRIT. DAT、STANAGRP. DAT |

续表

| 问 题 描 述 | 解 决 办 法 |
|---|---|
| 各类稳定计算 | b）小干扰稳定：ST. e0<br>c）电压稳定：LF. VS<br>d）静态安全分析：ST. SSA、ST. CAS<br>e）短路电流分析：ST. SCC<br>f）稳定裕度连续潮流：LF. ATCTR、LF. CUT、LF. TIELIN<br>g）稳定裕度稳定计算：ST. S11、ST. SSA、ST. CAS、OLE. SSA<br>（3）检查结果文件是否生成，若没有生成，则单独调用核心计算程序，检查屏幕输出中的报错信息<br>a）暂态稳定：ST. OUT<br>b）小干扰稳定：sst. eg1、sst. eg2<br>c）电压稳定：VS. CAL、LF. BUSKV<br>d）静态安全分析：SAOverlimit. txt、SANormal. txt<br>e）短路电流：ST. FVI<br>f）稳定裕度连续潮流：LFNOUT. txt、TTCCut. RES<br>g）稳定裕度稳定计算：ST. OUT、SAOverlimit. txt、SANormal. txt<br>（4）检查日志文件中的错误信息<br>（5）检查调度服务器结果汇总进程（RECV. exe）是否启动<br>（6）重新启动并行计算平台 |
| 辅助决策出现问题 | （1）查看文件：<br>调度上/home/para/tsense/DAD. CAL<br>/home/para/tsese/removed/tsense. conf<br>/home/para/tsese/removed/removedmaster/tsense. conf<br>/home/para/tsense. conf<br>/home/pata/ExBus. DAT<br>计算节点上<br>/home/para/tsense/DAD. CAL<br>（2）第一次迭代：调度上/home/task/PSASP _ TSENSE. exe/GRemoveD. exe，是否能生成 RemoveD. txt、SenInfo. txt<br>失稳的计算节点 s0. dm，ST. OUT，ST. 11<br>计算节点上生成/home/task/PSASP _ TSENSE. exe _ 任务号/下执行 wmtsense. exe 生成 sen. txt<br>（3）第二次迭代：计算节点上/home/task/PSASP _ TSENSE. exe _ 任务号/sen. txt<br>Perk. txt 调用 . /wmtsen. txt 生成 LF. R5<br>（4）最后汇总结果有 LF. R5，sen. txt 生成 Sen. QS |
| 凝思系统用 packeg 包安装的 gcc 和 mysql 等软件，用 rpm 安装包安装时，显示找不到这两个软件生成的库文件 | 用 rpm2targz 命令压缩相应的 rpm 安装包，再解压缩这个安装包，然后再将生成的执行程序拷贝到相应的文件夹的目录下 |
| 通信中间件 packet 包和平台的 rpm 包不兼容，提示找不到 libpdsa _ mw. so 文件，但这个动态库文件在/home/dsa/lib 和/home/dsa/lib64 中确实存在 | 使用通信中间件 rpm 安装包安装 |
| 在编译 yjq 文件时提示找不到 libpdsa _ mw. so 文件，在 Makefile 文件里增加了这个文件的绝对路径，然后再 root 用户下执行了 ldconfig 命令更新了库文件，还是不行 | 在 root 用户下执行 chmod 755/home/dsa |

续表

| 问 题 描 述 | 解 决 办 法 |
| --- | --- |
| 在调度服务器上执行 deliveAll 时不成功 | 某些机器重启以后主机名恢复到最初状态不能与/home/dsa/tools/init. d/中的 NodeList 还有/etc/hosts 匹配 |
| 某台机器重新安装系统后，用 ssh 命令登录不上去 | 因为生成的/root/. ssh/known _ hosts 和/home/dsa/. ssh/known _ hosts 或者其他用户下的 . ssh/known _ hosts 文件里有原来系统的 ssh 记录，只需要删除原来那台机器的记录就可以执行 ssh 命令 |
| /home/log 计算结果未生成 | 查看/home/log 目录中的日志内容，根据内容排查错误；<br>把计算数据（/home/data）、模型参数（DATALIB. DAT 等）、计算设置（/home/task 计算目录下内容）发给开发人员进行处理 |
| 调度节点结果文件未生成 | 检查调度和计算节点 LocalTask _ * . conf 是否一致；检查 RECV 程序是否存活；前台运行 RECV 配合开发人员调试 |
| 第二阶段结果未生成 | 检查 * _ master. exe 是否存活；检查/home/task/input/下文件是否更新；把数据发送给开发人员检查错误 |
| EMS 画面未更新或显示不正确 | 检查 EMS 结果目录文件是否更新；手动执行写库程序，根据异常情况查找原因；配合 EMS 人员查找画面错误 |

### 9.4.2 在线研究态

在线研究态典型问题见表 9 - 19。

**表 9 - 19　　在线研究态典型问题**

| 问 题 描 述 | 解 决 办 法 |
| --- | --- |
| 系统无法启动，提示找不到 xxx. so 库文件 | （1）请确认/etc/ld. so. conf 文件中是否包含在线研究态所需计算库文件路径。<br>（2）确认操作系统 gcc 版本是否为 gcc4. 4. 1 及以上 |
| 下载历史数据失败 | （1）查看历史计算数据服务器客户端服务是否正常。<br>（2）查看 psaexplore/conf/PDSAdataManager. ini 配置文件中的历史数据服务器 ip、用户名、密码是否正确 |
| 导出报表无法自动打开 | （1）查看 psaexplore/conf/report. ini 配置文件，确认打开报表时调用程序路径及名称是否配置正确。<br>（2）确认导出的报表文件名称是否为乱码文件，若为乱码文件，可通过更改 psaexplore/conf/report. ini 文件将报表文件名设置为英文名称 |
| 无 prony 分析曲线 | （1）请确认/etc/ld. so. conf 文件中是否包含 prony 分析程序 call _ prony. exe 所需计算库文件路径。<br>（2）确认 . cshrc 文件中 prony 所需环境变量是否配置正确。<br>（3）prony 分析程序为 32 位计算，确认系统是否支持 32 位计算程序 |
| 无法下发或提交联合计算任务 | （1）测试 D5000 基础平台提供的文件传输服务是否运转正常。<br>（2）确认文件传输配置文件 psaexplore/conf/calc _ conf/Calc. xml 文件中文件传输相关配置是否配置正确。<br>（3）确认 psaexplore/conf/areaconfig. xml 文件中设置的主机名是否同系统所在机器的主机名称一致 |

## 9.5 系统维护

系统维护由调控运行人员主导进行，由技术支持团队总体负责，技术支持团队包括维护人员、开发人员和管理人员。系统维护工作遵循“流程控制、规范管理”原则，系统维护基于统一规范的维护流程和评价体系，实行流程化处理；遵循“定量评估”原则，利用量化指标对各系统运行和维护质量进行评估，分系统建立考核机制。

对日常运行监视中发现的问题，维护人员应首先根据技术资料进行故障处理。故障处理有困难的，应向开发人员咨询、协商解决办法。故障处理完毕后，应尽快形成维护工作报告，内容包括故障原因、处理措施及整改建议等内容。每次巡检完成后，维护人员应向调度机构提交巡检报告，对存在的问题给出处理建议和优化措施。

### 9.5.1 工作内容

系统维护内容包括：硬件运行情况监视、软件运行状态监视、软件诊断与完善、日常运行维护等。系统维护形式包括：日常运行监视、周期巡检、异常/故障紧急处理、技术咨询服务。

（1）日常运行监视：监视系统的运行状态，包括软硬件状态、安全稳定计算数据整合成功率、应用功能运行状态、异常信息告警等。

（2）周期巡检：按照流程周期性对系统进行检查，解决运行安全隐患，保障系统运行健康状态。巡检内容包括检查各服务器 CPU、内存、硬盘、数据库的使用率和软件运行状态等。

（3）异常/故障紧急处理：按照流程对系统运行异常/故障进行及时诊断处理，必要时协调研发、工程等人员参与处理。

（4）技术咨询服务：对现场运行技术问题进行解答，提出解决问题建议；对系统用户进行培训，开展技术交流活动。

### 9.5.2 流程管理

系统维护工作采用流程化管理模式，包括：

（1）提出问题：维护人员在发现问题后，应于当日填写详细问题描述清单，并按照相关规定进行系统维护。问题解决则提交维护工作报告，否则提交问题报告。所提交报告应经自动化专业和技术支持团队管理人员确认。

（2）确认问题：自动化专业和技术支持团队管理人员应在收到问题报告 3 个工作日内，确定问题处理方法、制定维护工作计划。

（3）解决问题：若处理措施不涉及修改系统程序，则由维护人员完成现场维护；若涉及修改系统程序，则由维护人员联系开发人员按照维护工作计划完成开发、测试、现场调试工作。维护工作结束后，维护人员应提交维护工作报告。所提交报告应经自动化专业和技术支持团队管理人员确认。

系统维护工作流程如图 9-3 所示。

### 9.5.3 工作质量评估

系统维护整体评估要求为“开展及时、流程规范、归档完备、用户确认”。在线动态安全监测与预警系统主要指标包括：

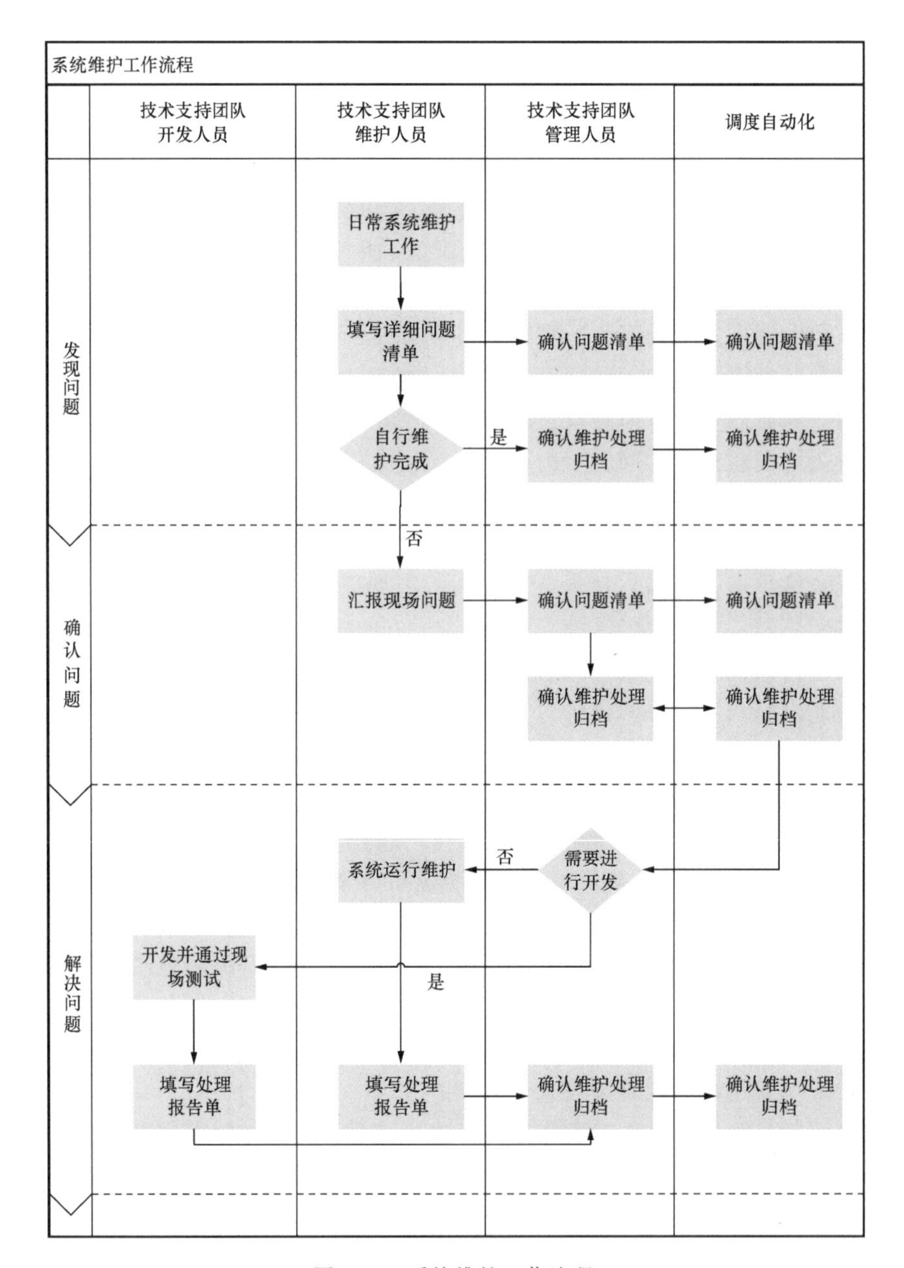


图 9-3　系统维护工作流程

（1）“软件运行率”指标：在线动态安全监测与预警系统年可用率应达到99%以上；安全稳定计算数据整合收敛率应达到95%以上；安全稳定分析计算结论完备率应达到95%以上。

（2）“设备参数一致性”指标：在线数据与离线方式数据的设备映射完备，模型一致，参数误差在20%以内。

（3）“潮流一致性”指标：与SCADA相比，重要线路有功偏差小于2%，无功偏差小于3%，中枢点电压偏差小于0.5%。

（4）“紧急状况响应”指标：本地紧急状态响应时间应小于4h，外地紧急状态响应时间应小于24h。

# 10 工程实施案例

## 10.1 跨区级电网实施

以电力系统在线动态安全监测与预警系统为主体的跨区电网动态稳定监测预警系统于2007年12月18日全部建成投产。该系统拥有在线和离线2个并行计算平台，其中在线平台拥有96个计算节点、384个计算核心，开发了包括动态数据平台和并行计算平台2个核心软件平台，投运在线稳定分析、调度辅助决策和输电断面传输裕度评估3个核心功能，各项应用计算功能以15min间隔周期运行。

### 10.1.1 结构设计

跨区电网动态稳定监测预警系统主要由动态数据平台子系统、在线并行计算平台子系统、离线并行计算平台子系统、在线稳定预警与评估子系统、调度辅助决策子系统、历史数据存储与应用子系统以及人机界面子系统等组成。

(1) 动态数据平台子系统主要功能是实现数据整合、数据交换共享。其中数据整合是指综合使用国调 EMS 的500kV及以上电网实时数据和分散在区域电网调控中心 EMS 的220kV数据，实施基于主网数据约束的整合潮流计算，形成准确合理的电网实时运行工况。数据交换共享一方面是指为各个系统应用提供一个开放式的在线数据源，以及为各个电网的动态安全监测与预警系统提供统一的数据来源，以实现国、网、省三级电网系统通过调度数据网络实现基础信息与计算成果的共享，协同工作，共同为电网的安全稳定经济运行提供决策支持；另一方面还包括计算结果的交换与共享，通过动态数据平台将在线稳定分析、调度辅助决策、输电断面传输裕度评估结果送给相关系统。

(2) 并行计算平台子系统是基于机群的并行计算技术，在离线并行计算平台技术的基础上实现在线化，发挥任务并行的综合优势，在线分析电网当前运行工况下的安全问题。并行计算平台实现相关数据的处理、计算任务的调度和执行以及计算结果的反馈，是实现跨区电网动态稳定监测预警系统功能的核心功能。

(3) 在线稳定预警与评估子系统基于电力系统在线实时数据和动态信息，在给定的时间间隔内，对电力系统做出动态安全评估，给出稳定极限和调度策略，保障电力安全稳定运行。在线稳定预警与评估评估子系统最重要的功能是对电网进行全面的在线安全稳定分析预警与评估，其采用多种评估方法，集成了电力系统分析综合程序（PSASP）、PSD-BPA 软件包、量化分析软件和电压割集安全域软件等已有离线稳定分析工具，使其能实现在线稳定的全面分析。

(4) 调度辅助决策子系统基于灵敏度计算，首先根据在线稳定分析的计算结论，从中挑选出危害系统安全的隐患，然后通过对系统线性化，计算系统可调量与系统危险量的相关系数，最后通过相关系数的排序与计算来得到调整系统的元件及其调整幅度。

（5）历史数据存储与应用子系统主要完成电网运行数据（含电网模型参数）和部分结果数据的存储和数据的再利用（如离线分析、结果展示等），其中包括数据库存储、数据文件存储、数据提取、数据查询等。

（6）人机界面子系统是利用可视化技术，通过对严重故障仿真、小干扰分析等各类信息图示化输出、用户指定信息查询及动态安全域可视化等手段，直观明了地展示出系统安全分析计算结果，并支持多用户网络浏览与自动刷新，完成分析计算结果和在线数据的可视化输出，提供简洁明确的在线稳定分析、调度辅助决策和稳定裕度结论。

（7）系统维护与管理子系统主要完成系统维护、管理以及软件数据更新维护等功能。

在系统运行时，国调 EMS 的 500kV 及以上电网运行数据和分散在区域电网调控中心 EMS 的 220kV 电网运行数据上传到动态数据平台，由动态数据平台负责接收和处理各类电网信息，形成准确合理的电网实时运行工况和其他各类运行信息，并作为开放式的数据源提供给并行计算平台。并行计算平台（其中包括在线并行计算平台和离线并行计算平台在动态数据平台），利用动态数据平台提供的在线运行工况和其他运行信息，通过组播的方式把数据分发到各个计算应用中，应用并行计算技术和各类稳定分析技术手段，进一步实现在线稳定分析和调度辅助决策功能。历史存储与应用子系统存储各个时间断面的系统运行数据与分析结论，建立索引关系，将相应的存储数据提供给离线并行计算平台或者离线分析计算等子系统，便于做进一步研究。人机界面子系统把并行计算平台所得到的分析结论通过图示和列表方式展示给用户处理。动态数据平台、人机界面子系统以及并行计算平台的设置功能均通过系统维护与管理子系统实现。

### 10.1.2 一体化界面设计

#### 10.1.2.1 主界面

跨区电网在线动态安全监测与预警系统主界面如图 10-1 所示。主页面分为五大区域，箭头方向代表安全稳定性变化趋势，红色向上代表安全稳定性恶化，绿色向下表示安全稳定性改善，黄色向下表示比上次结果变好但仍存在越限。其主要功能如下：

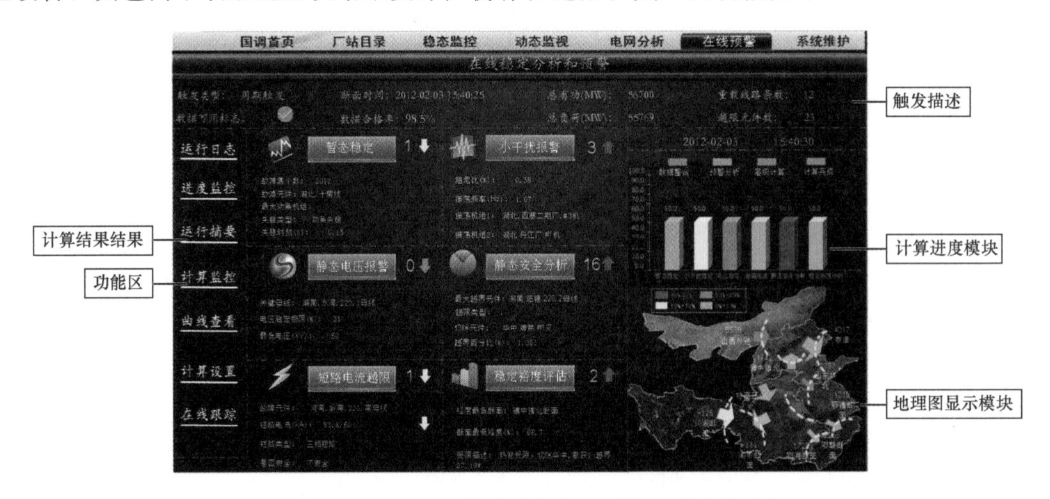


图 10-1　跨区电网在线动态安全监测与预警系统主界面

（本章界面图中所有数据均为虚拟数据，与实际运行不同。）

(1) 触发描述。本部分显示触发的类型、断面时间、数据可用标志、数据合格率、系统总有功、系统总负荷、重载线路条数和越限元件数。

(2) 计算结果模块。本部分显示在线稳定分析计算结果的统计信息展示，分为：

1) 暂态稳定报警。暂态稳定按钮右边的数字表示失稳的个数，点击按钮进入暂态稳定计算结果二级界面，点击数字进入辅助决策二级界面。对应区域下显示本次计算结果中，最快失稳时刻的故障信息描述，包括故障元件、最大功角机组和失稳类型以及失稳时刻等信息，其中故障个数是指预先设定故障数量。

2) 小干扰报警。小干扰报警按钮右边的数字表示阻尼比小于3%（包括弱阻尼和负阻尼）的个数，点击按钮进入二级详细计算结果界面。下部区域显示本次计算阻尼比最小的结果，信息包括阻尼比大小、振荡频率、振荡分群机组1和振荡分群机组2信息。

3) 静态电压报警。静态电压报警按钮右边的数字表示电压稳定极限小于30%的个数，点击按钮进入电压稳定计算结果的二级界面，点击数字进入电压辅助决策的二级界面。下部区域显示信息包括关键母线名称、电压稳定极限和最低电压等信息。

4) 静态安全分析。静态安全分析按钮右边的数字表示越限个数，点击按钮进入静态安全分析计算结果的二级界面，点击数字进入静态安全分析辅助决策的二级界面。下部区域显示本次计算越限百分比最大的信息，包括越界元件名称、越界类型、切除元件名称和越界百分比等信息。

5) 短路电流越限。短路电流越限按钮右边的数字表示短路电流越限个数，点击按钮进入短路电流分析计算结果的二级界面，点击数字进入短路电流分析辅助决策的二级界面。下部区域显示的是本次计算结果中越限百分比最大的信息，包括故障元件名称，短路电流和遮断电流，短路类型，以及是否安全等信息。

6) 输电断面传输裕度评估。输电断面传输裕度评估按钮右边的数字表示危险断面的个数，下部显示本次计算结果中最危险的断面信息，包括断面名称、最低裕度值和受限描述等信息。

(3) 功能区。点击按钮切换到对应的二级界面，包括运行日志、进度监控、运行摘要、计算监控、曲线查看、计算设置和在线跟踪。

(4) 计算进度模块。显示当前时间和计算进度情况，在线预警计算分为4个阶段，分为数据整合、预警计算、高级计算和计算结束。该区域利用柱状图形式来显示计算进行状态，能形象地展示在线预警程序计算的进度情况。

(5) 地理图显示模块。本模块通过“地理图＋箭头＋数据＋颜色”的形式，形象地展示了本区域各个输电断面的电力输送情况。

#### 10.1.2.2　暂态稳定分析

暂态稳定分析结果二级界面由四部分组成，如图10-2所示。

(1) 触发描述。显示触发类型、断面时间、触发原因及数据可用标志，其中数据可用标志来自于对在线数据质量评判的结果。

(2) 计算结果链接。提供链接到小干扰分析、电压稳定分析、短路电流分析、静态安全分析和输电断面传输裕度评估等计算结果界面的按钮。

(3) 暂稳曲线。显示失稳时刻最快或功角差最大的暂态故障最大功角差、最低电压和最低频率的包络线，右边表格显示对应的暂稳分析结果摘要信息。点击“更多曲线”按钮弹出曲线阅览室查看其他暂稳分析结果曲线。

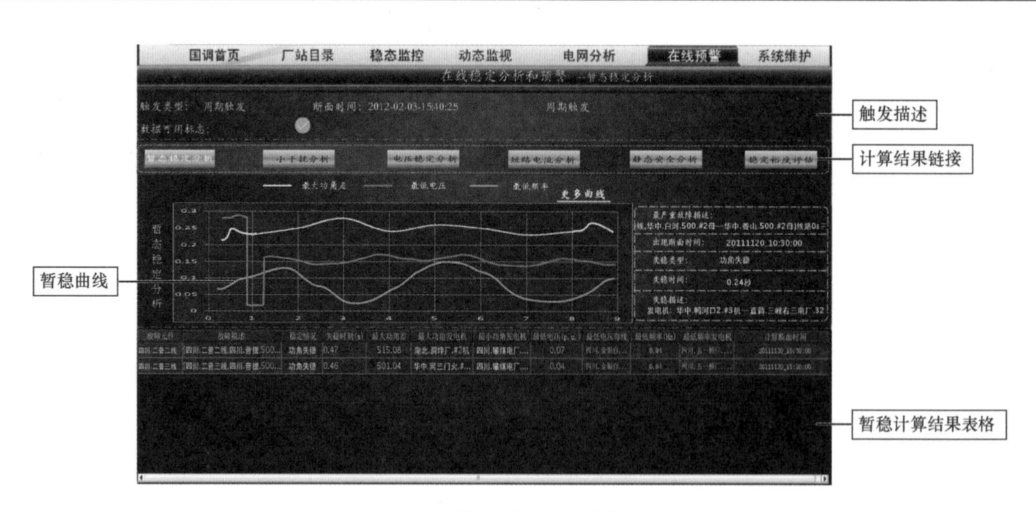


图 10－2　暂态稳定分析结果界面

（4）暂稳计算结果表格。最下部的区域显示暂稳计算的结果摘要信息。

10.1.2.3　小干扰分析

小干扰分析结果界面分为四部分，如图 10－3 所示。

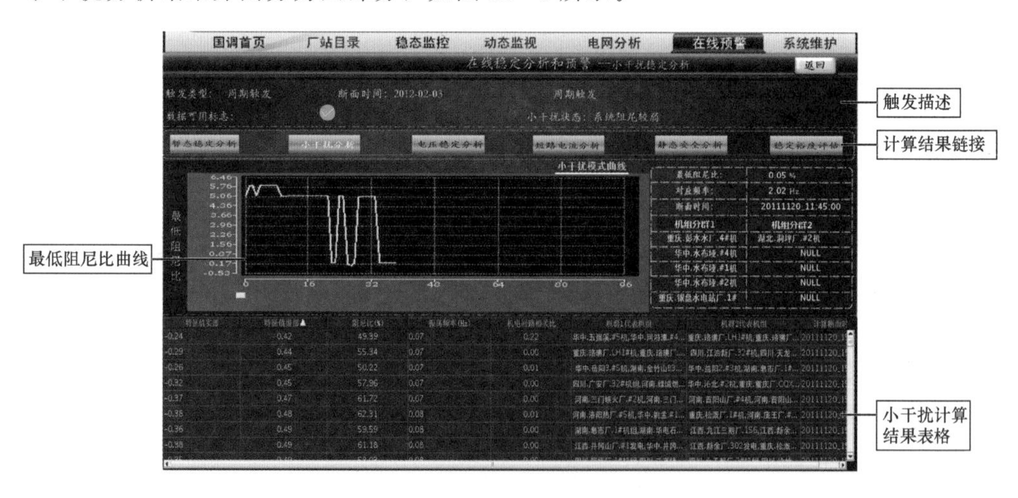


图 10－3　小干扰分析结果界面

（1）触发描述。显示触发类型、断面时间、触发原因及数据可用标志和小干扰状态。

（2）计算结果链接。提供链接到暂态稳定分析、电压稳定分析、短路电流分析、静态安全分析和输电断面传输裕度评估等计算结果界面的按钮。

（3）最低阻尼比曲线。显示当日 96 点的最低阻尼比曲线。右边表格显示当前时间断面对应最低阻尼比的详细分析结果信息。点击曲线的右上角小干扰模式曲线，弹出曲线阅览室显示特征值分布图和模态图。

（4）小干扰计算结果表格。最下边的区域显示本时间断面小干扰计算所有振荡模式。

10.1.2.4　电压稳定分析

电压稳定分析结果界面分为三部分，如图 10－4 所示。

（1）触发描述。主要显示触发的类型、触发时间、触发原因及数据可用标志。

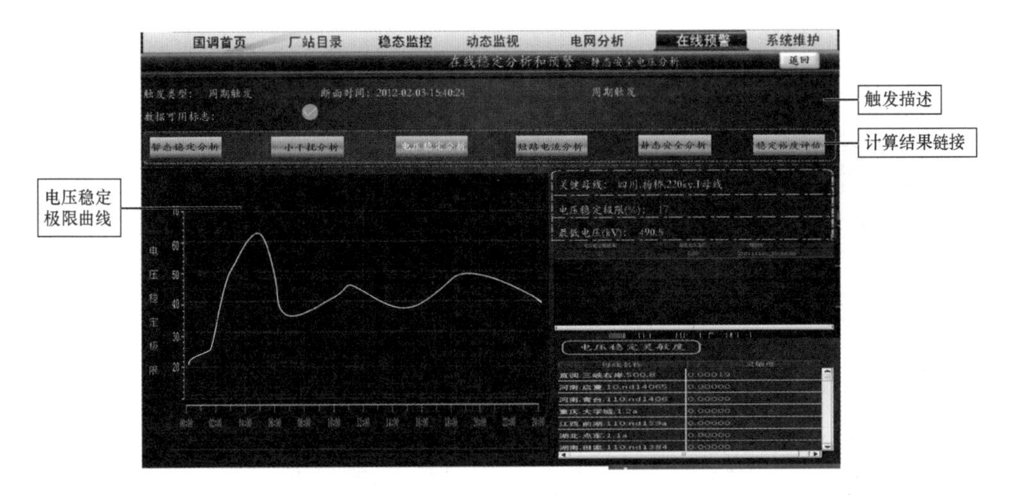


图 10-4 电压稳定分析结果界面

(2) 计算结果链接。提供链接到暂态稳定分析、小干扰分析、短路电流分析、静态安全分析和输电断面传输裕度评估等计算结果界面的按钮。

(3) 电压稳定极限曲线。展示一天 96 点的电压稳定极限，以曲线形式展示。在曲线右边显示当前时间断面最关键母线、电压稳定极限、最低电压和电压灵敏度结果表。

10.1.2.5 静态安全分析

静态安全分析结果界面分为四部分，如图 10-5 所示。

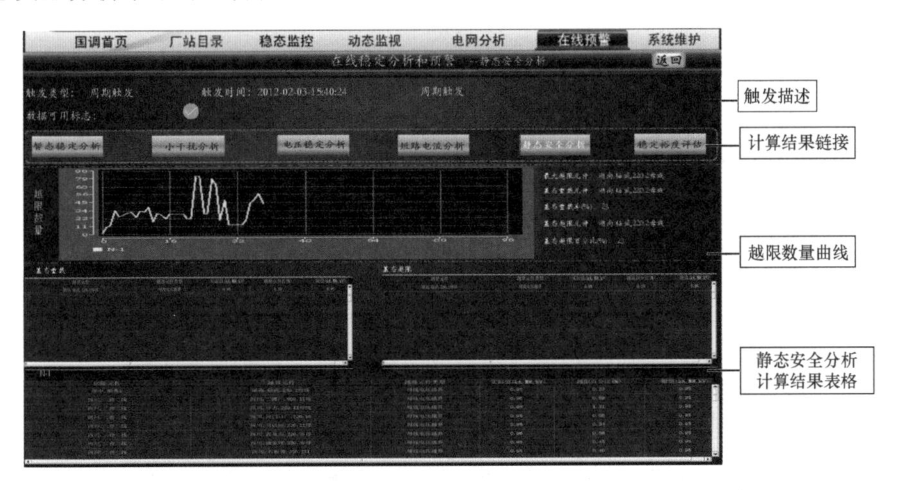


图 10-5 静态安全分析结果界面

(1) 触发描述。本模块主要显示触发的类型、触发时间、触发原因及数据可用标志。

(2) 计算结果链接。提供链接到暂态稳定分析，小干扰分析，电压稳定分析，短路电流分析，输电断面传输裕度评估等计算结果界面的按钮。

(3) 越限数量曲线。展示一天 96 点的越限数量，以曲线形式展示。在曲线右边显示当前时间断面越限百分比最大的静态安全分析结果信息。

(4) 静态安全分析计算结果表格。分为 3 个表格：基态重载、基态越限和 $N-1$ 分析计算结果。

### 10.1.2.6 短路电流分析

短路电流分析结果界面分为四部分，如图 10-6 所示。

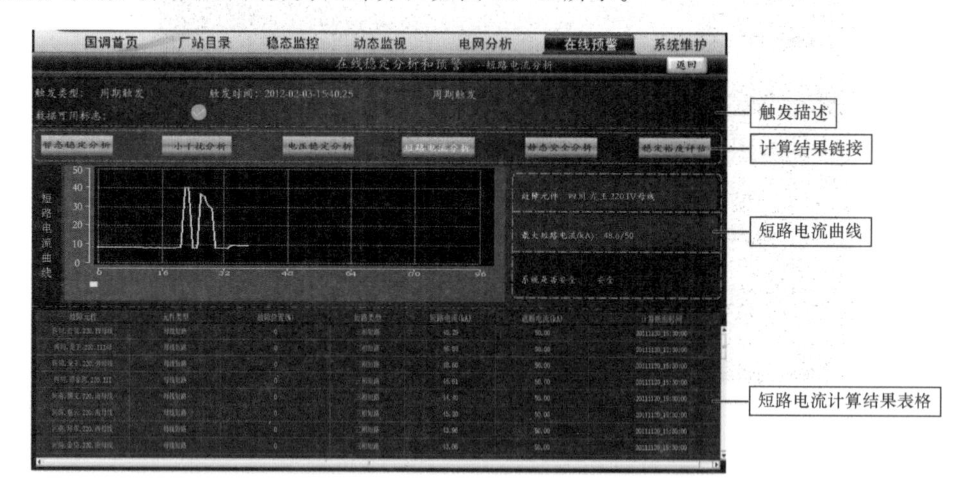


图 10-6 短路电流分析结果界面

（1）触发描述。主要显示触发的类型、断面时间、触发原因及数据可用标志。

（2）计算结果链接。提供链接到暂态稳定分析、小干扰分析、电压稳定分析、静态安全分析和输电断面传输裕度评估等计算结果界面的按钮。

（3）短路电流曲线。显示一天 96 点的短路计算分析结果中最大越限百分比的短路电流曲线，右边表格显示当前时间断面对应短路点的详细分析结果信息。

（4）短路电流计算结果表格。最下部的区域显示短路电流计算的结果输出。

### 10.1.2.7 输电断面传输裕度评估

输电断面传输裕度评估结果界面分为四部分，如图 10-7 所示。

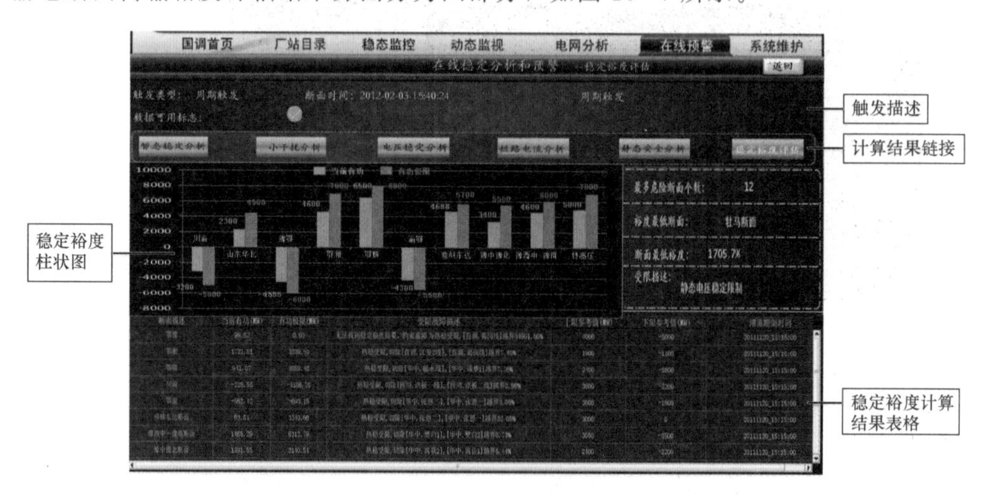


图 10-7 输电断面传输裕度评估结果界面

（1）触发描述。主要显示触发类型、断面时间、触发原因及数据可用标志。

（2）计算结果链接。提供链接到暂态稳定分析、小干扰分析、电压稳定分析、短路电流分析和静态安全分析等计算结果界面的按钮。

（3）稳定裕度柱状图。显示当前稳定裕度计算分析的结果，浅绿柱代表当前有功，深蓝柱代表功率极限值，右边表格显示最危险断面的详细分析结果信息。其中当前有功为负值的，柱形方向向下。

（4）稳定裕度计算结果表格。最下部的区域显示当前时间断面的稳定裕度计算的结果输出。

#### 10.1.2.8 计算监视与设置

计算监视与设置界面如图10-8所示，主要提供的功能如下：

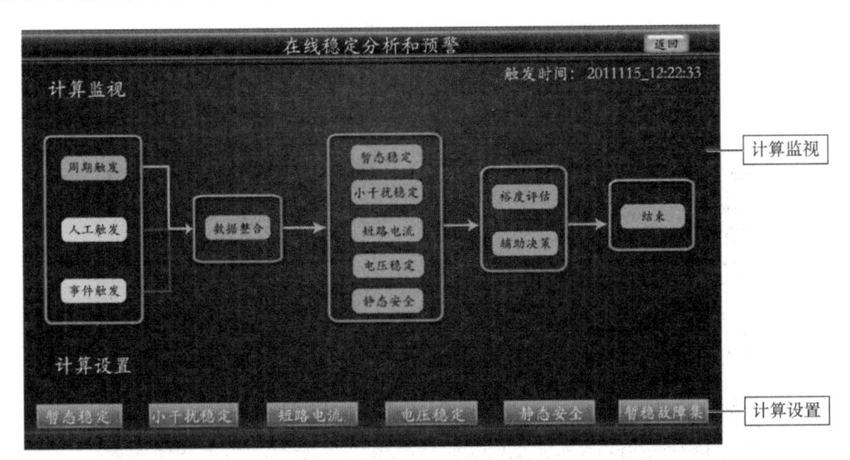


图10-8　计算监视与设置界面

（1）计算监视。显示计算流程及目前系统运行所处的状态。

（2）计算设置。实现暂态稳定、小干扰稳定、短路电流、电压稳定、静态安全和暂稳故障集的设置功能。

#### 10.1.2.9 计算进度

计算进度界面如图10-9所示，为用户提供的功能如下：

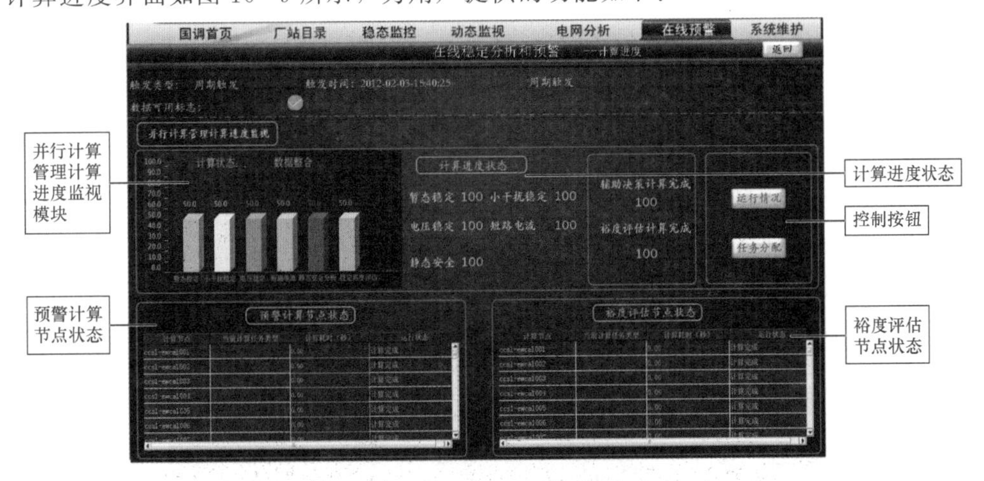


图10-9　计算进度界面

（1）并行计算管理监视模块。以柱状图的形式为用户显示当前计算状态下的各个计算的进度。

（2）计算进度状态。以数字形式为用户显示各个计算的进度。

（3）控制按钮。提供运行状况按钮和任务分配按钮，可以查看相应信息。

（4）预警计算节点状态。以列表的形式为用户展示各个参与计算的计算机节点的当前任务类型、计算耗时以及运行状态。

（5）裕度评估节点状态。以列表的形式为用户展示各个参与裕度评估的计算机节点的当前任务类型、计算耗时以及运行状态。

10.1.2.10　运行摘要

运行摘要信息界面如图 10－10 所示，提供整个运行过程的状态信息、规模信息以及部分重要计算信息。其中计算触发部分提供强制触发和停止触发按钮，支持控制在线安全稳定分析的计算进程。

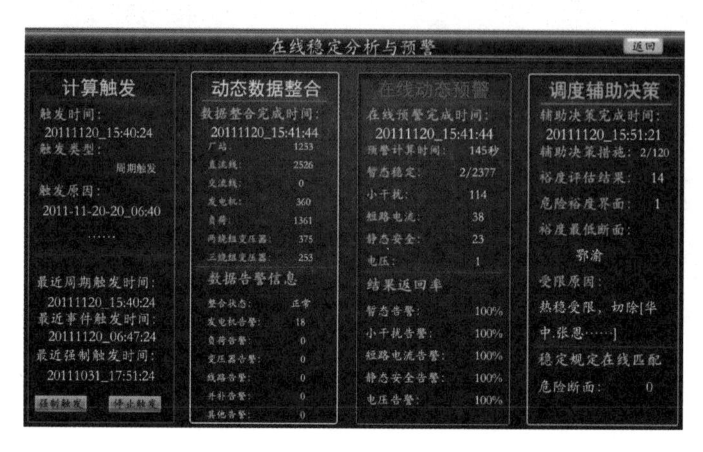


图 10－10　运行摘要信息

10.1.2.11　在线跟踪

在线跟踪界面如图 10－11 所示，显示调度员关注的输电断面稳定裕度和关键母线的短路电流。输电断面传输稳定裕度以柱状图显示输电断面的当前有功，计算出的功率极限以及方式提供的功率极限，并以曲线展示一天 96 点的功率曲线。短路电流显示当前短路电流值，短路类型，并以曲线形式展示一天 96 点的短路电流曲线。

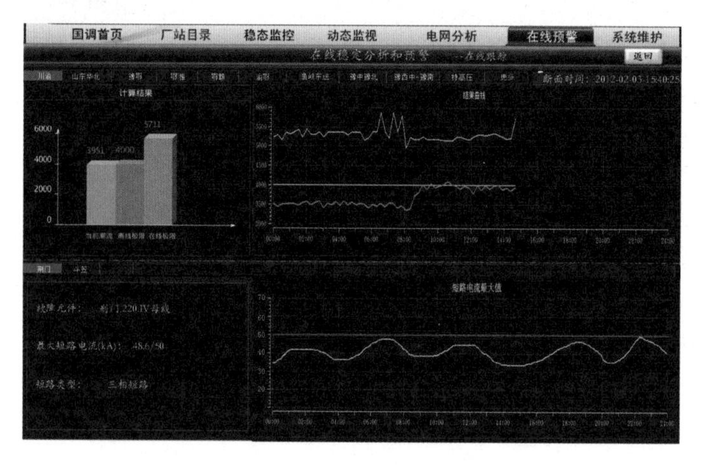


图 10－11　在线跟踪界面

10.1.2.12 暂态稳定辅助决策

暂态稳定辅助决策界面分为四部分，如图 10-12 所示。

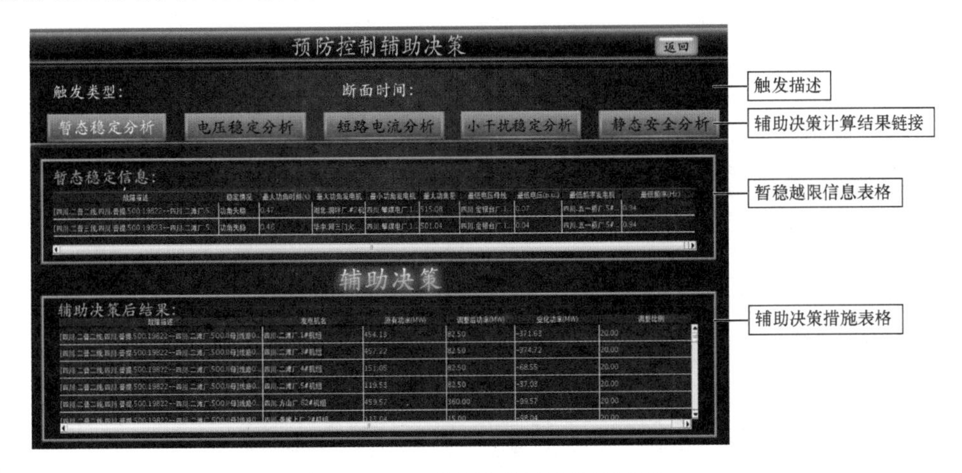


图 10-12 暂态稳定辅助决策界面

(1) 触发描述。显示当前结果的触发类型和断面时间信息。

(2) 辅助决策计算结果链接。提供链接到电压稳定分析、短路电流分析、小干扰稳定分析、静态安全分析等辅助决策计算结果界面的按钮。

(3) 暂稳越限信息表格。显示暂态稳定分析的失稳故障信息。

(4) 辅助决策措施表格。提供暂态稳定辅助决策调整措施，包括故障描述、发电机名、原有功率、调整后功率、变化功率和调整比例等信息。

10.1.2.13 电压稳定辅助决策

电压稳定辅助决策界面分为三部分，如图 10-13 所示。

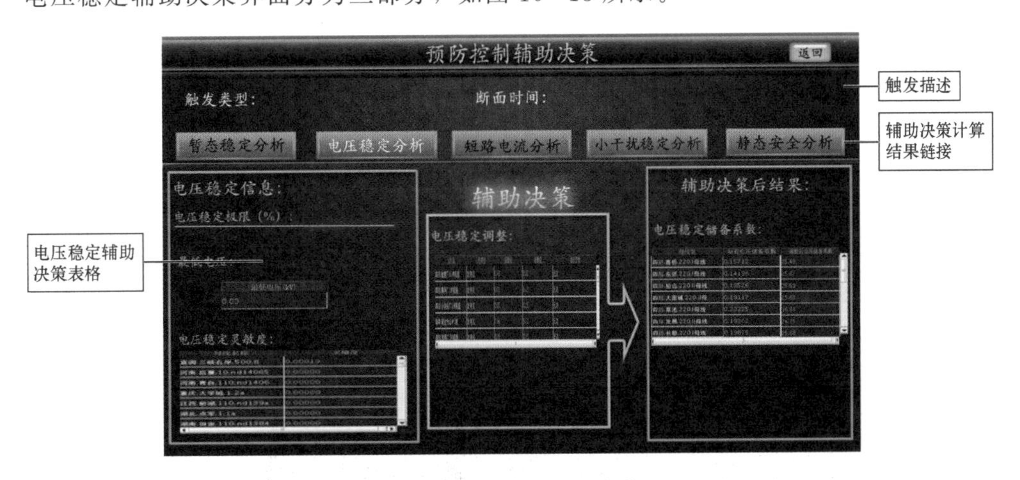


图 10-13 电压稳定辅助决策界面

(1) 触发描述。显示当前结果的触发类型，断面时间信息。

(2) 辅助决策计算结果链接。提供链接到暂态稳定分析、短路电流分析、小干扰稳定分析和静态安全分析等辅助决策计算结果界面的按钮。

(3) 电压稳定辅助决策表格。左边部分：显示电压稳定的计算结果信息，包括电压稳定极限、最低电压及电压稳定灵敏度列表。中间部分：显示电压稳定的调整策略。右边部分：显示辅助决策后的结果，信息包括母线名、原电压稳定储备系数和调整后电压稳定储备系数。

10.1.2.14　短路电流辅助决策

短路电流辅助决策界面分为三部分，如图10-14所示。

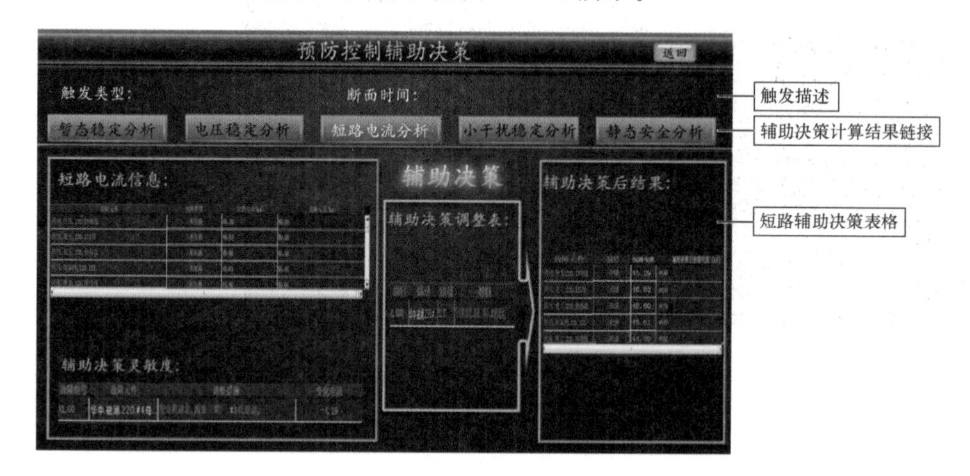


图10-14　短路电流辅助决策界面

(1) 触发描述。显示当前结果的触发类型和断面时间信息。

(2) 辅助决策计算结果链接。提供链接到暂态稳定分析、电压稳定分析、小干扰稳定分析和静态安全分析等辅助决策计算结果界面的按钮。

(3) 短路电流辅助决策表格。左边部分：显示短路电流分析的计算结果信息，包括故障元件名称、故障类型、短路电流值和遮断电流值，辅助决策灵敏度信息包括故障元件、调整措施和变化电流。中间部分：显示短路电流辅助决策的建议调整策略。右边部分：显示辅助决策后的结果，信息包括故障元件、原短路电流和调整后短路电流。

10.1.2.15　静态安全分析辅助决策

静态安全辅助决策界面分为三部分，如图10-15所示。

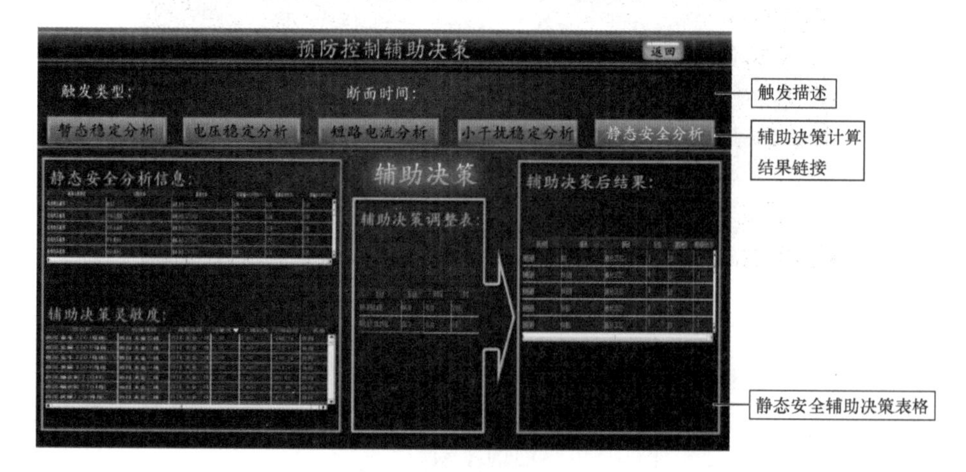


图10-15　静态安全辅助决策界面

（1）触发描述。显示当前结果的触发类型和断面时间信息。

（2）辅助决策计算结果链接。提供链接到暂态稳定分析、电压稳定分析、短路电流分析和小干扰稳定分析等辅助决策计算结果界面的按钮。

（3）静态安全辅助决策表格。左边部分：显示静态安全分析的计算结果信息，包括越界元件类型、切除元件、越界元件、实际值和越界百分比及限值等，辅助决策灵敏度信息包括发电机、切除线路、越限线路、灵敏度和上调裕度。中间部分：显示针对静态安全分析结果所做的调整措施。右边部分：显示辅助决策后的结果，信息包括越限元件类型、切除元件、越限元件、是否成功、越限百分比及调整后越限百分比等信息。

## 10.2 区域电网实施

区域电网在线动态安全监测与预警系统在线监测电网运行的安全隐患，及时评估电网的稳定程度，实现在线稳定分析、调度辅助决策和输电断面传输裕度评估功能，为提高电网运行决策的科学性、预见性提供技术支撑和手段，从而更加合理地安排和优化电网运行方式，提高电网的安全稳定水平，充分发挥电网的输送潜力，更好的实现资源优化配置。此外，系统功能也应具有良好的可扩展性，方便增加新功能。

区域电网在线动态安全监测与预警系统的在线界面与跨区电网界面基本类似，如图 10 - 16和图 10 - 17 所示。此外，还提供基于离线稳定计算程序的系统分析使用需求。

图 10 - 16　区域电网在线动态安全监测与预警系统流程监视

### 10.2.1　结构设计

#### 10.2.1.1　软件结构

区域电网系统软件结构与跨区级电网软件结构基本类似，在线动态安全预警系统可分为平台支撑接口、并行计算平台、在线数据整合、基础应用以及应用软件等几个部分。

平台支撑接口通过标准方式，接入由调度自动化系统提供电网模型、设备参数、电网图形的维护等共享信息，实现电力系统模型、图形数据的“分级维护，全局共享”，减少了模型和图形维护的工作量，同时提高了系统的可维护性、可用性和数据的准确性。

图 10-17　区域电网在线动态安全监测与预警系统主界面

在线数据整合完成在线/离线数据的潮流整合计算以及横向和纵向数据交换共享。主要功能是整合现有 EMS、离线方式计算系统、WAMS 等数据来源，综合使用 EMS 系统的电网实时数据，形成准确合理的电网实时运行工况。

并行计算平台利用并行计算技术，发挥任务并行的优势，在线分析电网当前运行工况下的安全问题。并行计算平台实现相关数据的处理、计算任务的调度和执行以及计算结果的反馈，是实现稳定监测预警系统功能的物质基础。按照计算场景，并行计算平台分为在线并行计算平台和离线并行计算平台，前者服务于调度在线运行，后者服务于方式离线计算。

基础应用包括系统维护和管理子系统、人机交互子系统、历史数据存储子系统和离线分析子系统等，其中系统维护和管理子系统实现系统维护、系统管理以及软件数据更新维护等功能；人机交互子系统是利用可视化技术，完成分析计算结果和在线数据的可视化输出，提供简洁明确的稳定监测预警结论；历史数据存储子系统主要完成电网运行数据（含电网模型参数）和部分结果数据的存储，以及数据的再利用（如离线分析、结果展示等）。

应用软件主要实现各种类型各种对象的安全稳定分析评估，包括在线稳定分析、调度辅助决策和输电断面传输裕度评估等几个部分。

#### 10.2.1.2　硬件结构稳定监测

区域电网在线动态安全监测与预警系统硬件分为服务器组、计算节点组以及维护工作站三大部分；运行模式分为在线及离线模式，在线模式和离线模式分别配置独立的服务器和计算节点组。硬件系统采用双网连接，满足信息安全分区要求，整体框架如图 10-18 所示。

### 10.2.2　数据组织管理

#### 10.2.2.1　数据组织

（1）稳定分析计算程序数据组织。区域电网在线动态安全监测与预警系统的工程数据的基础是稳定分析计算程序的数据格式，包括商用数据库数据、实时数据库数据、图形文件（地理图、潮流图、厂站图和其他监视图等）、工程配置文件、UD 模型和其他数据文件等。稳定分析计算程序的所有数据包括商用库数据、实时库数据/图形和计算数据文件等。数据分类如下：

第 1 类：与潮流状态无关的基础计算数据，包括电力系统元件库和元件公用参数库；

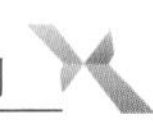

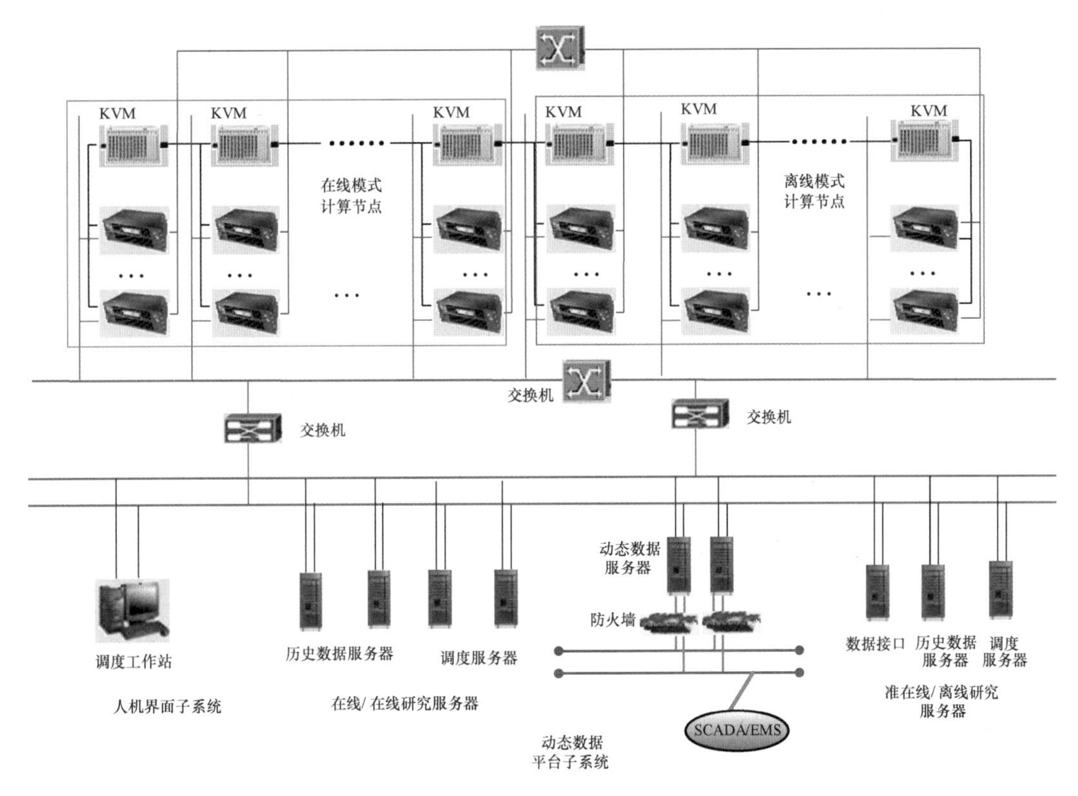


图 10-18　区域电网在线动态安全监测与预警系统硬件配置

第 2 类：潮流计算数据；

第 3 类：各种计算的结果数据；

第 4 类：用户自定义（UD）模型及用户程序库；

第 5 类：共享内存的实时数据。

稳定分析计算数据关系如图 10-19 所示。稳定分析计算图模数据组成及关系如

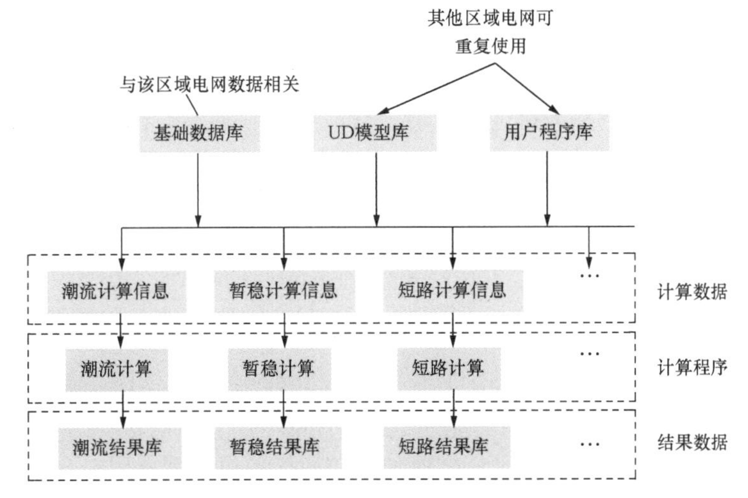


图 10-19　稳定分析计算各类数据关系图

图 10-20所示。

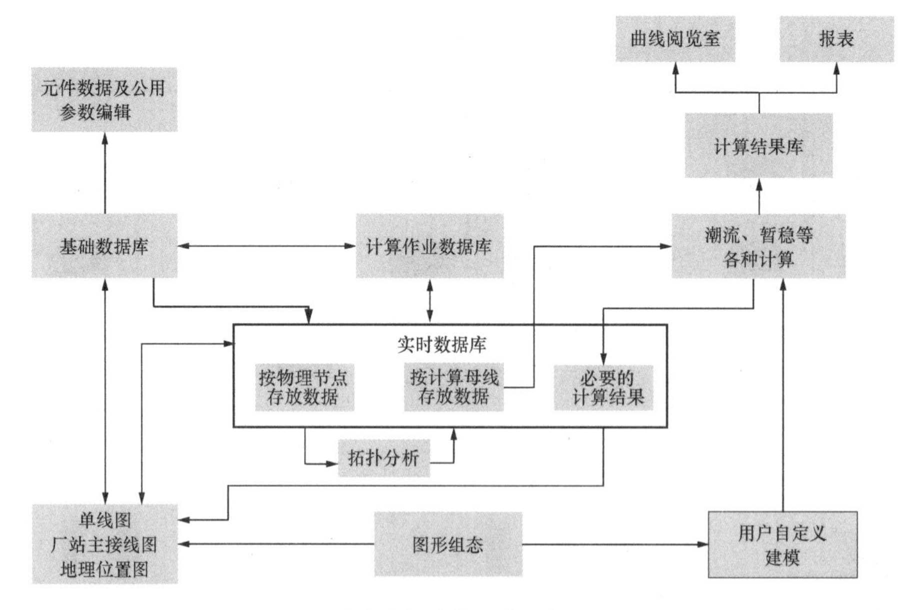


图 10-20　稳定分析计算图模平台组成及关系图

（2）在线研究态数据组织。DSA 研究态数据工程可直接取自一套本地计算机已经存在的稳定分析计算数据工程形成，或者说，稳定分析计算数据工程就是 DSA 研究态的数据工程。由此，用户以前所建的稳定分析计算工程，都可以用来做 DSA 研究计算。DSA 研究态数据工程还可以通过数据管理程序，从历史数据服务器上取一套历史或当前的 EMS 断面数据，形成一个新的 DSA 研究态工程。DSA 研究态的所有数据，包括商用库数据、实时库数据、图形和数据文件等都存放在本地磁盘上。

（3）在线运行态数据组织。DSA 在线运行态数据工程基于稳定分析计算工程而形成，数据库使用的是远端 DSA 数据服务器上的商用库（包含有基础数据），本地的工程目录是否包含数据目录（对应工程下的数据库子目录）都可以，在研究态下编辑好的工程完全可以作为在线运行态工程使用。DSA 客户端启动在线运行态时，把本地工程时间标记与服务器端最新运行态工程的时间标记进行比较，如果本工程是最新的，则使用本地工程；否则提示用户是否从服务器端下载最新的在线运行工程，包括图形文件和工程所需的配置文件等。简单的说，DSA 客户端启动在线运行态时，先获取或更新本地的在线运行工程（主要是图形文件和一些配置信息），然后连接数据服务器取实时变化的在线数据，用于刷新显示。服务器上的在线运行工程数据由数据管理模块负责维护和更新。

#### 10.2.2.2　数据管理

数据管理主要用于在线历史数据的查询、导入，其通过数据管理窗口实现。数据管理窗口分为实时数据管理、断面曲线信息、摘要信息和筛选条件 4 个主要组成部分，如图 10-21 所示。用户首先根据一定筛选条件，例如指定时间范围等，查询出符合条件的所有数据的集合，并显示在实时数据管理的表格中；同时会在断面潮流信息图表中，显示出上述数据按时间顺序排列的潮流曲线，在摘要信息栏中显示出选定断面的分析结果摘要信息；用户可以选择数据，并下载到本地工程进行研究。数据管理主要实现的功能有：

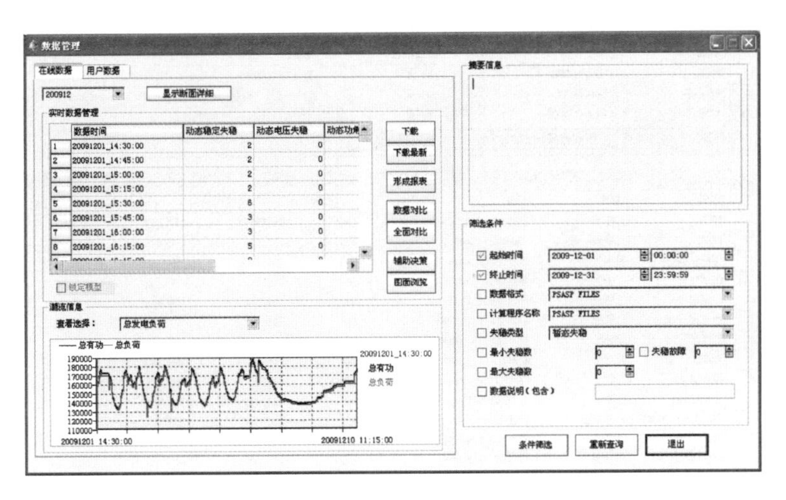


图 10-21 数据管理窗口

(1) 下载最新的模型/图形：从历史数据服务器上下载所选潮流断面对应的最新图形/模型至当前研究平台调度服务器。

(2) 下载匹配的模型/图形：从历史数据服务器上下载与所选潮流断面匹配的图形/模型至当前研究平台调度服务器。

(3) 下载最新：从历史数据服务器上下载最新的潮流断面，以及与该潮流断面匹配的图形/模型至当前研究平台调度服务器。

(4) 形成报表：输出选定潮流数据的在线稳定分析摘要信息，输出到指定的报表文件。报表文件示例如图 10-22 所示。

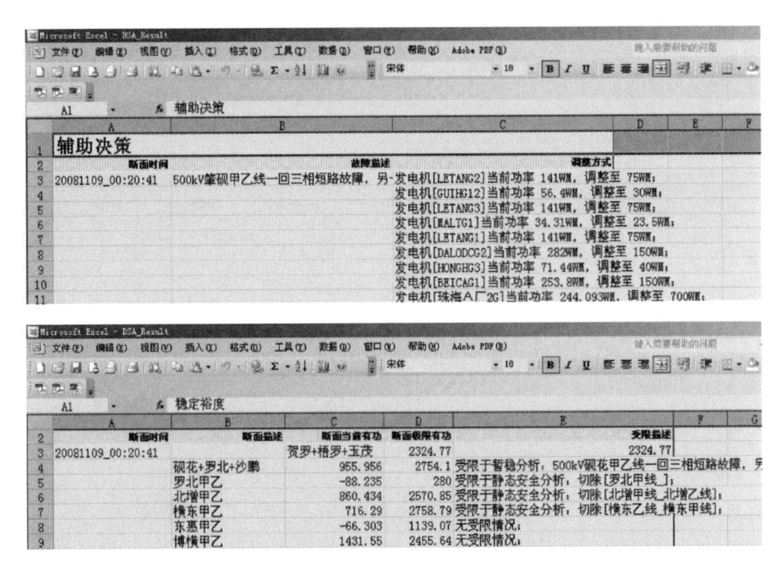

辅助决策

| 断面时间 | 故障描述 | 调整方式 |
| --- | --- | --- |
| 20081109_00:20:41 | 500kV肇砚甲乙线一回三相短路故障，另- | 发电机[LETANG2]当前功率 141WM，调整至 75WM； |
| | | 发电机[GUIHG12]当前功率 56.4WM，调整至 30WM； |
| | | 发电机[LETANG3]当前功率 141WM，调整至 75WM； |
| | | 发电机[MALTG1]当前功率 34.31WM，调整至 23.5WM； |
| | | 发电机[LETANG1]当前功率 141WM，调整至 75WM； |
| | | 发电机[DALODCG2]当前功率 282WM，调整至 150WM； |
| | | 发电机[HONGHG3]当前功率 71.44WM，调整至 40WM； |
| | | 发电机[BEICAG1]当前功率 253.8WM，调整至 150WM； |
| | | 发电机[珠海A厂2G]当前功率 244.093WM，调整至 700WM； |

稳定裕度

| 断面时间 | 断面描述 | 断面当前有功 | 断面极限有功 | 受限描述 |
| --- | --- | --- | --- | --- |
| 20081109_00:20:41 | 贺罗+梧罗+玉茂 | | 2324.77 | 2324.77 |
| | 砚花+罗北+沙鹏 | 955.956 | 2754.1 | 受限于暂稳分析，500kV砚花甲乙线一回三相短路故障，另 |
| | 罗北甲乙 | -88.235 | 280 | 受限于静态安全分析，切除[罗北甲线_]； |
| | 北增甲乙 | 860.434 | 2570.85 | 受限于静态安全分析，切除[北增甲线_北增乙线]； |
| | 横东甲乙 | 716.29 | 2758.79 | 受限于静态安全分析，切除[横东乙线_横东甲线]； |
| | 东惠甲乙 | -66.303 | 1139.07 | 无受限情况； |
| | 博横甲乙 | 1431.55 | 2455.64 | 无受限情况； |

图 10-22 报表文件示例

(5) 潮流对比：选中两个断面潮流，摘要信息栏显示两个待比较潮流断面的摘要信息，点击“对比”，弹出“潮流及过比对列表窗口”，如图 10-23 所示。

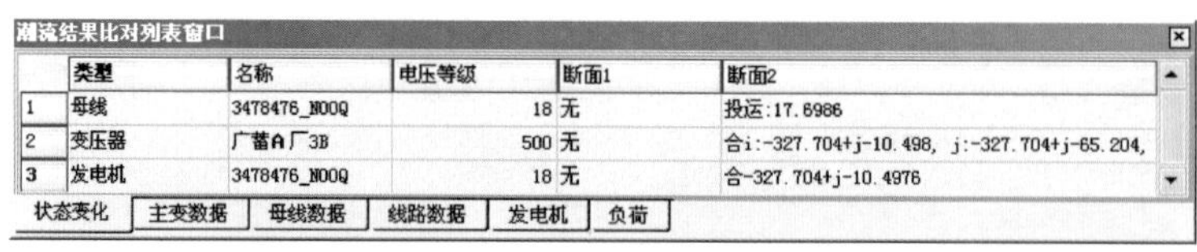
潮流结果比对列表窗口

| | 类型 | 名称 | 电压等级 | 断面1 | 断面2 |
|---|---|---|---|---|---|
| 1 | 母线 | 3478476_N00Q | 18 | 无 | 投运:17.6986 |
| 2 | 变压器 | 广蓄A厂3B | 500 | 无 | 合i:-327.704+j-10.498, j:-327.704+j-65.204, |
| 3 | 发电机 | 3478476_N00Q | 18 | 无 | 合-327.704+j-10.4976 |

状态变化 主变数据 母线数据 线路数据 发电机 负荷

潮流结果比对列表窗口

| | 主变 | 类型 | 母线 | 电压等级 | 断面1 Pi | 断面2 Pi | delta Pi | 断 |
|---|---|---|---|---|---|---|---|---|
| 1 | TSQBZ | 三卷变 | TSQB220-TSQ3-TSQ | 230 | -289.274 | -378.149 | -88.875 | |
| 2 | TSQMZ | 三卷变 | TSQM220-TSQM3-TS | 230 | -151.726 | -273.1 | -121.374 | |
| 3 | 博罗站2B | 三卷变 | 博罗站500_KV#1-tt | 500 | -364.943 | -287.38 | 77.563 | |
| 4 | 博罗站3B | 三卷变 | 博罗站500_KV#1-tt | 500 | -364.943 | -287.38 | 77.563 | |
| 5 | 广南站1B | 三卷变 | 广南站500_KV#1-厂 | 500 | -182.252 | -104.439 | 77.813 | |
| 6 | 新丰江厂1B | 两卷变 | 新丰江厂14__KV#3 | 220 | 13.954 | 71.956 | 58.002 | |
| 7 | 新丰江厂3B | 两卷变 | 新丰江厂14__KV#3 | 220 | 8.348 | 70.946 | 62.598 | |
| 8 | 新丰江厂4B | 两卷变 | 新丰江厂14__KV#3 | 220 | 11.903 | 66.952 | 55.049 | |
| 9 | 深圳站1LB | 三卷变 | 深圳站500_KV#1-浐 | 500 | -39.987 | 26.774 | 66.761 | |
| 10 | 深圳站2LB | 三卷变 | 深圳站500_KV#1-浐 | 500 | -39.987 | 26.774 | 66.761 | |
| 11 | 罗洞站500_KV#1 | 两卷变 | 罗洞站500_KV#1-3 | 525 | -1427.78 | -1253.24 | 174.538 | |
| 12 | 能东厂2B | 两卷变 | 3531408_N00D-能ｸ | 220 | 150.921 | 63.627 | -87.294 | |
| 13 | 茂名站500_KV#1 | 两卷变 | 茂名站500_KV#1-ｷ | 525 | -1112.38 | -1011.02 | 101.366 | |

状态变化 主变数据 母线数据 线路数据 发电机 负荷

潮流结果比对列表窗口

| | 线路名 | 电压等级 | 断面1 Pi | 断面2 Pi | delta Pi | 断面1 Pj | 断面2 Pj |
|---|---|---|---|---|---|---|---|
| 1 | AC1: | 230 | -1615.3 | -1405.49 | 209.815 | -1615.3 | -1405.49 |
| 2 | AC104: | 525 | 1333.82 | 1403.95 | 70.139 | 1333.82 | 1403.95 |
| 3 | AC105: | 525 | 1333.82 | 1403.95 | 70.139 | 1306.33 | 1373.53 |
| 4 | AC106: | 525 | 1306.33 | 1373.53 | 67.1991 | 1306.33 | 1373.53 |
| 5 | AC107: | 525 | 1334.02 | 1404.17 | 70.1471 | 1334.02 | 1404.17 |
| 6 | AC108: | 525 | 1334.02 | 1404.17 | 70.1471 | 1306.53 | 1373.74 |
| 7 | AC109: | 525 | 1306.53 | 1373.74 | 67.2069 | 1306.53 | 1373.74 |
| 8 | AC1091: | 400 | 404.304 | 352.667 | -51.637 | 403.05 | 351.697 |
| 9 | AC1096: | 400 | 207.231 | 134.08 | -73.151 | 207.058 | 134.007 |
| 10 | AC1097: | 400 | 207.231 | 134.08 | -73.151 | 207.058 | 134.007 |
| 11 | AC110: | 525 | 379.243 | 327.611 | -51.632 | 379.243 | 327.611 |
| 12 | AC111: | 525 | 379.243 | 327.611 | -51.632 | 376.548 | 325.614 |
| 13 | AC113: | 525 | 2043.61 | 2228.03 | 184.419 | 2043.61 | 2228.03 |

状态变化 主变数据 母线数据 线路数据 发电机 负荷

潮流结果比对列表窗口

| | 名称 | 电压等级 | 断面1 P | 断面2 P | Delta P | 断面1 Q | 断面2 Q | Delta Q |
|---|---|---|---|---|---|---|---|---|
| 1 | 3531408_N00D | 20 | 150.921 | 63.6274 | -87.2936 | 96.4379 | 92.7939 | -3.64393 |
| 2 | 新丰江厂14__KV#3 | 13.8 | 13.9535 | 71.9563 | 58.0028 | 33.6629 | 33.9892 | 0.32626 |
| 3 | 新丰江厂14__KV#3 | 13.8 | 8.3477 | 70.9455 | 62.5978 | 31.4512 | 31.1566 | -0.294626 |
| 4 | 新丰江厂14__KV#3 | 13.8 | 11.9033 | 66.9523 | 55.049 | 33.3669 | 32.1549 | -1.21199 |

状态变化 主变数据 母线数据 线路数据 发电机 负荷

潮流结果比对列表窗口

| | 名称 | 电压等级 | 断面1 P | 断面2 P | Delta P | 断面1 Q | 断面2 Q | Delta Q |
|---|---|---|---|---|---|---|---|---|
| 1 | HEZHOUK4 | 525 | 1670.8 | 1907.71 | 236.91 | -78.354 | -183.084 | -104.73 |
| 2 | LISHANK3 | 525 | 1905.2 | 2225.36 | 320.16 | -378.098 | -547.525 | -169.427 |
| 3 | TPE | 400 | 316.637 | 253.984 | -62.653 | 351.232 | 357.993 | 6.76105 |
| 4 | WUZHOK4 | 525 | 567.972 | 739.263 | 171.291 | 220.717 | 166.229 | -54.4888 |
| 5 | YUE | 400 | 570.956 | 436.219 | -134.737 | 763.392 | 773.795 | 10.4031 |

状态变化 主变数据 母线数据 线路数据 发电机 负荷

图 10-23　潮流比对示例

（6）辅助决策：显示所选数据的暂态稳定表、辅助决策发电机调整表和辅助决策负荷调整表。

（7）摘要信息：显示出数据详细的故障信息。

（8）筛选：设置要筛选数据的起始时间、终止时间、失稳类型、最小失稳数和最大失稳数。点击条件筛选。实时数据管理中列出筛选结果。

（9）图面浏览：在实时数据管理中选择需要查看的历史数据，点击画面浏览，历史数据分析结果会被下载至结果列表窗口中，如图 10-24 所示。

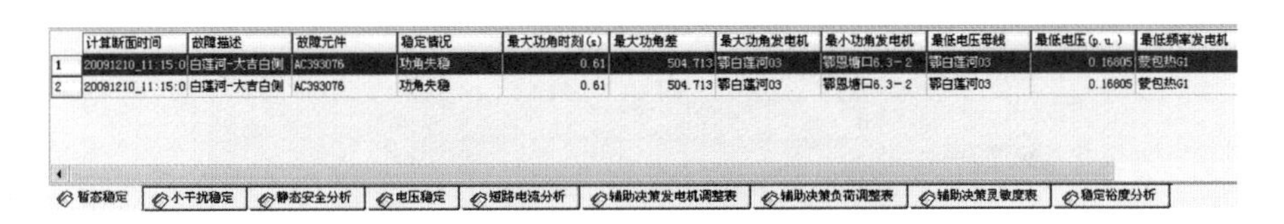

|  | 计算断面时间 | 故障描述 | 故障元件 | 稳定情况 | 最大功角时刻(s) | 最大功角差 | 最大功角发电机 | 最小功角发电机 | 最低电压母线 | 最低电压(p.u.) | 最低频率发电机 |
|---|---|---|---|---|---|---|---|---|---|---|---|
| 1 | 20091210_11:15:0 | 白莲河-大吉白侧 | AC393076 | 功角失稳 | 0.61 | 504.713 | 鄂白莲河03 | 鄂恩塘口6.3-2 | 鄂白莲河03 | 0.16805 | 蒙包热G1 |
| 2 | 20091210_11:15:0 | 白莲河-大吉白侧 | AC393076 | 功角失稳 | 0.61 | 504.713 | 鄂白莲河03 | 鄂恩塘口6.3-2 | 鄂白莲河03 | 0.16805 | 蒙包热G1 |

暂态稳定 | 小干扰稳定 | 静态安全分析 | 电压稳定 | 短路电流分析 | 辅助决策发电机调整表 | 辅助决策负荷调整表 | 辅助决策灵敏度表 | 稳定裕度分析

图 10 - 24　历史数据分析结果示例

### 10.2.3　基于稳定分析程序的界面

在线运行的主要功能是对系统稳定运行状况进行监视，主要功能需由图 10 - 25 所示的工具条按钮激活。

图 10 - 25　系统稳定运行工具条按钮

#### 10.2.3.1　潮流状态监视

点击↙↗，在界面主显示区弹出工具栏。当前最新时间断面对应的潮流运行情况如图 10 - 26 所示。

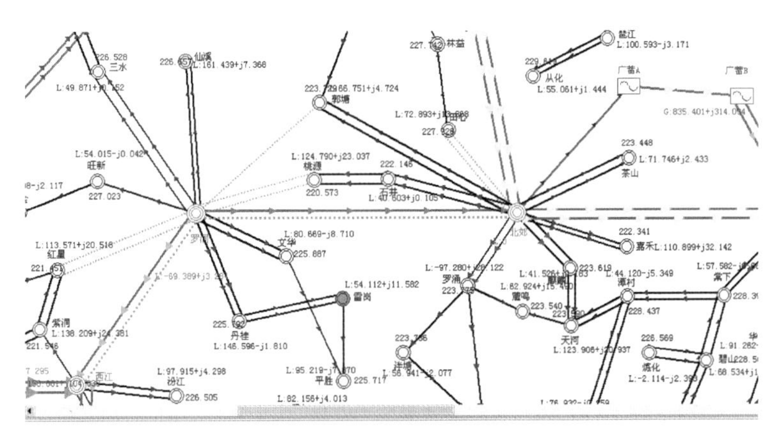

图 10 - 26　潮流运行图

#### 10.2.3.2　暂稳计算

点击，在界面主显示区显示针对当前运行方式的暂稳计算结果。在结果输出区输出暂稳故障扫描中，判为不稳定的暂稳计算结果信息如图 10 - 27 所示。

|  | 故障组号 | 故障描述 | 故障元件 | 故障元件类型 | 稳定情况 | 计算断面时间 | 最大功角时刻 | 失稳岛名称 | 最大功角发电机的 | 最小功角发电机的 | 最大功角差 | 最低电压母线名称 |
|---|---|---|---|---|---|---|---|---|---|---|---|---|
| 1 | 44 | 马盘双回盘侧异名 | AC300033 | Unknown | 功角失稳 | 2008-07-14T15:11 | 3.29 | 1 | 五原.三门火#2机 | 豫平东4G | 501.109 | 晋通泽11 |
| 2 | 67 | 姚孟主变中压侧三 | AC392095 | Unknown | 功角失稳 | 2008-07-14T15:11 | 0.34 | 1 | 豫平东5G | 豫平东4G | 510.64 | 豫舞钢1B |
| 3 | 34 | 牡马双回马侧异名 | AC300031 | Unknown | 功角失稳 | 2008-07-14T15:11 | 3.07 | 1 | 五原.三门火#2机 | 渝彭水电厂04 | 504.307 | 豫戴荀2B |
| 4 | 43 | 马盘双回马侧异名 | AC300033 | Unknown | 功角失稳 | 2008-07-14T15:11 | 3.25 | 1 | 五原.三门火#2机 | 渝彭水电厂04 | 502.518 | 豫姚铝2B |
| 5 | 33 | 牡马双回牡侧异名 | AC300031 | Unknown | 功角失稳 | 2008-07-14T15:11 | 3.05 | 1 | 五原.三门火#2机 | 鄂关山63侧容 | 500.174 | 豫戴荀2B |
| 6 | 61 | 仓颉1#主变中压侧 | AC392062 | Unknown | 功角失稳 | 2008-07-14T15:11 | 0.48 | 1 | 豫硕阳1G | 鄂关山63侧容 | 510.605 | 晋通泽11 |
| 7 | 34 | 牡马双回马侧异名 | AC300031 | Unknown | 功角失稳 | 2008-07-14T15:13 | 3.17 | 1 | 五原.三门火#2机 | 渝彭水电厂04 | 503.444 | 豫姚铝2B |
| 8 | 43 | 马盘双回马侧异名 | AC300033 | Unknown | 功角失稳 | 2008-07-14T15:13 | 3.30 | 1 | 五原.三门火#2机 | 渝彭水电厂04 | 503.053 | 豫姚铝2B |

暂态稳定 | 电压稳定 | 小干扰稳定 | 静态安全分析 | 辅助决策发电机调整表 | 辅助决策负荷调整表 | 辅助决策灵敏度表 | 稳定极限分析

状态： DSA可视化　位置： （315, 649）　比例： （1.50 : 1）

图 10 - 27　暂稳计算结果列表

选中结果列表中的故障，单击右键，会提供如下功能：

（1）定位故障元件，如图 10 - 28 所示，定位显示当前的故障线路。

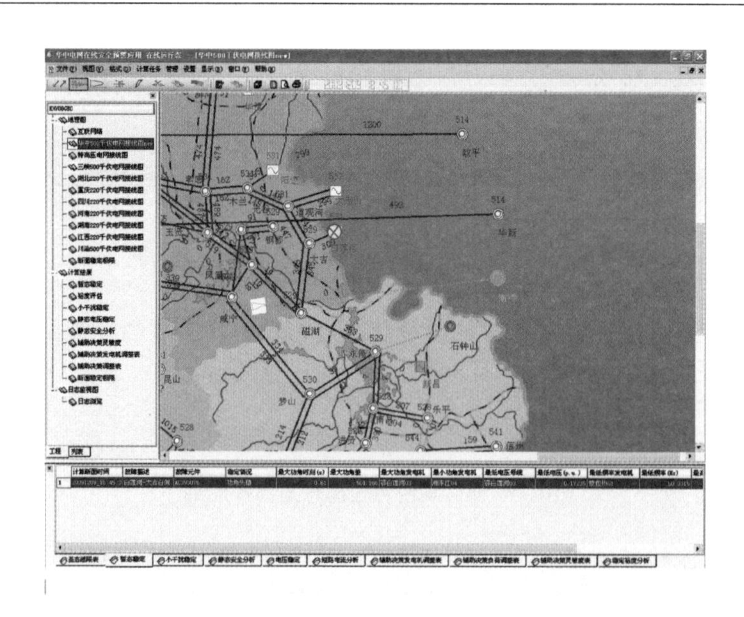

图 10 - 28　故障定位示意图

（2）显示监视曲线，如图 10 - 29 所示，激活曲线阅览室，可以查看暂稳分析曲线。

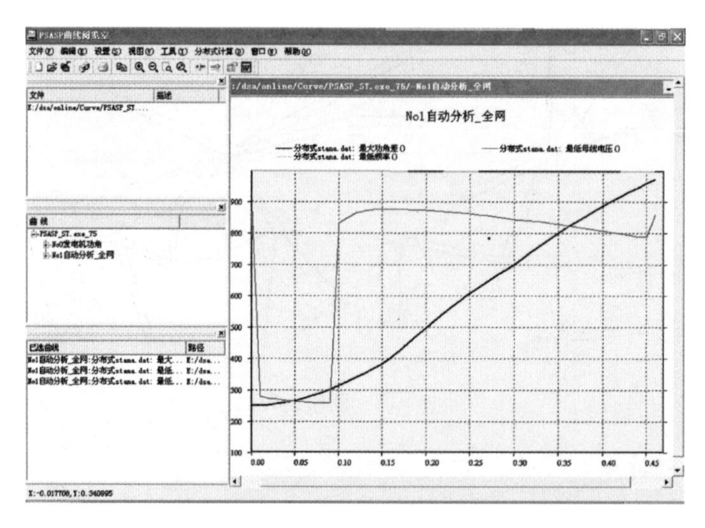


图 10 - 29　曲线展示示意图

（3）显示辅助决策信息，如图 10 - 30 所示，显示对应于当前失稳故障的辅助决策计算结果。

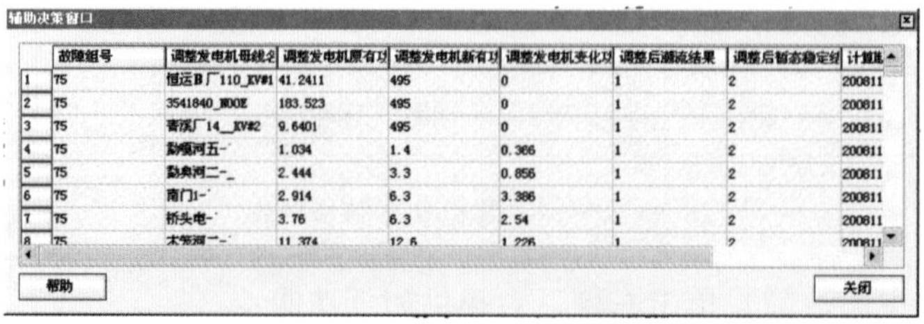

辅助决策窗口

| | 故障组号 | 调整发电机母线名 | 调整发电机原有功 | 调整发电机新有功 | 调整发电机变化功 | 调整后潮流结果 | 调整后暂态稳定结 | 计算此 |
|---|---|---|---|---|---|---|---|---|
| 1 | 75 | 恒运B厂110_KV#1 | 41.2411 | 495 | 0 | 1 | 2 | 200811 |
| 2 | 75 | 3541840_N00E | 183.523 | 495 | 0 | 1 | 2 | 200811 |
| 3 | 75 | 青溪厂14__KV#2 | 9.6401 | 495 | 0 | 1 | 2 | 200811 |
| 4 | 75 | 勐领河五-' | 1.034 | 1.4 | 0.366 | 1 | 2 | 200811 |
| 5 | 75 | 勐典河二-_ | 2.444 | 3.3 | 0.856 | 1 | 2 | 200811 |
| 6 | 75 | 南门1-' | 2.914 | 6.3 | 3.386 | 1 | 2 | 200811 |
| 7 | 75 | 桥头电-' | 3.76 | 6.3 | 2.54 | 1 | 2 | 200811 |
| 8 | 75 | 木笼河一-' | 11.374 | 12.6 | 1.226 | 1 | 2 | 200811 |

帮助　关闭

图 10 - 30　辅助决策计算结果

#### 10.2.3.3 电压稳定计算

点击，在界面主显示区显示针对当前运行方式的电压稳定计算结果。在结果输出区输出电压稳定分析结果信息，如图 10-31 所示。选中结果列表中的电压稳定结果，还可以扩展展示，包括：

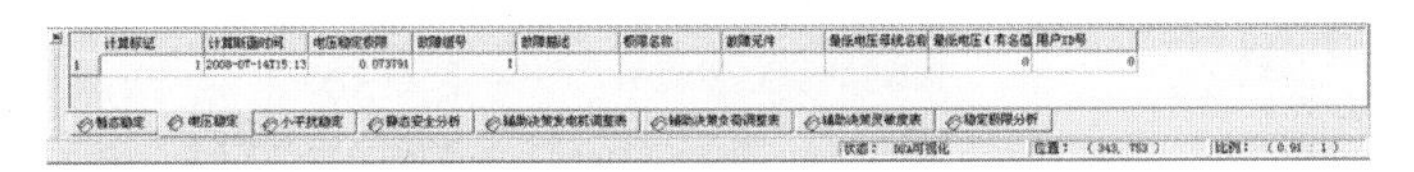

图 10-31 电压稳定计算结果列表

（1）初始稳定状态各节点电压灵敏度着色，如图 10-32 所示。

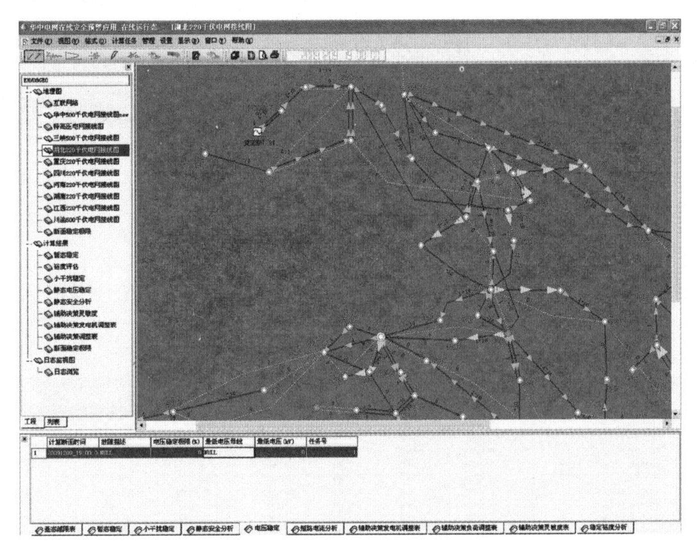

图 10-32 初始点电压灵敏度示意图

（2）电压稳定极限点各节点电压灵敏度着色，如图 10-33 所示。

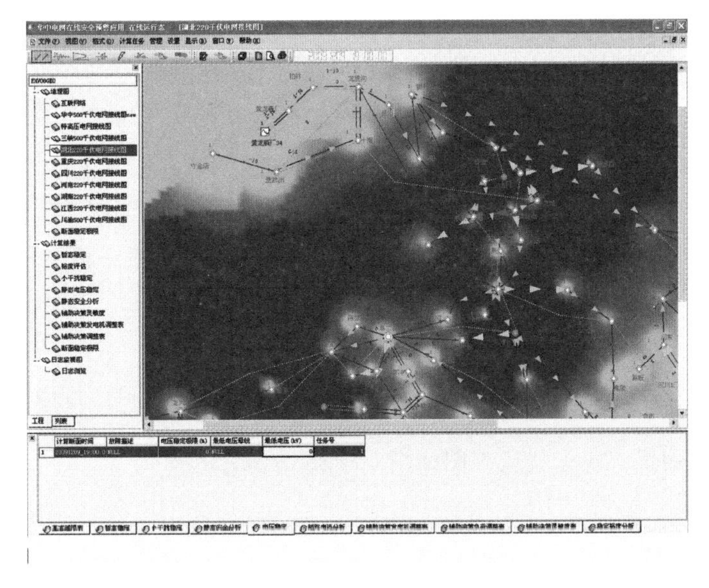

图 10-33 极限点电压灵敏度示意图

（3）各节点电压灵敏度列表，如图 10-34 所示。

（4）电压分布三维曲面图如图 10-35 所示。

监视窗口-电压稳定各计算母线电压灵敏度信息

| | Node_Name | VPQ_S | VPQ_E |
|---|---|---|---|
| 1 | YEN1 | 0.006437 | 0 |
| 2 | YEN10 | 0.006437 | 0 |
| 3 | YEN11 | 0.006386 | 0 |
| 4 | YC23 | 0.006058 | 0 |
| 5 | YC1 | 0.005835 | 0 |
| 6 | YC10 | 0.005835 | 0 |
| 7 | YC2 | 0.005835 | 0 |
| 8 | YC11 | 0.005796 | 0 |
| 9 | YEN22 | 0.005465 | 0 |
| 10 | YC22 | 0.005151 | 0 |
| 11 | 桥头电-' | 0.004661 | 0 |
| 12 | 南门1-' | 0.004626 | 0 |
| 13 | AP1 | 0.004041 | 0 |

图 10-34 电压灵敏度列表

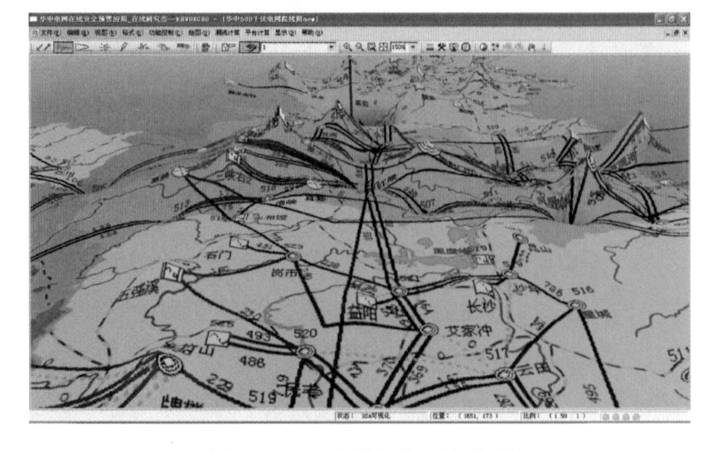

图 10-35 电压分布三维曲面

#### 10.2.3.4 小干扰稳定计算

点击[图标]，在界面主显示区显示针对当前运行方式的小干扰稳定结果。在结果输出区输出小干扰稳定分析结果信息，如图 10-36 所示。

计算结果列表窗口

| | 计算断面时间 | 特征值序号 | 特征值实部 | 特征值虚部 | 阻尼比 | 振荡频率(Hz) | 机电回路相关比 | Max_gen | Min_gen | 任务号 |
|---|---|---|---|---|---|---|---|---|---|---|
| 1 | 20081109_15:14:5 | 1 | -0.002551 | 1.00255 | 51.5136 | 0.159541 | 0.003576 | BAISG1 | DDG | |
| 2 | 20081109_15:14:5 | 2 | -0.511311 | 1.172 | 39.9874 | 0.186505 | 0.126799 | CPK4 | CPK1 | |
| 3 | 20081109_15:14:5 | 3 | -0.324571 | 3.694 | 8.75272 | 0.587842 | 0.776112 | BYUJIAG3 | LM1G | |
| 4 | 20081109_15:14:5 | 4 | -0.280966 | 3.96531 | 7.06788 | 0.631017 | 3.14996 | 长湖厂1G | 新丰江厂3G | |
| 5 | 20081109_15:14:5 | 5 | -0.567695 | 6.36921 | 8.87792 | 1.01356 | 2.84592 | | | |
| 6 | 20081109_15:14:5 | 6 | -0.49644 | 6.68147 | 7.40968 | 1.06325 | 5.53225 | BAISG3 | 珠海A厂2G | |
| 7 | 20081109_15:14:5 | 7 | -0.736075 | 9.43394 | 7.77877 | 1.50126 | 3.73356 | X--PUDG3 | XSHUIDG2 | |
| 8 | 20081109_15:14:5 | 8 | -0.868898 | 9.19947 | 9.40109 | 1.46395 | 2.19291 | THONGFY1 | TLIUJIY1 | |
| 9 | 20081109_15:14:5 | 9 | -0.717908 | 11.7911 | 6.07733 | 1.87636 | 8.40495 | YZH3G | DM21G | |
| 10 | 20081109_15:14:5 | 10 | -0.812334 | 11.938 | 6.78868 | 1.89975 | 2.94767 | 沙角总厂5G | 沙角总厂4G | |

暂态稳定 | 电压稳定 | 小干扰稳定 | 静态安全分析 | 短路电流分析 | 辅助决策发电机调整表 | 辅助决策负荷调整表 | 稳定裕度分析 | 辅

图 10-36 小干扰稳定分析结果信息

（1）选中列表中的 Max _ gen，图示区定位显示，箭头方向表示相对摇摆方向，如图 10-37所示。

（2）选中列表中的 Min _ gen，图示区定位显示，箭头方向表示相对摇摆方向，如图 10-38所示。

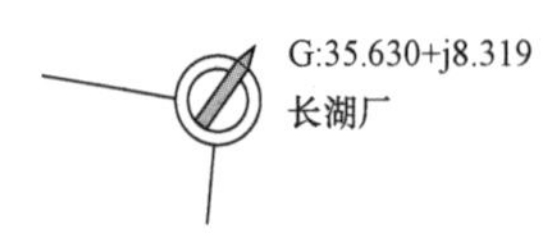


图 10-37 小干扰振荡机组示意 1

图 10-38 小干扰振荡机组示意 2

（3）显示监视曲线。小干扰模态图如图 10-39 所示。

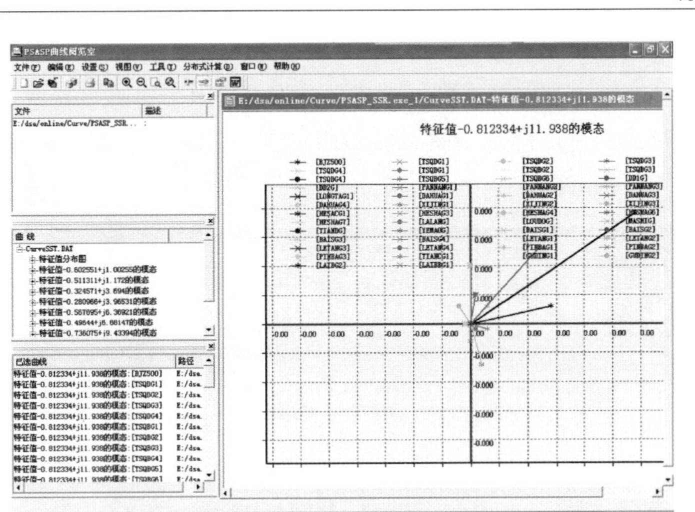


图 10-39　小干扰模态图

### 10.2.3.5　短路电流计算

点击[icon]，在界面主显示区显示针对当前运行方式的短路电流计算结果。在结果输出区输出短路电流计算结果信息，如图 10-40 所示。

| | 计算断面时间 | 故障元件 | 元件类型 | 故障位置(%) | 短路类型 | 短路电流(A) | 遮断电流(A) | 任务号 |
|---|---|---|---|---|---|---|---|---|
| 1 | 20081108_14:35:4 | 达兴厂220_KV#1 | 1 | 0 | 0 | 8896.26 | 47000 | 4 |
| 2 | 20081108_14:35:4 | 德胜厂220_KV#1 | 1 | 0 | 0 | 26883 | 47000 | 4 |
| 3 | 20081108_14:35:4 | 定能厂220_KV#1 | 1 | 0 | 0 | 7588.24 | 47000 | 4 |
| 4 | 20081108_14:35:4 | 福能厂220_KV#1 | 1 | 0 | 0 | 27388.3 | 47000 | 4 |
| 5 | 20081108_14:35:4 | 高步厂220_KV#1 | 1 | 0 | 0 | 15638.9 | 47000 | 4 |
| 6 | 20081108_14:35:4 | 荷树园220_KV#1 | 1 | 0 | 0 | 16220.6 | 47000 | 4 |
| 7 | 20081108_14:35:4 | 荷树园B 500_KV#1 | 1 | 0 | 0 | 12602 | 48000 | 4 |
| 8 | 20081108_14:35:4 | 恒运B厂110_KV#1 | 1 | 0 | 0 | 31003.6 | 47000 | 4 |
| 9 | 20081108_14:35:4 | 恒运C厂220_KV#1 | 1 | 0 | 0 | 32313.8 | 47000 | 4 |

暂态稳定 | 电压稳定 | 小干扰稳定 | 静态安全分析 | 短路电流分析 | 辅助决策发电机调整表 | 辅助决策负荷调整表 | 稳定裕度分析 | 辅

图 10-40　短路电流分析结果列表

### 10.2.3.6　静态安全分析计算

点击[icon]，在界面主显示区显示针对当前运行方式的静态安全分析计算结果。在结果输出区输出静态安全分析计算信息结果，如图 10-41 所示。

| | 计算断面时间 | 切除元件 | 越界类型 | 越界元件 | 越限百分比(%) | 限值电流(A) | 任务号 |
|---|---|---|---|---|---|---|---|
| 1 | 20081108_14:35:4 | 花罗甲线2775 | 线路电流越界 | 沣罗线2788 | 19.9035 | 0.9 | 3 |
| 2 | 20081108_14:35:4 | 罗红乙线2426/罗红 | 线路电流越界 | 砚东甲线2667 | 1.6707 | 0.9 | 7 |
| 3 | 20081108_14:35:4 | 横东乙线/横东甲线 | 线路电流越界 | 金湖线2800 | 25.2579 | 0.9 | 7 |
| 4 | 20081108_14:35:4 | 江鹤甲线2325/江鹤 | 线路电流越界 | 雁高线2736 | 26.2651 | 0.9 | 7 |
| 5 | 20081108_14:35:4 | 广番乙线2628/广番 | 线路电流越界 | 鱼都线2377 | 40.2526 | 1.05 | 7 |
| 6 | 20081108_14:35:4 | 康三乙线2867/康三 | 变压器电流越界 | 螺阳厂3B | 45.6456 | 160 | 7 |
| 7 | 20081108_14:35:4 | 西扮乙线2549/西扮 | 线路电流越界 | 吉藤线2892 | 85.5356 | 0.76 | 7 |
| 8 | 20081108_14:35:4 | 博横甲线/博横乙线 | 线路电流越界 | 金湖线2800 | 79.2244 | 0.9 | 7 |
| 9 | 20081108_14:35:4 | 江门站1B | 变压器电流越界 | 江门站2B | 6.4306 | 750 | 4 |

暂态稳定 | 电压稳定 | 小干扰稳定 | 静态安全分析 | 短路电流分析 | 辅助决策发电机调整表 | 辅助决策负荷调整表 | 稳定裕度分析 | 辅

图 10-41　静态安全分析结果列表

选中表中的一条 $N-1$ 越限记录，显示对应于当前 $N-1$ 的越限元件信息，如图 10-42 所示。

监视窗口-N-1越限元件

| | 越限元件名 | 越限类型 | 越限百分比 | 越限参考值 | 切除方案号 |
|---|---|---|---|---|---|
| 1 | 香山站2B | 变压器潮流越界 | 6.0752 | 1000 | 911 |
| 2 | 浪中线2311 | 交流线潮流越界 | 7.6126 | 0.9 | 911 |
| 3 | 香山站2B | 变压器潮流越界 | 9.0173 | 1000 | 911 |

图 10-42　越限元件信息表

#### 10.2.3.7 调度辅助决策计算

点击[icon]，在界面主显示区显示针对在当前运行方式下的暂态失稳的调度辅助决策计算结果。在结果输出区输出调度辅助决策计算结果信息。辅助决策潮流灵敏度如图 10-43 所示，辅助决策潮流调整列表如图 10-44 所示。

| | 计算断面时间 | 故障号 | 发电机名 | 调整发电机灵敏度 | 发电机所属群 |
|---|---|---|---|---|---|
| 86 | 20081110_08:53:3 | 75 | GUIGCG1 | 1374.29 | 2 |
| 87 | 20081110_08:53:3 | 80 | BKP4 | 0.001527 | 2 |
| 88 | 20081110_08:53:3 | 75 | 珠江厂3G | 2.64966 | 2 |
| 89 | 20081110_08:53:3 | 67 | 桥口厂2G | 584.409 | 1 |
| 90 | 20081110_08:53:3 | 67 | 珠江厂1G | 12.3654 | 2 |

图 10-43 辅助决策潮流灵敏度

| | 计算断面时间 | 故障描述 | 发电机名 | 原有功率(MW) | 调整后功率(MW) | 变化功率(MW) | 调整比例 | 故障号 |
|---|---|---|---|---|---|---|---|---|
| 327 | 20081110_08:24:0 | 500kV曲花甲乙线- | 坪石B厂3G | 121.054 | 62.5 | -58.554 | 15% | 67 |
| 328 | 20081110_08:24:0 | 500kV曲花甲乙线- | 桥口厂1G | 582.421 | 495 | -87.421 | 15% | 67 |
| 329 | 20081110_08:24:0 | 500kV曲花甲乙线- | 桥口厂2G | 582.693 | 532.797 | -49.8961 | 15% | 67 |
| 330 | 20081110_08:24:0 | 500kV曲花甲乙线- | 展能厂2G | 230.743 | 390 | 159.257 | 15% | 67 |
| 331 | 20081110_08:24:0 | 500kV曲花甲乙线- | 广蓄A厂4G | 190.33 | 226.944 | 36.614 | 15% | 67 |

图 10-44 辅助决策潮流调整列表

选中表中的调整元件，图 10-45 给出调整元件灵敏度着色图。

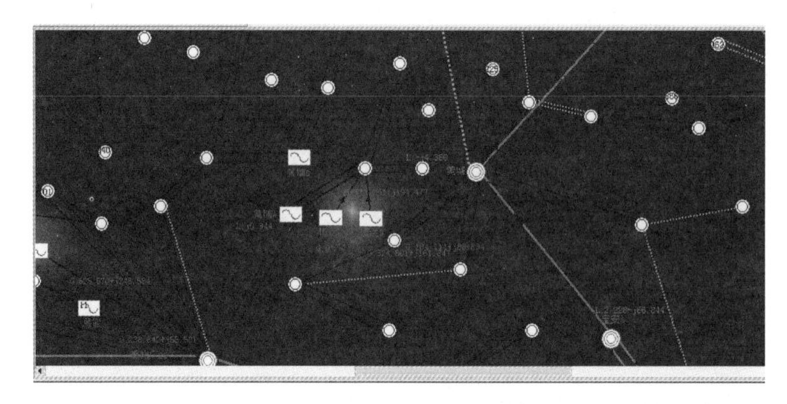

图 10-45 元件灵敏度着色图

#### 10.2.3.8 输电断面传输裕度评估

点击[icon]，在界面主显示区显示针对当前运行方式的裕度评估计算结果。在结果输出区输出裕度评估计算结果信息。裕度评估计算结果如图 10-46 和图 10-47 所示。

| | 潮流断面时间 | 断面编号 | 断面描述 | 当前断面有功(MW) | 断面有功极限(MW) | 断面极限参考值(M | 受限故障编号 | 受限故障描述 |
|---|---|---|---|---|---|---|---|---|
| 1 | 20081108_14:35:4 | 1 | 贺罗+榴罗+玉茂 | 3109.77 | 3109.77 | 4850 | 81 | 500kV[AC79]甲乙 |
| 2 | 20081108_14:35:4 | 2 | 砚花+罗北+沙鹏 | 1536.85 | 3322.71 | 7000 | 74 | 500kV砚花甲乙线- |
| 3 | 20081108_14:35:4 | 3 | 罗北甲乙 | 93.414 | 2316.95 | 3000 | -1 | |
| 4 | 20081108_14:35:4 | 4 | 北增甲乙 | 1596.74 | 2641.26 | 3200 | 0 | 北增甲线_北增乙 |
| 5 | 20081108_14:35:4 | 5 | 横东甲乙 | 1700.77 | 2431.23 | 3000 | 0 | 横东甲线_横东乙 |
| 6 | 20081108_14:35:4 | 6 | 东惠甲乙 | -290.443 | 1172.45 | 3000 | -1 | |
| 7 | 20081108_14:35:4 | 7 | 博横甲乙 | 2640.8 | 3096.38 | 3800 | -1 | |
| 8 | 20081108_14:35:4 | 8 | 沙鹏甲乙 | 1171.69 | 2339.73 | 3000 | 0 | 沙鹏乙线_沙鹏甲 |
| 9 | 20081108_14:35:4 | 9 | 核惠线加深圳联变 | 757.662 | 4150.13 | 2200 | 0 | 核深线_核惠线 |

图 10-46 输电断面传输裕度评估计算结果列表

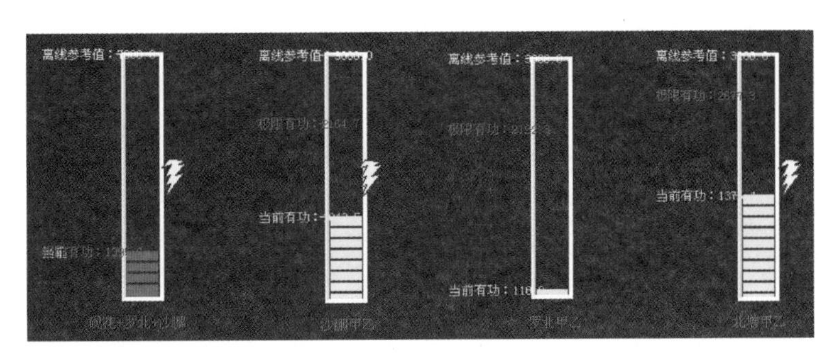


图 10-47　输电断面传输裕度评估计算结果图表

## 10.3　省级电网实施

随着电网规模的扩大和分析技术的发展，国内各省级电网都愈加重视在线动态安全监测与预警工作，目前大部分省级电网已经部署或即将部署在线分析系统。与跨区级或区域级电网不同，省级电网在线分析要求更加精细，其主要特点是：

（1）电力系统建模更加细致。目前在区域及以上调度单位中，在线安全稳定分析系统采用的在线计算数据建模水平一般为220kV及以上，这对于省级电网来说往往是不够的，很多低电压等级的问题无法得到正确反映。对于省级电网分析而言，系统建模水平最好能够达到110kV。因此，在上级调度建模水平足够精细之前，常常需要把上级下发的在线数据与本省在线数据进行拼接，外网采用下发数据，内网采用本地数据，用两者相结合的方式来形成在线分析计算数据。

（2）关注局部稳定问题。与区域及以上电网不同，省级电网由于更加接近用电负荷，往往更加关注局部的稳定问题，如电网稳定薄弱区域、静态安全分析越界和短路电流越限等问题，同时也更加关注相关问题的辅助决策分析，这一特点在受端电网中体现得更加明显。

（3）分析需求多样化。由于省级电网单位相对较多，因此在分析需求上也出现多样化的情况，不同电网都有各自的特点，例如西北光伏电站接入、西北和东北风电接入等，往往需要进行针对性的研发工作。

（4）核心计算选择不同厂商。由于目前电网调度运行仍以离线分析为基础，在线分析结果需要与离线结果进行比对，而不同电网可能采用不同厂商的核心程序，因此在线分析也需要支持多家厂商的核心计算。

### 10.3.1　结构设计

与区域及以上电网相同，省级电网在线系统通常包括动态数据平台、并行计算平台、在线稳定分析、输电断面传输裕度评估、调度辅助决策、历史数据存储、人机界面、冗余系统等主要模块。由于省级电网规模相对较小，计算任务与区域及以上电网相对也较少，因此并行计算平台机群的规模也可以有所减少。

以某省级电网在线动态安全监测与预警系统为例，系统框架图和硬件结构图如图10-48和图10-49所示。该系统分为在线和离线两个并行计算平台，分别为调控人员和方式人员提供计算服务。其中，在线计算平台包含10个计算节点，每个计算节点有8个CPU核，同时可计算80个计算任务；离线平台包含13个计算节点，每个计算节点有8个CPU核，同时可计算 104 个计算任务。该系统实时态分析任务如表 10-1 所示，计算速度满足单个潮流断面 15min 完成安全评估的要求。

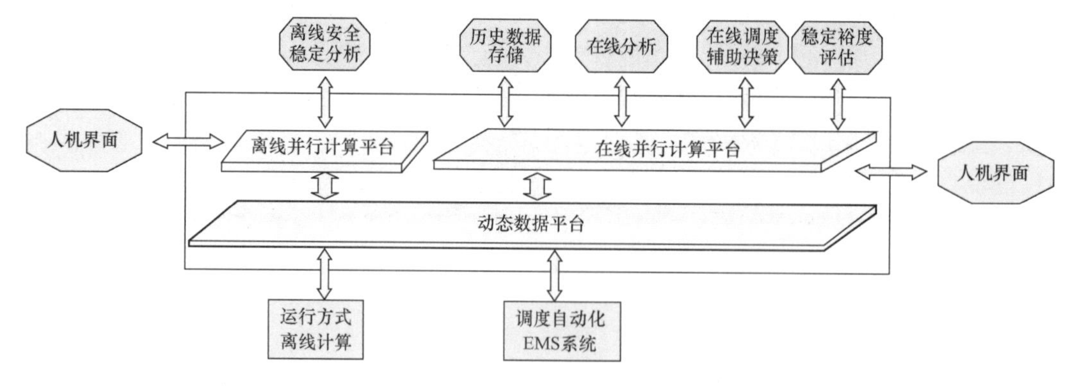


图 10-48 某省调 DSA 系统结构图

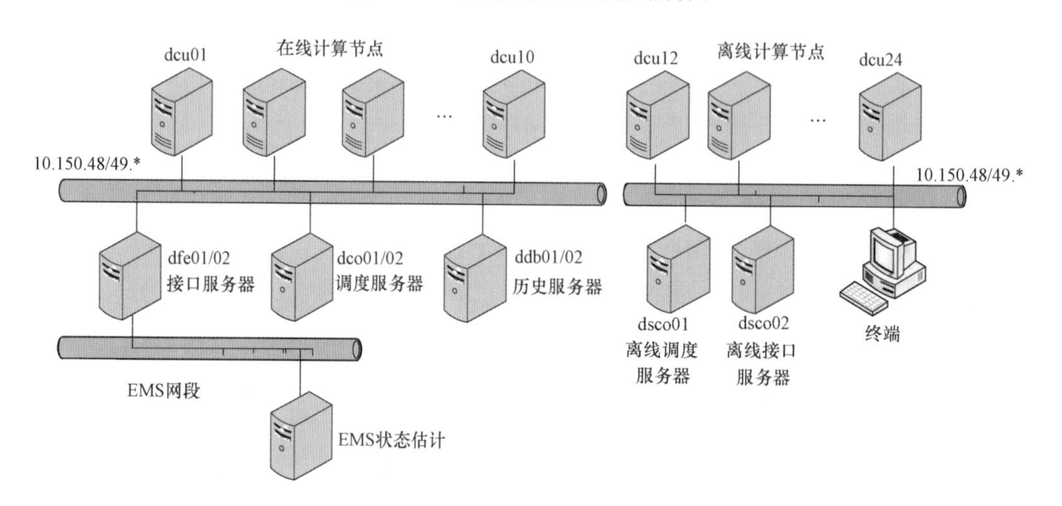


图 10-49 某省调 DSA 系统硬件结构图

表 10-1 某系统实时态分析任务

| 任务类型 | 数量 | 说　　明 |
| --- | --- | --- |
| 暂态稳定 | 148 | 500kV 线路的单回 $N-1$ 和双回 $N-2$ 故障 |
| 小干扰稳定 | 30 | 30 种振荡模式 |
| 电压稳定 | 1 | 全省发电和负荷增长模式 |
| 静态安全分析 | 1088 | 220kV 及以上交流线和变压器 $N-1$ 故障 |
| 短路电流 | 1134 | 220kV 及以上母线三相短路 |
| 稳定裕度 | 10 | 10 个关键断面 |

### 10.3.2 局部稳定问题

省级电网调控人员主要面向相对低电压等级的电网系统，往往对于一些局部稳定问题更加关注，例如短路电流越界和静态安全越限等。本节以短路电流分析为例，进行简单介绍。

短路电流问题是省级电网调控人员通常较为关注的问题之一，这在受端电网尤为突出。当系统负荷较重时，电网中某些关键母线就可能出现短路电流越界的情况；为解决短路电流越界问题，经常采用分母运行的方法，而分母运行又会增加电网的电气距离，可能造成系统动态稳定性变差。因此，如何在局部与整体间取得平衡，就成为了问题的难点。

以某省调在线短路电流预警模块为例。在线预警发现某变电站 220kV 母线三相短路电流为 50.542kA，超过 220kV 断路器的遮断电流 50kA，此时短路电流辅助决策在线计算功能向调度员发出预警，并且触发辅助决策功能。系统根据某变电站附近的地理接线情况，自动生成可以限制短路电流的措施，发现没有可以停运的厂站联络线，有两台机组可以停运。图 10－50 为该变电站的主接线图，采用双母线双分段带旁路的接线方式，有两个分段断路器 201 和 202，两个母联断路器 203 和 204，四个断路器全部处于合状态。将 4 段母线连在一起，1 号变压器连接在 1AM，2 号变压器连接在 2BM，3 号变压器连接在 1BM。由于 2AM 没有连接变压器不可以分裂运行，断路器 201 和 204 不可以同时打开，其他 3 条母线均可分裂运行，表 10－2 列出了短路电流辅助决策在线计算得出的母线分裂运行建议，与实际分析结论吻合。

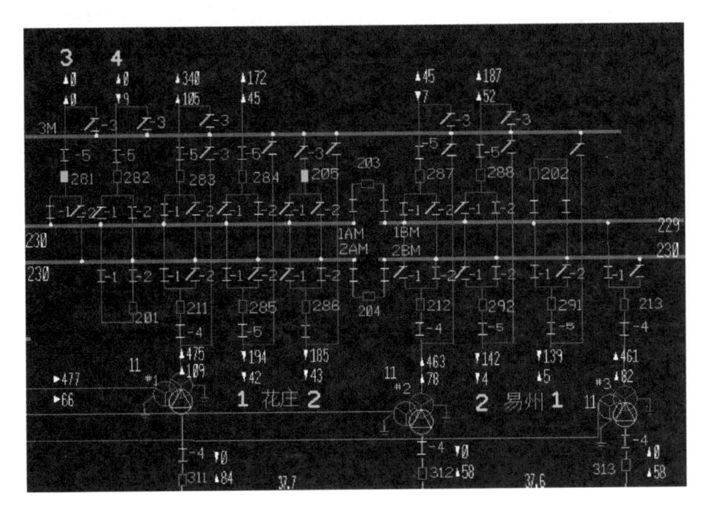


图 10－50　某变电站主接线图

**表 10－2**　　　　　　母线分裂运行建议

| 运行建议 | 打开的断路器编号 | 分裂运行后的短路电流（kA） |
|---|---|---|
| 某变电站 220kV1AM 母线分裂 | 201、203 | 42.093 |
| 某变电站 220kV1BM 母线分裂 | 202、203 | 42.175 |
| 某变电站 220kV2BM 母线分裂 | 202、204 | 42.327 |

由表 10－2 可知，该变电站 1AM、1BM 和 2BM 三条母线分别分裂运行的方案均可将短路电流限制在断路器的遮断电流以内，可以有效降低短路电流水平，但同时也降低了变电站的供电可靠性。

### 10.3.3　需求多样化

#### 10.3.3.1　光伏电站接入

光伏电站是新能源发电的主要类型之一，其接入电网后相关的安全稳定问题也成为了研究的热点。本节以西北某省调在线动态安全监测与预警系统为例，对光伏电站稳定性问题研究和应用进行简单介绍。

该省调 DSA 系统主界面如图 10-51 所示。界面主体为该省 330kV 及以上主干网架地理图，图上弧线标示了 3 个关键输电断面的组成；界面右上角用仪表图的方式给出了 3 个关键输电断面稳定裕度的摘要结果；界面左下角以表格的方式给出了几类稳定分析算法的告警数量，其中就包括光伏发电预警结果。

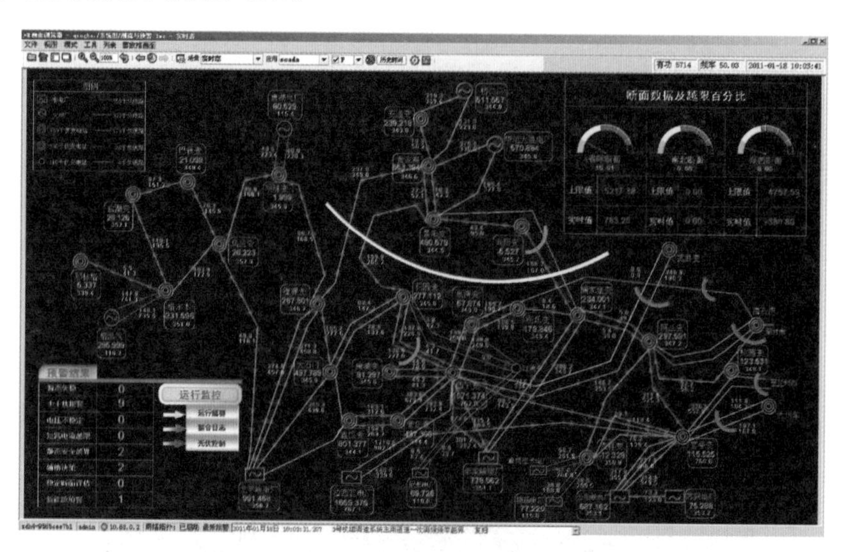

图 10-51　某省调 DSA 系统主界面

光伏发电预警分析包括 3 部分内容，首先，需要对光伏发电进行建模研究，即研究光伏发电的动态模型，图 10-52 为单级式光伏发电系统模型结构图。其次，需要接入光伏发电预测信息，以当前时间断面潮流数据为基础，结合未来某时刻（如 15min 后）的光伏功率预测结果，进行相关稳定性问题的在线分析。需要关注的稳定性问题可由用户进行定义，例如包括光伏电站附近元件的静态、动态问题，省内关键输电断面传输裕度评估等。最后，对于光伏发电的预警信息即光伏发电的安全隐患，给出预防控制辅助决策结果，通过调整其他机组的出力，来改变系统运行点，尽量保证光伏电站功率接入。

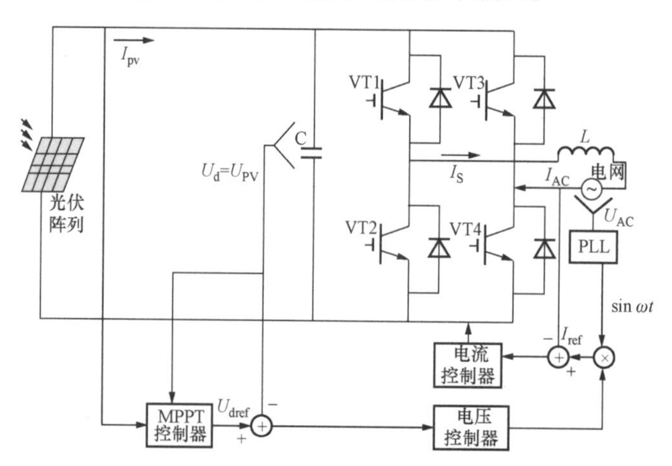


图 10-52　单级式光伏发电系统模型结构图

图 10 - 53 为该省某光伏电站的在线分析结果，右侧图表中包括光伏电站功率实际曲线、功率预测曲线和功率安全区间的上下限，左下表格给出了光伏电站不同功率状态的预警分析结果。

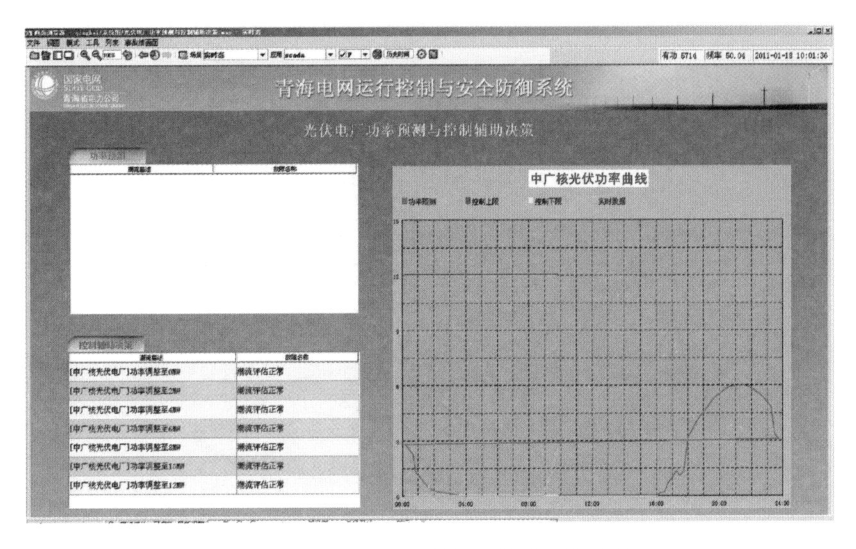


图 10 - 53　某省 DSA 系统光伏发电预警界面

### 10.3.3.2　风电风险评估

与光伏发电相比，风力发电具有更强的随机性特点，其发电功率变化更加不容易被掌控，同时它对电网造成的冲击也会更大。因此，需要增强风力发电的风险评估研究。

以某省电网在线动态安全监测与预警系统为例，该省风电场已超过 50 座，风电装机容量达到 300 万 kW 以上，亟待加强风力发电与电网稳定性的评估。图 10 - 54 为某风电场发电功率变化曲线，其中上方曲线为一段时间内风力发电功率变化曲线，下方曲线是经统计的风力发电功率概率分布曲线。

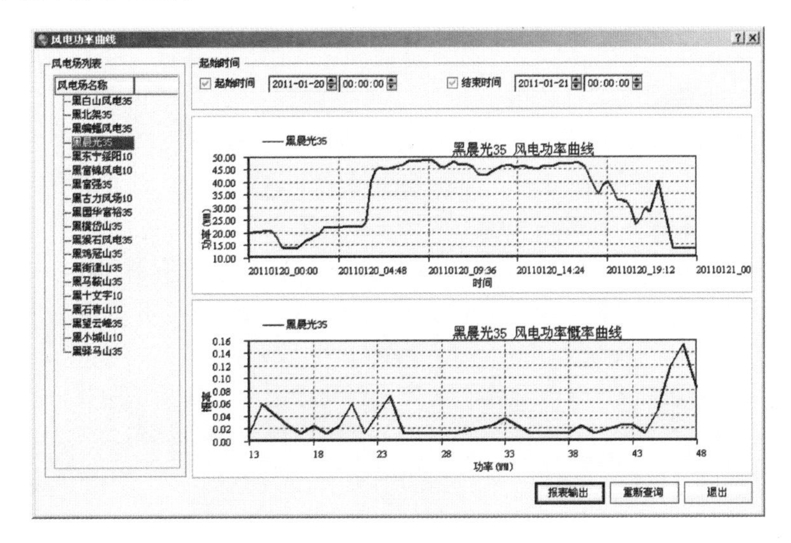


图 10 - 54　某省 DSA 系统风力发电功率曲线图

图 10－55 为结合暂态稳定分析和静态安全分析的风电风险评估结果，图上红色叉子的位置风险较高，需要调控人员特别关注。

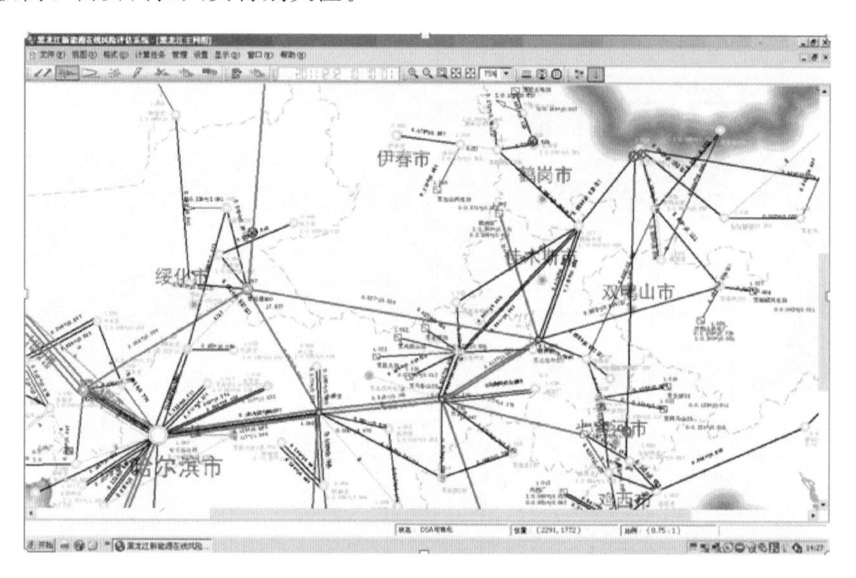


图 10－55　某省 DSA 系统风力发电风险评估界面

### 10.3.4　异构核心计算支持

在线动态安全监测与预警系统中，并行计算平台的计算软件采用组件化设计开发，使系统的应用功能、算法程序及子系统既有机集成，又相互独立，如同系统上可以“热插拔”的组件。这种设计开发，一方面保证系统的灵活和按需配置，提高适应电力系统在线动态安全监测与预警系统不同发展阶段的能力，另一方面还最大限度地保护开发资源，避免重复开发。

为相对容易地实现系统功能模块的修改、升级和替换工作，在线动态安全监测与预警系统的各计算功能模块与支撑平台的耦合关系要弱，实现系统灵活配置的关键之一就是应用软件的设计和开发采用组件化技术，以不同种类的计算软件组件化设计满足不同类型的计算软件发生改变或者添加等状况下的适用。

目前除了国内电力系统仿真计算领域最为主流的 PSASP 和 PSD-BPA 以外，系统还支持国网电科院的量化分析算法、天津大学的安全域法等多家厂商的核心计算。为了实现灵活配置的目的，并行计算平台也对算法程序提出了一些要求，主要包括：

（1）采用通用数据格式。数据包括在线潮流数据、任务设置信息和计算结果数据等，这三种数据主要采用 E 语言格式。此外，动态模型参数由于目前还没有统一格式，因此需要根据用户要求进行准备。

（2）采用通用调用接口。并行计算平台为计算程序设计了通用调用接口，包括数据转换接口（负责把任务设置转换为计算文件格式）、计算主程序接口（负责实际进行仿真计算）和结果整理接口（负责把仿真结果转换为通用的 E 格式计算结果）。任何实现上述三个接口的仿真程序都可以方便地接入并行计算平台。

### 10.3.5　地理图和厂站图

由于省调调控的厂站较多，在线动态安全监测与预警界面需要支持厂站图的显示，同时提供较好的地理图与厂站图之间切换的方式。系统界面的地理图和厂站图如图 10 - 56 和图 10 - 57 所示。

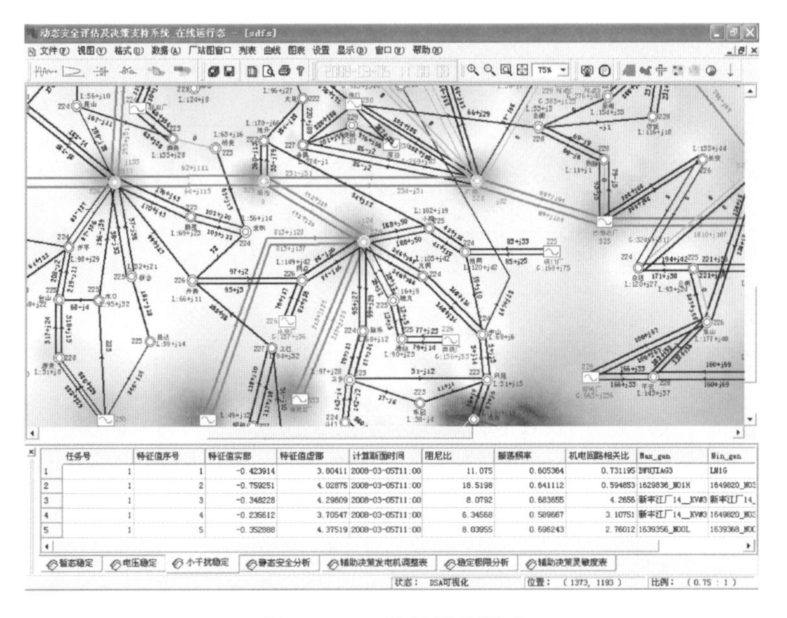


图 10 - 56 地理图示例图

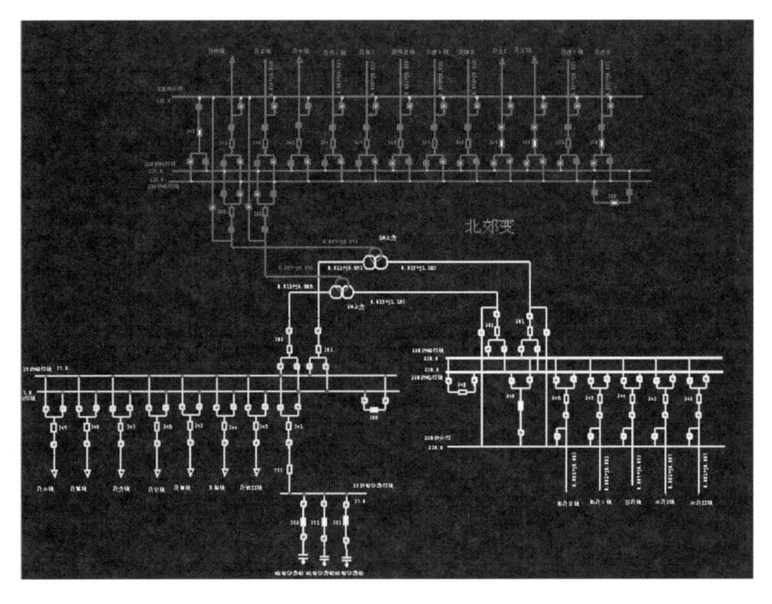


图 10 - 57 厂站图示例图

在线动态安全监测与预警系统界面程序采用 MDI 框架设计，界面可以同时打开多张地理图和厂站图，并可方便地在两种图形之间进行切换。在绘制地理图和厂站图的时候，可由用户根据需要绘制热点，并配置热点链接。用户首次启动界面时打开系统主页面，之后切换操作全部在图形上完成。地理图与厂站图互操作示意图如图 10 - 58 所示。

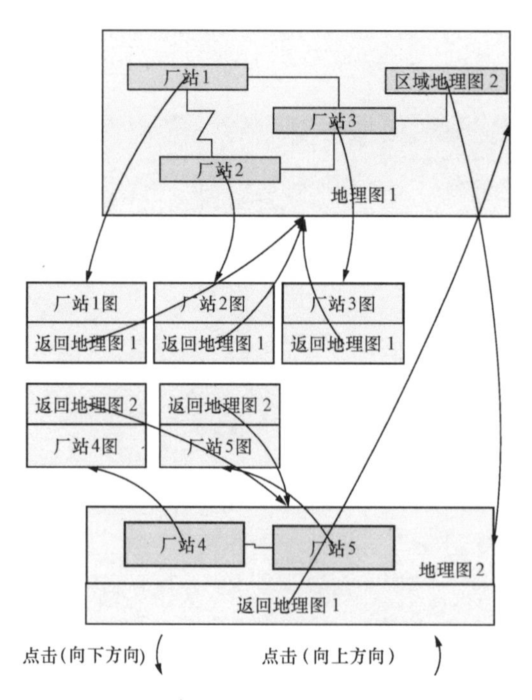


图10-58 地理图与厂站图互操作示意图

# 11 技术展望

## 11.1 安全评价体系

现代电力系统规模不断扩大，伴随发电机单机容量的增大和高电压大容量输变电元件的投入运行，新能源新技术的应用，加之电力市场带来的挑战，电网特性日益复杂，系统遭受故障冲击的后果也趋于严重。因此，研究具有量化能力的电力系统安全评价方法和指标，逐步建立电力系统安全评价体系，实现对电网运行状态的实时掌握和有效控制，对有效防范大停电类灾难性事故具有重要意义。

以在线计算中最常用的暂态稳定分析为例，现在普遍认可的时域仿真计算方法是在求取受扰轨迹后，按经验设定极限功角值，判断系统是否稳定，并通过反复积分试探，搜索稳定极限。这种定性分析的计算结果通常是稳定或不稳定，无法提供一个像临界切除时间那样的连续量化的数值指标来定量反映系统在不同运行方式下稳定裕度的差异，更不能预测任意故障下系统的稳定程度，实现进一步的差异化控制。安全稳定定量分析技术的缺乏，会造成对已发生的问题“只知其然，不知其所以然”的现象。大的电网事故发生后，为了找到事故的成因，需要在借助运行人员运行经验的同时，进行大量的分析计算、调查比对和事故反演；而采用安全稳定定量分析技术可以在事故萌芽或发展之时，对电网运行状态就有一个明确的认识，及时采取措施，防患未然。因此，作为电力系统安全评价体系的核心，定量分析技术是研究、揭示稳定机理不可或缺的手段。

电力系统安全评价体系以定量分析贯穿始终，具体包括安全评价指标（定量分析依据）和定量分析的实现（安全评价指标计算）。其中，前者反映的是电力系统的物理特性、原理和规律，而后者则着重强调获取这些物理量的数据方法，属于应用技术范畴。

安全评价指标主要研究系统运行状态（稳定裕度）的量化评价和机理（即影响稳定的因素）两个问题。前者是对电网的客观认识或描述，后者则可被用来进行主动的状态调整或稳定控制。与上述问题相对应，本书将安全评价指标，按评价对象的物理含义不同，分为评价电网内在客观本质的特性评价指标和评价与外在影响因素内在联系的机理评价指标。特性评价指标包括电压、功率、阻尼比和极限传输功率等，规律评价指标则包括相关因子和各类灵敏度等。

### 11.1.1 特性评价指标

特性评价指标按稳定问题不同，分为暂态稳定、静态电压稳定和小干扰稳定评价指标等。

#### 11.1.1.1 暂态稳定评价指标

能够直接反映事故后系统暂态稳定性的指标很多，包括临界切除时间、发电机临界功率和保护装置正常动作后的系统稳定裕度等。但计算这些直接指标比较费时。要寻求真正能够反映事故严重性的指标或反映系统在事故后稳定程度的指标，必须从两方面考虑：事故对各发电机的影响；事故后电网结构强弱（事故后网络吸收暂态能量的能力）。这是选取事故严重性指标的两个基本原则。受事故影响最大的发电机变量是发电机的转子角度、转子角速度和动能；能够反映事故后网络吸收暂态能量能力的变量则包括相关不稳定平衡点对应的发电机转子角度、事故后系统的加速功率和事故后系统的加速度等。

通过对不同系统进行大量仿真计算，并且参考其他研究人员所使用过的输入特征，按照指标的物理意义，对暂态稳定评价指标划分如下：

（1）时间指标。最常用的是三相短路故障临界切除时间。三相短路故障是最严重的故障类型，其临界切除时间具有表征系统暂态稳定性的能力。临界切除时间越大，表征系统抵御故障的能力越强。相应地，系统的稳定裕度越大；反之系统稳定裕度越小。临界切除时间多采用时域仿真法计算求得。通过不断修改故障切除时间，采用时域仿真试算的方法，逐次逼近临界切除时间，对于首次出现的失稳情况，其切除时间上一时步对应的时间即为临界切除时间。

（2）稳定裕度指标。通常使用的稳定极限值有临界能量和潮流断面极限传输功率。将合适的参变量的稳定极限值与实际值之差定义为稳定裕度。相应有能量稳定性裕度和潮流断面功率裕度。在能量稳定性裕度研究方面，文献［70］［71］［72］提出了利用轨迹分析法采用单机能量函数作为分析工具，以仿真计算得到的系统轨迹作为信息源，在深入分析发电机能量故障后随系统轨迹的变化特点，定义了定量描述发电机稳定程度的稳定指标 Si 和不稳定程度的不稳定指标 Ui，并给出了发电机极限功率的计算方法。潮流断面功率裕度的最新进展可参见本书第 5 章。

（3）故障严重程度指标。通过对不同系统进行大量仿真计算，从功角、角速度、角加速度、发电机功率和能量等方面，定义的稳定指标，以反映故障的严重性。具体定义可参见文献［73］～［86］。

#### 11.1.1.2 静态电压稳定评价指标

静态电压稳定指标应具有如下特性：

（1）准确。它取决于正确的系统模型和分析方法，以及对电压崩溃机理的准确把握。

（2）线性。线性不好的指标，在系统接近崩溃电压时才发生明显的变化，无法给操作人员提供足够的反应时间。

（3）计算快速。必须能适应大规模电网的在线应用。

（4）信息丰富。能提供帮助运行人员采取应对措施的足够信息。

按照分析方法的不同，常用的电压稳定指标分为状态指标和裕度指标。状态指标只用当前的运行状态信息，计算比较简单，但通常呈现非线性。裕度指标的计算涉及过渡过程的模拟和临界点的求取问题，蕴含的信息量比较大，能够考虑各种限制的发生，但是计算速度慢，且计算结论受过渡过程影响大。

电压失稳通常从局部开始，逐渐扩散到系统其他地区，与此对应，静态电压稳定指标也可分为局部指标和全局指标。

按电压稳定指标的构成可分为：直接用非物理量表示，如最小奇异值；两物理量的比值，但不用求临界点，如灵敏度指标；两物理量比较，需要求出临界值，如裕度指标；通过

潮流方程有解条件构造，如L指标和就地安全指标等。

文献［87］根据目前我国部分电网进行电压稳定分析的经验，结合我国实际电网的稳定水平和安全要求，并参考国外相关的电压稳定评价标准，提出了静态电压稳定评价的建议性标准。

**表11-1　　互联电网的电压稳定评价标准**

| 运行方式 | 区域功率裕度 | 负荷母线有功裕度① | 负荷母线无功裕度② | 采取措施 |
|---|---|---|---|---|
| $N-0$方式正常运行方式及正常检修方式 | 考虑预测的区域最大负荷或最大断面潮流，应不小于15%～20% | 考虑预测的最大母线负荷，应不小于20%～30% | 大于$N-1$事故方式标准 | |
| $N-1$事故后方式：任何元件故障，包括1台发电机或变压器，1条线路（包括联络线），1个无功源、直流单极等 | 考虑预测的区域最大负荷或最大断面潮流，应不小于5%～8% | 考虑预测的最大母线负荷，应不小于10%～15% | 满足预测的最大区域负荷或最大断面潮流，应不小于5%～8%② | |
| $N-2$事故后方式：任意2个元件组合或多重组合，包括1条线路和1台发电机，1条线路和1个无功源，2台发电机，2条线路，2个变压器，2个无功源、直流双极和母线等 | 考虑预测的区域最大负荷或最大断面潮流，应不小于2%～3% | 考虑预测的最大母线负荷，应不小于5%～8% | 满足预测的最大区域负荷或最大断面潮流，应不小于2%～3%③ | 配置低压减载、送端切机、受端集中切负荷 |
| 多重事故后方式：任何元件故障，包括3条线路或变压路的组合、变电站全停、电厂全停等 | 考虑预测的区域最大负荷或最大断面潮流，应不小于0 | 考虑预测的最大母线负荷，应不小于0 | 满足预测的最大区域负荷或最大断面潮流，应不小于0 | 配置低压减载、集中切负荷、送端切机、低压解列等④ |

① 表示$P-V$曲线上的有功功率裕度应该不小于表中规定的值。

② 表示无功最缺乏的母线应有足够的无功裕度，当出现最坏的单一故障时应能够满足以下条件：超过最大预测负荷的5%～8%；超过最大允许联络线潮流的5%～8%。

③ 表示无功最缺乏的母线应有足够的无功裕度，当出现最坏的单一故障时应能够满足以下条件：超过最大预测负荷的2%～3%；超过最大允许联络线潮流的2%～3%。

④ 表示对于$N-2$或多重事故可以采取措施满足电压稳定的要求，如$N-2$事故方式可以采取低压减载、切机、集中切负荷的措施，$N-3$及多重性事故方式可以在以上措施基础上采取增加低压解列措施。表中给出了考虑最大预测负荷和可能出现的最大断面潮流情况下的正常方式（正常检修方式），$N-1$事故后方式、$N-2$事故后方式以及多重事故后方式的电压静态稳定指标。由表11-1可知，裕度指标随事故严重程度的降低而逐渐减小。

评价实际系统的电压稳定性时，应该把有功裕度的直观性和无功裕度的确定性结合起来，评价互联系统的电压稳定性时，应区分不同的标准。应该把静态电压稳定分析和暂态、中长期动态电压稳定分析结合起来，用时域仿真方法进一步模拟可能导致电压崩溃事故的严重故障方式，研究各种动态特性对电压崩溃性事故发展过程的影响，校核电压崩溃性事故的防范措施。

#### 11.1.1.3 小干扰稳定评价指标

小干扰稳定分析的主要指标是主导振荡模式衰减阻尼比，其来源应包括小干扰稳定分析得到的特征值分析结果，根据时域仿真结果求得的特征值，以及依据 WAMS 曲线得到的实际量测结论。这类指标直接体现了系统小干扰稳定性情况，最小阻尼比越大，系统小干扰越稳定。其中，依据 WAMS 曲线得到的主导振荡模式衰减阻尼比一般采用 Prony 分析方法，但是其计算的阻尼比波动剧烈，没有良好的指示作用，需要采用许多改进方法进行处理，平滑其阻尼比系数。

小干扰稳定评价指标还应包括线路或重要输电断面功率裕度，系统稳定运行的重要指标是输送功率极限，而小干扰稳定性会影响此极限的结果，因而，考虑小干扰稳定的输送功率极限越高，说明小干扰稳定性越好。

上述特征值分析属于平衡点特征值分析，与运行过程中的扰动无关，忽略了系统运行过程中的时变因素，不考虑受扰轨迹，只在原点处将系统模型定常化及线性化一次，故只能反映平衡点附近的振荡行为，而且不能反映系统在特定扰动下被激发的是哪些模式。

与之对应的是轨迹特征根法[88]，即沿受扰轨迹求取特征根及其相关特性变量（包括相关因子、机电回路相关比和阻尼比等）时间序列的方法。具体的，轨迹特征根法沿着系统的时间响应曲线，每若干个积分步长（对应于仿真轨迹）或每若干个采样步长（对应于实测轨迹），按照当时的代数变量和时变函数等的实际值，将微分方程中的变参数重新定常化一次，并将微分方程重新线性化一次，以便求取该时段始点处的特征根。分时段重复上述过程，得到特征根的时间序列。轨迹特征根的时间序列则可以反映时变非线性系统在指定扰动下被激发的模式及其随时间的变化。

轨迹主导特征根阻尼比与常规阻尼比定义的不同之处在于它是一个随时间变化的阻尼比序列，其每个元素的定义同常规阻尼比定义，如式（11-1）所示

$$\xi_i = [\xi_i(t_1)\cdots\xi_i(t_n)] \tag{11-1}$$

由于数学模型（对应于仿真轨迹）或真实系统（对应于实测轨迹的时间响应曲线）可以反映强时变及强非线性因素，因此对应的特征根时间序列完整地反映了系统和扰动的时变性及非线性，具有更丰富的内涵。

轨迹特征根算法包含两个主要步骤。第一步通过 PMU/WAMS 采集实际系统的受扰轨迹，或通过对数学模型的动态仿真来求取受扰轨迹。前者不需要对数学模型的先验知识，但后者的精度则与模型及参数密切相关。第二步为从受扰轨迹中提取振荡信息。轨迹特征根序列的提取方法有两类：①对滑动窗口内的受扰轨迹进行信号处理，称为轨迹窗口特征根法。②按各个取值时段始点处的系统状态，重新将系统模型定常线性化，再通过常规方法求取特征根，称为轨迹断面特征根法。具体算法描述可参见［54］［89］。当系统的事变性及非线性因素趋于可忽略时，轨迹特征根可以用常规的 Prony 信号分析方法提取。由于其线性预测的本质，只能分析时不变的振荡频率和阻尼，且受噪声影响大。

轨迹特征根时间序列指标借助轨迹特征根技术，给非平稳低频振荡的特性分析和控制提供了新的思路，在低频振荡与暂态稳定分析之间建立了桥梁。其中轨迹窗口特征根用离散量表示，分析方法求取速度快，不需要系统的数学模型，适合于 PMU 实测轨迹的监视。轨迹断面特征根可用连续量表示方式，可以精确反映振荡模式的时变性，但计算量较大，并依赖于数学模型的正确性。如何结合两者的优点，开创更好的轨迹特征根方法，以快速获取相应

的轨迹特征根时间序列指标是非常有发展的研究课题，目前离成熟的工程应用还有相当距离。

### 11.1.2 机理评价指标

机理评价指标表征影响稳定的关键因素及其与电力系统各类运动状态之间的变化关系。目前，最常被使用的评价指标是灵敏度[90]。

灵敏度是利用系统中某些物理量的微分关系，来获得因变量对自变量敏感程度的方法。根据灵敏度大小，指导控制自变量的输入，达到控制因变量输出的目的。根据灵敏度指标，改善系统的安全性能，提高系统稳定裕度或者经济性指标。因此灵敏度方法在电力系统诸多领域中得到了广泛的应用。从时间角度对灵敏度算法划分为两类：静态灵敏度和轨迹灵敏度。

#### 11.1.2.1 静态灵敏度

静态灵敏度分析[26]是在系统运行的一个静态工作点去考察自变量变化对因变量的影响，它是稳态分析中非常重要的方法。自变量可以是网络参数，也可以是网络函数。自变量是网络参数的灵敏度叫参数灵敏度[91]，自变量是网络函数的灵敏度称为函数灵敏度[92]。因变量可以是系统状态量，也可以是系数矩阵特征值。电力系统模型中，系统系数矩阵隐含着系统的稳定信息。通过计算系统系数矩阵的特征值，并对特征值和特征向量进行分析，可以得出影响系统稳定的主导特征值和特征向量，根据特征值灵敏度指示，调节系数矩阵的参数，改变特征值的分布，使系统稳定裕度提高。

在电力系统分析与控制中，表示电力系统数学模型通常由一组代数和微分方程表示，这些方程一般都是非线性的，如式（11 - 2）、式（11 - 3）所示。

$$\dot{\boldsymbol{x}} = \boldsymbol{F}(\boldsymbol{x},\boldsymbol{y},\boldsymbol{\alpha}) \tag{11-2}$$

$$\boldsymbol{0} = \boldsymbol{G}(\boldsymbol{x},\boldsymbol{y},\boldsymbol{\alpha}) \tag{11-3}$$

式中：$\boldsymbol{x}$ 表示由发电机及其调节系统的状态变量组成的向量；$\boldsymbol{y}$ 表示代数变量向量；$\boldsymbol{\alpha}$ 是系统参数向量；$\boldsymbol{F}()$ 为表征电力系统中各类元件动态特性的微分方程组；$\boldsymbol{G}()$ 表示代数方程组，包括电力网络方程、各同步发电机定子电压方程、直流线路电压方程、负荷电压静特性方程。

由于在静态工作点处求自变量对因变量的灵敏度，所以有 $\dot{\boldsymbol{x}}=0$，消去代数量 $y$，式（11 - 2）可以简化式（11 - 4）。

$$\boldsymbol{0} = \widetilde{\boldsymbol{F}}(\boldsymbol{x},\boldsymbol{\alpha}) \tag{11-4}$$

（1）参数灵敏度。对式（11 - 4）求参数 $\alpha$ 的偏导数得到$\frac{\mathbf{d}\boldsymbol{x}}{\mathbf{d}\boldsymbol{\alpha}}$，即为状态量 $x$ 对参数 $\alpha$ 的灵敏度。

（2）函数灵敏度。如果式（11 - 4）中 $\alpha$ 是其他变量的函数，则把 $\alpha$ 看作复合变量得到$\frac{\mathbf{d}\boldsymbol{x}}{\mathbf{d}\boldsymbol{\alpha}}$就是状态量 $x$ 对函数 $\alpha$ 的函数灵敏度。

根据因变量对自变量求偏导次数的不同，静态灵敏度分为一阶灵敏度和二阶灵敏度。

#### 11.1.2.2 轨迹灵敏度

轨迹灵敏度[41]是通过研究系统的动态响应对某些参数或初始条件甚至系统模型的灵敏度来定量分析这些因素对动态品质的影响。相对于基于代数方程模型的、考察一个时间断面的静态灵敏度，轨迹灵敏度基于微分方程模型，考察的是一个过程。在式（11-2）中，状态量和代数量都是时间的函数，是动态的。轨迹灵敏度是随时间动态变化的，属于动态灵敏度。

轨迹灵敏度的因变量可以是状态量，也可以是系数矩阵的特征值。特征值的轨迹灵敏度就是求参数的变化对特征值灵敏度轨迹的影响，并用该轨迹灵敏度预测未来特征值轨迹，判断系统稳定的趋势。

轨迹灵敏度的自变量可以是网络参数、网络函数、初始状态。与静态灵敏度不同的是，轨迹灵敏度的自变量可以是初始条件。就是在不同的初始条件下，系统的动态响应（因变量）是不同的。求取对初始条件的轨迹灵敏度，有助于预测在初始条件变化而参数不变情况下，状态量的变化。轨迹灵敏度也有一阶灵敏度和二阶灵敏度。

（1）参数轨迹灵敏度。对式（11-2），设初始条件 $X(t_0)$，参数 $\boldsymbol{\alpha}=\boldsymbol{\alpha}_0$，直接对参数 $\boldsymbol{\alpha}$ 求偏导数并整理得到

$$\frac{\mathrm{d}\dot{x}}{\mathrm{d}\boldsymbol{\alpha}}=f(x,\boldsymbol{\alpha}) \tag{11-5}$$

对式（11-5）进行积分可以得到

$$\frac{\mathrm{d}\boldsymbol{x}}{\mathrm{d}\boldsymbol{\alpha}}(t,\boldsymbol{\alpha}_0)=\frac{\mathrm{d}\boldsymbol{x}}{\mathrm{d}\boldsymbol{\alpha}}(t_{0-})+\int_{t_{0+}}^{t}f(x,\boldsymbol{\alpha})\mathrm{d}t \tag{11-6}$$

式中：$\frac{\mathrm{d}\boldsymbol{x}}{\mathrm{d}\boldsymbol{\alpha}}$（$t$，$\boldsymbol{\alpha}_0$）为对参数 $\boldsymbol{\alpha}_0$ 的轨迹灵敏度。常用的积分法为梯形积分法。

（2）函数轨迹灵敏度。与静态函数灵敏度相似，当 $\alpha$ 为复合变量时，按式（11-6）得到的灵敏度，即状态量 $x$ 对函数 $\alpha$ 的函数灵敏度。

（3）初始条件的轨迹灵敏度。就是系统参数不变，初始条件发生变化后，如式（11-2）中表示系统静态部分的方程在 $t=t_{0+}$ 时刻发生了变化，将状态量看作初始条件和时间的函数，求状态量对初始条件的偏导数得到初始条件轨迹灵敏度。它与参数轨迹灵敏度方法本质是一样的，只是考察自变量不同而已，详见文献 [104]。

在线动态安全分析要求对变化着的运行方式快速评定大量预想事故，对给定的故障实施紧急控制，防止失稳。控制所需的量化评价信息用时域仿真无法实现，可以通过轨迹灵敏度得到。

灵敏度方法为研究电力系统中安全稳定经济等问题提供了新的视角和方法。同时，当前灵敏度方法还存在以下问题：

（1）灵敏度计算速度亟待提高。计算灵敏度涉及到矩阵的求逆运算，计算量大，特别是由于分析准确度需要，要计算二阶灵敏度，公式复杂，计算量巨大。基于二阶灵敏度的应用只能用于离线分析。需要开发快速有效的灵敏度计算方法，节约计算时间，使得二阶灵敏度能用于在线预测分析以提高分析精确度。

（2）灵敏度计算需要考虑约束及负荷特性。当前大部分灵敏度计算没有考虑无功约束及负荷的动态特性。而当无功达到极限值时，节点电压到达最大值，参数调节已经不起作用，用灵敏度方法预测下一时刻状态值已经没有意义了。不考虑约束和动态特性的灵敏度指标不能反应实际物理状况，因而也就缺乏说服力和可信度。

（3）形成统一的理论基础。灵敏度计算涉及到矩阵的求逆，考虑各种约束，系数矩阵为非常数阵，这些都属于数学范畴，应该理论上去证明并在数学上形成统一的计算方法。

## 11.2 综合辅助决策

### 11.2.1 已有的综合辅助决策

综合辅助决策的提法源于国家电网公司智能电网调度技术支持系统中实时监控与预警类应用中调度运行辅助决策的需求。其主要功能是综合分析各类辅助决策信息，对静态安全辅助决策、暂态稳定辅助决策、动态稳定辅助决策、电压稳定辅助决策和紧急状态辅助决策的信息进行分类汇总，综合处理后得出统一的辅助决策信息。包括两部分内容：

#### 11.2.1.1 分类汇总

分类汇总应接收各类电网运行方式和辅助决策计算结论，并按照统一格式进行汇总，包括：

（1）电网运行方式信息，包括重要稳定断面传输功率及其限值约束、待调设备运行情况和区域或厂站的总发电负荷等。

（2）在线安全稳定分析计算结论，包括静态稳定、暂态稳定、动态稳定、电压稳定和频率稳定分析结果。

（3）各类辅助决策计算的调整措施，包括静态安全辅助决策、暂态稳定辅助决策、动态稳定辅助决策、电压稳定辅助决策和紧急状态辅助决策等。

#### 11.2.1.2 综合处理

按照分类汇总得到的信息，对辅助决策结果进行分析，确定是否有互相矛盾的情况，基于可行的调整措施进行潮流计算，给出综合处理后的总体辅助决策和潮流结果。应满足如下功能。

（1）支持控制代价最小化的目标要求：①控制措施包括发电机的投退、发电负荷调整、线路投退、PSS 投退和调整、电容电抗投退、串补投退和变压器分接头调整等，在极端情况下允许解列；②各类措施的代价需要考虑不同类型以及不同地点措施的成本差异。

（2）应优先保障紧急状态措施的内容和结果不受影响，并迅速向电网实时监控与智能告警应用提供紧急状态策略。

（3）应协调预防控制辅助决策的调整措施，避免相互矛盾。

（4）对于采用同一类控制手段解决不同安全稳定的情况应使得综合控制代价达到最小，对于不同控制手段解决不同安全问题的情况应使得各自控制代价达到最小。

（5）综合后的辅助决策结果信息应结合各类调整措施和安全稳定约束条件，进行潮流计算，保障调整后的电网满足潮流方程。

（6）应满足调整后的各类安全稳定约束。

（7）辅助决策综合分析计算结果应为电力系统可调元件的调整措施。

（8）一般情况下应给出解决各类稳定约束的调整措施，对于无法给出统一调整措施的情况，应分别给出每个稳定约束问题的调整措施。

（9）辅助决策综合分析计算应利用并行机制，并满足基础平台的并行计算平台要求。

（10）应支持辅助决策综合分析结果的详细展示，包括：①调整措施，包括调整的发电机名称和状态变化、PSS 名称和状态变化、电容电抗名称和状态变化、串补名称和状态变化、SVC 名称和状态变化、FACTS 名称和状态变化、线路名称和状态变化、变压器名称和分接头变化以及负荷名称和状态变化，以及解列措施等；②对比信息，包括调整前后运行方式变化和重要断面裕度变化等。

上述两部分内容主要解决两个问题：现有各类辅助决策计算结果的统一管理和综合展示；确定满足所有稳定约束的运行方式。第一个问题现已基本实现，第二个问题尚需进一步的理论支持。

在辅助决策中，存在两种类型的“多”需要协调处理。一种是多个故障协调问题，即针对 $N-1$ 静态安全、暂稳这样与故障地点类型有关的同一类稳定条件下的多故障稳定协调问题以及小干扰稳定计算中存在的多个弱阻尼模式协调问题；另一类是多类故障协调问题，即对同时存在如 $N-1$ 静态安全、暂稳或小干扰问题的运行方式，找到一个满足所有类型稳定约束的稳定运行点问题。

目前，解决此类问题的方法主要有最优潮流法和迭代求解法。最优潮流法起源于 20 世纪 60 年代，综合解决电力运行中的安全、经济和质量问题。在电网经济调度、无功优化、电压调控等领域得到推广应用。近年来，随着我国特高压电网建设，出现了考虑各类稳定约束的最优潮流方法，即在满足稳定约束下，求使目标函数最优的决策变量。最优潮流方法的优点是能同时考虑多种影响因素，但目前应用于大电网的最优潮流计算不可避免地存在计算维度高、计算量过大且求解效率偏低的问题。如何在最优潮流计算中考虑更为复杂的实际运行情况（如考虑电网安全稳定运行的要求、考虑动态无功约束等），已成为最优潮流计算在大电网全局最优调控领域深入推广和应用的难点[93]。迭代求解法的主要思想是采取以前一个故障的控制策略作为下一个故障控制策略计算的输入[94]，在求取当前故障的控制策略时，对已有故障进行校核，防止出现新的失稳问题。

值得一提的是，已有研究中最多考虑了两种类型的稳定约束[95]，满足所有稳定约束的辅助决策方法至今尚未见报道，也无实用的成功案例。

### 11.2.2 综合辅助决策扩展

在没有新的数学建模和计算方法出现的背景下，不妨结合已有的研究成果，转换研究思路，在分析方法上有所收获。电力调度运行中，在需要制定策略的场景下，都需要不同程度的辅助决策。现有策略的制定多利用分析工具做大量的仿真计算，通过人工归纳确定运行规则，提供给调度员使用。仿真计算的核心是通过电力系统详细的仿真建模，通过解析手段，获取系统运行状态。模型的精细化程度有一定的相对性，多步迭代的计算方法也有一定程度的计算误差。在分析手段日趋多样的背景下，可以结合信息学、计算科学等领域的最新成果，拓展电力系统安全稳定的分析手段，实现多种分析方法相互验证，以期最终揭示电力系统运行特性和运行规律。

在线稳定分析中，每 15min 进行一次系统全面评估（包括潮流、短路、静态安全分析、电压稳定、暂态稳定、小干扰稳定、极限传输功率和调度辅助决策），计算数据和结果数据量约 1G，每天数据量约 96G，一个月数据量就是 2.3T。受限于硬件资源，同时缺乏合适的处理技术，生产单位有时不得不直接删除这些宝贵的数据资源。而这些数据中蕴藏着大量和电网稳定运行相关的、未知的、潜在的和有价值的信息。

与电网运行数据量的提升形成明显对比的是，在线稳定分析手段的相对不足。现有的在线稳定分析是针对确定时间断面的稳定问题展开的，定点定性的结果多，定量分析的成分少；计算结果在时序上和内在联系上相对孤立，缺乏对时变电网运行规律的自动发现。在处

理手段上，长期以来都是依靠具有一定经验和技术素质的人员通过大量的计算、分析和协调，找出薄弱点，制定相应的防范措施。在系统规模不大时，这种依赖领域专家处理信息的模式会取得准确、迅速的结果；但当系统规模逐渐增大时，由于缺乏关于电网整体特征的描述，领域专家无法根据现有的运行状态预知系统的安全稳定性并做出快速决策。

在这种存在丰富数据尚有潜力可挖的背景下，亟需开展面向在线稳定计算需求的数据综合分析处理技术基础性研究，从众多的在线数据中自动发现电网安全运行的特征与规则，为运行方式安排和调度决策提供理论依据和决策支持。

1997年，“电网调度自动化之父”Dy-Liacco博士提出了智能机器调度员（Automatic Operator，AO）的概念，重点利用机器学习方法，在线自动学习电力系统运行情况，借助日益发展的传感通信量测技术，智能感知电力系统的运行规律，并用于指导调度运行[96]。2002年，Kundur博士在POWERCON2002国际会议上指出，由于电网不确定性和复杂性的不断增加，智能化是大电网安全稳定在线评估技术发展的必然趋势。法国电力公司的超高压系统[97]和加拿大魁北克水电系统[98]已开展相关研究。国内研究尚处于起步阶段[99]。

智能电网调度的可行性体现在如下5个方面：

（1）电网故障中SCADA、WAMS、继电保护系统和故障录波装置等可以提供丰富的信息，一方面给调度员在极短时内提取关键信息辨识故障造成困难，另一方面却为机器辨识故障提供了足够丰富的信息。

（2）目前电网安全系统从不同的专业技术角度辅助调度员辨识故障，故障中调度员要眼观六路耳听八方做出正确的选择与判断，难度越来越大。因此电网自动化系统设计应由孤岛式思维走向综合；由各子系统能提供什么，走向调度员辨识故障和处理故障需要什么。这正是电网调度机器人设计的基本出发点。

（3）过去，电网调度员主要从事故中学习判断和处理事故的知识，调度员年龄越大越宝贵；而当今大系统事故越来越少，年青调度员全面的预见性的知识大多来自于计算机（$N-1$的CA或DTS）。事故中他们将故障信息与头脑中的事故知识对照以判断故障和处理事故。这一对照和匹配过程由计算机完成更准确和快速。

（4）电网规模越来越大、地域越来越广、设备越来越复杂，电网事故的危害性越来越严重。这给调度员处理系统事故带来空前的心理压力，而调度机器人不受这方面的干扰。

（5）近年来系统性大停电事故表明，事故扩大有一个过程，有一段时间，也有一定的原因（调度员无作为或误判断），这给调度机器人留下了处理时间。

AO的核心是数据挖掘（知识发现、机器学习），即在获取电网运行各类标准化信息的基础上，数字/学化模拟调度运行人员的判断过程，通过大量的仿真计算、分析归纳，得到电网的运行规律。数据挖掘的过程，就是不断精细化模拟调度员运行经验积累的过程。不同之处在于，数据挖掘不会感到疲劳，计算速度快；数据挖掘及决策的效果需要依赖于输入信息的完备程度。

本节结合在线应用，总结数据挖掘的两个关键问题，以供读者参考。

**问题1：在线分析数据的高效存储和检索方法**

AO数据挖掘的源头是海量的分析数据，分析数据包括历史和在线运行数据。在开展分析工作之前，首要任务是如何对掌握的海量数据进行高效的管理，以满足在线分析的时间要求。

(1) 针对电力系统在线分析领域数据的采集、存储、管理、交换和计算分析等数据管理工作不断增长的需求，需要研究云存储技术在大电网在线分析过程中产生的T数量级数据的管理应用方法，以方便快速获取准确、规范的数据进行相关的工作。

(2) 海量数据中，既有描述电网基本运行状态的电压、电流和功率等点级数据，也有极限传输功率和系统稳定性等计算后的面上数据，它们从不同角度描述了电力系统的运行状况，应结合在线分析应用自身的层次化特点，开展在线分析数据的分布式层次化管理方法研究，做到要什么层面的数据，就能立即得到相应的数据，解决在线分析计算流程中的数据访问瓶颈问题。

(3) 电力调动中心按任务分工划分了不同的部门，每个部门有各自的应用系统，应用系统中的信息是在同一时间断面上从不同角度对电网运行的描述。制定决策时，需要综合多源信息。这里就存在者异构数据的统一表示问题。另外，随着在线分析应用的不断发展，同一应用系统中的信息格式将跟随变化，尤其是随着智能电网建设和物联网的应用，电力数据中的非结构化数据呈现快速增长趋势，数量将大大超过传统结构化数据。因此，有必要研究异构数据的统一表示方法，提高多源数据的可利用性。

**问题2：电网安全稳定运行规律自动发现技术**

充分利用电网调控中心各应用系统中所包含的与电力运行、调度、计划，以及电网状态、设备状态等相关的各类海量数据，对数据资源进行抽取、转换、组合，利用数据挖掘技术进行聚类、关联、分类等加工分析，以安全稳定运行目标为导向，深度剖析数据背后所蕴含的价值，最终得到合理有效的辅助决策及解决方案，促进调度模式从分析型调度向智能型调度转变，从粗放型调度向精细型调度转变[79]。

数据挖掘方法的主要过程就是从观测数据中学习归纳出系统运动规律，建立系统特征变量和系统稳定结果之间的映射关系，通过大量的训练样本的离线计算获取蕴涵在数据内部的系统运行规律，并利用这些规律对新的运行状态下系统的稳定情况做出判断，对未来数据或无法观测到的数据进行预测。

数据挖掘过程可粗略地分为：问题定义（Task Definition）、数据准备和预处理（Data Preparation and Preprocessing）、数据挖掘（Data Mining），以及结果的解释和评估（Interpretation and Evaluation），如图11-1所示。

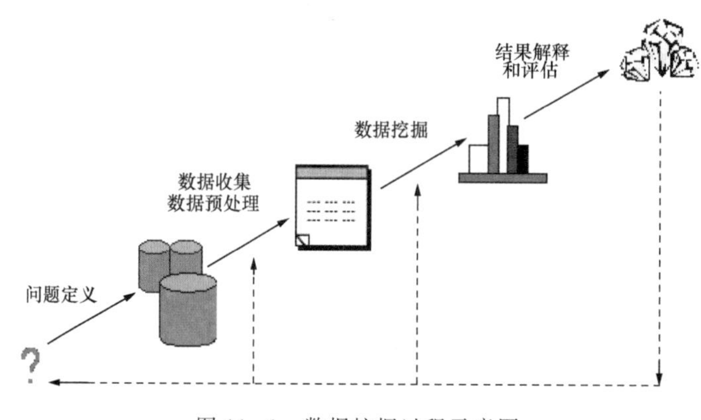


图11-1　数据挖掘过程示意图

（1）问题的定义。数据挖掘的目的是在大量数据中发现有用的令人感兴趣的信息，因此发现何种知识就成为整个过程中第一个也是最重要的一个阶段。在问题定义过程中，数据挖掘人员必须和领域专家以及最终用户紧密协作，一方面明确实际工作对数据挖掘的要求，另一方面通过对各种学习算法的对比确定可用的学习算法。后续的学习算法选择和数据集准备都是在此基础上进行的。

（2）数据收集和数据预处理。数据收集的目的是确定选取任务的操作对象，即目标数据（Target Data），可根据用户的需要从原始数据库中抽取得到。数据预处理是数据挖掘过程中的一个重要步骤，可以消除数据噪声、推导计算缺值数据、消除重复记录；完成离散型数据与连续型数据之间的相互转换；从初始特征中找出真正有用的特征以减少数据挖掘时要考虑的特征或变量个数，消减数据维数。

（3）数据挖掘。首先根据对问题的定义明确挖掘的任务或目的，之后再决定使用什么样的算法，如分类、聚类、关联规则发现或序列模式发现等。选择实现算法有两个考虑因素：①不同的数据有不同的特点，因此需要用与之相关的算法来挖掘；②用户或实际运行系统的要求，有的用户可能希望获取描述型的、容易理解的知识，而有的用户只是希望获取预测准确度尽可能高的预测型知识，并不在意获取的知识是否易于理解。

（4）结果解释和评估。数据挖掘阶段发现出来的模式，经过评估，可能存在冗余或无关的模式，这时需要将其剔除；也有可能模式不满足用户要求，这时则需要整个发现过程回退到前续阶段，如重新选取数据、采用新的数据变换方法、设定新的参数值，甚至换一种算法，整个挖掘过程是一个不断反馈的过程。另外，数据挖掘可能要对发现的模式进行可视化处理，或把结果转换为用户易懂的表示方式，如把结果转换为“if……then……”规则。

结合安全稳定分析，数据挖掘过程可表述为：根据汇总的辅助决策历史数据，确定电力系统运行方式变化和稳定性变化之间的内在联系，掌握电网运行规律。深度挖掘电力系统运行方式和关键影响因素之间的内在规律，确定系统失稳概率、失稳发生的背景（运行方式）、相关性因素和对应的调整方式之间的关系，得到潜在的、易于理解的、能够指导调度运行的稳定控制策略（例如：当机组发电出力90%，关键断面外送功率会达到××，系统易发生失稳；此时若将机组的有功出力控制在80%，或将关键断面的传输功率下调至××，则系统可以保持稳定）。

数据挖掘仅仅是整个过程中的一个步骤。数据挖掘质量的好坏有两个影响要素：①所采用的数据挖掘技术的有效性；②用于挖掘的数据的质量和数量。相对于前者，数据问题更为重要，如果选择了错误的数据或不适当的属性，或对数据进行了不适当的转换，就会影响挖掘的结果。数据挖掘方法应用的好坏取决于分析主题确定后与主题相关的特征数据的合适与否。需要选择哪些能表征稳定问题本质的特性数据，这取决于方法使用者对稳定问题的认识。对于不明确的问题，可以尽可能多地选取相关影响变量；如果特征变量选取准确，可以避免大量的数据预处理工作。

另外，在自动发现运行规律的数据挖掘过程中，需要富有经验的现场调度运行人员将其已掌握的电网运行规律（如运行限制和继保动作逻辑等）按照逻辑语言的方式移植到计算机中，形成机器语言，指导数据挖掘；阶段性地与仿真计算结果进行比对验证，完善输入模型，类似于事故反演。

## 11.3 新能源在线分析

### 11.3.1 新能源的安全挑战

现代电网规模庞大、运行机理复杂，运行过程中充满不确定性。以风力发电和光伏发电为代表的新能源技术的发展在为电网提供更多机遇的同时，也使电网面临一系列挑战。风电的迅猛发展和大规模接入使电网运行控制更加复杂，对电网调峰和电压质量及安全稳定运行均产生较大影响。

风电具有随机性、间歇性，以及负荷率低、反调峰等特点。风电的反调峰特性将会加剧电网调峰能力不足的矛盾，风电的随机、间歇特性将对电网的电量平衡、电压稳定和电能质量等产生较大影响。风电注入改变了电网原有的潮流分布、线路传输功率与整个系统的惯量，并且风电机组与传统同步发电机组有不同的稳态与暂态特性，因此风电接入后电网的电压稳定性，暂态稳定性等都会发生变化[100,101]。

风电场大多在电网的末端，网络结构比较薄弱，在风速、风力机组类型、控制系统、电网状况、偏航误差以及风剪切等因素的扰动下，必然导致输出功率的变化和电压的波动，从而影响电能质量和电压的稳定性。风电场对电压的影响主要包括电压波动、闪变以及波形畸变电压不平衡等，电压的波动幅度不仅与风电功率大小有关而且与风电场分布和变化特性等有关[102,103]。

引起电压不稳定的主要因素是电力系统没有能力维持无功功率的动态平衡和系统中缺乏合适的电压支持，而且电压不稳定受负荷特性影响很大。对于中国目前感应式异步电机为主导的风电场来说，并入电网运行需要吸收系统的无功功率，再加上风能的随意性及风电场电气联系薄弱等因素，使得研究风电场的电压稳定性尤为重要。由于中国风能资源丰富地区距离负荷中心较远，大规模的风电无法就地消纳，需要通过输电网远距离输送到负荷中心。在风电场的风电出力较高时，大量风电功率的远距离输送往往会造成线路压降过大，风电场的无功需求及电网线路的无功损耗增大，电网的无功不足，局部电网的电压稳定性受到影响、稳定裕度降低。

在风电装机比例较大的电网中，风电接入除了会产生电压稳定问题外，由于改变了电网原有的潮流分布、线路传输功率与整个系统的惯量，因此风电接入后电网的暂态稳定性也会发生变化[81,82]。风电场装机容量较小时，风电接入对电网暂态稳定性影响并不明显，但大规模风电接入则会引起电网暂态稳定性的变化。系统发生故障后如果地区电网足够坚强，则风电机组在故障清除后能够恢复机端电压并稳定运行，电网的暂态电压稳定性便能够得到保证；如果地区电网较弱，则风电机组在系统故障清除后无法重新建立机端电压，风电机组运行超速失去稳定，就会引起地区电网暂态电压稳定性的破坏。需利用风电场或风电机组的保护将风电场或风电机组切除以保证区域电网的暂态电压稳定性；或者通过在风电场安装动态无功补偿装置及利用变速风电机组的动态无功支撑能力在暂态过程中及故障后电网的恢复过程中支撑电网电压，保证区域电网的暂态电压稳定。

风电场并网对电网短路容量有一定影响，由于目前大部分使用的还是异步发电机，当风电场接入电网后，会增加接入点的短路电流，短路容量的增大可能超过电网保护装置的容量。分析计算表明风电场附近母线节点的短路容量在风电场满发电与不发电时差别较大，风

电场对短路容量有很大贡献，而离风电场较远的母线节点的短路容量几乎不受风电场接入的影响[81]。风电场并网对电网短路容量有一定影响，有风电场接入的电网需进行短路容量计算，计算风电场附近各节点的短路电流，判断是否超过了电网中已有装置的额定容量。

中国适于大规模开发风力发电的地区一般都处于电网末端，适量风电接入电网末端可以满足当地局部地区部分负荷，主网向该地区输送的功率降低，电压降落和网损都会有所减小。但是如果风电接入容量持续增长，电网建设可能成为风电装机进一步增长的瓶颈。在某些运行方式或 $N-1$ 情况下，部分线路的潮流可能会越限，在这种情况下需要限制各风电场的出力水平。因此对于有风电场接入的电网，应该对各种运行方式及风电场的各种出力状态进行组合，找出对系统潮流及线路传输功率影响最恶劣的情况来进行潮流计算仿真研究，从而找到最严重的情况并给出相应的措施，比如对风电场的出力给出一定的限制。

中国风能资源丰富地区一般经济不甚发达，无法消纳大规模的风电；而且地区负荷特性往往与电场风电功率特性相反，或称之为风电的反调峰特性，统计分析表明风电注入导致等效负荷的峰谷差变大，需要常规电源有更大的有功功率调节能力[81]。因此大规模风电接入后会增加电网调度的难度，需要电网留有更多的备用电源和调峰容量，在某种运行方式下当电网调节容量不足时，需要限制风电场的出力。

### 11.3.2 新能源在线安全预警

新能源在线安全预警功能的实现可以利用已经建成的在线动态安全预警系统[4]。电网在线动态安全预警实现了利用在线数据进行静态安全分析、暂态稳定计算、短路电流计算和电压稳定计算功能，完成了离线计算向在线计算的技术飞跃，并通过并行计算提高了稳定分析的计算效率，满足了在线应用的速度要求。新能源接入后电网的在线安全预警除了考虑传统的预想故障外，还要考虑新能源发电的随机性和波动性对电网安全的影响。

新能源在线安全预警继承动态安全评估的系统框架，利用在线数据平台和并行计算平台，建立与在线动态安全预警系统统一集成的新能源接入电网在线安全预警系统，系统结构如图 11-2 所示。新能源在线安全预警，基于 EMS 在线数据和 WAMS 数据，计算当前系统在各类新能源发电扰动过程中，分析电网关键安全问题的稳定性变化情况。在线数据平台整合 SCADA/EMS/WAMS 数据，得到反映电网和新能源发电厂实时运行方式的电网潮流；新能源扰动分析对 WAMS 和 SCADA 记录的新能源发电连续出力曲线进行分析，得到当前电网新能源可能发生的扰动，包括风电场功率扰动和风速扰动；在线安全稳定分析基于当前电网运行方式，对预想电网故障和风电扰动后的电网进行全面的安全稳定分析，计算采用分布式并行计算技术以提高计算效率。通过实现风电的扰动分析和考虑风电扰动的在线安全稳定分析，实现对风电接入电网的在线安全预警。

### 11.3.3 新能源预想扰动分析

基于 WAMS 量测及其他相关信息，对当前电网可能发生的新能源扰动进行分析，找出对电网安全影响较大的预想扰动。新能源安全预警的扰动分析不同于新能源功率预测，后者的目标是给出未来新能源发电概率最大的功率，前者的目标是找出当前电网下对电网安全影响较大的新能源功率扰动。

#### 11.3.3.1 风电功率扰动分析

基于 WAMS 量测及其他相关信息，对当前电网的风电功率扰动大小及其发生的概率进行分析，计算各类风电扰动发生的概率大小，如图 11-3 所示，主要包括：①基于从

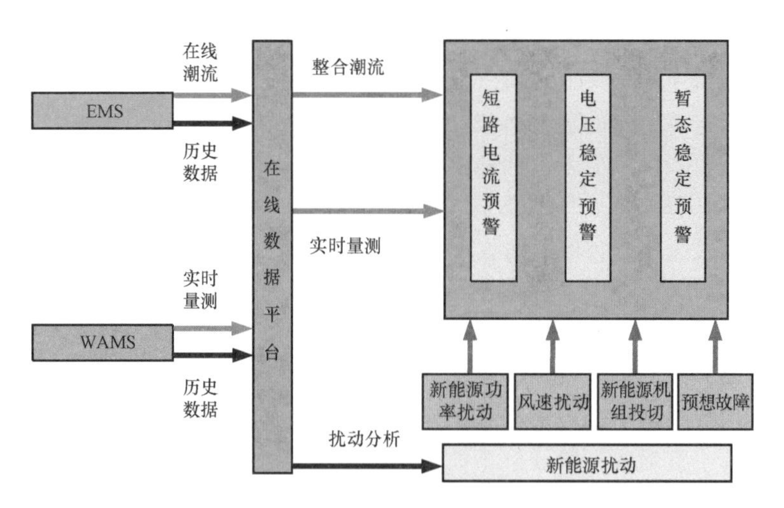


图 11-2　在线新能源安全示意示意图

WAMS 获得的毫秒级风电功率量测，根据风机风速出力曲线将功率曲线转化为风速曲线，进而分析获得风电场可能发生的风速扰动；②基于风电场功率变化曲线得到各风电场可能发生的功率波动，如风电场出力增大、减小、切机。

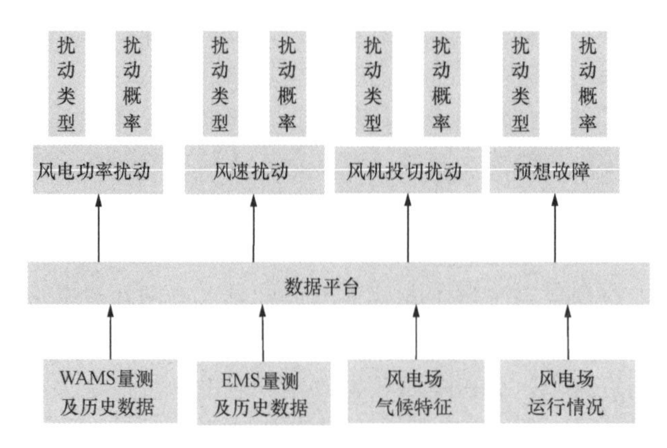


图 11-3　风电扰动概率分析示意图

风电接入后电网的安全稳定性受风电特性、风电装机容量、风电接入电网的系统规模、电源结构和布局、负荷特性等密切相关，具体分析如下：

(1) 风电场输出功率的概率分析。根据 WAMS 量测和 EMS 的历史数据信息、风电场所处区域的气候特征和风电场运行情况，以历史及实时功率数据、历史及实时测风数据为输入，在线分析风电场可能的输出功率变化及对应概率。

(2) 风速扰动的概率分析。根据 WAMS 量测和 EMS 的历史数据信息、风电场所处区域的气候特征和风电场运行情况，以历史及实时功率数据、历史及实时测风数据为输入，在线分析风电场可能的风速扰动及其对应概率。

11.3.3.2　**光伏功率扰动分析**

光伏电池是以半导体 PN 结上接受光照产生光生伏特效应为基础，直接将光能转换成电能的能量转换器。当光照射到半导体光伏器件上时，在器件内产生电子—空穴对，在半导体内部 PN 结附近生成的载流子没有被复合而能够到达空间电荷区，受内建电场吸引，电子流入N区，空穴流入P区，结果使N区储存了过剩的电子，P区有过剩的空穴。它们在PN结附近形成与内建电场方向相反的光生电场。光生电场除了部分抵消势垒电场的作用外，还使P区带正电，N区带负电，在N区和P区之间的薄层就产生电动势，这就是光生伏特效应。图11-4为太阳电池受光照产生光生伏特效应示意图。

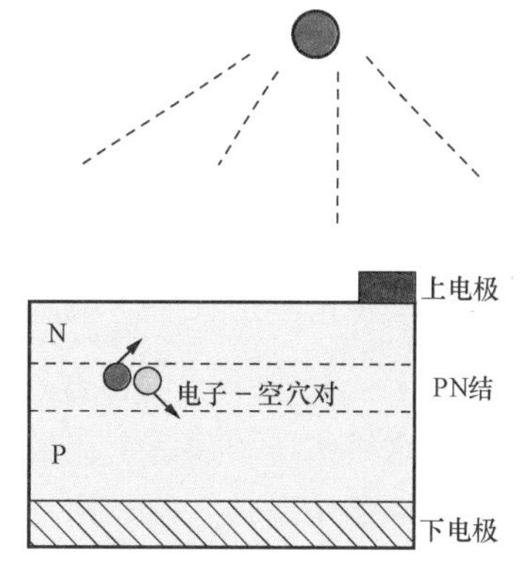

图11-4 太阳电池受光照产生伏特效应示意图

（1）光伏电池的频谱响应。当各种波长以一定等量的辐射光子束入射到光伏电池上，所产生的短路电流与其中最大短路电流相比较，按波长的分布求其比值变化曲线即为相对光谱响应。而绝对光谱响应指的是，当各种波长的单位辐射光能或对应的光子入射到光伏电池上，将产生不同的短路电流，按波长的分布求出对应的短路电流变化曲线。

（2）辐照强度的影响。为了衡量太阳辐射能量的大小，科研人员提出了一个度量太阳辐射强度的物理量——辐照强度，它的物理意义是在单位时间内，垂直投射在地球某一单位面积上的太阳辐射能量。从物理意义上来说，太阳的辐照是导致光伏电池产生伏特效应的直接影响因素，辐照强度的大小直接影响光伏电池出力的大小。

（3）温度的影响。当温度变化时，太阳电池的输出功率将发生变化。对一般的晶体硅太阳电池来说，随着温度的升高，短路电流会略有上升，而开路电压要下降。总体而言，随着温度的升高，虽然工作电流有所增加，但工作电压却要下降，而且后者下降较多，因此总的输出功率要下降。

光伏发电扰动分析以当前电网潮流为基础，根据光伏电站在不同发电功率情况下的稳定评估结果，得出光伏电站功率变化对整个电网稳定性的影响，进而得出光伏电站的安全功率控制范围。光伏控制功率的安全校验范围为电站发电功率的上限和下限，然后采用合理的步长，获得发电功率的可能变化值。以某光伏电站为例，发电上限为12MW，下限为0MW，如果取2MW作为功率校验的步长，即在当前电网潮流的基础上，对该光伏电站的预想发电功率分别为0、2、4、6、8、10、12MW时，整体电网的稳定情况进行评估，最后把所有评估结果进行收集和整理。

### 11.3.4 新能源在线安全分析

新能源接入后电网的安全稳定性与新能源发电特性、新能源发电装机容量、新能源发电接入电网的系统规模、电源结构和布局、负荷特性等密切相关，必须跟踪电网和新能源发电厂运行方式变化，在线进行分析。

基于EMS在线实时数据和新能源发电实时数据，计算当前电网在各种新能源发电扰动过程中，电网关键安全问题的稳定性变化情况。根据新能源扰动对电网安全稳定性的影响，分别进行考虑新能源扰动的电压稳定预警、暂态稳定预警和短路电流预警等。

#### 11.3.4.1 新能源扰动电压稳定预警

考虑对电压稳定性影响的新能源功率扰动即新能源发电输出功率的变化。新能源发电的大规模并网给电力系统的电压稳定带来了影响，电压稳定预警的目标是定量分析新能源扰动对电网电压稳定性的影响，结合电网当前的运行方式及新能源发电的各种可能输出功率，计算电网的电压稳定裕度。

采用连续潮流法计算静态电压稳定裕度，电压稳定极限计算数学模型如下：设系统被研究的稳态运行点，即（$U_0$，$\theta_0$）满足潮流方程式（11 - 7）

$$\left.\begin{aligned}\boldsymbol{P}_{G0}-\boldsymbol{P}_{L0}(\boldsymbol{U}_0)-\boldsymbol{f}_P(\boldsymbol{U}_0,\theta_0)=0\\ \boldsymbol{Q}_{G0}-\boldsymbol{Q}_{L0}(\boldsymbol{U}_0)-\boldsymbol{f}_Q(\boldsymbol{U}_0,\theta_0)=0\end{aligned}\right\}\qquad(11-7)$$

式中：$\boldsymbol{P}_{G0}$与$\boldsymbol{Q}_{G0}$分别为由发电机在当前运行点处有功功率与无功功率组成的向量；$\boldsymbol{P}_{L0}(\boldsymbol{U}_0)$与$\boldsymbol{Q}_{L0}(\boldsymbol{U}_0)$分别为考虑负荷静特性条件下的有功负荷与无功负荷组成的向量；$\boldsymbol{f}_P(\boldsymbol{U}_0，\theta_0)$与$\boldsymbol{f}_Q(\boldsymbol{U}_0，\theta_0)$分别为由网络特性所决定的节点吸收有功功率与无功功率。

考虑系统所增加的负荷量可以用一参数$k$来表示，即如用$\boldsymbol{P}_D(\boldsymbol{U})$和$\boldsymbol{Q}_D(\boldsymbol{U})$分别表示负荷有功和无功增加方向，则系统过渡方式中的负荷可用式（11 - 8）表示

$$\left.\begin{aligned}\boldsymbol{P}_L(\boldsymbol{U},k)=\boldsymbol{P}_{L0}(\boldsymbol{U})+k\boldsymbol{P}_D(\boldsymbol{U})\\ \boldsymbol{Q}_L(\boldsymbol{U},k)=\boldsymbol{Q}_{L0}(\boldsymbol{U})+k\boldsymbol{Q}_D(\boldsymbol{U})\end{aligned}\right\}\qquad(11-8)$$

随着参数$k$的增大，系统的运行方式逐渐恶化，当某台发电机的有功功率输出达到其极限时，则令该台发电机$P_G=P_{Gmax}$；当某台发电机的无功输出达到其极限时，则令该台发电机$Q_G=Q_{Gmax}$，若该台发电机所在的节点为PV节点，则该节点转为PQ节点。

计算中将常规潮流计算方法与改进病态潮流计算方法结合，得到完整的$P-U(Q-U)$曲线，并考虑与系统电压稳定性密切相关的各种动态元件特性，求出对应于指定系统过渡方式的电压稳定裕度。

电压稳定预警计算给出新能源发电不同输出功率下的电压稳定裕度（MVA）指标，稳定裕度值越低表明电网电压稳定性越差。

#### 11.3.4.2 新能源扰动暂态稳定预警

新能源发电接入后电网的暂态稳定性受新能源扰动影响很大，新能源扰动包括故障引起电压跌落时新能源机组能否保持并行运行，以及新能源随机波动扰动。其中，常见的风速扰动包括：

（1）阵风扰动1：正常方式下运行于额定风速，阵风风速由额定风速升高到切出风速；

（2）阵风扰动2：正常方式下运行于额定风速，阵风风速由额定风速降低到切入风速；

（3）渐变风扰动1：正常方式下运行于额定风速，渐变风升至切出风速，之后保持一段时间后结束；

（4）渐变风扰动2：正常方式下运行于额定风速，渐变风降至切入风速，之后保持一段时间后结束。

新能源发电接入会影响电网的暂态稳定性，新能源在线暂态稳定预警的目标是定量的评估在当前运行方式下电网发生预想故障及新能源扰动时电网的暂态稳定情况。选择新能源发电厂附近的网络故障作为预想故障，新能源接入后对系统的影响用功率扰动和风速扰动等形式引入暂稳计算。

采用时域仿真法进行暂态稳定分析计算，判别系统暂态功角稳定性、暂态电压稳定性和暂态频率稳定性。暂态稳定预警计算给出当前电网在预想故障及新能源扰动下的暂态稳定判别结果（包括暂态功角稳定性、暂态电压稳定性和暂态频率稳定性），当电网稳定时以时域仿真中的最大功角时刻及最大功角差等指标表示暂态稳定裕度，当电网失稳时以失稳时刻等指标表示电网的暂态稳定严重程度。

11.3.4.3　新能源扰动短路电流预警

新能源发电并网对电网短路容量有一定影响，新能源在线短路电流预警的目标是计算在当前电网运行方式及可能的新能源扰动下新能源发电厂附近电网的短路电流水平。

短路电流预警计算给出在新能源的各种可能输出功率下新能源发电厂附近母线节点的短路电流，和遮断容量相比短路电流越大则电网的安全程度越低。

11.3.5　新能源在线风险评估

电力系统的稳定性涉及大量不确定性因素。随着大规模间歇式可再生新能源的接入，电力系统的运行更多地处于不确定的背景之下，而目前的数字仿真只是针对特定的场景。因此，需要在确定性分析方法之上，用概率的概念来协调大量确定性分析场景，并综合确定性分析结果，用风险的概念来进行稳定性评估。

风险是指人类从事某种活动时，在一定时期内可能会发生的具有损失性后果事件的危害，这种危害来自于两个方面：可能性（概率 $P$）和严重性（后果 $C$），而风险值就是二者的乘积，即 $R=\sum_{i} P_{i} C_{i}$。可见，应避免只关心常见的事故，而忽视潜在的能导致重大损失的事件；反之，也应避免过于关心后果损失巨大却极少发生的事件，忽视最容易发生的问题。

稳定问题的确定性分析方法计算量小并易于理解，几乎是目前工程应用中的唯一选择，但它不能客观反映运行条件和故障等不确定因素的影响。在此背景下，引入运行风险评估，一方面可以更为全面地评估电网运行的安全水平；另一方面，通过基于风险的运行调度决策，可以实现安全和经济的协调。

在电力系统中，运行风险的基本定义是："对电力系统面临的不确定性因素，给出可能性与严重性的综合度量"。通常用于计算系统风险值的公式为

$$R(C|X_{t})=\int_{X_{t+1}}\int_{E_{i}}[P(E_{i},X_{t+1}|X_{t})\times I(C|E_{i},X_{t+1})]\mathrm{d}E_{i}\mathrm{d}X_{t+1} \tag{11-9}$$

式中：$E_i$ 为第 $i$ 个系统事故；$X_t$ 为故障前的系统运行状态；$X_{t+1}$ 为下一时间段的系统运行状态；$C$ 为不确定事故后的系统状态：$P(E_i,\ X_{t+1} \mid X_t)$ 为在 $X_t$ 下 $E_i$ 和 $X_{t+1}$ 出现的概率；$I(C \mid E_i,\ X_{t+1})$ 为在 $E_i$ 和 $X_{t+1}$ 下的事故后果；$R(C \mid X_t)$ 为风险指标值。

在实际应用中，$E$ 通常是一些离散的事件，$X$ 是一些离散的时间断面，因此，式（11-9）常被式（11-10）所替代

$$R(C \mid X_{t})=\sum_{t}[P(E_{i},X_{t+1} \mid X_{t})I(C \mid E_{i},X_{t+1})] \tag{11-10}$$

用确定性分析法处理大量场景，统计其中失稳算例的比例，称为貌似的概率分析［式（11-9）、式（11-10）中 $P$ 及 $C$ 均取 1］。若用各场景发生的概率对其稳定分析结果加权统计，则为概率分析［式（11-9）、式（11-10）中 $C$ 取 1］。若再用失稳的后果加权统计，则为风险分析。

电力系统在遭受大的扰动后，其状态可以从总体上划分为稳定和失稳两种情况。尽管稳定是期待的，但是由于扰动事件带来的损失以及系统为维持一种可接受的运行状态而付出的必要代价等，在暂态稳定时，系统仍然承担着一部分风险。综上所述，可以将电力系统受到大扰动后的暂态安全风险划分为失稳风险和稳定风险两种情况，暂态安全风险指标为

$$R_{s}=R(K)+R(\overline{K})=P(K)\times I(K)+P(\overline{K})\times I(\overline{K}) \tag{11-11}$$

式中：$R_s$ 为暂态安全风险指标；$K$ 和 $\overline{K}$ 分别为暂态失稳和暂态稳定事件；$R(K)$为暂态失稳风险指标；$R(\overline{K})$为暂态稳定风险指标；$P(K)$和 $P(\overline{K})$分别为系统发生大扰动系统暂态失稳和稳定的概率；$I(K)$为失稳后果；$I(\overline{K})$为稳定的后果。

由此可见，要实现可靠的新能源在线风险评估，首先需要求得风电接入后，电力系统稳定和失稳的概率；其次实现确定性的稳定问题定量分析；最后解决损失评估问题。利用新能源扰动概率分析和新能源在线安全预警得到的量化故障严重性指标，可获得考虑新能源扰动的系统稳定、失稳情况下的风险评估结果。新能源风险评估示意图如图 11-5 所示。

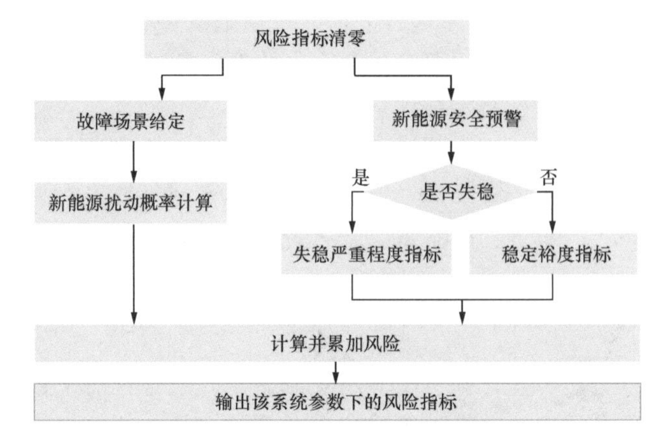


图 11-5　新能源风险评估示意图

### 11.3.6　应用情况

新能源在线预警及风险评估系统已经在部分电网投入应用，下面介绍某风电接入的省级电网的运行情况。电网规模如下：发电机数 202（风电场数 34），负荷数 675，线路数 1908，变压器数 604。系统基于 WAMS/EMS 在线量测数据，考虑各类风电扰动对电网安全稳定性影响，进行各类稳定计算分析，实现风电扰动在线安全预警，给出当前电网薄弱区域的分析结果，系统主界面如图 11-6 所示。

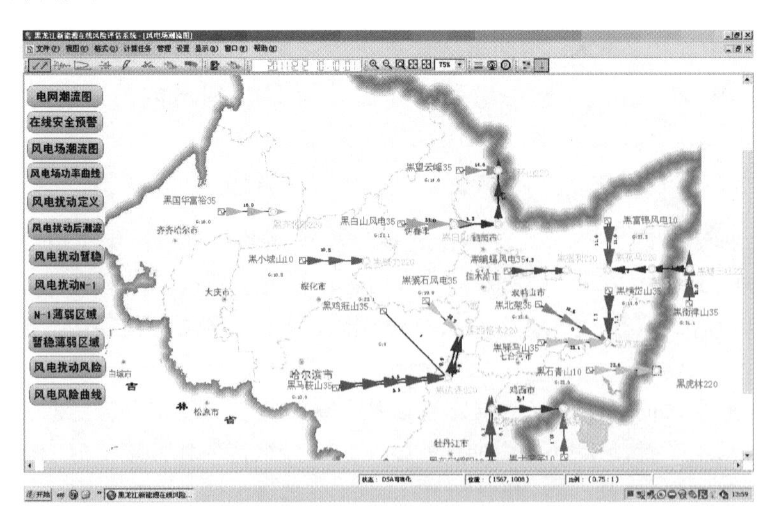


图 11-6　风电在线预警主界面图

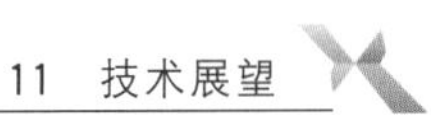

系统能够统计风电扰动产生的各类情况，对当前电网的风电扰动大小及其发生的概率进行分析，如图 11 - 7 结合某风电场近 10 天的有功功率历史数据进行了风电功率扰动概率分析。

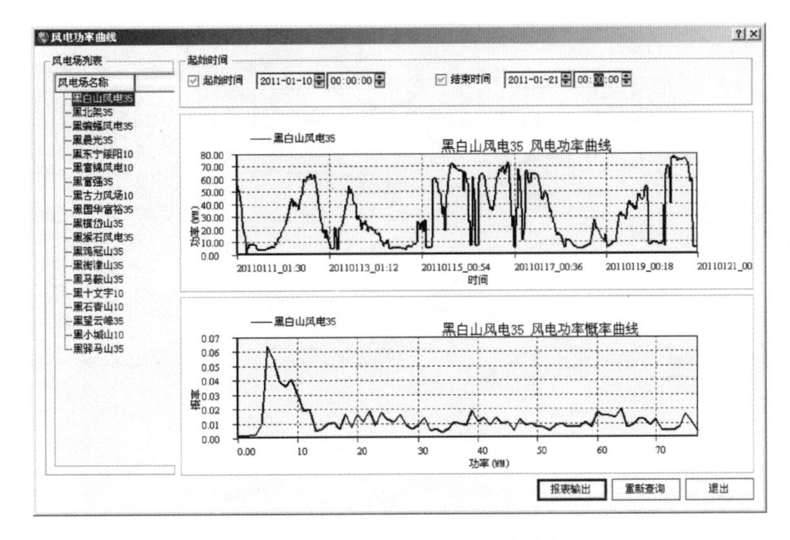


图 11 - 7 风电功率扰动概率分析

综合安全稳定分析结果，在线评估风电的随机性、间歇性等特点所产生的扰动对电网安全稳定性产生的风险，如图 11 - 8 展示了考虑风电扰动后的在线静态安全分析，发现了由于风电功率扰动导致的 $N-1$ 故障后设备越限隐患，并在如图 11 - 9 中进行可视化展示。

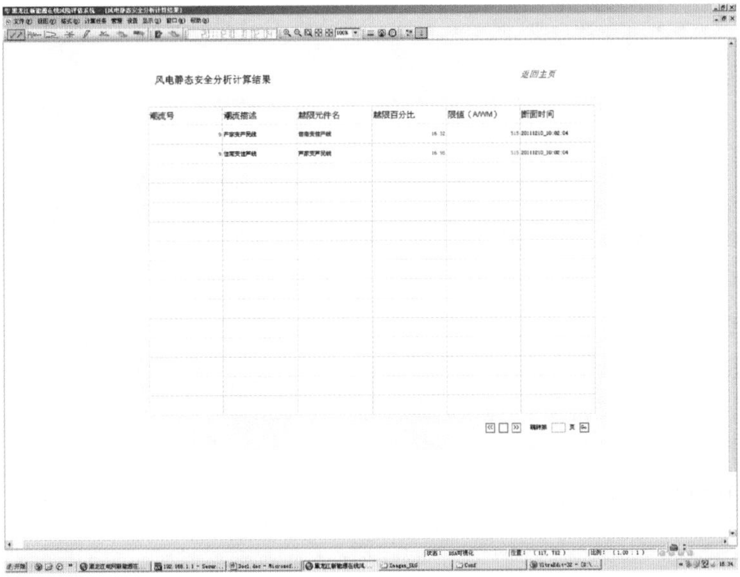

图 11 - 8 风电扰动在线静态安全分析

图 11 - 10 展示了连续运行多日的新能源在线风险评估结果，从风电静态安全风险和暂态安全风险的连续曲线，可以发现电网运行中的薄弱时间断面并及时提醒调度运行人员。

该省级电网新能源在线安全预警系统运行的技术指标如下：

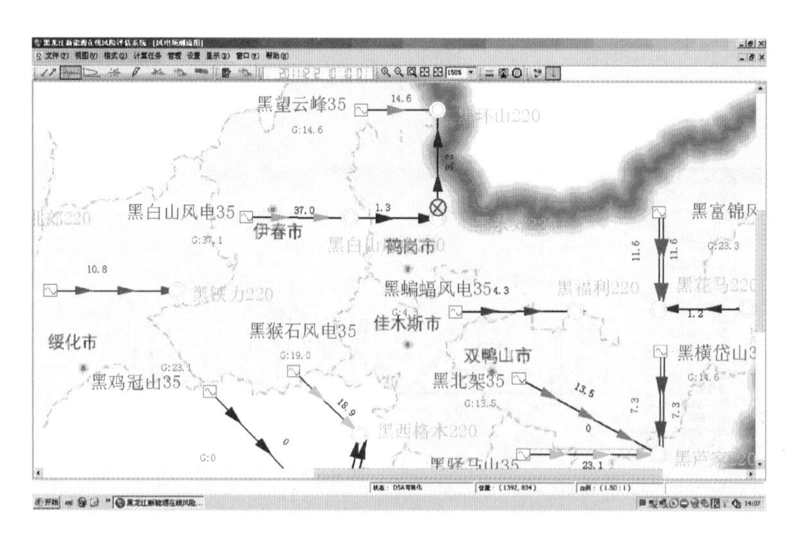


图 11-9　风电扰动在线静态安全分析展示

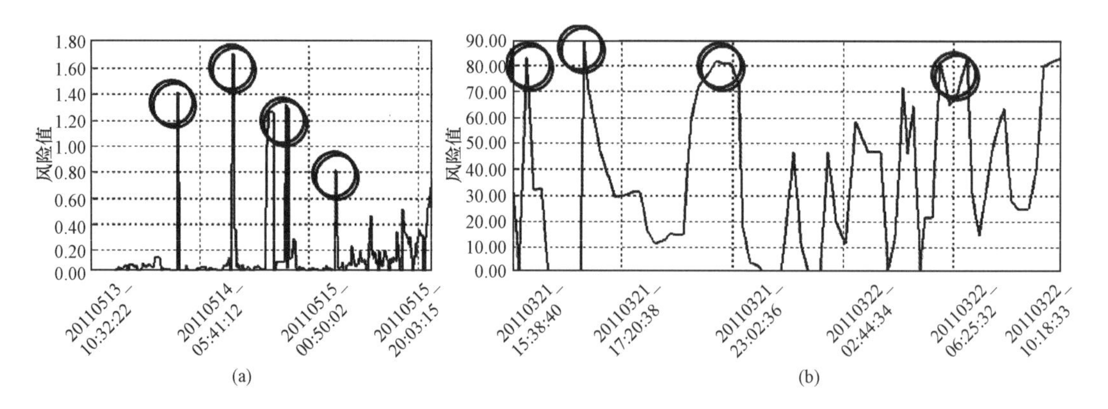


图 11-10　风电扰动在线静态安全分析

（a）静态安全风险评估曲线；（b）暂态稳定风险评估曲线

（1）接收 WAMS 实时量测风电数据刷新时间周期不大于 10s；

（2）整合潮流计算时间小于 10s；

（3）风电扰动概率分析软件给出当前运行方式风电扰动计算时间小于 10s；

（4）风电在线安全预警计算时间小于 2min；

（5）完成所有主要功能计算、分析时间不大于 5min。

## 11.4　在线趋势分析

### 11.4.1　在线趋势分析需求

现有的国内外在线评估技术，侧重点还是针对当前或特定潮流断面的周期性全面快速评估。在在线数据整合和在线安全预警方面，中国电力科学研究院开展了大量研究，研究成果在国调、华中、华北及多家省级电力调度中心投入运行；在潮流预报技术方面，清华大学进行了其在电网安全预警系统中的应用性研究。相应的专利统计结果也表明，近 5 年来，国内

外相关的发明专利约 30 项，国外专利热点主要集中在系统建设方案、快速计算方法等方面，国内专利热点主要集中在数据整合、设计方案、评估方法、决策和控制方法等方面。国内大部分专利比较新，反映我国近几年在线技术的主要研究成果。未来状态预测、运行趋势分析及辅助决策技术基本是全新的内容，国内外鲜有研究，特别是分钟级超短期未来状态潮流预测，以及基于此的未来状态在线快速稳定分析计算和辅助决策还较少开展。

电力系统快速、不确定变化对在线评估技术提出了新要求，为有效应对电网运行的多变性，适应风电、光伏等新能源大规模接入和 FACTS 技术广泛应用的发展情况，迫切需要进一步提高现有在线评估技术的时效性，以满足调度运行人员对电网运行趋势及时掌握的需求。已有的在线评估技术是采用各种通用的离线稳定分析工具，采用在线潮流数据和电网模型数据，基于并行计算平台的自动分析与应用计算，实现在线稳定的全面分析与评估；根据计算分析结果，对电网状态进行预警，并通过可视化方法反映给运行人员。就分析评价而言，在线稳定评估主要是针对特定的运行方式进行分析，反映的是系统当前状态的评估结果，但是由于系统运行状态不断变化，尤其是变化较快时，还需要对未来短时间内系统运行状态的评估结果。在此背景下，为满足系统快速、不确定变化带来的新要求，迫切需要根据当前状态以及可能的变化（如负荷快速增长、新能源功率变化等），超前进行安全分析，预估电力系统稳定性问题和发展趋势，实现未来状态事故前预警，给出相应的预警和决策信息，实现从传统的事故报警向事故预警的新模式转变。

### 11.4.2 在线趋势分析关键技术

在线趋势分析技术基于电网当前运行状态、调度计划和预测数据来预估未来电网运行方式，评估其安全稳定变化趋势，并针对潜在的安全隐患进行调度辅助决策，实现电网运行安全隐患预警和预防控制。在线趋势分析技术具有以下特点：

（1）涉及数据种类繁多，各类数据之间相互约束和耦合；

（2）预估未来运行方式是否准确、合理决定在线趋势分析的正确性；

（3）如何快速量化评估电网安全稳定变化趋势是一个难点；

（4）运行趋势辅助决策是真正意义上的预防控制。

在线趋势分析技术的上述特点决定其具有如下关键技术：

（1）多源数据校验检查；

（2）在线趋势潮流预估；

（3）量化评估电网安全稳定趋势；

（4）未来状态辅助决策。

#### 11.4.2.1 多源数据校验检查

在线趋势分析技术使用的数据包括 SCADA 量测数据、状态估计数据、离线动态参数、发电计划、负荷预测、新能源预测和交易计划等。这些数据互相耦合，它们之间存在冗余，并具有以下特性：

（1）在线数据与计划数据的数据源的天然不一致性。各级电网调度中心提供的在线数据、计划数据之间存在时间上的不一致。计划数据本身无法形成完整的潮流数据，需要依靠在线数据进行补全。如果在线趋势数据整合直接采用在线数据、计划数据和离线方式数据进行整合，不采取适当的调整策略，往往会造成比较大的误差，甚至无法进行潮流计算。

（2）在线运行数据与离线方式数据之间的不一致性。从时间上看，在线运行数据是电网的实时运行信息。离线方式数据代表系统一年中不同的负荷水平和开机方式，是在大量资料和经验的基础上整理出来的，一定程度上代表着系统某一特定时段的实际运行状态。因此，在线运行数据与离线方式数据之间存在明显的不一致性。

从空间上看，在线运行数据一般仅包含高压主网的实时运行信息，在建模的规模上仅仅是离线方式数据的一个子集。另外，由于在线运行数据和离线方式数据维护频度不同，在线运行数据中已建模的设备在离线方式数据中可能未建模或建模相对简单。

鉴于多源数据的不一致性，需要对多源数据开展以下评估：

（1）在线/离线模型评估。在线数据模型是反映在线实时情况的模型，目前由于维护的滞后导致模型更新不及时，在线模型与实际情况不符；而离线模型一般反映电网超前情况，能够基本涵盖当前电网的模型。通过在线/离线数据模型匹配，对在线模型进行实时检查，分析模型不匹配的情况，核查由于建模范围和详细程度不同导致的电网拓扑结构偏差和负荷等值偏差，查看厂站、发电机、交流线、直流线、负荷、两绕组变压器、三绕组变压器、并联电容电抗器各自的在线、离线映射情况。

（2）在线参数评估。参数的好坏对电力系统稳定水平的分析结果相差很大。因此，在线参数评估围绕离线数据、SCADA采集数据以及状态估计数据进行残差交叉比对等几个方面展开。在线参数估计是通过残差分析法和多源参数比对方法实现：残差分析法通过将仿真信号序列减去实测信号，得到残差序列，对残差序列建立数学模型，给出数值指标；多源参数比对方法通过多源数据映射将在线中与离线数据存在误差的数据放入参数问题集，与之前的残差分析方法中的参数问题集进行比较，最终将结果反馈给状态估计，进行参数调整。

图11-11所示为在线参数评估方法。

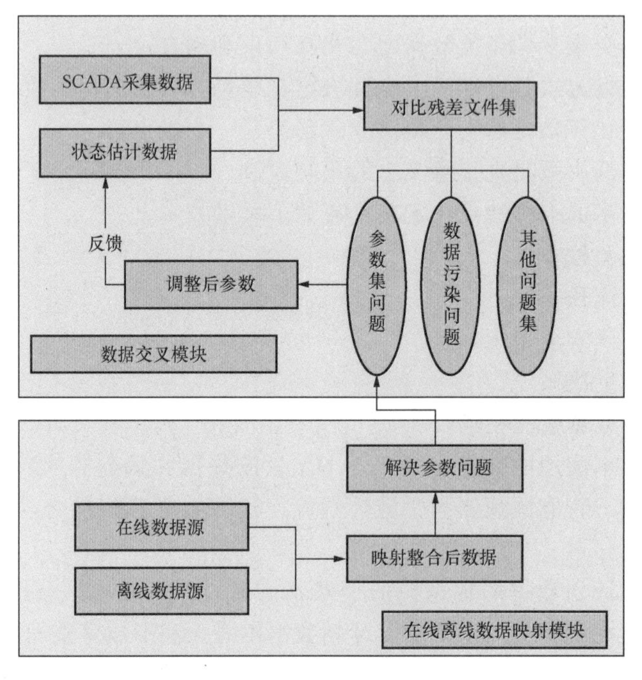


图11-11　在线参数评估方法

（3）调度计划评估。调度计划由电网各级调度中心申报计划整合后得到，包括发电计划、设备停复役计划（检修计划）、母线负荷预测、系统负荷预测、直流线交易计划、省间联络线交易计划等。各级调度中心在制定调度计划时，由于人工因素较多，难免存在遗漏和偏差且存在与电网模型不匹配的情况。需要根据计划数据校验规则，对申报的计划数据完整性和逻辑性进行评估检查，为提高计划数据质量和计算分析的可靠性提供科学依据。校验的内容包括：

（1）检查各类计划是否完备；

（2）检查每类数据的内容是否齐全，计划数据中的设备名称与在线数据中的设备名称是否一致，是否涵盖调管范围内的全部设备；

（3）计划逻辑性检查，用电负荷预测最大、最小和变动率不超过一定值，组调度计划值必须不高于机组最大技术出力，未并网机组不能有计划出力，检修计划记录不能出现矛盾；

（4）功率平衡的校验，系统负荷预测与母线负荷预测平衡校验、发电计划、直流交易计划、省间联络线交易计划与系统负荷功率平衡校验。

#### 11.4.2.2 在线趋势潮流预估

在线趋势潮流预估的输入数据来源非常广泛，需要有效综合使用多源数据形成准确合理的电网运行工况。在线趋势潮流预估的前提是必须保证潮流结果与计划和负荷预测值一致，计划包括电网拓扑结构，各区域电网交换功率和发电计划。算法的主要目标有：

（1）保证区域电网交换功率。区域电网交换功率（输电断面传输的功率），是体现电网运行特征的重要指标，正常情况下在次日电网实际运行中将被严格执行。控制该电气量至计划值，是确保趋势潮流与次日运行工况接近的基础，同时能避免各区域电网内部计划功率的不平衡量向外扩散，对形成良好的趋势潮流数据有关键的意义。

（2）保证趋势潮流的收敛性。成熟的潮流算法都基于牛顿法或其改进算法，电压初值对潮流的收敛性有重大影响。由于适合趋势潮流的电压分布不可能预先知道，使趋势潮流的收敛性难以保证。

（3）保证电压和无功分布的合理性。电网无功和电压调节采用分层分区平衡的策略，很难在制定计划时给出精确的无功调节措施，需要在潮流计算过程中，根据有功传输的需要，给出合理的无功调整措施。

要实现上述目标，建议在线趋势潮流预估应遵循以下原则：

（1）忠实性原则。趋势潮流为校核计划的安全性提供潮流数据，因此最大程度地忠于计划和预测数据是第一要务。国家电网各级调度中心每天交换七类计划数据，分别是检修计划、发电计划、省间联络线交易计划、直流线交易计划、母线负荷预测、系统负荷预测、断面功率限额，统称为计划类数据。除用于安全分析的最后一类数据，趋势潮流算法应有能力控制潮流精确地满足各类数据中的任一类。

（2）分区域原则。大型互联电网包含多个电网区域，区域间功率交换计划由上级电网确定，各区域电网负责自己调度管辖范围内的其他计划类数据。各区域负荷预测的精度不同，对计划的执行力度不同。在生成趋势潮流时，严格按计划控制联络断面功率，避免一个电网区域的误差传导到其他区域，对分析、评价和改善计划的制定和执行有重要的价值。

（3）真实性原则。对计划类数据未能描述的信息，应按照最接近电网实际的原则处理。例如，尽管有母线无功负荷预测，但计划类数据中缺乏详细的无功分配方案，需要趋势潮流算法自行确定。处理这一问题的原则不是经济上最优，而是最接近真实，即算法给出的无功分布与实际电网在计划有功下运行所呈现的无功状况最接近。实际电网受安全性、设备状况等因素制约，不一定按网损最小等经济原则运行。从实现本原则的角度看，有必要采用与计划日拓扑结构、运行方式相近的潮流数据，称为相似潮流，帮助生成趋势潮流。

(4) 可选择原则。与真实性原则对应，为适应不同数据和运行特点的区域电网，算法对重要问题的处理应提供可选项。最典型的是处理计划数据中不平衡功率。由于网络损耗不可预知等原因，各类数据并不能以高精度协调一致。各区域的系统负荷预测在数值上为该区域的发电计划和交直流联络断面交换功率计划之和，通常与母线负荷预测和网损之和间存在不平衡量。趋势潮流算法对这种不平衡功率的分配应该提供可选方案。根据各区域电网特点，常用的分配方式有以下几种：由区域电网全部机组承担、由部分指定机组承担和由区域全部负荷承担。各种不平衡功率的分配方法都有现实基础。前两者意味着认为母线负荷预测有较高的准确度，最后一种标志着包含网络损耗的系统负荷预测有较高可信度。

#### 11.4.2.3 量化评估电网安全稳定趋势

量化评估电网运行变化趋势是跟踪电网如何从当前运行状态逐步过渡到未来一段时间的运行状态，电网当前运行状态和未来运行状态则可通过本书前四章介绍的方法得到。对于电网运行安全稳定趋势的判断可以依据于电网当前运行状态和未来运行状态进行综合判断，按照电力系统安全和不安全状态的划分，与变化趋势可能性进行组合，一共有八种组合，如图11-12所示。考虑到电网实际运行，需要重点关注的是其中1、2、3、4、6、7、8七种情况。如果从变化趋势的角度出发，需要解决的问题是1、2、6、7、8五种趋势恶化或没有改善的情况。

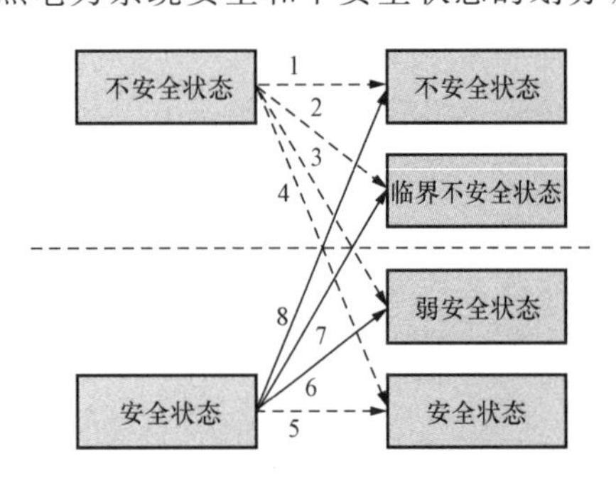

图 11-12 电网安全变化趋势组合

趋势分析的基本出发点是通过当前电网的安全状态（起点）以及未来电网的安全状态（终点），判断这段期间内电网变化的安全趋势。出于电网运行控制要求、可用计算资源和当前电网规模的综合考虑，趋势分析计算时间间隔设为15min，即电网运行的间隔点时间密度为15min。

从理论上说，15min内电网运行的安全状态会出现安全—不安全—安全，或者不安全—安全—不安全等非单调趋势，形成的原因可能有大负荷冲击、调度操作、非预想故障等情况。因此，即使所有数据和计算都正确无误，趋势分析结果也不能完整的涵盖电网所有安全状态，还需要结合操作前安全校核、预想方式分析等技术手段共同实行。

电网安全状态则可由静态安全分析、电压稳定、暂态稳定、短路电流、小干扰稳定等计算的分析结果进行判定，为了对电网稳定性进行量化评估，可根据各种稳定分析计算的特点，定义稳定主导的关键特征信息，判断稳定程度的评价特征信息和导致越限/失稳的起因特征信息。基于系统当前状态和未来状态的稳定分析结果，以关键特征信息为主线跟踪系统稳定情况的演变状态，以评价特征信息为指标评价系统稳定情况的演变趋势，以起因特征信息作为稳定情况的原因分析依据。根据评价特征信息对越限/失稳的演变趋势进行分级，以达到量化评估电网安全稳定趋势的目的。

按照上面的分析方法对系统当前状态和未来状态的分析结果进行关键特征信息筛选、稳

定趋势分级、提取基态潮流和稳定趋势分析结果展示，具体的分析流程如图 11-13 所示。

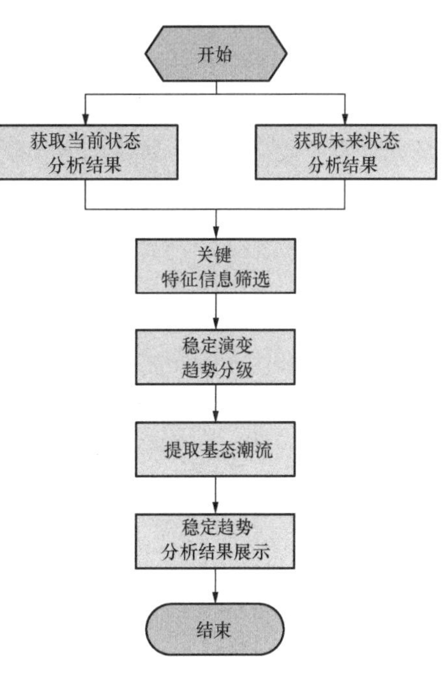

图 11-13 稳定趋势分析流程

11.4.2.4 未来状态辅助决策

未来状态辅助决策针对电网在未来时段存在的安全稳定问题进行辅助决策计算，提供消除各种安全稳定问题的辅助决策建议。未来状态辅助决策具有其自身的特点，建议从以下 3 个方面进行未来状态辅助决策功能研究。

(1) 调整对象不同。未来状态辅助决策是针对未来状态潮流存在的安全稳定问题开展辅助决策计算的，而未来状态潮流是由当前电网运行数据与实时调度计划（实时发电计划、实时新能源预测、超短期负荷预测、检修计划和超短期交换计划）等数据整合生成的，实时调度计划将决定未来一段时间电网运行状态的安全稳定情况，需要通过调整实时调度计划来达到消除安全稳定问题的目的，因此未来状态辅助决策的调整对象应该是实时调度计划。

(2) 改善电网运行趋势。未来状态辅助决策通过调整实时调度计划来消除电网安全稳定问题，未来状态辅助决策的目标是改善电网运行趋势，需要结合安全稳定趋势分析的结果开展辅助决策计算，不仅要解决在未来状态出现的安全稳定问题，还要解决虽然未来状态是安全的但是有不安全的发展趋势问题，需要启动未来状态辅助决策计算，针对可能出现的安全稳定问题制定预防控制方案。未来状态辅助决策流程如图 11-14 所示。

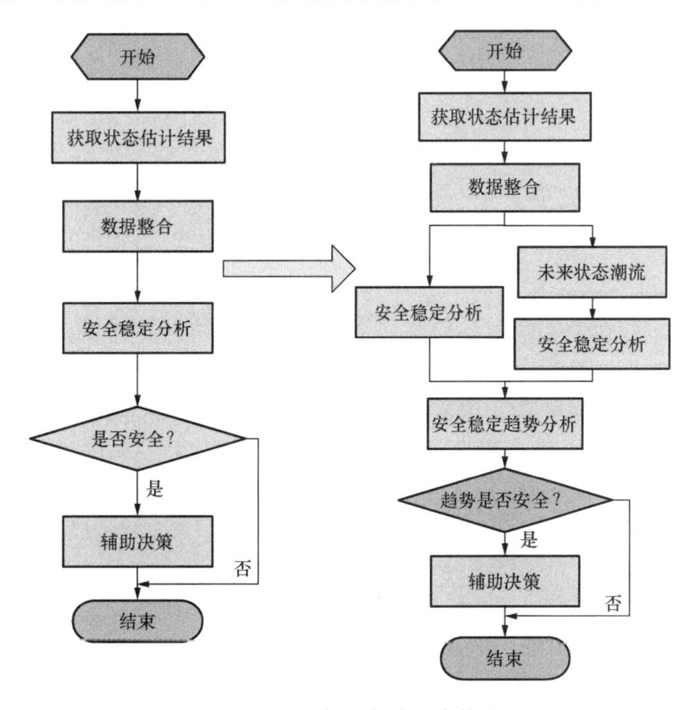

图 11-14 未来状态辅助决策流程

（3）辅助决策结果重用。虽然电网运行状态是不断变化的，但是在电网运行方式变化不大的情况下，相邻时段的变化是连续的。当相邻时段出现同样的安全稳定问题，未来状态辅助决策可直接使用上一时段的辅助决策结果进行校验，如果能够消除未来电网的安全稳定问题则避免了大量计算；如果不能有效消除安全稳定问题，则可把上一时段的辅助决策结果作为未来状态辅助决策的启动方式，减少辅助决策搜索区间，提高未来状态辅助决策计算效率。

### 11.4.3 在线趋势分析功能设想

在线趋势分析技术的主要目的是实现对短期内电网安全稳定状态发展趋势的预测预评。在线趋势分析技术的发展可以拓展在线动态安全评估的覆盖范围，不仅能评估电网当前运行状态是否安全，而且能给出电网运行即将发生的重大变化及其稳定状态。在技术成熟的基础上，可以进一步给出电网短期控制的辅助决策建议，实现电网运行安全的在线预防预控。因此，可以设想在线趋势分析的每项关键技术对应一项重要功能，在线趋势分析功能应该包含以下功能：

（1）数据检查。检查电网在线数据合理性，使用数据质量好的在线数据；检查计划数据和预测数据合理性，去除不合理数据并给出告警。

（2）趋势潮流预估。基于电网当前运行方式、调度操作调整、实时调度计划、新能源超短期预报和超短期负荷预测等数据，预估未来时刻电网潮流。

（3）趋势量化评估。基于趋势潮流预估的电网潮流和电网当前稳定分析结论，快速评估电网在未来时刻安全稳定情况的变化趋势。

（4）趋势辅助决策。对电力系统未来一段时间内存在的安全隐患进行辅助决策计算，提出对电网安全隐患的解决办法；通过辅助决策的调整，可以预防电网故障的发生。

（5）任务并行计算。采用预分配为主、动态分配为辅的多个预估电网运行方式全部计算任务统一并行计算的方式，减少了数据交互和计算结果等待时间。

（6）计算进程监视。全程实时监视趋势分析所有功能的运行状态和计算进度，辅助系统维护人员快速开展故障诊断和系统维护。

在线趋势分析功能框架如图 11-15 所示。

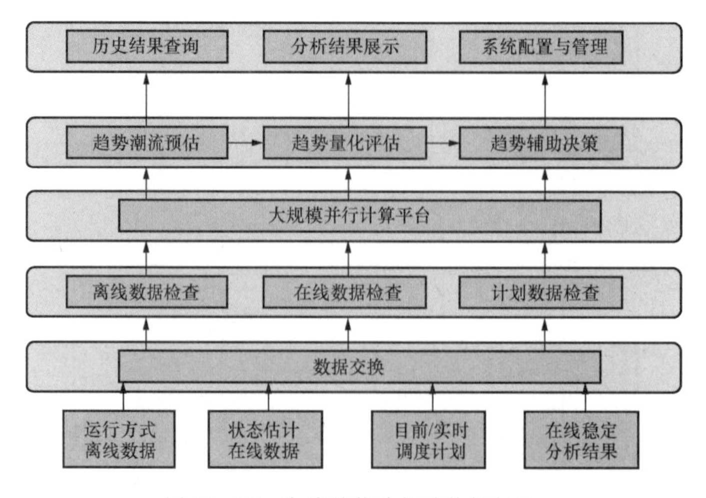


图 11-15 在线趋势分析功能框架图

# 参 考 文 献


[1] 周孝信，陈树勇，鲁宗相．电网和电网技术发展的回顾与展望——试论三代电网 [J]. 中国电机工程学报，2013，33 (22)：1-11.

[2] 周孝信，郑健超，沈国荣，等．从美加东北部电网大面积停电事故中吸取教训 [J]. 电网技术，2003，27 (9)：1.

[3] Ejebe G C，Jing C，Waight J G，et al. On-line Dynamic Security Assessment in an EMS [J]. IEEE Computer Application in Power，1998，11 (1)：43-47.

[4] Chiang H D，Wang C S，Li H. Development of BCU classifiers for on-line dynanic contigency screening on electric power systems [J]. IEEE Trans on Powor Systens，1999，14 (2)：660－666.

[5] 严剑峰，于之虹，田芳，等．电力系统在线动态安全评估和预警系统 [J]. 中国电机工程学报，2008，28 (34)：87-93.

[6] 薛禹胜．EEAC 和 FASTEST [J]. 电力系统自动化，1998，(9)：25-30.

[7] 谭燕．基于在线准实时决策的区域稳定控制系统中子站装置模块的开发 [D]. 长沙：湖南大学，2003.

[8] 周孝信，李汉香，吴中习．电力系统分析 [M]. 北京：能源部电力科学研究院研究生部，1989.

[9] 李光琦．电力系统暂态分析 [M]. 北京：中国电力出版社，2007.

[10] 何仰暂，温增银．电力系统分析（下册）[M]. 武汉：华中科技大学出版社，2002.

[11] 夏道止．电力系统分析 [M]. 北京：中国电力出版社，1995.

[12] Y. Mansour. Voltage Stability of Power Systems：Concepts，Analytical Tools and Industry Experience. IEEE Special Publication 90TH0358-2-PWR，1990.

[13] CIGRE Task Force 38. 02. 10. Modeling of Voltage Collape Including Dynamic Phenomena [J]. Electra，1993，(147)：71-77.

[14] 周双喜，朱凌志，郭锡久，等．电力系统电压稳定性及其控制 [M]. 北京：中国电力出版社，2003.

[15] Ma W，Throp J S. An Efficient Algorithm to Locate all the Load Flow Solutions [J]. IEEE Transactions on Power Systems，1993，8 (3)：1077-1083.

[16] Lof P A，Smed T. Fast Calculation of a Voltage Stability Index [J]. IEEE Transactions on Power Systems，1992，7 (1)：54-64.

[17] Chiang H D，Flueck A J，Shah K S，et al. CPFLOW：A Practical Tool for Tracing Power System Steady-State Stationary Behavior Due to Load and Generation Variations [J]. IEEE Transactions on Power Systems，1995，10 (2)：623-634.

[18] 冯治鸿，刘取，倪以信，等．多机电力系统电压静态稳定性分析-奇异值分解法 [J]. 中国电机工程学报，1992，12 (3)：10-19.

[19] 冯治鸿，周双喜．大规模电力系统电压失稳区的确定方法 [J]. 中国电机工程学报，1997，17 (3)：152-156.

[20] 王伟胜，吴涛，王建全，等．电力系统小干扰电压稳定极限的一种实用算法 [J]. 中国电力，1998，31 (7)：38-40.

[21] Kundur P. Power system stability and control [M]. New York：McGraw-Hill，1994.

[22] 王锡凡，方正良，杜正春．现代电力系统分析 [M]. 北京：科学出版社，2003.

[23] 李天云，高磊，赵妍．基于 HHT 的电力系统低频振荡分析 [J]. 中国电机工程学报，2006，26

(14)：24-30.
[24] 倪以信，陈寿孙，张宝霖．动态电力系统的理论与分析 [M]. 北京：清华大学出版社，2002.
[25] 于尔铿，刘广一，周京阳．能量管理系统（EMS）[M]. 北京：科学出版社，1998.
[26] 吴际舜．电力系统静态安全分析 [M]. 上海：上海交通大学出版社，1985.
[27] 丁平，李亚楼，徐德超，等．电力系统快速静态安全分析的改进算法 [J]. 中国电机工程学报，2010，30（31）：27-32.
[28] 丁平，周孝信，严剑峰，等．考虑合理安全原则的大型互联电网在线传输极限计算 [J]. 中国电机工程学报，2010，30（22）：1-6.
[29] 郝玉国，张靖．最优潮流的实用化研究 [J]. 中国电机工程学报，1996，16（6）：388-391.
[30] 丁平，周孝信，严剑峰，等．大型互联电网多断面约束潮流算法 [J]. 中国电机工程学报，2010，30（10）：8-15.
[31] Fouad A A，Vit t al V. Power System Transient Stability Analysis Using the Transient Energy Function Method [M]. Englewood Cliffs（NJ）：Prentice Hall，1992.
[32] Fouad A A，Tong J Z. Stability Constrained Optimal Rescheduling of Generation [J]. IEEE Transactions on Power Systems，1993，8（1）：105-112.
[33] Chen L，Taka Y，Okamoto H，et al. Optimal Operation Solution of Power System with Transient Stability Constraints [J]. IEEE Transactions on Circuits and Systems I：Fundamental Theory and Applications，2001，48（3）：327-339.
[34] Gan D，Thomas R J，Zimmerman R D. Stability Constrained Optimal Power Flow [J]. IEEE Transactions on Power Systems，2000，15（2）：535-540.
[35] De Tuglie E，Dicorato M，La Scala M，et al. A Corrective Control for Angle and Voltage Stability Enhancement on the Transient Time-scale [J]. IEEE Transactions on Power Systems，2000，15（4）：1345-1353.
[36] Chang H C，Chen H C. Fast Determination of Generation-shedding in Tran sient Emergency State [J]. IEEE Transactions on Energy Conversion，1993，8（2）：178-183.
[37] De Tuglie E，Dicorato M，La Scala M，et al. A Static Optimization Approach to Assess Dynamical Available Transfer Capability [J]. IEEE Transactions on Power Systems，2000，15（3）：1069-1076.
[38] Laufenberg M J，Pai M A. A New Spproach to Dynamic Security Assessment Using Trajectory Sensitivities [J]. IEEE Transactions on Power Systems，1998，13（3）：953-958.
[39] Shubhanga K N，Kulkarni A M. Determination of Effectiveness of Transient Stability Controls Using Reduced Number of Trajectory Sensitivity Computations [J]. IEEE Transactions on Power Systems，2004，19（1）：473-482.
[40] Nguyen T B，Pai M A. Dynamic Security-Constrained Rescheduling of Power Systems Using Trajectory Sensitivities [J]. IEEE Transaction on Power System，2003，18（2）：848-854.
[41] Hiskens I A，Pai M A. Trajectory Sensitivity Analysis of Hybrid Systems [J]. IEEE Transactions on Circuits and Systems I：Fundamental Theory and Applications，2000，47（2）：204-220.
[42] 曹志浩，张玉德，李瑞遐．矩阵计算和方程求根 [M]. 北京：高等教育出版社，1984.
[43] 戈卢布，范洛恩．矩阵计算 [M]. 袁亚湘译，北京：科学出版社，2001.
[44] 朱方，汤涌，张东霞，等．我国交流互联电网动态稳定性的研究及解决策略 [J]. 电网技术，2004，28(15)：1-5.
[45] 余贻鑫，李鹏．大区电网弱互联对互联系统阻尼和动态稳定性的影响 [J]. 中国电机工程学报，2005，25(11)：6-11.
[46] 朱方，赵红光，刘增煌，等．大区电网互联对电力系统动态稳定性的影响 [J]. 中国电机工程学报，

2007，27(1)：1-7.

[47] 王青，马世英．电力系统区间振荡的阻尼与区域间送电功率关系特性 [J]. 电网技术，2011，35(5)：40-45.

[48] 王青，马世英．抑制区间振荡工程措施的评估和应用策略分析 [J]. 电力系统保护与控制，2010，38(24)：153-157.

[49] Chung C Y，Wang L，Howell F，et al. Generation Rescheduling Methods to Improve Power Transfer Capability Constrained by Small-Signal Stability [J]. IEEE Transactions on Power Systems，2004，19(1)：524-530.

[50] 周双喜，苏小林．电力系统小干扰稳定性研究的新进展 [J]. 电力系统及其自动化学报，2007，19(2)：1-8.

[51] 鲍颜红，徐伟，徐泰山，等．基于机组出力调整的小干扰稳定辅助决策计算 [J]. 电力系统自动化，2011，35(3)：88-91.

[52] 刘涛，宋新立，汤涌，等．特征值灵敏度方法及其在电力系统小干扰稳定分析中的应用 [J]. 电网技术，2010，34(4)：82-87.

[53] 刘晓鹏，吕世荣，郭强，等．特征值对运行方式灵敏度的计算 [J]. 电力系统自动化，1998，22(12)：9-12.

[54] 陈中．电力系统小干扰稳定实时控制 [J]. 电力自动化设备，2012，32(3)：42-46.

[55] 张伯明，孙宏斌，吴文传，等．智能电网控制中心技术的未来发展 [J]. 电力系统自动化，2009，33(17)：21-28.

[56] 郭烨，吴文传，张伯明，等．潮流预报在电网安全预警系统中的应用 [J]. 电力系统自动化，2010，34(5)：107-111.

[57] 徐伟，鲍颜红，徐泰山，等．电力系统低频振荡实时控制 [J]. 电力自动化设备，2012，32(5)：98-101.

[58] 郝玉国，张靖．最优潮流的实用化研究 [J]. 中国电机工程学报，1996，16(6)：388-391.

[59] 阮前途．上海电网短路电流控制的现状与对策 [J]. 电网技术，2005，29(2)：78-83.

[60] 胡扬宇，李冬梅，孙素琴，等．短路电流限制器应用于河南电网可行性分析 [J]. 河南电力，2008(2)：22-24.

[61] 袁智强，黄薇，江峰青．220kV 电网短路电流控制措施研究 [J]. 现代电力，2009，26(4)：41-46.

[62] 孙奇珍，蔡泽祥，李爱民，等．500kV 电网短路电流超标机理及限制措施适应性 [J]. 电力系统自动化，2009，33(21)：92-96.

[63] 江林，刘建坤，周前．江苏 220kV 电网短路电流的分析和对策 [J]. 华东电力，2008，36(8)：43-46.

[64] 刘树勇，孔昭兴，张来．天津电网 220kV 短路电流限制措施研究 [J]. 电力系统保护与控制，2009，37(21)：103-107、118.

[65] 徐贤，丁涛，万秋兰．限制短路电流的 220kV 电网分区优化 [J]. 电力系统自动化，2009，33(22)：98-101.

[66] 杨雄平，李力，李扬絮，等．限制广东 500kV 电网短路电流运行方案 [J]. 电力系统自动化，2009，33(7)：103-107.

[67] 韩戈，韩柳，吴琳．各种限制电网短路电流措施的应用与发展 [J]. 电力系统保护与控制，2010，38(1)：141-144、151.

[68] 李力，李爱民，吴科成，等．广东电网短路电流超标问题分析和限流措施研究 [J]. 南方电网技术，2009，3(13)：20-24.

[69] 杨东，刘玉田，牛新生．电网结构对短路电流水平及受电能力的影响分析 [J]. 电力系统保护与控

制，2009，37(22)：62-67.
[70] 穆钢，王仲鸿，韩英铎，等．暂态稳定性的定量分析-轨迹分析法 [J]. 中国电机工程学报，1993，13(3)：23-30.
[71] 穆钢，王仲鸿，韩英铎，等．关于稳定测度函数的性质及稳定指标之有效性的证明 [J]. 中国电机工程学报，1994，14(2)：60-66.
[72] 穆钢，蔡国伟，魏家鼎，等．轨迹分析法在电力系统暂态稳定性定量评价中的应用 [J]. 东北电力学院学报，1993，13(4)：21-26.
[73] 顾雪平，曹绍杰，张文勤．人工神经网络和短时仿真结合的暂态安全评估事故筛选方法 [J]. 电力系统自动化，1999，23(8)：16-19、26.
[74] 顾雪平，曹绍杰，张文勤．基于神经网络暂态稳定评估方法的一种新思路 [J]. 中国电机工程学报，2000，20(4)：77-82.
[75] 张琦，韩桢祥，曹绍杰，等．用于暂态稳定评估的人工神经网络输入空间压缩方法 [J]. 电力系统自动化，2001，25(2)：32-35.
[76] Tso S K，Gu X P，Zeng Q Y，et al. An ANN-Based Multilevel Classification Approach Using Decomposed Input Space for Transient Stability Assessment [J]. Electric Power Systems Research，1998，46(3)：259-266.
[77] Hobson E，Allen G N. Effectiveness of Artificial Neural Networks for First Swing Stability Determination of Practical Systems [J]. IEEE Transactions on Power Systems，1994，9(2)：1062-1068.
[78] Tso S K，Gu X P，Zeng Q Y，et al. Deriving a Transient Stability Index by Neural Networks for Power-System Security Assessment [J]. Engineering Applications of Artificial Intelligence，1998，11(6)：771-779.
[79] 于继来．电力系统暂态稳定的模式分析 [D]. 北京：华北电力学院，1992.
[80] 顾雪平，张文朝．基于 Tabu 搜索技术的暂态稳定分类神经网络的输入特征选择 [J]. 中国电机工程学报，2002，22(7)：66-70.
[81] Chauhan S，Dave M P. Input-Features Based Comparative Study of Intelligent Transient Stability Assessment [J]. Electric Machines and Power Systems，1997，25(6)：593-605.
[82] 唐巍，陈学允．BP 算法应用于电力系统暂态稳定分析的新策略 [J]. 电力系统自动化，1997，21(3)：47-50.
[83] 管霖，曹绍杰．基于人工智能的大系统分层在线暂态稳定评估 [J]. 电力系统自动化，2000，24(3)：22-26.
[84] 吕志来，张保会，哈恒旭．模糊子集和 Taylor 级数相结合的快速事故筛选方法 [J]. 电力系统自动化，2000，24(22)：16-20.
[85] Haque M H，Rahim A H M A. Determination of First Swing Stability Limit of Multi-Machine Power Systems Through Taylor Series Expansions [J]. IEEE Proceedings Generation，Transmission and Distribution，1989，136(6)：373-380.
[86] Athay T，Podmore R，Virmani S. A Practical Method for Direct Analysis of Transient Stability [J]. IEEE Trans. on Power Apparatus and Systems [J]. IEEE Transactions on Power Apparatus and Systems，1979，98(2)：573-584.
[87] 马世英，印永华，李柏青，等．我国互联电网电压稳定评价标准框架探讨 [J]. 电网技术，2006，30(17)：7-13.
[88] 薛禹胜，郝思鹏，刘俊勇．关于低频振荡分析方法的评述 [J]. 电力系统自动化，2009，3(33)：1-8.
[89] 潘学萍，敖雄，张丽钦．电力系统主导振荡断面快速判断 [J]. 电力自动化设备，2009，12(29)：

10-14.

[90] 苗峰显，郭志忠．灵敏度方法在电力系统分析与控制中的应用综述 [J]. 继电器，2007，15(35)：72-76.

[91] 罗键．系统灵敏度理论导论 [M]. 西安：西北工业大学出版社，1990.

[92] Zhou E Z. Functional Sensitivity Concept and Its Application to Power System Damping Analysis [J]. IEEE Transactions on Power Systems，1994，9(1)：518-524.

[93] 刘洪波．大电网最优潮流计算 [M]. 北京：科学出版社，2010.

[94] 鲍颜红，徐伟，徐泰山，等．基于机组出力调整的小干扰稳定辅助决策计算 [J]. 电力系统自动化，2011，35(3)：88-91.

[95] 郭琦，张伯明，赵晋泉，等．综合动态安全与静态电压稳定的协调预防控制 [J]. 电力系统自动化，2006，30(23)：1-6.

[96] Dy-Liacco T E. Enhancing Power System Security Control [J]. IEEE Computer Applications in Power，1997，10(3)：38-41.

[97] Wehenkel L A. Automatic Learning Techniques in Power Systems [M]. Boston：Kluwer Academic Publishers，1998.

[98] Wehenkel L. Machine-Learning Approaches to Power-System Security Assessment [J]. IEEE Expert，1997，12(5)：60-72.

[99] 孙宏斌，谢开，蒋维勇，等．智能机器调度员的原理和原型系统 [J]. 电力系统自动化，2007，31(16)：1-6.

[100] 迟永宁，刘燕华，王伟胜，等．风电接入对电力系统的影响 [J]. 电网技术，2007，31(3)：77-81.

[101] 李锋，陆一川．大规模风力发电对电力系统的影响 [J]. 中国电力，2006，39(11)：80-84.

[102] 曹娜，赵海翔，戴慧珠．常用风电机组并网运行时的无功与电压分析 [J]. 电网技术，2006，30(22)：91-94.

[103] 孙涛，王伟胜，戴慧珠，等．风力发电引起的电压波动和闪变 [J]. 电网技术，2003，27(12)：62-70.

# 索　引

**E**



**F**



**G**



**H**



**J**

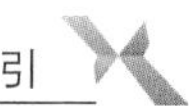